Linux 服务管理与自动化运维

刘春 ◎ 主编
谭琨 邵国强 李宏博 李欣 ◎ 副主编

人民邮电出版社
北京

图书在版编目（CIP）数据

Linux服务管理与自动化运维 / 刘春主编. -- 北京 : 人民邮电出版社, 2022.7
（Linux创新人才培养系列）
ISBN 978-7-115-58087-0

Ⅰ. ①L… Ⅱ. ①刘… Ⅲ. ①Linux操作系统—教材 Ⅳ. ①TP316.85

中国版本图书馆CIP数据核字(2021)第247175号

内 容 提 要

本书基于 CentOS 7.6 系统编写，由浅入深地介绍了 Linux 系统管理、服务管理和自动化运维管理 3 个方面的内容，突出实践，用案例、实例讲解每个知识点。

全书共 17 章，包含 3 个部分，第 1 部分是 Linux 操作系统的基本使用，包含第 1 章～第 5 章，主要包括 Linux 系统概述、安装 Linux 系统、用户接口与文本编辑器、Linux 文件系统及 Linux 系统管理；第 2 部分是常用服务配置管理，包含第 6 章～第 12 章，主要包括网络配置与管理、网络安全与防火墙、DHCP 服务器、FTP 服务器、DNS 服务器、Apache 服务器、Squid 代理服务器的配置与管理；第 3 部分是自动化运维技术，包含第 13 章～第 17 章，主要包括 Shell 编程、正则表达式与文本处理、无人值守安装系统、自动化配置管理平台及企业监控系统。

本书从一个新手的角度出发，循序渐进学习 Linux 操作系统，是一本综合类书籍。本书可作为高等院校计算机相关专业的教材和参考书，也可以供广大的 Linux 爱好者、Linux 系统维护人员及计算机培训机构的教师等参考使用。

◆ 主　　编　刘　春
副 主 编　谭　琨　邵国强　李宏博　李　欣
责任编辑　孙　澍
责任印制　王　郁　陈　犇

◆ 人民邮电出版社出版发行　　北京市丰台区成寿寺路 11 号
邮编　100164　　电子邮件　315@ptpress.com.cn
网址　https://www.ptpress.com.cn
固安县铭成印刷有限公司印刷

◆ 开本：787×1092　1/16
印张：20.25　　　　2022 年 7 月第 1 版
字数：559 千字　　　　2024 年 12 月河北第 3 次印刷

定价：69.80 元

读者服务热线：(010)81055256　印装质量热线：(010)81055316
反盗版热线：(010)81055315
广告经营许可证：京东市监广登字 20170147 号

前言
Foreword

随着云计算、大数据、容器化技术的快速发展，Linux 操作系统在大中型企业中扮演越来越重要的角色。很多中大型网络及网站服务器都建立在 Linux 平台之上。掌握 Linux 服务器的管理和自动化运维技术的运维人员在 IT 职场中越来越受到青睐。

因此，近几年高等学校、高等职业院校逐渐开设 Linux 操作系统方面的课程，Linux 操作系统领域的综合类书籍也有所增加。目前，就 Linux 系统管理、Linux 服务管理与 Linux 自动化运维 3 个方面而言，综合 Linux 系统管理与 Linux 服务管理这两方面内容的教材比较多，而包含 3 个方面的综合类应用教材很少。而在近些年的教学过程中，我们发现 Linux 新手融会贯通掌握自动化运维技术很重要。因此，我们几位长期从事 Linux 操作系统教学的教师共同编写了本书。

本书立足计算机专业课程领域，在内容编写方面，注重循序渐进、突出重点和难点；在文字叙述方面，注意言简意赅；在实例、案例选取方面，侧重实用性和针对性，是一本综合性教材。

本书共 17 章，以平台 CentOS 7.6 为应用环境，按照从基础到应用的逻辑进行组织，结构清晰，将能力和技能的培养从初级到高级划分为 3 个部分，即 Linux 系统管理、Linux 服务管理与 Linux 自动化运维。本书首先介绍 Linux 系统安装、基本命令使用，然后渐进式地提高深度和广度，引入目前主流服务器的配置及应用，最后详细介绍自动化运维编程语言及各企业常用且适用的自动化运维工具，环环相扣，逐步深入，每部分的知识点都全面地支撑该部分的能力培养目标。全书按照突出实用的原则，用实例、案例来讲解每个知识点，并配套有大量的图、表、命令及步骤，旨在让读者了解并掌握 Linux 系统的管理与维护。

我们尽最大努力编写本书，尽可能系统、全面地把实用的知识分享给读者，书中涉及的命令、语法与工具都结合具体的实例、案例，图文并茂，操作步骤翔实，使读者由浅入深、承上启下地掌握 Linux 系统管理、Linux 服务管理与 Linux 自动化运维技能，以期读者在读完本书后，能够掌握自动化运维领域初级或中级运维工程师所需知识。

本书具体编写分工如下：第 2、13、15、16、17 章由刘春编写（约 21 万字），第 1、5、8、10 章由谭琨编写（约 12.8 万字），第 3、4、6、7 章及文前和辅文由邵国强编写（约 11.3 万字），第 12、14 章由李宏博编写（约 6.2 万字），第 9、11 章由李欣编写（约 6.5 万字）。

本书在编写过程中，参考并借鉴了互联网中相关信息，特别借鉴了相关的研究成果及论著，在此向这些文献资料的作者表示衷心感谢！同时，孙涛、赵永刚、纪晓涵等不但验证案例，而且给出了中肯的建议，在此表示感谢！同时，本书融入了黑龙江省教育科学规划重点课题“工程教育专业认证背景下网络工程专业课程群体系构建研究与实践”（项目编号为 GJB1319002）的研究成果，在此一并感谢！

尽管我们尽了最大努力，但是囿于作者水平，书中难免有纰漏，恳请读者指正，提出宝贵意见和建议，我们将不胜感激。

本书配套的教学课件、大纲和习题答案等丰富的教学资源，读者可以通过人邮教育社区（www.ryjiaoyu.com）下载使用。

编　者

2021 年 4 月

目录
Contents

CHAPTER01

第1章

Linux系统概述

学习目标：

- ❑ 掌握 Linux 操作系统的组成及特点；
- ❑ 了解 Linux 操作系统的内核特点；
- ❑ 了解常见的 Linux 发行版本；
- ❑ 了解自由软件的含义及其相关术语。

本章主要目的是使读者对 Linux 操作系统有一个总体的了解，对 Linux 操作系统的重要性及其发展前景有个总的认识。本章内容包括 Linux 操作系统简介、版本介绍及其发展方向。

1.1 Linux 操作系统简介

Linux 是自由软件的代表，同时它也是一个操作系统，运行在该操作系统上的应用程序大多数是自由软件。Linux 是免费的、源代码开放的、不受任何商业化软件版权制约的、全世界范围自由使用的操作系统。

软件按其提供的方式和是否可以赢利，分类如下。

（1）商业软件（Commercial Software）：由商业公司开发，通过收取使用费赢利的软件。

（2）共享软件（Shareware）：只能试用一段时间，或者某些功能受到限制，不能完全使用，需要注册交纳费用才能完全使用的软件。

（3）自由软件（Free Software）：不受限制地自由使用、复制，公开软件源代码供研究、修改和分发的软件。

（4）免费软件（Freeware）：免费、无限制使用、不能擅自修改、通过嵌入广告赢利的软件。

1.1.1 自由软件的含义

自由软件是指用户拥有以下 3 个层次自由的软件。

（1）用户可以研究程序运行机制，源代码公开并且用户可以根据自己的需要进行修改。

（2）用户可以重新分发复制，使其他人拥有能够共享软件的自由。

（3）用户可以改进程序，可以运行、复制、研究、修改软件，为使他人受益而分发。

1.1.2 自由软件相关术语

（1）FSF（Free Software Foundation，自由软件基金会）是一个致力于推广自由软件、促进计算机用户软件使用自由的美国民间非盈利性组织。它于 1985 年 10 月由理查德 · 斯托曼建立，主要工作是执行 GNU 计划，开发更多的自由软件，完善自由软件理念。

（2）GPL（General Public License，通用公共许可协议）与传统商业软件许可协议 CopyRight 对立，所以又被戏称为 CopyLeft，即“反版权”。GPL 致力于保证任何人拥有共享和修改自由软件的自由。在自由软件的各种许可协议中，通常引起人们注意的是 GPL。

GPL 许可社会公众享有运行、复制软件的自由，发行传播软件的自由，获得软件源码的自由，改进软件并将自己创作的改进版本向社会发行传播的自由。

GPL 还规定只要修改文本整体或者部分来源于遵循 GPL 的程序，该修改文本的整体就必须按照 GPL 流通，不仅该修改文本的源代码必须向社会公开，而且这种修改文本的流通不准许附加修改者做出的限制。因此，一个遵循 GPL 流通的程序不能同非自由的软件合并。

GPL 协议的主要原则如下。

① 确保软件自始至终都以开放源代码的形式发布，保护开发成果不被窃取用作商业发售。任何一套软件，只要使用了受 GPL 协议保护的第三方软件的源程序，并向非开发人员发布，就自动成为受 GPL 保护并且约束的实体。也就是说，此时它必须开放源代码。

② GPL 的精髓是使软件在完整开源的情况下，尽可能让使用者得到自由发挥的空间，使软件得到更快更好的发展。

③ 软件无论以何种形式发布，都必须同时附上源代码。

④ 开发或维护遵循 GPL 协议开发的软件的公司或个人，可以对使用者收取一定的服务费用，但必须无偿

提供软件的完整源代码，不得将源代码与服务做捆绑或任何变相捆绑销售。

（3）GNU Project 是对 UNIX 向上兼容的完整的自由软件系统。它的目标是创建一套完全自由的操作系统。GNU Project 发起于 1984 年，由黑客理查德·斯托曼（Richard Stallman）提出，获得了 FSF 的支持（这也是 GNU 的主要资金来源），目的是建立免费的 UNIX 系统，基本原则是源代码共享。

使用 Linux 作为内核的各种 GNU 操作系统正被广泛使用，这些系统通常被称为“Linux”，更确切地说应该被称为 GNU/Linux 系统。在 GNU/Linux 系统中，Linux 就是内核组件。该系统的其余部分主要由 GNU Project 编写和提供的程序组成，因为单独的 Linux 内核并不能成为可以正常工作的操作系统，所以我们更倾向使用“GNU/Linux”一词来表达人们通常所说的“Linux”。

Linux 是以 UNIX 操作系统为原型创造的，自诞生之日起，它就被设计成一种多任务、多用户的系统。这些特点使 Linux 完全不同于其他操作系统。后来演变为 GNU/Linux 系统的开发工作始于 1984 年，当时，FSF 开始研发被称为 GNU 的自由的类 UNIX 操作系统——Linux 操作系统。

1.1.3 Linux系统的历史背景

Linux 最初是专为基于 Intel 处理器的个人计算机设计的。Linux 的前身是赫尔辛基大学一位名叫林纳斯·托瓦兹（Linus Torvald）的计算机科学系学生的个人项目。Linus 的初衷是为 Minux 用户开发一种高效率的应用于个人计算机的 UNIX 版本，称其为 Linux。最初他希望能在自己的计算机上运行一个类似于 UNIX 的操作系统。可是 UNIX 的商业版本非常昂贵，于是他从 MINIX 系统开始入手，计划开发一个比 MINIX 性能更好的操作系统。很快他就开始了自己的开发工作，并在 1991 年 10 月 5 日将 Linux 首次公布于众，同年 11 月发布了 0.10 版本，12 月发布了 0.11 版本。Linus 允许免费地自由运用该系统源代码，并且鼓励其他人进一步对其进行开发。在 Linus 的带领下，Linux 通过 Internet 广泛传播，一个世界范围内的开发组正在对 Linux 进行坚持不懈的开发。在众人的努力下，Linux 在不到 3 年的时间成为一个功能完善、稳定可靠的操作系统。

Linux 以其高效性和灵活性著称。它能够在个人计算机上实现 UNIX 系统全部的特性，具有多任务、多用户的能力。Linux 可在 GNU 公共许可权限下免费获得，是一个符合 POSIX 标准的操作系统。Linux 操作系统软件包不仅包括完整的 Linux 操作系统，而且包括了文本编辑器、高级语言编译器等应用软件。它还包括带有多个窗口管理器的 X-Windows 图形用户界面，如同使用 Windows 一样，允许用户使用窗口、图标和菜单对系统进行操作。

Linux 实际上是免费的，使用者在网络上就可以获取 Linux 源代码，并进行更改。在 Linux 开放自由的版权之下，无数计算机高手投入开发、改善 Linux 的核心程序的工作中，使 Linux 的功能逐渐强大。我们可以在网路上免费下载 Linux 并使用，或者花很少的一点费用就可以取得 Linux 程序，这都是由于 Linux 是 GPL 版权。

1.1.4 Linux系统的主要特点

Linux 操作系统在短短的几年时间得到了非常迅速的发展，这与 Linux 具有良好的特点是分不开的，Linux 具有以下主要特性。

（1）开放性：指系统遵循世界标准规范，特别是遵循开放系统互连（Open System Interconnect，OSI）国际标准。

（2）多用户：指系统资源可以被不同用户使用，每个用户对自己的资源有特定的权限，互不影响。

（3）多任务：指计算机同时执行多个程序，而且各个程序的运行互相独立。

（4）良好的用户界面：Linux 向用户提供了两种界面——用户界面和系统调用。Linux 还为用户提供了图形用户界面。它利用鼠标、菜单、窗口、滚动条等，给用户呈现一个直观、易操作、交互性强的、友好的图形界面。

（5）设备独立性：指操作系统把所有外部设备统一当成文件来看待，只要安装了它们的驱动程序，任何用户都可以像使用文件一样，操纵这些设备，而不必知道它们的具体存在形式。Linux 是具有设备独立性的操作系统，它的内核具有高度适应能力。

（6）提供了丰富的网络功能：完善的内置网络是 Linux 的一大特点。

（7）可靠的安全系统：Linux 采取了许多安全技术措施，包括读写控制、带保护的子系统、审计跟踪、核心授权等，这为网络多用户环境中的用户提供了必要的安全保障。

（8）良好的可移植性：指将操作系统从一个平台转移到另一个平台时它仍然能按其自身的方式运行的能力。Linux 是一种可移植的操作系统，能够在从微型计算机到大型计算机的任何环境中和任何平台上运行。

1.1.5 Linux 系统结构

Linux 一般有 3 个主要部分：内核、命令解释器、文件结构。

1. Linux 内核

内核是系统的心脏，是运行程序和管理像磁盘和打印机等硬件设备的核心程序。操作环境向用户提供一个操作界面，通过界面从用户那里接受命令，并且把命令送给内核去执行。

2. Linux 命令解释器

操作环境在操作系统内核与用户之间提供操作界面，它可以被描述为一个解释器。操作系统对用户输入的命令进行解释，再将其发送到内核。Linux 存在几种操作环境，分别是桌面（Desktop）、窗口管理器（Window Manager）和命令行 Shell（Command Line Shell）。Linux 系统中的每个用户都可以拥有自己的用户操作界面，根据自己的要求进行定制。

Shell 是一个命令解释器，它解释由用户输入的命令，并且把它们送到内核。不仅如此，Shell 有自己的编程语言，它允许用户编写由 Shell 命令组成的程序。Shell 编程语言具有普通编程语言的很多特点，例如，它也有循环结构和分支控制结构等。用 Shell 编程语言编写的程序与其他应用程序具有同样的效果。

同 Linux 本身一样，Shell 也有多种不同的版本。目前主要有下列版本的 Shell。

- Bourne Shell：是贝尔实验室开发的版本。
- BASH：是 GNU 的 Bourne Again Shell，是 GNU 操作系统上默认的 Shell。
- Korn Shell：是对 Bourne Shell 的发展，在大部分情况下与 Bourne Shell 兼容。
- C Shell：是 SUN 公司 Shell 的 BSD 版本。

3. Linux 文件结构

文件结构是文件存放在磁盘等存储设备上的组织方法，主要体现在对文件和目录的组织上。目录提供了管理文件的一个方便而有效的途径。用户能够从一个目录切换到另一个目录，而且可以设置目录和文件的权限，设置文件的共享程度。

在 Linux 中用户可以设置目录和文件的权限，以便允许或拒绝其他人对其进行访问。Linux 目录采用多级树形结构。文件结构的相互关联性使共享数据变得容易，几个用户可以访问同一个文件。Linux 是一个多用户系统，操作系统本身的驻留程序存放在以根目录开始的专用目录中，该专用目录有时被指定为系统目录。用户可以创建自己的子目录保存自己的文件，可以很容易地把文件从一个子目录移到另一个子目录中去。

操作环境和文件结构一起形成了基本的操作系统结构。它们使用户可以运行程序、使用系统及管理文件。此外，Linux 操作系统还有许多被称为实用工具的程序，辅助用户完成一些特定的任务。

1.2 Linux 系统版本介绍

任何一个软件都有版本号，Linux 也不例外。Linux 的版本号又分为两部分：内核版（Kernel）与发行版（Distribution）版本。虽然 Linux 只有一个标准化的版本，但存在好几个不同的发行版本。Linux 的发行版本就是将 Linux 核心与应用软件打成一个包。发行版本的不同主要是指不同的公司和组织在组织打包 Linux 软件的时候稍有差异。发行版是为许多不同的目的而制作的,包括对不同计算机结构的支持、对一个具体区域或语言的本地化、实时应用、嵌入式系统等。

1.2.1 Linux 内核版本

内核是一个用来和硬件打交道并为用户程序提供有限服务集的支撑软件，是操作系统中最核心的功能框架部分。计算机系统是硬件和软件的共生体，它们互相依赖，不可分割。

Linux 的内核版本表示方法发生过几次变化，1.0～2.6 版本由 r.x.y 数字组成。

r：目前发布的 Kernel 主版本。

x：偶数是稳定版本；奇数是测试版本。

y：错误修补次数。

一般来说，x 为偶数的版本表明该版本是稳定版本，如 2.6.18；x 为奇数的版本表明该版本是测试版本，如 2.7.22。

2.6～3.0 版本由 r.x.y.z 数字组成。其中近 7 年的时间里前两个数 r.x（即“2.6”）保持不变，y 随着新版本的发布而增加，z 代表 Bug 修复、安全更新、添加新特性和驱动等的次数。

3.0 之后版本是“r.x.y”格式，x 随着新版本的发布而增加，y 代表 Bug 修复、安全更新、添加新特性和驱动的次数。这种表示方式不再使用偶数代表稳定版本、奇数代表测试版本的命名方式。例如，3.7.0 代表的不是测试版本，而是稳定版本。

CentOS 7 系统使用的内核版本是 3.10.0。

1.2.2 Linux 发行版本的类型

1. Fedora Core

Fedora Core 是众多 Linux 发行版之一。它是一套从 Red Hat Linux 发展出来的免费 Linux 系统。Fedora Core 的前身就是 Red Hat Linux。Fedora 是一个开放的、创新的、前瞻性的操作系统和平台。它允许任何人自由地使用、修改和重发布。它由一个强大的社群开发，这个社群的成员以自己的不懈努力，提供并维护自由、开放源代码的软件和开放的标准。Fedora 项目由 Fedora 基金会管理和控制，得到了 Red Hat 公司的支持。Fedora 是一个独立的操作系统，是 Linux 的一个发行版，可运行的体系结构包括 x86（即 i386-i686）、x86_64 和 PowerPC。

2. Debian

Debian 诞生于 1993 年 8 月 13 日，它的目标是提供一个稳定容错的 Linux 版本。Debian 以其稳定性著称，虽然它的早期版本 Slink 有一些问题，但是它的现有版本 Potato 已经相当稳定了。Debian 的安装完全是基于文本的。Debian 主要通过基于 Web 的论坛和邮件列表来提供技术支持。作为服务器平台，Debian 提供了一个稳定的环境。为了保证它的稳定性，开发者不会在其中随意添加新技术，而是通过多次测试之后才选定合适的技术加入。当前最新正式版本是 Debian 6，其采用的内核是 Linux 2.6.32。

3. Red Hat Linux

作为 Linux 的著名版本，Red Hat Linux 已经创造了自己的品牌，拥有了自己的公司，能向用户提供一套完整的服务，这使它特别适合在公共网络中使用。这个版本的 Linux 也使用最新的内核，还拥有大多数人都需要使用的主体软件包。

Red Hat Linux 的安装过程十分简单明了。在它的图形安装过程中可简易设置服务器的全部信息。磁盘分区过程可以自动完成，还可以选择 GUI 工具完成，即使对 Linux 新手来说这些都非常简单。选择软件包的过程也与其他版本类似，用户可以选择软件包种类或特殊的软件包。系统运行起来后，用户可以从 Web 站点和

Red Hat 官方得到充分的技术支持。Red Hat 是一个符合大众需求的最优版本。在服务器和桌面系统中它都工作得很好。

4. SuSE

总部设在德国的 SuSE AG 一直致力于创建一个连接数据库的最佳 Linux 版本。为了实现这一目的，SuSE 与 Oracle 和 IBM 合作，以使其产品能稳定地工作。SuSE 还开发了 SuSE Linux eMail Server Ⅲ，这是一个非常稳定的电子邮件群组应用。

基于 2.4.10 内核的 SuSE 7.3，在原有版本的基础上提高了易用性。安装过程通过 GUI 完成，磁盘分区过程也非常简单，但它没有为用户提供更多的控制和选择。

在 SuSE 操作系统下，可以非常方便地访问 Windows 磁盘，这使两种平台之间的切换及使用双系统启动变得更容易。SuSE 的硬件检测非常优秀，该版本在服务器和工作站应用良好。

5. CentOS

CentOS（Community ENTerprise Operating System）是 Linux 发行版之一，它是依靠 Red Hat Enterprise Linux 按开放源代码规定释出的源代码编译而成的。由于出自同样的源代码，因此有些要求高度稳定性的服务器以 CentOS 替代商业版的 Red Hat Enterprise Linux 使用。二者的不同在于 CentOS 并不包含封闭源代码软件，CentOS 是一个基于 Red Hat Linux 提供的可自由使用源代码的企业级 Linux 发行版本。每个版本的 CentOS 都会获得 10 年的支持。新版本的 CentOS 大约每两年发行一次，而每个版本的 CentOS 会定期更新一次，以便支持新的硬件。

CentOS 是 RHEL（Red Hat Enterprise Linux）源代码再编译的产物，而且在 RHEL 的基础上修正了不少已知的 Bug，相对于其他 Linux 发行版，其稳定性值得信赖。RHEL 在发行的时候有两种方式：一种是二进制的发行方式；另一种是源代码的发行方式。

1.3 Linux 的发展方向

Linux 的出现绝不仅仅是为用户带来了一种价廉物美的产品，使他们多了一种选择，在更深层次上的意义是给传统的软件版权制度、软件开发模式及企业经营模式带来革命性的影响。Linux 的开放源代码使用户拥有了知情权和参与权，符合用户的希望和需求，将成为软件业未来的发展方向。Linux 因其稳定、开源、免费、安全、高效的特点，发展迅猛，在服务器市场占有率超过 80%。随着云计算的发展，Linux 在未来服务器领域仍是大势所趋。

1. Linux 在服务器领域的发展

随着开源软件在世界范围内影响力日益增强，Linux 服务器操作系统在整个服务器操作系统市场格局中占据了越来越多的市场份额，已经形成了大规模市场应用的局面，并且保持较高的增长率，尤其在政府、金融、农业、交通、电信等关键领域增长迅速。此外，考虑到 Linux 的快速成长性及国家相关政策的扶持力度，Linux 服务器产品一定能够冲击更大的服务器市场。据权威部门统计，目前 Linux 在服务器领域已经占据 75%的市场份额。同时，Linux 在服务器市场的迅速崛起，已经引起全球 IT 产业高度关注，并以强劲的势头成为服务器操作系统领域中的中坚力量。如今的 IT 服务器领域是 Linux、UNIX、Windows 三分天下，尤其是近几年，服务器端 Linux 操作系统不断扩大市场份额，每年增长势头迅猛，并对 Windows 及 UNIX 服务器的市场地位构成严重威胁。

Linux 在服务器市场的前景是光明的。同时，大型互联网企业都在使用 Linux 系统作为其服务器端的程序运行平台，全球及国内排名前十的网站使用的几乎都是 Linux 系统，Linux 已经逐步渗透到各个领域的企业里。

Linux 作为企业级服务器的应用十分广泛，利用 Linux 系统可以为企业构建 WWW 服务器、数据库服务器、负载均衡服务器、邮件服务器、DNS 服务器、代理服务器（透明网关）、路由器等，不但使企业降低了运营成本，同时还获得了 Linux 系统带来的高稳定性和高可靠性。

2. Linux 在桌面系统的发展

所谓个人桌面系统，其实就是我们在办公室使用的个人计算机系统，如 Windows XP、Windows 7 等。Linux 系统对这方面的支持也已经非常好了，完全可以满足日常的办公及家用需求。近年来，特别在国内市场，Linux 桌面操作系统的发展趋势非常迅猛。国内如中标麒麟 Linux、红旗 Linux、深度 Linux 等系统软件厂商都推出了 Linux 桌面系统，且目前已经在政府、企业、OEM 等领域得到了广泛应用。另外，SuSE、Ubuntu 也相继推出了基于 Linux 的桌面系统，特别是 Ubuntu Linux，已经积累了大量社区用户。但是，从系统的整体功能、性能来看，Linux 桌面系统与 Windows 系统相比还有一定的差距，主要表现在系统易用性、系统管理、软硬件兼容性、软件的丰富程度等方面。

3. 嵌入式 Linux 系统应用领域的发展

Linux 的低成本、强大的定制功能及良好的移植性能，使 Linux 在嵌入式系统方面也得到广泛应用。目前 Linux 已广泛应用于手机、平板电脑、路由器、电视和电子游戏机等领域。Android 操作系统就是创建在 Linux 内核之上的。目前，Android 已经成为全球十分流行的智能手机操作系统。

云计算、大数据作为一个基于开源软件的平台，Linux 占据了核心优势。据 Linux 基金会的研究，86%的企业已经使用 Linux 操作系统进行云计算、大数据平台的构建，目前，Linux 已开始取代 UNIX 成为最受青睐的云计算、大数据平台操作系统。

1.4 本章小结

本章主要是对 Linux 操作系统做一个概述，包括什么是自由软件及其相关术语，并且对 Linux 操作系统的组成、内核、特点、版本及 Linux 操作系统的发展历史等内容做了介绍。通过本章的学习，读者应掌握了内核版本与发行版本的区别、系统结构，以及目前常见的各种 Linux 发行版本的特点等，并且对 Linux 系统的发展方向也有一个整体认识。

1.5 习题

1. Linux 操作系统有什么特点?
2. 简述 Linux 操作系统的组成。
3. 常用的 Linux 操作系统有哪些版本?
4. Linux 操作系统的发展现状和未来发展方向是什么?

CHAPTER02

第2章

安装Linux系统

学习目标：

- ❑ 掌握 Linux 系统的安装；
- ❑ 掌握 Linux 系统的启动、登录与关机；
- ❑ 了解 Linux 系统的图形界面与字符界面；
- ❑ 了解 Linux 系统的启动过程。

本章主要介绍虚拟机、Linux系统的安装准备、Linux系统的安装，以及Linux系统的启动与关闭。

2.1 虚拟机介绍

虚拟机（Virtual Machine）指通过软件模拟的具有完整硬件系统功能、运行在一个完全隔离环境中的完整计算机系统。在实体计算机中能够完成的工作，在虚拟机中都能够实现。在计算机中创建虚拟机时，需要将实体机的部分硬盘和内存容量作为虚拟机的硬盘和内存容量。每个虚拟机都有独立的CMOS、硬盘和操作系统，用户可以像使用实体机一样对虚拟机进行操作。

2.1.1 虚拟机技术

虚拟机技术是虚拟化技术的一种。所谓虚拟化技术，就是将事物从一种形式转变成另一种形式，最常用的虚拟化技术是操作系统中内存的虚拟化，实际运行时用户需要的内存空间可能远远大于物理机器的内存大小，利用内存的虚拟化技术，用户可以将一部分硬盘虚拟化为内存，而这对用户是透明的。流行的虚拟机软件有VMware(VMWare ACE)、Virtual Box和Virtual PC，它们都能在Windows系统上虚拟出多个计算机。

在实体计算机上，通过软件模拟出的一台或者多台虚拟计算机叫虚拟机。虚拟机使用宿主机的硬件资源，拥有真实计算机的绝大多数功能。虚拟系统和传统的虚拟机（Parallels Desktop，Vmware，Virtual Box，Virtual PC）的不同之处在于：虚拟系统不会降低计算机的性能，启动虚拟系统不需要像启动Windows系统那样耗费时间，运行程序更加方便快捷；虚拟系统只能模拟和现有操作系统相同的环境，而虚拟机则可以模拟出其他种类的操作系统；虚拟机需要模拟底层的硬件指令，所以在应用程序运行速度上比虚拟系统慢得多。

2.1.2 Linux虚拟机

安装在Windows系统上的虚拟Linux操作环境，称为Linux虚拟机。它实际上只是个文件而已，是虚拟的Linux环境，而非真正意义上的操作系统。但是它们的实际效果是一样的。在虚拟机上进行各种操作无须担心操作不当导致宿主机崩溃。

运行虚拟机软件的操作系统叫Host OS，在虚拟机里运行的操作系统叫Guest OS。在公共网络中虚拟化一条安全、稳定的“隧道”，用户感觉像是使用私有网络一样。

2.2 Linux系统的安装准备

2.2.1 安装Linux系统的最低硬件要求

（1）CPU

CentOS 7对CPU要求不高，现在主流的CPU都可以满足要求，但作为服务器主机，多用户、多任务操作系统建议选择高性能的CPU，建议选择Intel I5、I7甚至更高等级。

（2）RAM

建议选择256MB以上内存容量，使用X Window模式应至少有512 MB内存容量。

（3）硬盘

用户所选择的软件包及数量不同，所需要的硬盘空间也不相同。若要安装所有软件包，则需要10GB以上硬盘空间。同时，为了支持安装程序运行、交换分区及多用户分配空间等要求，建议选择不少于15GB的硬盘空间。

2.2.2 CentOS 7 安装程序的获取

1. 免费从网上下载

从 CentOS 7.0 版本开始，安装光盘不再提供 386 兼容版本，仅 64 位的硬件才能够使用该安装光盘来装系统。对于旧的 32 位硬件系统已不主动提供安装光盘。目前，最新的 CentOS 发行版本可以直接从官方网站下载，如 CentOS 官方网站。

2. ISO 映象版本

CentOS 7.x 提供完整版本以及大部分安装软件的 DVD 版本，下载 Everything 版本即可。下载的文档名格式是“CentOS-7-x86_64-Everything-1503-01.iso”。

“CentOS-7”是 7.x 版本，“x86_64”指的是 64 位操作系统，“Everything”指的是完整版本，“1503”指的是 2015 年 3 月发布的版本，“01.iso”是指 CentOS 7.1 版。

除了 Everything 版本，官网还提供了各种安装形式的映象版本，如下所示。

（1）CentOS-7-x86_64-DVD-2009.iso：如果要使用光驱来安装，那么需要下载 DVD 版本，不需要网络就可进行安装。

（2）CentOS-7-x86_64-Minimal-2009.iso：精简版，安装一个最基本的系统，具有功能系统所需要的最少软件包。

（3）CentOS-7-x86_64-NetInstall-2009.iso：网络版，使用“NetInstall”版本镜像引导计算机后，安装程序将询问应从何处获取要安装的软件包，根据选择的软件包从网络上安装。

2.2.3 硬盘分区与挂载

安装 Linux 至少需要交换分区和根分区两个分区。交换分区作为系统的虚拟内存使用，其类型必须是 swap，大小一般为内存容量的 2 倍。根分区是存放数据的地方，其作用相当于 Windows 硬盘中的根目录，简单的分区划分方法是把除交换分区外的所有剩余空间划归根分区，这样整个硬盘就只分了交换分区和根分区两个。需要注意的是，交换分区的功能是虚拟内存，并不能在其中存放任何数据。

1. 交换分区

直接从物理内存读写数据要比从硬盘读写数据快得多，而物理内存是有限的，这样就使用到了虚拟内存。虚拟内存是为了满足物理内存的不足而提出的一种策略，它是利用硬盘空间虚拟出的一块逻辑内存，用作虚拟内存的硬盘空间被称为交换分区（swap 分区）。

内核会将暂时不用的内存块信息写到交换分区，这样一来，物理内存得到了释放，这块内存就可以用于其他用途，当需要用到原始的内容时，这些信息会被重新从交换分区读入物理内存。

Linux 的内存管理采取的是分页存取机制，为了保证物理内存能得到充分利用，内核会在适当的时候将物理内存中不经常使用的数据块自动交换到虚拟内存中，而将经常使用的信息保留到物理内存。

Linux 进行页面交换是有条件的，不是所有页面在不用时都交换到虚拟内存，Linux 内核根据“最近最常使用”算法，仅仅将一些不经常使用的页面文件交换到虚拟内存。

在 Windows 系统中，不同的分区通过盘符 C、D 等来访问，而在 Linux 中没有盘符的概念，所有分区都必须挂载到根分区的某个目录，通过访问该目录来访问该分区。

2. 分区命名方案

Linux 系统使用字母和数字的组合来指代硬盘分区，使用一种更加灵活的分区命名方案，该命名方案是基于文件的，文件名的格式为/dev/xxy*N*（比如/dev/sda1 分区）。

（1）/dev：这是 Linux 系统中所有设备文件所在的目录名。因为分区位于硬盘上，而硬盘是设备，所以这些文件代表了在/dev 上所有可能的分区。

（2）xx：分区名的前两个字母表示分区所在设备的类型，通常是 hd（IDE 硬盘）或 sd（SCSI 硬盘）。

（3）y：这个字母表示分区所在的设备。例如，/dev/hda（第 1 个 IDE 硬盘）或/dev/sdb（第 2 个 SCSI 硬盘）。

（4）*N*：最后的数字 *N* 代表分区。前 4 个分区（主分区或扩展分区）用数字 1～4 表示，逻辑驱动器从 5 开始。例如，/dev/hda3 是第 1 个 IDE 硬盘上的第 3 个主分区或扩展分区；/dev/sdb6 是第 2 个 SCSI 硬盘上的第 2 个逻辑驱动器。

3. 实际案例

（1）最简单的分区规划。

swap 分区：即交换分区，实现虚拟内存，建议大小是物理内存的 1～2 倍。

/boot 分区：用来存放与 Linux 系统启动有关的程序，比如引导装载程序等，最少 200MB。

/分区：建议大小至少在 10GB 以上。

问题：如果任何一个小细节坏掉，用户的根目录将可能整个被损毁，挽救困难，存在安全隐患。

（2）合理的分区规划。

先分析这部主机的未来用途，然后根据用途去分析需要较大容量的目录，以及读写较为频繁的目录，将这些重要的目录分别独立出来而不与根目录放在一起，当这些读写较频繁的硬盘分区有问题时，至少不会影响到根目录的系统数据，从而提高了安全性。安装 Linux 之前，要先做好规划，可以依据硬盘的容量、系统的规模、系统的用途等来规划，示例如下。

swap 分区：实现虚拟内存，建议大小是物理内存的 1～2 倍。

/boot 分区：建议大小最少为 200MB。

/usr 分区：用来存放 Linux 系统中的应用程序，其相关数据较多，建议大小最少为 8GB。

/var 分区：用来存放 Linux 系统中经常变化的数据及日志文件，建议大小最少为 1GB。

/分区：Linux 系统的根目录，所有的目录都挂在这个目录下面，建议大小最少为 1GB。

/home 分区：存放普通用户的数据，是普通用户的宿主目录，建议大小为剩下的空间。

2.2.4 创建 VM 虚拟机的步骤

（1）打开 VMwear 选择新建虚拟机，VMware WORKSTATION 16 Pro 界面如图 2-1 所示，单击“创建新的虚拟机”按钮，将弹出“新建虚拟机向导”的界面。

图 2-1 VMware WORKSTATION 16 Pro 界面

（2）典型安装与自定义安装。图 2-2 列出了两种安装类型：典型安装，VMwear 会将主流的配置应用在虚拟机的操作系统上，对新手来说很友好；自定义安装，自定义安装可以针对性地把一些资源加强，把不需要的资源移除，避免资源浪费。

这里选择自定义安装。单击“自定义（高级）（C）”单选按钮，接着单击“下一步”按钮。

（3）虚拟机兼容性选择。这里要注意兼容性，如果把 VMwear 16 创建的虚拟机复制到 VMwear 11、VMwear 10 或者更低的版本，会出现不兼容的现象。如果把 VMwear 10 创建的虚拟机在 VMwear 16 中打开，则不会出现兼容性问题。虚拟机硬件兼容性如图 2-3 所示，图中选择的是“Workstation 16.x”。

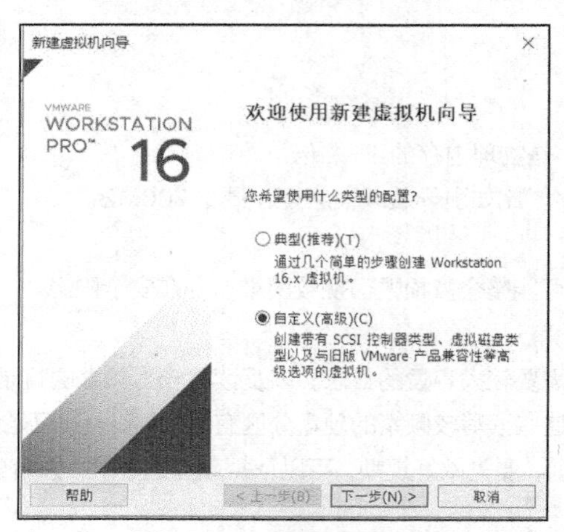

图 2-2　选择虚拟机类型

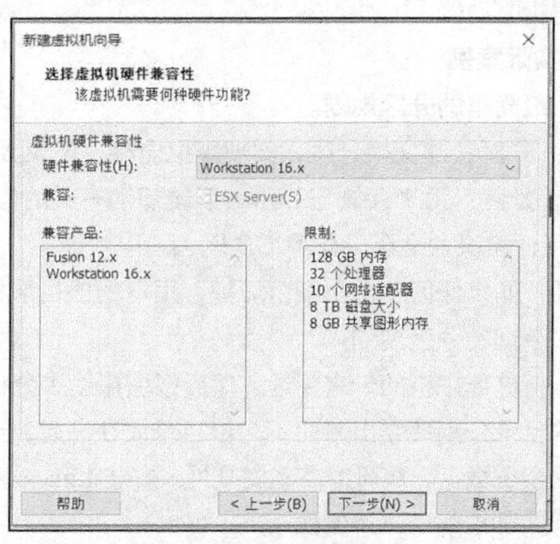

图 2-3　虚拟机硬件兼容性

（4）选择稍后安装操作系统。在图 2-4 所示的界面中选择安装来源，安装来源可在虚拟机建立后再选择，此处选择“稍后安装操作系统（S）”，单击“下一步”按钮，出现图 2-5 所示的界面。

（5）操作系统的选择和虚拟机位置与命名。选择之后要安装的操作系统，正确的选择会让 VM tools 更好地兼容。这里选择 Linux 下的“CentOS 7 64 位”，单击“下一步”按钮。虚拟机名称由用户自己定义，以便在虚拟机较多的时候方便找到。接着设置安装文件的路径和位置。

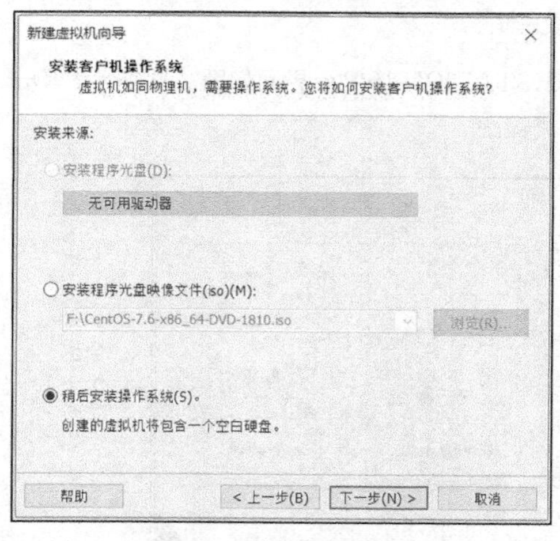

图 2-4　选择安装来源

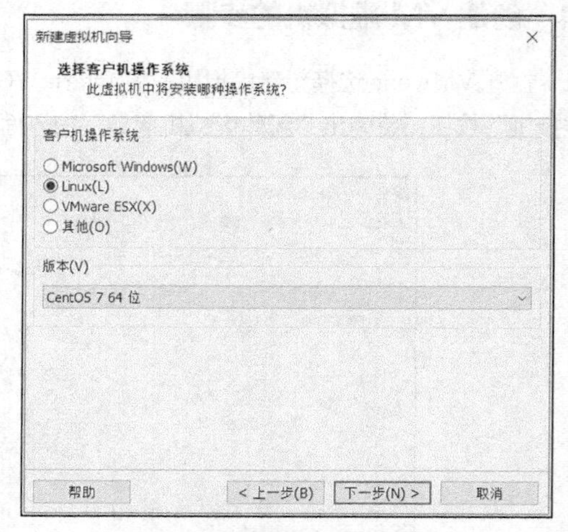

图 2-5　选择操作系统类型

（6）处理器与内存的分配。处理器分配要根据自己的实际需求进行。在使用过程中 CPU 不够的话是可以增加的。此处处理器与核心都选 1。内存也要根据实际的需求分配。当前宿主机内存是 8GB，所以给虚拟机分配 2GB 内存。

（7）网络连接类型的选择。网络连接类型一共有桥接、NAT、仅主机和不联网 4 种，这里可以选择桥接模式。

（8）磁盘容量。设置虚拟系统所占用的主机文件系统的最大硬盘空间大小，如果只安装 CentOS 及其应用软件，需要 10GB 左右的空间。可以根据实际情况选择，这里容量暂时分配 20GB，后期可以随时增加。选中“将虚拟磁盘拆分成多个文件（M）”单选按钮，这样可以使虚拟机方便用储存设备复制，如图 2-6 所示，单击“下一步”按钮，最后出现“单击完成”按钮，已经创建好虚拟机。不要选中“立即分配所有磁盘”单选按钮，否则虚拟机会将 20GB 直接分配给 CentOS，会导致宿主机所剩硬盘容量减少。

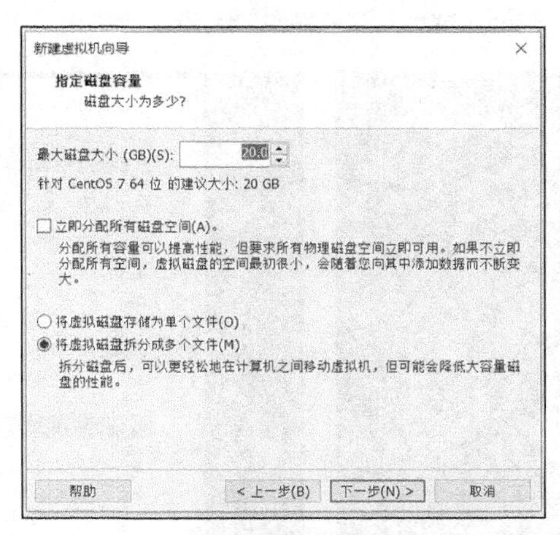

图 2-6　选择安装来源

2.3　Linux 系统的安装

2.2 节中我们已经创建了虚拟机，但虚拟机中尚未安装操作系统，本节将安装 CentOS 操作系统，让它同真正的计算机一样工作。

1. 连接光盘

本例使用的是从官网下载的 CentOS 7.6 的 ISO 镜像安装文件，选择“使用 ISO 镜像文件”选项，并通过“浏览”按钮选择下载所得的镜像安装文件。设置完毕，单击“确定”按钮，如图 2-7 所示。如果使用 Linux 安装光盘进行安装，需要选择“使用物理驱动器”选项，并在下拉列表中选择正确的光驱盘符。

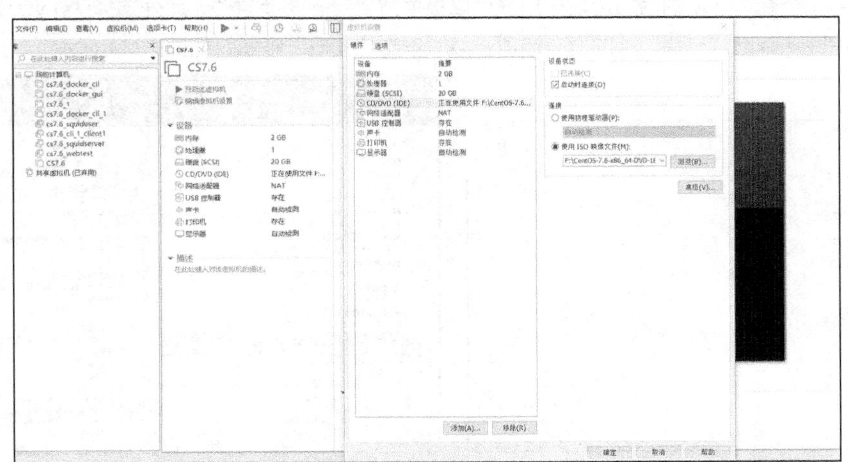

图 2-7　虚拟机设置

2. 开启虚拟机

单击图 2-7 所示的“开启此虚拟机”按钮后，就会进入 CentOS 7 的启动界面。

3. 安装操作系统

（1）安装引导

Cent 7 的安装引导界面如图 2-8 所示，其中 Install CentOS 7 表示安装 CentOS 7，Test this media & install CentOS 7 表示测试安装文件并安装 CentOS 7，Troubleshooting 表示修复故障。选择第一项 Install CentOS 7，直接安装 CentOS 7，按回车键进入欢迎界面如图 2-9 所示。

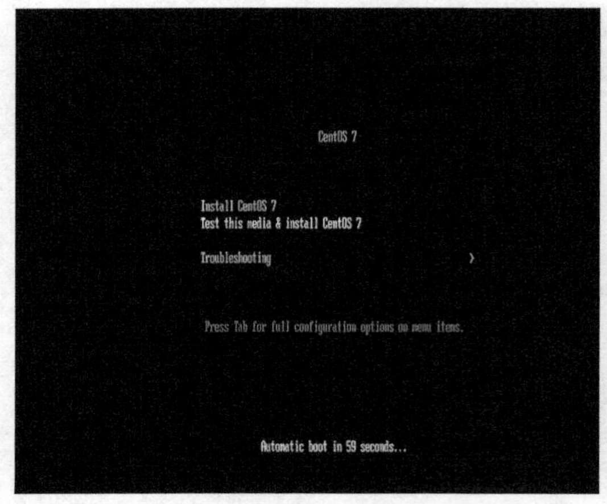

图 2-8　安装引导界面

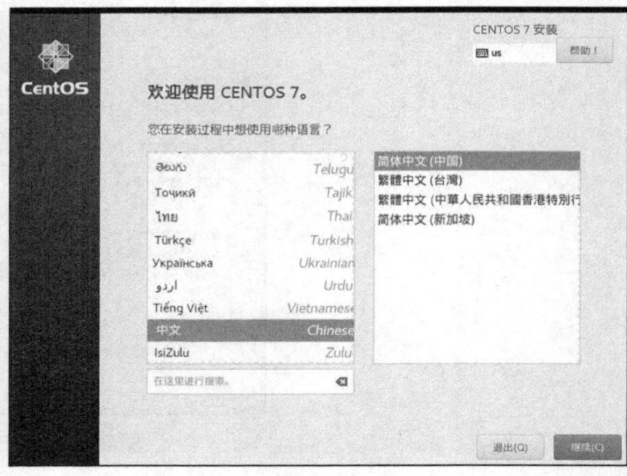

图 2-9　欢迎界面

（2）选择安装信息

在欢迎界面选择安装过程中使用的语言，读者可根据情况自行选择，此处选择“简体中文（中国）”。单击右下角“继续”按钮，进入“安装信息摘要”界面，如图 2-10 所示。安装信息分为三部分:本地化、软件和系统，单击相应图标进行配置安装，标有警告符号的部分是强制配置的，其他部分可以以后配置。其中，软件部分主要用来定制需要安装的软件包及软件包的来源，单击“软件选择”图标进入软件选择界面，如图 2-11 所示。

（3）选择安装软件

软件选择界面左侧是系统定义的基本环境，按不同用途可以选择不同的基本环境，默认是最小安装。软件选择界面右侧是每个基本环境的附加选项，用户可以根据需要定制安装软件，此处选择“GNOME 桌面”，并勾选附加选项中除“备份客户端”外的所有选项，然后单击“完成”按钮，如图 2-11 所示。

图 2-10　安装信息摘要界面

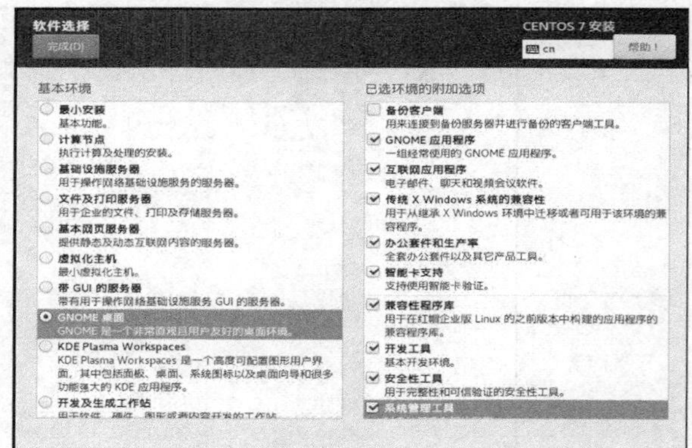

图 2-11　软件选择界面

（4）配置磁盘分区

回到安装信息摘要界面，单击“安装位置”按钮进入安装目标位置界面，如图 2-12 所示，在“其他存储选项”中，默认磁盘分区为自动配置分区，在这里可以进行磁盘划分，此处选择“我要配置分区”，单击该界面“完成”按钮，进入手动分区界面，如图2-13所示。

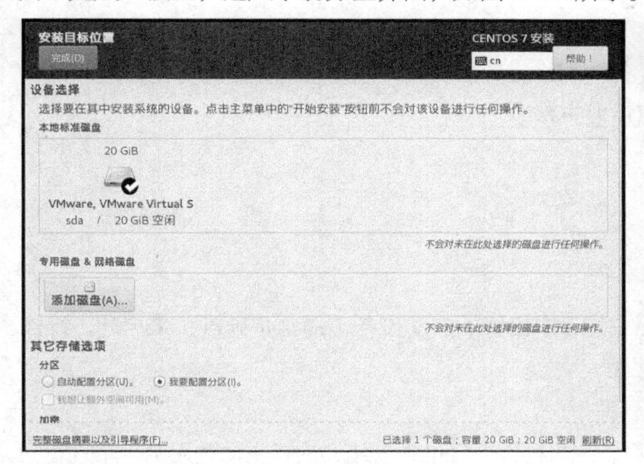

图2-12 安装目标位置界面

图2-13 手动分区界面

Linux操作系统需要创建文件系统分区，分区类型采用xfs分区，这也是Centos 7默认的文件系统类型。Linux操作系统创建分区有两种方法：一种是利用空闲的磁盘空间新建一个Linux分区；另一种是编辑一个现有的分区，使它成为Linux分区。分区方案可以参考2.2.3小节中的方法。

在手动分区界面中，单击“+”按钮可以创建新的挂载点，这里以/boot分区为例，挂载点选择/boot，设置boot分区的容量为300MB，单击“添加挂载点”按钮。以同样的方法给其他分区配置空间后，单击“完成”按钮，会弹出更改摘要界面，单击“接收更改”按钮返回到图2-10所示的安装信息摘要界面，单击右下角的“开始安装”按钮，开始安装操作系统。

（5）设置ROOT信息及创建用户

安装操作系统时，配置界面中会出现“ROOT密码”和“创建用户（U）”信息，如图2-14所示。

在Linux中，系统管理员的密码默认为Root，请注意，密码长度少于8位时将出现警告信息，此时可以忽略，或者重新输入安全级别较高的密码，点击“完成”按钮完成设置。进入“创建用户（U）”可以为Linux新建普通用户设置用户名及密码，单击“完成”按钮完成设置。

（6）初始设置

安装需要一定时间，当配置界面出现“重启”按钮时表示系统安装完成，单击“重启”按钮，系统出现“初始设置”，此时需要选择接收许可证，然后单击“完成配置”按钮，系统进入开机状态，当出现图2-15所示的用户登录界面时，CentOS 7.6系统安装完成。

图2-14 手动分区

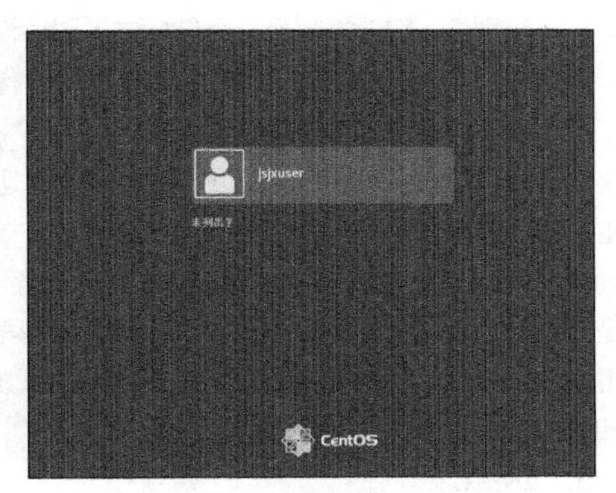

图2-15 用户登录界面

2.4 Linux 系统的启动与关闭

Linux 作为多用户的网络操作系统，系统启动涉及各项网络服务的加载，以及系统关闭时各用户之间的协调关系。Linux 系统的启动和关闭是系统管理员的一项重要工作。

2.4.1 Linux 系统的启动引导步骤

Linux 系统的启动过程具体如下所述。

1. 内核引导

打开计算机电源后，首先是 BIOS 开机自检，按照 BIOS 中设置的启动设备（通常是硬盘）来启动。操作系统接管硬件以后，首先读入 /boot 目录下的内核文件。

2. 运行 init

在内核加载完毕，进行完硬件检测与驱动程序加载后，主机硬件已经准备就绪，内核主动调用第一个进程为/sbin/init。init 进程是系统所有进程的起点，是系统所有进程的祖先进程，没有这个进程，系统中任何进程都不会启动。

init 进程的类型，按照内核版本不同而命名不同，对 CentOS 5 来说，初始化进程 init 是 SysV init，其配置文件为/etc/inittab；对 CentOS 6 来说，初始化进程 init 是 upstart，其配置文件为/etc/inittab 和/etc/init/*.conf，也就是 upstart 将配置文件拆分成多个，在/etc/init/目录下以 conf 结尾的都是 upstart 的配置文件，而/etc/inittab 仅用于设置默认运行级别；而对 CentOS 7 来说，初始化进程 init 是 systemd，其配置文件为/usr/lib/system/systemd/*和/etc/systemd/system/*。

CentOS 7 系统的第一个 systemd 进程，主要完成初始化文件系统、设置环境变量、挂载硬盘、根据设置的运行级别启动相应的守护进程，在系统运行期间监听整个文件系统。

3. 运行级别

systemd 进程获取系统控制权后，首先读取/etc/ systemd/ system/default.target 文件中的配置，找到并读取其对应运行级别的相关服务，该对应的级别文件为/lib/system/system/runlevel*N*.target，其中，*N* 表示 0～6 的数字，代表不同的运行级别。Linux 系统有以下 7 个运行级别。

运行级别 0：系统停机状态，系统默认运行级别不能设为 0，否则不能正常启动。

运行级别 1：单用户工作状态，root 权限，用于系统维护，禁止远程登录。

运行级别 2：多用户状态（没有 NFS）。

运行级别 3：完全的多用户状态（有 NFS），登录后进入控制台命令行模式。

运行级别 4：系统未使用，保留。

运行级别 5：X11 控制台，登录后进入图形模式。

运行级别 6：系统正常关闭并重启，默认运行级别不能设为 6，否则不能正常启动。

4. 执行默认级别的所有 Script

systemd 进程获取运行级别的参数后，最先运行的服务是/etc/rc.d 目录下的文件。在大多数的 Linux 发行版本中启动脚本都是位于/etc/rc.d/init.d 中的。这些脚本被用 ln 命令连接到/etc/rc.d/rcN.d 目录，这里所有的 Script 都是以 S 和 K 开头的连接文件。S 表示 Startup，也就是在系统启动时要执行的 Script，其执行的顺序是根据 S 后面的数字来决定的，数字越小则越早执行。这些 Script 有些有着相互依赖的关系及启动顺序，如果用户随意修改数字而改变启动顺序可能造成系统无法启动。K 表示 Kill，也就是在退出 Runlevel 时执行的 Script，它也是以数字为优先执行次序的。

5. 初始化

初始化主要包括设置初始的系统环境变量、设置主机名、初始化文件系统、清除临时文件、设置系统时钟等。

6. 启动系统的后台进程

启动系统的后台进程是指开机自动启动的进程（或称为服务），这些进程都由 systemd 进程管理。

7. 执行/bin/Login 程序

Login 程序会提示用户输入账号及口令，进行编码并确认口令的正确性，如果二者相符合，则开始为用户进行环境的初始化，然后将控制权交给 Shell。如果默认的 Shell 是 bash，则 bash 会先查找/etc/ profile 文件，并执行其中的命令，然后查找用户目录中是否有 bash.profile、bash.login 或.profile 文件并执行其中一个，最后出现命令提示符等待输入命令。

8. 打开登录界面

在以上步骤都正确无误执行后，系统会按照指定的 Runlevel 进入图形界面或进入字符命令的登录界面。

2.4.2 Linux 系统登录

Linux 登录模式有图形界面和字符界面，图形界面比字符界面简单直观，但是在 Linux 中使用字符界面工作十分常见。图形界面也称 X 窗口，是系统安装时默认的登录模式。字符界面占用系统资源少，比图形界面速度快，管理员可以修改默认登录的模式。

1. 字符界面与图形界面切换

字符界面中，Linux 提供了 6 个命令窗口终端机让用户进行选择登录，这 6 个窗口分别为 tty1、tty2、…、tty6，用户可以按组合键 Ctrl + Alt + F1～F6 来切换它们。默认登录的就是第一个窗口，也就是 tty1。在 VMware 虚拟机中，字符界面切换到图形界面的组合键为 Alt + Space + F1～F6。在图形界面中按组合键 Alt + Shift + Ctrl + F1～F6 可切换至字符界面。

2. 字符界面

用户通过 Shell 命令来实现对 Linux 的操作，Shell 是内核与用户的接口，负责解释用户从终端输入的命令行。字符界面如图 2-16 所示。

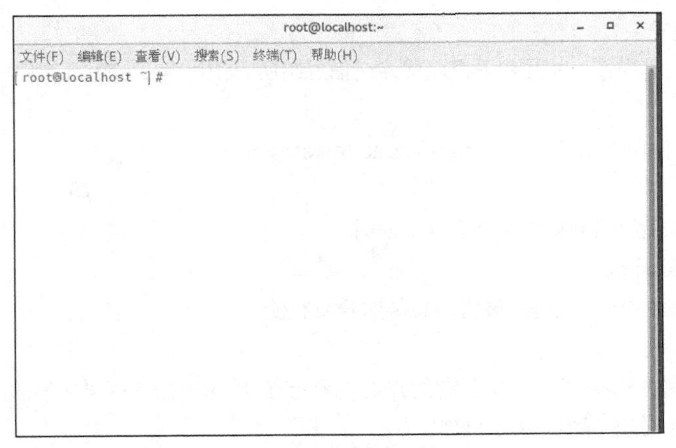

图 2-16　字符界面

以上界面中，localhost 为主机名，登录用户为 root，当前目录为 root 家目录，对应表示[当前用户名@主机名 当前目录]命令提示符，其中命令提示符表示如下。

- #：超级用户 root，对应的家目录为/root。
- $：普通用户，对应的家目录为/home/用户名。

CentOS 6 及之前的版本中，系统运行级别通过/etc/inittab 文件进行设置和控制，但在 CentOS 7 中，对这个文件的设置将不会对系统运行级别产生影响。运行级别设置需要通过命令进行启动模式的切换。命令语法如下。

【格式】systemctl [command] [unit.target]

参数说明如下。

- get-default 表示获取当前的 target；
- set-default 表示将默认运行级别设置为指定的 target。

【实例 2-1】列出常用运行级别。

```
#systemctl get-default                           #获取当前的运行级别
#systemctl  set-default  multi-user.target       #将默认运行级别设置为命令模式
#systemctl  set-default  graphical.target        #将默认运行级别设置为图形模式
#systemctl isolate multi-user.target             #不重启系统的情况下，将运行级别切换为命令模式
#systemctl isolate graphical.target              #不重启系统的情况下，将运行级别切换至图形模式
```

2.4.3 Linux 系统的重启与关闭

Linux 系统多数应用在服务器端，很少需要执行关机的操作。通过直接关掉电源的方式来关机是很不安全的，应用正确命令来执行关机操作，只有 root 用户才能执行关机或重启命令。

1. reboot 命令

【功能】用于重新启动 Linux 系统。

【格式】reboot [-n] [-w] [-d] [-f] [-i]

参数说明如下。

-n：在重开机前不做缓存资料写回硬盘的操作。

-w：并不会真的重开机，只是把记录写到 /var/log/wtmp 档案里。

-d：不把记录写到 /var/log/wtmp 档案里。

-f：强迫重开机，不呼叫 shutdown 这个指令。

-i：在重开机之前先把所有网络相关的装置停止。

2. shutdown 命令

【功能】用来进行关机操作，并且在关机以前传送信息给所有使用者正在执行的程序，shutdown 也可以用来重开机。

【格式】shutdown [-t seconds] [-rkhncfF] time [message]

参数说明如下。

- -t seconds：设定在几秒钟之后执行关机程序。
- -r：关机后重新开机。
- -k：并不会真的关机，只是将警告信息传送给所有使用者。
- -h：关机后停机。
- -n：不采用正常程序来关机，用强制的方式关闭所有执行中的程序后自行关机。
- -c：取消目前正在进行中的关机操作。
- -f：重启时不做 fcsk 操作。
- -F：重启时强迫进行 fsck 操作。
- time：设定关机的时间。
- message：传送给所有使用者的警告信息。

【实例 2-2】使用 shutdown 命令关机。

```
#sync                                   #将数据由内存同步到硬盘中
#shutdown-h 10'This server will shutdown after 10 mins'
```

```
#计算机将在10min后关机，并且会显示在登录用户的当前屏幕中
 #shutdown -h now        #立刻关机
 #shutdown -h 20:25      #系统会在今天20:25关机
 #shutdown -h +10        #10min后关机
 #shutdown -r now        #系统立刻重启
 #shutdown -r +10        #系统10min后重启
```

3. poweroff 命令

【功能】默认情况下，该命令用于回写缓冲区，并关闭系统，同时断开主机电源。

【格式】poweroff [-n] [-w] [-d] [-f] [-i] [-h]

参数说明如下。

- -n：在关机前不做将缓存写回硬盘的动作。
- -w：并不会真的关机，只是把记录写到 /var/log/wtmp 档案里。
- -d：不把记录写到 /var/log/wtmp 文件里。
- -f：强制关闭操作系统。
- -i：在关机之前先把所有网络相关的装置停止。
- -p：关闭操作系统之前将系统中所有的硬件设置为备用模式。

不管是重启系统还是关闭系统，首先要运行 sync 命令，把内存中的数据写到硬盘中。关机的命令有 shutdown–h now、halt、poweroff 和 init 0，重启系统的命令有 shutdown–r now、reboot、init 6。

2.5 本章小结

本章主要介绍 Linux 系统的安装方式、安装步骤、启动引导过程及配置文件、启动模式、登录方式、重启与关闭等内容，并详细介绍了如何在虚拟模式下安装 Linux 系统、系统启动模式的切换、多用户状态下系统如何安全关机等内容。通过本章的学习，读者可以了解 Linux 系统的整个安装过程，以及 Linux 系统的启动与关闭的基本操作方法。

2.6 习题

1. 简述 Linux 系统的启动过程。
2. Linux 系统自定义分区的要求有哪些?
3. 简述 Linux 系统的运行级别。
4. 练习 Linux 系统开机、登录、注销、关机的操作方法。
5. 练习在 Windows 下用 VMware 安装 Linux 虚拟系统。

CHAPTER03

第3章

用户接口与文本编辑器

学习目标：

- 掌握 Shell 命令格式；
- 理解命令别名与历史命令；
- 掌握输入/输出重定向与管道；
- 理解通配符与特殊符号运用；
- 掌握 vi 编辑器的运用。

本章主要介绍Shell命令的操作基础、Shell命令的实用功能及vi编辑器，内容涵盖Linux操作系统与Shell的关系、简单命令、一般命令格式、Shell高级操作、输入/输出重定向与管道、通配符与特殊符号的运用，以及vi编辑器的运用等。

3.1 Shell命令的操作基础

Shell命令是使用Linux系统的基本方式之一，用户要掌握常用的Shell命令，这样才能有效管理Linux系统。

3.1.1 Shell命令格式

Linux命令也称为Shell命令，Shell命令的标准格式如下。

【格式】命令 –[选项] [参数1] [参数2]…

（1）命令名由小写的英文字母构成，往往是表示相应功能的英文单词或单词的缩写。

（2）选项是对命令的特别定义，以"-"开头的，后面一般跟一个字母或者数字，多个选项可以合并。

（3）方括号括起的部分表示该项对命令行来说不是必须的，即是可选的。

（4）命令可以识别大小写。

（5）如果一个命令太长，一行放不下，则要在第一行行尾输入"\"字符和按回车键，这时Shell会返回一个大于号">"作为提示符，表示允许命令延续到下一行。然后用户可以接着输入命令。

（6）使用tab键可以自动补齐命令。

示例如下。

```
[root@localhost ~]# ls -al
[root@localhost ~]# ls -al  /etc
```

所有选项可用 man 命令进行使用说明的查询，而参数则由用户提供。选项决定命令如何工作，而参数则用于确定命令作用的目标。选项有短命令行选项和长命令选项两种。如果命令行中没有提供参数，命令将从标准输入（键盘）接收数据，输出结果显示在标准输出（显示器）上，也可以对操作重定向。

3.1.2 在Linux获取帮助

为了方便用户，Linux系统提供了功能强大的在线帮助命令——man命令。一般情况下，man手册页的资源主要位于/usr/share/man目录下。man命令可以格式化并显示在线帮助信息。通常使用者只要在man命令后输入想要获取的命令的名称，系统就会列出一份完整的说明，其内容包括命令语法、各选项的意义及相关命令等。命令语法如下所示。

【格式】man[命令]

man命令中常用按键及用途："空格键"为向下翻一页；"PaGe down"也为向下翻一页，"PaGe up"为向上翻一页，"home"为直接前往首页，"end"为直接前往尾页，"/"为从上至下搜索某个关键词，如"/linux"，"?"为从下至上搜索某个关键词，如"?linux"，"n"为定位到下一个搜索到的关键词，"N"为定位到上一个搜索到的关键词，"q"为退出帮助文档。

示例如下。

```
[root@localhost ~]# man ls
```

除了man命令，还有些命令可以使用--help选项显示命令的使用方法及命令选项的含义。用户只需要在需要显示的命令后面输入"--help"，就可以看到该命令的帮助内容。示例如下。

```
[root@localhost ~]# ls --help
```

3.2 Shell 命令的实用功能

Linux 系统不仅提供了许多 Shell 命令，还提供了强大的实用功能，方便用户使用，同时也丰富了 Shell 的功能。

3.2.1 history 命令

用户在操作 Linux 系统的时候，每一条命令都会被记录到命令历史中，用户可以通过命令历史查看和使用以前操作的命令。

bash 在启动的时候会读取～/.bash_history 文件，并将其载入内存中，$HISTFILE 变量就用于设置～/.bash_history 文件，bash 退出时也会把内存中的历史记录回写到～/.bash_history 文件中。

使用 history 命令可以查看命令历史记录，每一条命令前面都有一个序列号标示，其语法如下。

【格式】history [选项] [参数]

history 选项说明如表 3-1 所示。

表 3-1　history 选项说明

选项	说明
-*N*	显示历史记录中最近的 *N* 个记录
-c	清空当前历史命令
-a	将历史命令缓冲区中的命令写入历史命令文件中
-r	将历史命令文件中的命令读入当前历史命令缓冲区
-w	将当前历史命令缓冲区命令写入历史命令文件中

用户执行的命令保存在内存中，当退出或登录 Shell 时，命令会自动保存或读取到 history 文件中，默认存储 1000 条历史命令，数量是由环境变量 HISTSIZE 进行控制的。

【实例 3-1】history 命令的应用。

```
[root@localhost ~]# history                #列出所有的历史记录
[root@localhost ~]# history 10             #只列出最近10条记录
[root@localhost ~]# !99                    #使用命令记录号码执行命令，执行历史清单中的第99条命令
[root@localhost ~]# !!                     #重复执行上一条命令
[root@localhost ~]# history | more         #逐屏列出所有的历史记录
```

3.2.2 管道命令

Linux 系统的理念是汇集许多小程序，每个程序都有特殊的专长。复杂的任务不是由大型软件完成的，而是运用 Shell 的机制，组合许多小程序共同完成。管道就在其中发挥重要作用，它可以将某个命令的输出信息当作另一个命令的输入，由管道符号“|”来标识，命令处理过程如图 3-1 所示。

STDOUT　STDIN　STDOUT　STTXIN

Command 1 | Command 2 | Command 3

图 3-1　管道命令处理过程示意

【功能】将多个简单的命令集合在一起，用以实现复杂的功能。

【格式】[命令 1]|[命令 2]|[命令 3]

【实例 3-2】管道命令应用。

```
[root@localhost ~]# cal | wc -l                    #对当前月的日历输出结果进行行数的统计
[root@localhost ~]# ls -al /etc | more             #分页显示/etc目录下的文件和目录
```

3.2.3 重定向

将命令的输出结果保存到文件中，或者以文件内容作为命令的参数，这时就需要用到重定向。重定向不使用系统的标准输入端口、标准输出端口或是标准错误端口，而是进行重新的指定。常用的重定向有输出重定向和输入重定向。

1. 输出重定向

【功能】将某一命令执行的输出保存到文件中，如果已经存在相同的文件，那么覆盖原文件中的内容。

【格式】[命令] > [文件]

2. 输出追加重定向

【功能】将某一命令执行的输出添加到已经存在的文件中。

【格式】[命令] >> [文件]

【实例 3-3】输出重定向命令的应用。

```
[root@localhost ~]# date > record     #将date命令的运行结果重定向输出到record文件中
[root@localhost ~]# who >> record     #将who命令的运行结果附加重定向到record文件中
```

3. 输入重定向

【功能】将某一文件的内容作为命令的输入。

【格式】[命令] < [文件]

【实例 3-4】输入重定向命令的应用。

```
[root@localhost ~]# cat < record        #用输入重定向的方式查看record文件的内容，与cat record
命令执行结果相同
```

3.2.4 通配符与特殊符号

1. 通配符

文件名匹配使用户不必详细写出文件名称就可以指定多个文件。用一些特殊字符可实现相应功能，这些特殊字符称为通配符，常用于文件名的匹配、路径名的搜索、字符串的查找等，通配符及其意义如表 3-2 所示。

（1）通配符“*”

“*”可匹配一个或多个字符。

（2）通配符“？”

在匹配时，一个通配符“？”只能代表一个字符。

（3）通配符“[]”“-”“!”

“[]”和“-”用于指定一个符号的取值范围。

表 3-2 通配符及其意义

符号	意义
*	代表 0 个到无穷多个任意字符
?	代表一定有一个任意字符
[]	代表一定有一个在括号内的字符（非任意字符）。例如，[abcd]代表一定有一个字符，可能是 a、b、c、d 这 4 个中的任何一个
[-]	若有减号在中括号内，则代表在编码顺序内的所有字符。例如，[0-9]代表可能是 0 到 9 之间的任一数字

【实例 3-5】列出“/etc”目录下所有以 a、b、c 开头的配置文件。

```
[root@localhost ~]# ls /ect/[abc]*.conf
[root@localhost ~]# ls /etc/[a-c]*.conf
[root@localhost ~]# ls /ect/[!d-c]*.conf
```

2. 特殊符号

（1）分号“;”

用于隔开多条命令并使它们能够连续执行，输出的结果是多个命令连续执行后的输出结果。

【实例 3-6】连续执行 who 和 date 命令。

```
[root@localhost ~]# who; date
```

（2）符号“&”

用于指定当前命令在后台执行。

【实例 3-7】复制一个大文件 file 时需要占用较长时间，将复制工作放到后台执行，执行时返回的结果是该命令的作业号和进程 PID 号。

```
[root@localhost ~]# cp file /tmp/filetmp &
[1] 27343
```

3.3 vi 编辑器

虚拟界面（Visual Interface，vi）编辑器是 Linux 系统字符界面下最常使用的文本编辑器，用于编辑任何 ASCII 文本，对于编辑源程序尤其有用。vi 编辑器功能非常强大，通过 vi 编辑器，可以对文本进行创建、查找、替换、删除、复制和粘贴等操作，它是 UNIX 及 Linux 下标准的全屏幕文本编辑器，不是字处理器，所以不支持对文字格式的处理，不能设置排版格式。

通常使用 vi 编辑器编辑配置文件、编写代码、记录信息等。在 Linux 系统 Shell 提示符下输入 vi 和文件名称后，就进入 vi 编辑界面。如果系统内不存在该文件，就意味着创建文件，如果系统内存在该文件，就意味着打开并编辑该文件。

Vim（vi 的增强版），又称 Vi Improved，它兼容所有标准 vi 的操作，并且有多窗口编辑、多风格显示等新功能。

CentOS 7.6 默认提供的 vi 版本是 Vim（Vi Improved 7.4）。

3.3.1 vi 编辑器的 3 种工作模式和转换

对一些从图形界面转入 vi 的开发者来说，了解 vi 编辑器的工作模式十分重要。本节将深入讨论 vi 编辑器的工作模式。

vi 编辑器有 3 种基本工作模式，分别是命令模式、文本输入模式和末行模式。下面详细介绍这 3 种模式。

1. 命令模式

该模式是进入 vi 编辑器后的默认模式。任何时候，不管用户处于何种模式，按 Esc 键即可进入命令模式。在命令模式下，用户可以输入 vi 命令用于管理自己的文档。此时从键盘上输入的任何字符都被当作编辑命令来解释。若输入的字符是合法的 vi 命令，则 vi 在接收用户命令之后完成相应的操作。

但需注意的是，所输入的命令并不回显在屏幕上。若输入的字符不是 vi 的合法命令，vi 会响铃报警。

2. 文本输入模式

在命令模式下输入插入命令 i、附加命令 a、打开命令 o、修改命令 c、取代命令 r 或替换命令 s，都可以进入文本输入模式。

在该模式下，用户输入的任何字符都被 vi 当作文件内容保存起来，并显示在屏幕上。在文本输入过程中，若想回到命令模式下，按 Esc 键即可。

3. 末行模式

末行模式也称 ex 转义模式。在命令模式下，用户按“:”键即可进入末行模式，此时 vi 会在显示窗口的最后一行（通常也是屏幕的最后一行）显示一个“:”作为末行模式的说明符，等待用户输入命令。多数文件管理命令都是在此模式下执行的（如把编辑缓冲区的内容写到文件中等）。末行命令执行完后，vi 自动回到命令模式。

vi 编辑器的 3 种模式的转换如图 3-2 所示。

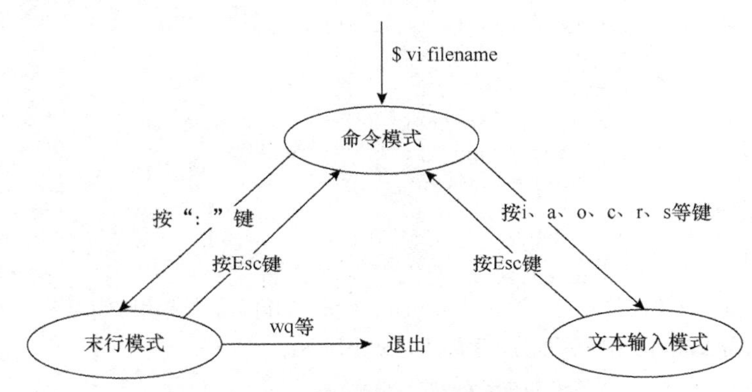

图 3-2　vi 编辑器的 3 种模式的转换

3.3.2　vi 编辑器的启动、保存、退出

1. vi 编辑器的启动

【功能】打开一个 Shell 终端，在说明符后输入 vi 和想要编辑的文件名，便可进入 vi 编辑器。

【格式】vi filename

【实例 3-8】进入 vi 编辑器，编辑一个名为 test.c 的文件。

```
[root@localhost ~]# vi test.c
```

屏幕显示如下。

```
~
~~
"test.c" [New File]
```

其中，“test.c”是一个新文件，里面还没有任何内容。“[New File]”表示新建文件并没有以该文件存盘，此时在缓冲区工作。“□”表示光标，默认在屏幕的左上角。每一行开头都有一个“~”符号，表示空行。

如果只输入 vi 而不带文件名，也可以进入 vi 编辑器。这时编辑的文件是没有文件名的，所以在退出 vi 编辑器时，需要在退出命令后输入文件名，这样才能保证该文件被保存在硬盘中。

进入 vi 编辑器之后，首先进入的就是命令模式，也就是说等待命令输入而不是文本输入。这时输入的字母都将作为命令来解释。

最后一行也称状态行，显示当前正在编辑的文件名及其状态。如本例是[New File]，表示 test.c 是一个新建的文件，其中还没有任何内容。如果 test.c 文件已在系统中存在，那么输入上述命令后，屏幕上将显示该文件的内容，并且光标停在第 1 行的首位，状态行显示该文件的文件名、行数和字符数。

如果用户希望进入 vi 编辑器后，光标处于文件中特定的某行上，则可在 vi 命令上加上行号和文件名。

【格式】vi +行号 文件名

【实例 3-9】在 Shell 终端中打开 vi 编辑器，并打开名为 test.c 的文件，将光标定位在第 4 行。

```
[root@localhost ~]# vi +4 test.c
```

屏幕显示如下。

```
[root@localhost ~]# include <stdio.h>
                    int add(int a, int b)
                    {
                      return a + b;
                    }
                    int main(void)
                    {
                    int i,sum;
                    for (i=0;i<3;i++){
                         sum = add(i,i+1);
                         printf("%d/n",sum);
                         }
                    }
                    "test.c"13L,175C
```

光标将位于文件 test.c 中的第 4 行，语句“return a + b;”的行首。如果用户希望进入 vi 编辑器后光标处于文件最末行，则只需去掉命令中+后面的数字即可，如下所示。

```
[root@localhost ~]# vi + test.c
```

这时光标会停留在最后一行的“}”字符。

2. vi 编辑器的存盘和退出

退出 vi 编辑器的方式有多种，下面是常用的存盘和退出方式。

（1）命令 q

【功能】如果退出时当前编辑文件尚未保存，则 vi 编辑器并不退出，而是继续等待用户的命令，并且会在显示窗口的最末行说明如下信息。

```
No write since last change (use! to overrides)
```

【格式】:q

注意：当用户不清楚自己当前编译的文件是否被修改时，可以使用该命令进行测试，而不必担心因为误操作导致文件数据丢失。

（2）命令 q!

【功能】不论文件是否改变都会强行退出 vi 编辑器，此命令用户应当慎用。

【格式】:q!

（3）命令 w

【功能】vi 编辑器保存当前编辑文件，但并不退出，而是继续等待用户输入命令。在使用 w 命令时，可以再给当前编辑文件起一个新的文件名。这个功能相当于将该文件另存为一个新的文件。

【格式】w　新文件名

【实例 3-10】将 main.c 文件另存为 test.c 文件。

```
[root@localhost ~]# include"common.h"
int main(void)
{
```

```
int a,b;
sacnf("%d %d,&af &b);
swap (a,b);
printf ("%d, %d\n",a,b);
return 0;
}
:w test.c
```

保存之后使用:q 命令退出 vi 编辑器，再使用 ls 命令查看当前目录下的文件时，会发现多了一个 test.c 文件，该文件的内容和 main.c 一致。可以使用 cat 命令查看该文件的内容，main.c 文件的内容不受影响。若指定的新文件是一个已存在的文件，则 vi 编辑器在显示窗口的状态行给出如下说明信息。

```
File exists (use! To override)
```

注意：:w 命令可以防止因误操作覆盖已经存在的文件，用户可以选择另外的文件名来保存当前文件。

（4）命令 w!

【功能】该命令与:w 命令相似，所不同的是，即使指定的新文件存在，vi 编辑器也会用当前编辑文件对其进行替换，而不再询问用户。因此，此命令同样要慎用。

【格式】:w! 新文件名

（5）命令 wq

【功能】vi 编辑器将先保存文件，然后退出并返回 Shell。如果当前文件尚未命名，则需要指定一个文件名。

【格式】:wq

3.3.3 命令模式下的操作

命令模式是 3 种模式转换的中间过渡模式，命令模式下用户输入的任何字符都被 vi 编辑器当作命令加以解释执行，用户通过输入命令来完成对文本的编辑、修改等工作。

1. 命令模式到文本输入模式的转换命令

使用文本插入命令可以将 vi 编辑器切换到文本输入模式，这时用户输入的字符将被当作文本内容，文本插入命令及功能如表 3-3 所示。

表 3-3 文本插入命令及功能

命令	功能
i	在光标之前插入内容
a	在光标之后插入内容
I	在光标当前行的开始部分插入内容
A	在光标当前行的末尾插入内容
o	在光标所在行的下面新增一行
O	在光标所在行的上面新增一行

2. 命令模式下的光标移动

命令模式下，利用光标移动命令可以快速地定位光标，光标移动命令及功能如表 3-4 所示。

表 3-4 光标移动命令及功能

命令	功能
h（←）	将光标向左移动一格
l（→）	将光标向右移动一格

续表

命令	功能
j（↓）	将光标向下移动一格
k（↑）	将光标向上移动一格
Ctrl+b	使光标往上移动一页屏幕
Ctrl+f	使光标往下移动一页屏幕
Ctrl+u	使光标往上移动半页屏幕
Ctrl+d	使光标往下移动半页屏幕
0（数字 0）	使光标移到所在行的行首
$	使光标移到光标所在行的行尾
^	使光标移到光标所在行的行首
w	使光标跳到下一个字的开头
W	使光标跳到下一个字的开头，但会忽略一些标点符号
G	使光标移到文件尾（最后一行的第一个非空白字符处）
gg	使光标移到文件首（第一行第一个非空白字符处）

3. 文本删除命令

vi 编辑器可以在命令模式下删除文本。在命令模式下，vi 编辑器提供了许多删除命令。常用的文本删除命令如表 3-5 所示。

表 3-5　文本删除命令

文本删除命令	命令的意义	文本删除命令	命令的意义
x	删除光标处的字符。若在 x 之前加上一个数字 *n*，则删除从光标所在位置开始向右的 *n* 个字符	D 或 d$	删除从光标所在处开始到行尾的内容
X	删除光标前面的字符。若在 X 之前加上一个数字 *n*，则删除从光标前面那个字符开始向左的 *n* 个字符	d0	删除从光标前一个字符开始到行首的内容
dd	删除光标所在的整行。在 dd 前可加上一个数字 *n*，表示删除当前行及其后 *n*-1 行的内容	dw	删除一个单词。若光标处在某个词的中间，则从光标所在位置开始删至词尾

4. 复制和粘贴命令

vi 编辑器可以在编辑模式和命令模式下复制文本。常用的文本复制命令如表 3-6 所示。

表 3-6　文本复制命令

文本复制命令	命令的意义	文本复制命令	命令的意义
yy	复制光标所在的整行。在 yy 前可加一个数字 *n*，表示复制当前行及其后 *n*-1 行的内容	y0	复制从光标前一个字符开始到行首的内容
Y 或 y$	复制从光标所在处开始到行尾的内容	yw	复制一个单词。若光标处在某个词的中间，则从光标所在位置开始复制至词尾

与文本复制有关的命令分为两类。

（1）文本粘贴命令

p 命令：粘贴命令，粘贴当前缓冲区中的内容。

（2）文本选择命令

v 命令：在命令模式下进行文本选择。在需要选择的文本的起始处按 v 键进入块选择模式，然后移动光标到块尾处。这之间的部分被高亮显示，表示被选中。

V 命令：在命令模式下按行进行文本选择。在需要选择的文本的第一行按 V 键，然后移动光标到块的最后一行。这之间的所有行被高亮显示，表示被选中。

5. 替换和撤销命令

（1）替换命令

① r 命令：该命令将当前光标所指的字符替换为提供的字符。可以在该命令之前加上数字 *n*，表示将从当前字符开始的 *n* 个字符替换为提供的字符。

② R 命令：该命令会让 vi 编辑器进入 replace 模式。在此模式下，每个输入的字符都会替换当前光标下的字符，直到按 Esc 键结束该模式。

（2）撤销命令

撤销前一次的误操作或不合适的操作对文件造成的影响。撤销命令分为以下两种。

① u 命令：该命令撤销上一次所做的操作。多次使用 u 命令会依次撤销之前做过的操作（在一次切换到文本输入模式中输入的所有文本算一次操作）。

② U 命令：该命令会一次性撤销自上次移动到当前行以来做过的所有操作，再使用一次 U 命令则恢复之前 U 命令所撤销的内容。

3.3.4 末行模式下的操作

进入末行模式的方法是在命令模式下输入冒号“:”，在状态行中出现的冒号提示符下输入命令并按 Enter 键，则完成了一次末行命令的执行。通常末行命令用来写文件或读文件，每执行完一次末行命令，则光标切换到命令模式下的文本文件中，要执行下一个末行命令，则需要重新输入冒号“:”。

1. 命令定位

除了用命令模式的相应命令外，末行命令也可以进行定位操作。

在末行模式下指定行号，例如，光标定位到第 10 行的行首。

```
: 10 <回车>
```

在末行模式下，用户可以使用不同的命令对需要的字符串进行查找。查找命令有 5 种。

（1）/ 命令

示例如下。

```
/string <回车>                #/命令从光标处开始向后寻找字符串string
```

（2）? 命令

示例如下。

```
?string <回车>                #? 命令从光标处开始向前寻找字符串string
```

（3）n 命令

n 命令重复上一条检索命令。

（4）N 命令

N 命令重复上一条检索命令，但检索方向改变。例如，上次的检索命令是向前检索，那么此次检索的方向是向后；如果上次的检索命令是向后检索，那么此次检索的方向是向前。

2. 全局替换命令

全局替换命令是在末行模式下的组合命令，可以对文件进行复杂的修改。

【格式】[range]s/s1/s2/ [option]

参数说明如下。

[range]：表示检索范围，省略时表示当前行，示例如下。

- 1,10 表示从第 1 行到 10 行。
- %表示整个文件，同 1, $。

s：为替换命令。

s1：要被替换的串，s2 为替换的串。

option：表示选项。

- /g 表示在全局文件中进行替换。
- /c 表示在每次替换之前需要用户进行确认。
- 省略时仅对每行第一个匹配串进行替换。

3. 属性设置命令

vi 编辑器提供可以设置其环境属性的命令，这些命令如下。

（1）行号设置命令，示例如下。

```
:set nu(noun)
```

该命令显示行号（或者不显示行号）。

（2）显示设置命令，示例如下。

```
:set hlsearch(nohlsearch)
```

该命令设定搜寻到的字符串反白显示（或者不反白显示）。

（3）语法缩进命令，示例如下。

```
:set autoindent
```

该命令实现程序语法自动缩进。

（4）文件存储命令，示例如下。

```
:set backup(nobackup)
```

该命令自动储存备份文件（或者不自动备份文件）。

（5）显示选项命令，示例如下。

```
:set all
```

该命令显示所有的选项。

（6）语法高亮命令，示例如下。

```
:syntax on (off)
```

该命令实现程序语法高亮显示（或者不高亮显示）。

3.3.5 使用 vi 编辑器编辑文件实例

【实例 3-11】使用 vi 编辑器编辑文件。

（1）复制/etc/passwd 文件到/home/student 目录下，文件名为 passwd.bak。

（2）运用 vi 编辑器完成以下任务。

任务 1：列出文件中每一行的行号。

操作如下。

```
:set nu
```

任务 2：移动光标到第 9 行行首，再向右移动 15 个字符。移动光标到第 5 行尾，再向左移动 5 个字符。最后移动光标到文件末行。

操作如下。

用“gg”将光标移动到首行行首，再用“8j”将光标移动到第9行行首，也可以使用“9G”将光标直接移动到第9行行首。

用“15l”将光标向右移动15个字符。

用“5G”将光标移动到第5行，用“$”将光标移动到本行行尾。

用“5h”将光标向左移动5个字符。

用“G”将光标移动到文件末行。

任务 3：移动光标到第 1 行行首，再向下搜寻“sbin”字符串，把第 5 行到第 10 行之间的“sbin”替换为“SBIN”，并且一个一个筛选是否需要替换。

操作如下。

用“gg”将光标移动到首行行首。

在命令模式下输入“/”：（或在末行模式下输入“:/”），输入“sbin”，从光标处向下查找“sbin”字符串。

在末行模式下输入“: 5,10s/sbin/SBIN/gc”。

任务 4：复制第 6 行到第 10 行这 5 行的内容，并且将其粘贴到最后一行之后。

操作如下。

用“6G”将光标移动到文本第6行。

用“5yy”复制第6行到第10行。

用“G”将光标移动到文件末行。

用“p”将已经复制的数据粘贴到光标的下一行。

任务 5：删除第 11 行到第 20 行之间的 10 行，光标定位到第 10 行行首，并且删除 15 个字符。

操作如下。

用“11G”将光标定位到第11行。

用“10dd”删除第11行到第20行。

用“10G”将光标定位到第10行。

用“15x”删除15个字符。

3.4 本章小结

Shell 是用户和操作系统之间的一个接口。用户在命令提示符下输入的每个命令都首先由 Shell 程序进行解释，然后再传给 Linux 内核。Shell 是一个命令解释器。Shell 命令可以识别大小写。

vi 是“visual interface（虚拟界面）”的简称，它是 Unix 及 Linux 下标准的全屏幕文本编辑器。通过 vi 编辑器，用户可以实现输出、删除、查找、替换、块操作等众多文本操作。

3.5 习题

一、简答题

1. 什么是 Shell？它的功能是什么？
2. 管道命名的作用是什么？
3. vi 编辑器的工作模式有哪些？相互之间如何转换？

二、实验题

复制/etc/passwd 文件到/tmp 目录下，命名为 temp.txt，用 vi 编辑器打开 temp.txt，进行如下操作。

（1）复制文件中从第 5 行开始的 4 行内容，并将其粘贴到最后一行。

（2）删除文件的第 16 行。

（3）删除文件的前 10 行。

（4）将剩余文件的第 5 行剪切到第 10 行下面。

（5）复制文件的全部内容并粘贴到文件的最后一行下面。

（6）复制文件的第 5 行到第 10 行，粘贴到第 19 行下面。

（7）将文件中第 5 行到第 10 行的“nologin”替换成“8888”。

CHAPTER04

第4章

Linux文件系统

学习目标：

- ❑ 理解 Linux 目录结构、绝对路径和相对路径；
- ❑ 掌握文件类型；
- ❑ 掌握目录切换、创建和删除；
- ❑ 掌握文件的查看、创建、复制、剪切、删除；
- ❑ 理解链接文件；
- ❑ 掌握文件权限的设置。

文件系统是操作系统的重要部分，用户使用计算机时经常执行和文件相关的操作，如创建、读取、修改和执行文件，因此，用户要掌握文件系统的基本知识和操作方法。本章主要介绍 Linux 系统的文件及其类型，Linux 系统的文件操作命令及文件的权限等。

4.1 Linux 系统的文件及其类型

4.1.1 Linux 系统的目录结构

Linux 采用树状结构的文件系统，由目录和目录下的文件构成。但 Linux 文件系统不使用驱动器，而是使用单一的根目录结构，所有的分区都挂载到单一的“/”目录上。

Linux 文件系统遵循文件系统层次化标准（Filesystem Hierarchy Standard，FHS）标准，所有 Linux 文件系统都有标准的文件和目录结构，那些标准的目录又包含一些特定的文件。系统至少有 12 个目录，目录结构如图 4-1 所示。

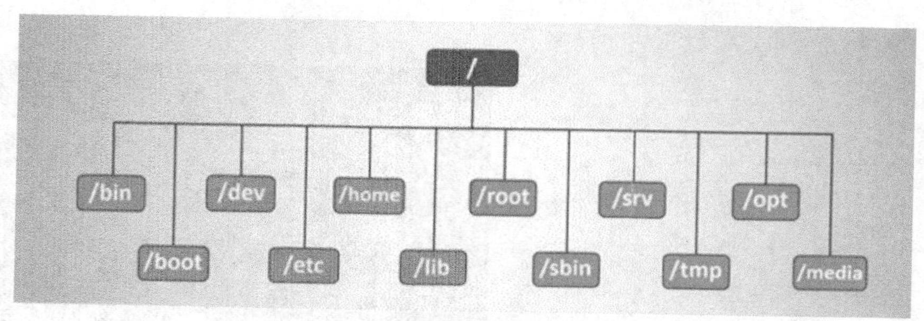

图 4-1　目录结构

以下是对这些目录的说明。

1. /bin

bin 是 Binaries（二进制文件） 的缩写，这个目录存放经常使用的命令。

2. /boot

这里存放的是启动 Linux 时使用的一些核心文件，包括一些链接文件及镜像文件。

3. /dev

dev 是 Device（设备） 的缩写，该目录下存放的是 Linux 的外部设备，在 Linux 中访问设备的方式和访问文件的方式是相同的。

4. /etc

etc 是 Etcetera（等等） 的缩写，这个目录用来存放所有的系统管理所需要的配置文件和子目录。

5. /home

/home 是用户的主目录。在 Linux 中，每个用户都有一个自己的目录位于/home 目录下，一般目录名是以用户的账号命名的。

6. /lib

lib 是 Library（库）的缩写。这个目录里存放着系统最基本的动态连接共享库，其作用类似于 Windows 里的 DLL 文件。几乎所有的应用程序都需要用到这些共享库。

7. /media

Linux 系统会自动识别一些设备，例如 U 盘、光驱等，识别好后，Linux 会把识别的设备挂载到/media

目录下。

8. /opt

opt是optional（可选）的缩写。/opt是给主机额外安装软件而设置的目录。例如，用户要安装一个Oracle数据库，就可以放到这个目录下。其默认是空的。

9. /root

该目录为系统管理员主目录，也称作超级权限者的用户主目录。

10. /sbin

sbin是Superuser Binaries（超级用户的二进制文件）的缩写，这里存放的是系统管理员使用的系统管理程序。

11. /tmp

tmp是temporary（临时）的缩写，这个目录是用来存放一些临时文件的。

12. /etc

该目录下存放着系统中的配置文件，如果用户更改了该目录下的某个文件，可能会导致系统不能启动。

4.1.2 Linux系统的文件类型

文件是操作系统用来存储信息的基本结构，是存储在某种介质上的一组信息的集合，通常通过文件名来标识文件。不同的操作系统对文件的命名方式一般也不同，在Linux系统中，文件的命名必须遵循如下规则。

Linux系统下的文件名长度最多可为256个字符。通常情况下，文件名的字符包括字母、数字、“.”（点）、“_”（下画线）和“-”（连字符），文件名区分大小写。文件没有扩展名的概念，以“.”开头的是隐藏文件，以“~”结尾的是备份文件。

在Linux系统中除了一般文件外，所有的目录和设备（如光驱、硬盘等）也都是以文件的形式存在的。Linux文件类型和Linux文件的文件名所代表的意义是两个不同的概念。通过一般应用程序创建的文件，比如file.txt、file.tar.gz，这些文件虽然要用不同的程序来打开，但放在Linux文件类型中衡量的话，大多称为普通文件。系统为了进行类型区分，不同文件都带有不同的颜色，如图4-2所示。

- 绿色文件：可执行文件、可执行的程序
- 红色文件：压缩文件或者包文件
- 蓝色文件：目录
- 白色文件：一般性文件，如文本文件、配置文件、源码文件等
- 浅蓝色文件：链接文件，主要是使用ln命令建立的文件
- 红色闪烁：表示链接的文件有问题
- 黄色：表示设备文件
- 灰色：表示其他文件

图4-2　文件类型颜色

Linux系统常用的文件类型包括普通文件、目录文件、设备文件、管道文件、链接文件及套接口文件，下面进行详细说明。

1. 普通文件

普通文件是计算机操作系统用于存放数据、程序等信息的文件，一般长期存放于外存储器（磁盘、磁带等）中。普通文件一般包括文本文件、数据文件、可执行的二进制程序文件等。

Linux系统可以使用file命令来确定指定文件的类型，该命令可以将任意多个文件名当作参数。

【格式】file [文件或目录]

【实例4-1】file命令的应用。

```
# file install.log
install.log: UTF-8 Unicode text
# ls -l /var/mail
```

```
lrwxrwxrwx 1 root root 10 08-20 00:11 /var/mail -> spool/mail
# file /var/mail
/var/mail: symbolic link to `spool/mail'
```

2. 目录文件

目录文件也称文件夹，在系统中被当作一类特殊的文件，利用它可以构成系统的分层树形结构。每个目录的第一项都表示目录本身，并以“.”作为它的文件名。每个目录的第二项的名称是“..”，表示该目录的父目录。

Linux 路径由到达定位文件的目录组成。在 Linux 系统中组成路径的目录分割符为“/”，而 DOS 系统则用“\”来分割各个目录。路径的表示方法有两种：绝对路径和相对路径。

绝对路径：路径的写法，由根目录/写起，如/usr/share/doc 这个目录。

相对路径：路径的写法，不是由/写起，例如由/usr/share/doc 到/usr/share/man 中时，可以写成 cd../man，这就是相对路径的写法。

3. 设备文件

Linux 系统把每个设备都映射成一个文件，这就是设备文件，它是用于向 I/O 设备提供连接的一种文件，分为字符设备和块设备文件。

字符设备的存取以一个字符为单位，块设备的存取以字符块为单位，通常设备文件在/dev 目录下。

4. 管道文件

管道是一种两个进程间进行单向通信的机制。

5. 链接文件

Linux 系统具有为一个文件命名多个名称的功能，称为链接，被链接的文件可以存在相同或不同的目录下。链接文件有两种，一种是符号链接，也称为软链接；另一种是硬链接。

6. 套接口文件

套接口文件主要用于网络通信，也可以是一台主机上的进程之间的通信。

使用 ls－l 命令列目录时，输出信息的每一行的第一个字符代表文件类型，示例如下。

```
# ls - l
total 64
dr-xr-xr-x   2 root root 4096 Dec 18  2020 bin
dr-xr-xr-x   4 root root 4096 Apr 10  2020 boot
……
```

上文中，bin 文件的第一个属性用 d 表示。d 在 Linux 中代表该文件是一个目录文件。在 Linux 中第一个字符代表这个文件是目录、文件或链接文件等。

为 d 时是目录；为 - 时是普通文件；若是 l，则为符号链接文件（link file）；若是 b，则为块设备文件；若是 c，则为字符设备文件，例如键盘、鼠标等。

4.2 Linux 系统的文件操作命令

文件操作是操作系统为用户提供的基本功能之一，Linux 操作系统具有强大的文件操作命令，虽然图形界面的功能很强大，但是在字符命令下，用户能够非常快捷地完成一些特定的任务，并且可以实现多用户下远程终端使用 Linux 系统，这是图形界面方式无法比拟的。下面介绍一些常用的文件操作命令。

4.2.1 切换、创建和删除目录

1. pwd 命令

【功能】使用 pwd 命令可以显示当前的工作目录，后面不带参数。

【格式】pwd

2. cd命令

【功能】该命令更改用户的工作目录路径，工作目录路径可以使用绝对路径名或相对路径名，绝对路径从/（根）开始，然后依次到所需的目录下，相对路径从当前目录开始。

【格式】cd [相对路径或绝对路径]

【实例4-2】cd命令的应用。

```
# cd /root/student/        #使用绝对路径切换到student目录
# cd ./student/            #使用相对路径切换到student目录
# cd ~                     # 表示回到自己的家目录
# cd ..                    # 表示去到目前的上一级目录
```

3. mkdir命令

【功能】创建一个新的目录，新建目录的名称不能与当前目录中已有的目录或文件同名，并且目录创建者必须对当前目录具有写权限。

【格式】mkdir [参数] 目录名

参数说明如下。

- -m：对新建目录设置存取权限。
- -p：如果欲建立的目录的上层目录尚未建立，则一并建立其上的所有祖先目录。

【实例4-3】在/tmp目录下创建新目录。

```
# cd /tmp
# mkdir test                            #创建名为test的新目录
# mkdir test1/test2/test3/test4
mkdir: cannot create directory `test1/test2/test3/test4':
No such file or directory               #没办法直接创建此目录
# mkdir -p test1/test2/test3/test4      #加-p的选项，实现创建多层目录
```

【实例4-4】创建权限为drwx--x--x的目录。

```
# mkdir -m 711 test2
# ls -l
drwxr-xr-x  3 root  root 4096 Jul 28 18:50 test
drwxr-xr-x  3 root  root 4096 Jul 28 18:53 test1
drwx--x--x  2 root  root 4096 Jul 28 18:54 test2
```

注意：上面的权限部分，如果没有加上 -m 来强制配置属性，系统会使用默认属性，如果使用 -m，如【实例4-4】使用 -m 711来给予新的目录drwx--x--x权限。

4. rmdir命令

【功能】该命令是从一个目录中删除一个或多个子目录项。需要注意的是，一个目录被删除之前必须是空的。如果要删除的目录不空，将产生错误提示。删除某一个目录时，必须具有对其父目录的写权限。

【格式】rmdir [-p] 目录

参数说明如下。

- -p：表示递归删除目录，当子目录删除后，其父目录为空时也一同被删除。

【实例4-5】将mkdir实例中创建的目录（/tmp下）删除。

```
# ls -l
drwxr-xr-x  3 root  root 4096 Jul 28 18:50 test
drwxr-xr-x  3 root  root 4096 Jul 28 18:53 test1
```

```
drwx--x--x  2 root  root 4096 Jul 28 18:54 test2
# rmdir test
# rmdir test1
rmdir: `test1': Directory not empty
# rmdir -p test1/test2/test3/test4
# ls -l
drwx--x--x  2 root  root 4096 Jul 18 12:54 test2
```

注意：rmdir 仅能删除空的目录，但可以使用 rm 命令来删除非空目录。

4.2.2 查看文件

查看文件主要使用 ls 命令。

【功能】显示目录内容，默认显示当前目录的文件列表。如果给出的参数是文件，则仅列出与该文件有关的信息。

【格式】ls [选项] [文件或目录]

参数说明如下。

- -l：以长格式来显示文件的详细信息，包含文件的属性与权限等。
- -a：显示指定目录下的所有子目录和文件，包括隐藏文件。

【实例 4-6】以长格式的形式显示/root 目录下所有文件，包括掩藏文件。

```
# ls - al /root
```

ls 命令执行结果如图 4-3 所示，ls 命令详细信息如表 4-1 所示。

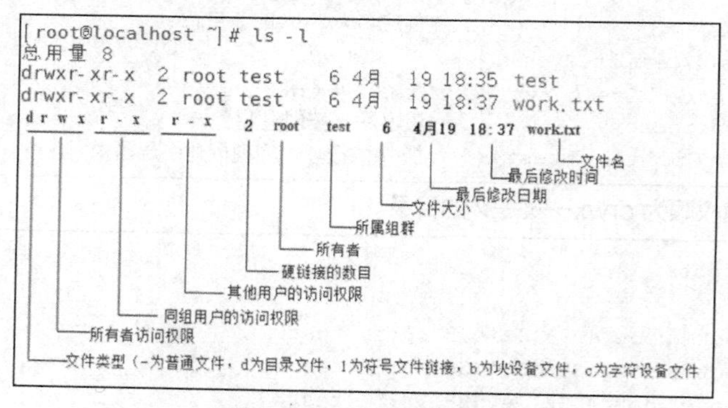

图 4-3 ls 命令执行结果

表 4-1 ls 命令详细信息

列数	描述
第 1 列	第 1 个字符表示文件的类型，第 2～4 个字符表示文件的用户所有者对此文件的访问权限，第 5～7 个字符表示文件的组群所有者对此文件的访问权限，第 8～10 个字符表示其他用户对此文件的访问权限
第 2 列	文件的链接数
第 3 列	文件的用户所有者
第 4 列	文件的组群所有者
第 5 列	文件长度（也就是文件大小，不是文件的硬盘占用量）
第 6～8 列	文件的更改时间（mtime），或者是文件的最后访问时间（atime）
第 9 列	文件名称

4.2.3 复制、移动、删除和创建文件

文件的复制、删除及移动都是常用的文件操作，但也是危险的操作，复制及移动会覆盖已存在的文件，删除的文件不能恢复，所以系统会对这些操作确认，用户要谨慎使用这些操作。

1. 复制文件和目录命令 cp

【功能】复制文件和目录到其他目录中。

【格式】cp [选项] [源文件或目录] [目标文件或目录]

参数说明如下。

- -a：该选项通常在复制目录时使用，它保留链接、文件属性，并递归地复制目录。
- -d：复制时保留链接。
- -f：在覆盖目标文件之前不给出要求用户确认的提示信息。
- -i：交互式复制，在覆盖目标文件之前给出提示要求用户确认。
- -p：此时 cp 命令除复制源文件的内容，还将把其修改时间和访问权限也复制到新文件中。
- -r：若给出的源文件是目录文件，则 cp 将递归复制该目录下的所有子目录和文件，目标文件必须为一个目录名。

【实例 4-7】用 root 身份，将 root 目录下的 .bashrc 复制到/tmp 下，并命名为 bashrc。

```
# cp  ~/.bashrc  /tmp/bashrc
# cp -i  ~/.bashrc  /tmp/bashrc
cp: overwrite `/tmp/bashrc'? n         #n不覆盖，y为覆盖
```

2. 移动（剪切）命令 mv

【功能】可以对文件和目录更改名称以及移动文件和目录。

【格式】mv [参数] [源文件或目录] [目标文件或目录]

参数说明如下。

- -i：交互方式操作，如果 mv 操作将导致对已存在的目标文件进行覆盖，系统会询问是否重写，要求用户回答以避免误覆盖文件。
- -f：禁止交互式操作，如有覆盖也不会给出提示。

【实例 4-8】复制一个文件，创建一个目录，将文件移动到该目录中。

```
# cd  /tmp
[root@localhost tmp]# cp  ~/.bashrc  bashrc
[root@localhost tmp]# mkdir  mvtest
[root@localhost tmp]# mv  bashrc  mvtest
[root@localhost tmp]# mv mvtest  mvtest2
```

3. 删除文件（目录）命令 rm

【功能】删除系统中的文件或目录。

【格式】rm [选项] [源文件或目录] [目标文件或目录]

参数说明如下。

- -f：在覆盖目标文件之前不给出要求用户确认的提示信息。
- -i：互动模式，在删除前会询问使用者是否执行操作。
- -r：将参数中列出的全部目录和子目录均递归地删除。

【实例 4-9】将 cp 的实例中创建的 bashrc 删除。

```
# rm -i bashrc
rm: remove regular file `bashrc'? y
```

注意：使用 -i 的选项在删除前会询问使用者是否删除，以避免误操作。

4. touch 命令

【功能】改变文件和目录时间。如果文件不存在，touch 命令会创建一个新文件。

【格式】touch [-acfm] [-d <日期时间>] [-r <参考文件或目录>] [-t <日期时间>] [文件]

选项及参数说明如下。

- -a：改变文件的读取时间记录。
- -m：改变文件的修改时间记录。
- -c：假如目标文件不存在，不会建立新的文件。
- -f：不使用，是为了与其他 UNIX 系统的相容性而保留的。
- -r：使用参考文件的时间记录，与 --file 的效果一样。
- -d：设定时间与日期，可以使用各种不同的格式。
- -t：设定文件的时间记录，格式与 date 命令相同。

【实例 4-10】使用命令"touch"修改文件"testfile"的时间属性为当前系统时间。

```
$ touch testfile                    #修改文件的时间属性
```

使用命令"touch"时，如果指定的文件不存在，则将创建一个新的空白文件。例如，在当前目录下，使用该命令创建一个空白文件 file。

```
$ touch file                 #创建一个名为"file"的新的空白文件
```

4.2.4 文件信息显示命令

文件是操作系统存储信息的基本结构，查看文件信息是最基本的操作，本小节主要介绍常用的文件信息显示命令。

1. cat 命令

【功能】可以显示文本文件内容。

【格式】cat [选项] [文件名]

参数说明如下。

- -b：显示文件中的行号，空行不编号。
- -n：在文件的每行（含空行）前面显示行号。

【实例 4-11】显示文件信息。

```
# cat  /etc/profile        #查看/etc目录下的profile文件内容
# cat -b  /etc/profile     #查看/etc目录下的profile文件内容，并且对非空行进行编号，行号从1开始
# cat -n  /etc/profile     #对/etc目录下的profile文件中所有的行(包括空行)进行编号输出显示
```

2. more 命令

【功能】分页显示文本文件的内容。类似于 cat 命令，不过是以分页方式显示文件内容，方便使用者逐页阅读，其最基本的按键就是按空格键显示下一页内容，按[b]键返回显示上一页内容。

【格式】more [文件名]

【实例 4-12】显示文件信息。

```
# more /etc/man_db.config
#
# Generated automatically from man.conf.in by the
# configure script.
```

```
#
# man.conf from man-1.6d
……
--More--(28%)
```

3. less 命令

【功能】用户可使用光标键反复浏览文本。

【格式】less [选项] 文件名

less 可以不读入整个文本文件，因此在处理大型文件时速度较快。与 more 命令相比，而 more 仅能向前移动，却不能向后移动。

【实例 4-13】less 命令的应用。

```
# less log2020.log#查看文件
# ps-ef |less       #ps查看进程信息并通过less分页显示
# history |less     #查看命令历史使用记录并通过less分页显示
```

4.2.5 文件检索、排序、查找命令

1. wc 命令

【功能】统计指定文件中的字节数、字数、行数，并将统计结果显示输出。

【格式】wc [选项] 文件名

参数说明如下。

- -l：统计行数 。
- -w：统计字数。一个字被定义为由空白、跳格或换行字符分隔的字符串。
- -c：统计字节数。

【实例 4-14】wc 命令的应用。

```
# cat  /etc/passwd|wc -l        #统计/etc/passwd有多少行
# wc  /etc/shadow               #统计/etc/shdow文件的字节数、字数、行数
```

2. find 命令

【功能】将文件系统中符合条件的文件或目录列出来。如果使用该命令时，不设置任何参数，则 find 命令将在当前目录下查找子目录与文件，并且将查找到的子目录和文件全部进行显示。

【格式】find [path] [-option] [options] [expression]

参数说明如下。

path：find 命令查找的目录路径。例如用“.”表示当前目录，用“/”表示系统根目录。

options 中可使用的选项有很多，下面介绍常用的。

```
-name filename          #查找名为filename的文件
-perm mode              #按执行权限来查找，要以八进制形式给出权限
-user username          #按文件属主来查找
-group groupname        #按组来查找
-atime -n +n            #文件被读取或访问的时间，查找在过去n天读取过的文件，-n表示不超过n天前被访问的文件，+n表示超过n天前被访问的文件
-mtime -n +n            #文件内容上次修改的时间，类似atime，但查找的是文件内容被修改的时间
-type                   #根据文件类型查找文件，常见的类型：f（普通文件）、c（字符设备文件）、b（块设备文件）、l（链接文件）、d（目录）
-size n                 #查找大小为n块的文件，一块等于512字节。符号+n表示查找大小大于n块的文件
-mount                  #查文件时不跨越文件系统mount点
-print                  #显示查找的结果
```

【实例 4-15】根据文件名检索。

-name 选项可以根据文件名称进行检索（区分大小写）。

```
# find . -name '*.log'          #将当前目录及其子目录下所有文件后缀是log的文件列出来
# find /usr -name '*.txt'       #查找/usr目录下所有文件名以.txt结尾的文件
# find /usr -name '????'        #查找 /usr目录下所有文件名为4个字符的文件
```

【实例 4-16】根据文件类型检索-type 选项指定的文件类型。

```
# find . -type f                      #将当前目录其子目录中所有一般文件列出
# find /usr -type d -name 'python*'   #检索/usr下所有文件名以python开头的目录
# find /dev -type d |wc -l            #查找/dev目录下的目录文件有多少个
```

【实例 4-17】根据文件大小检索。

-size 选项允许用户通过文件大小进行搜索（只适用于文件，目录没有大小）。

可以使用+或-符号表示大于或小于当前条件。

```
# find /-size +1G                     #检索文件大小大于1GB的文件
# find . -size +100k -size -500k      #检索大于100KB、小于500KB的文件
```

【实例 4-18】根据文件的所属权检索。

```
# find . -user root |less        #在当前目录中查找所有者是root的文件
# find /dev -nouser              #搜索没有所有者的文件
```

【实例 4-19】根据时间日期进行检索。

```
# find . -mtime -2 -type f       #查找2天内被更改过的文件
# find . -atime -1 -type f       #查找1天内被访问的文件
# find . -atime +1 -type f       #查找1天前被访问的文件
```

3. grep 命令

【功能】从指定文本文件或者标准输出中查找符合条件的字符串，默认显示其所在行的内容。

【格式】grep [选项] 要查找的字符串 文件名

选项及参数说明如下。

- -v：反向选择，仅列出没有“关键字”的行。
- -c：仅显示找到的行数。
- -i：不区分大小写。
- -b：将可执行文件当作文本文件来搜索。
- -n：每个匹配行只按照相对的行号显示。

【实例 4-20】grep 命令的应用。

```
# grep  'root' /etc/passwd
# cat /etc/passwd|grep root      #在passwd文件中检索root字符串
# grep hello /bak/m*             #显示所有以m开头的文件中包含“hello”的行数据内容
# ps -ef|grep student            #查看student用户正在运行的进程信息
```

4.2.6 文件的链接

链接是访问同一个文件的目录项，同一个文件可以有若干个链接，当用户需要在不同的目录中用到相同的文件时，不需要在每一个目录下都放一个相同的文件，只要在某个固定的目录中放上该文件，然后在其他的目录下用 ln 命令链接（link）它就可以，不必重复占用硬盘空间，从而实现文件的共享。

【功能】为某一个文件在另一个位置建立一个同步的链接。

【格式】ln [选项] [源文件或目录] [目标文件或目录]

选项参数说明如下。

- -b：删除，覆盖以前建立的链接。
- -d：允许超级用户制作目录的硬链接。
- -f：强制执行。
- -i：交互模式，文件存在则提示用户是否覆盖。
- -n：把符号链接视为一般目录。
- -s：软链接（符号链接）。
- -v：显示详细的处理过程。

Linux 链接分两种：一种称为软链接；另一种称为硬链接。

1. 软链接

软链接又称符号链接（Symbolic Link），类似于 Windows 的快捷方式，它实际上是一个特殊的文件。在符号链接中，文件实际上是一个文本文件，其中包含另一文件的位置信息。在 Linux 的文件系统中，保存在硬盘分区中的文件不管是什么类型都给它分配一个编号，称为索引节点号（Inode Index）。在 Linux 中，多个文件名指向同一索引节点是存在的。例如：A 是 B 的软链接（A 和 B 都是文件名），A 的目录项中的 inode 节点号与 B 的目录项中的 inode 节点号不相同，A 和 B 指向的是两个不同的 inode，继而指向两个不同的数据块。但是 A 的数据块中存放的只是 B 的路径名（可以根据这个找到 B 的目录项）。A 和 B 之间是“主从”关系，如果 B 被删除了，A 仍然存在（因为两个是不同的文件），但指向的是一个无效的链接。

【实例 4-21】为 log2020.log 文件创建软链接 link2020，如果 log2020.log 丢失，link2020 将失效。

```
# ln -s log2020.log link2020
# ls -l
lrwxrwxrwx 1 root root    11 12-12 18:01 link2020 -> log2020.log
-rw-r--r-- 1 root bin     61 11-19 09:03 log2020.log
```

2. 硬链接

硬链接指通过索引节点来进行链接。例如：A 是 B 的硬链接（A 和 B 都是文件名），则 A 的目录项中的 inode 节点号与 B 的目录项中的 inode 节点号相同，即一个 inode 节点对应两个不同的文件名，两个文件名指向同一个文件，A 和 B 对文件系统来说是完全平等的。删除其中任何一个都不会影响另外一个的访问。

硬链接的作用是允许一个文件拥有多个有效路径名，这样用户就可以建立硬链接到重要文件，以防止误删。因为只删除一个链接并不影响索引节点本身和其他的链接，只有当最后一个链接被删除后，文件的数据块及目录的链接才会被释放。也就是说，文件真正删除的条件是与之相关的所有硬链接文件均被删除。

【实例 4-22】为 log2020.log 创建硬链接 ln2020，log2020.log 与 ln2020 的各项属性相同。

```
# ln log2020.log ln2020
# ll
lrwxrwxrwx 1 root root    11 12-12 18:01 link2020 -> log2020.log
-rw-r--r-- 2 root bin     61 11-19 09:03 log2020.log
-rw-r--r-- 2 root bin     61 11-19 09:03 ln2020
```

硬链接和软链接具有以下相同点。

- 对链接文件进行读写和删除操作，二者结果相同。
- 修改源文件，链接文件也跟着源文件改变。

硬连接和软连接具有以下不同点。

- 如果删除硬链接的源文件，硬链接文件仍存在，并且保留了原有内容。
- 如果删除软链接的源文件，软链接文件仍存在，但是不能查看软链接文件内容。
- 软链接以路径的形式存在，类似于 Windows 操作系统中的快捷方式。硬链接文件完全等同于源文件，源文件和链接文件都指向相同的物理地址。
- 软链接可以跨文件系统，硬链接不可以。只有在同一个文件系统中的文件才能创建硬链接。
- 软链接可以对目录进行链接，硬链接不可以对目录进行链接。

4.3 文件的权限

Linux 系统是一种典型的多用户系统，不同的用户处于不同的地位，拥有不同的权限。为了保护系统的安全性，Linux 系统对不同的用户访问同一文件（包括目录文件）的权限做了不同的规定。文件权限是指文件的访问控制，即哪些用户可以访问文件以及执行什么样的操作。

4.3.1 文件属主和属组

Linux 系统中的每个文件和目录都有存取许可权限，用它来确定用户通过何种方式对文件、目录进行访问与操作。对文件来说，它有一个特定的所有者，即属主，也就是对该文件具有所有权的用户。对文件的控制取决于文件属主和超级用户。

同时，在 Linux 系统中，用户是按组分类的，一个用户属于一个或多个组。用户组由多个用户组成，属于同一用户组的用户具有用户组所拥有的一切权限。文件所有者以外的用户又可以分为文件所有者的同组用户和其他用户。因此，Linux 系统按文件所有者、文件所有者同组用户和其他用户规定了不同的文件访问权限。

【实例 4-23】列出目录的所有者和权限。

```
# ls -l
total 64
drwxr-xr-x 2 root  root  4096 Feb 26 14:46 cron
drwxr-xr-x 3 mysql mysql 4096 Apr 24  2020 mysql
......
```

在以上实例中，mysql 文件是一个目录文件，属主和属组都为 mysql，属主有可读、可写、可执行的权限；与属主同组的其他用户有可读和可执行的权限；其他用户也有可读和可执行的权限。对 root 用户来说，一般情况下，文件的权限对其不起作用。

用户可以使用 chown 命令来修改文件的所有者关系（前提是用户必须对该文件有最高权限，一般是文件的属主或 root 用户）。

【功能】修改文件或目录的所有者，并可一并修改文件的所属组群。

【格式】chown [-R] 属主名 文件名

或

chown [-R] 属主名:属组名 文件名

【实例 4-24】chown 命令的应用。

```
# chown ztg:ztg   log.txt              #改变拥有者和组群为ztg
# chown  : lihong log.txt              #改变组群为lihong
# chown -R root:ztg  /temp             #改变指定目录及其子目录下所有文件的拥有者和组群
```

4.3.2 文件的访问权限

在 Linux 系统中，为了安全，需要给每个文件和目录加上访问权限，严格规定每个用户的权限。同时，用户可以给自己的文件赋予权限，以限制其他用户访问。

1. 文件权限的表示方法

Linux 系统中的每个文件和目录都有存取许可权限，用它来确定用户通过何种方式对文件、目录进行访问与操作，文件或目录被创建时，文件的所有者一般会自动拥有对文件的读、写和执行权限。

访问权限规定 3 种不同类型的用户。

- 文件属主（owner）：文件的所有者，称为属主。
- 同组用户（group）：文件属主的同组用户。
- 其他用户（others）：可以访问文件的其他用户。

访问权限的表示方法有 3 种，分别为三组九位字母表示法、三组九位二进制表示法、三位八进制表示法。

（1）三组九位字母表示法

【实例 4-25】使用 ls-l 命令查看文件的权限。

```
# ls  -l
总计 104K
-rwxr-xr-x  1 root root    7 04-21 12:47 lsfile.sh
drwxr-xr-x  2 root root 4.0K 04-21 12:46 mkuml-2004.07.17
drwxr-xr-x  2 root root 4.0K 04-21 22:15 mydir
lrwxrwxrwx  1 root root    7 04-21 22:16 sun001.txt -> sun.txt
-rw-r--r--   2 root root   11 04-20 14:17 sun002.txt
-rw-r--r--   2 root root   11 04-20 14:17 sun.txt
```

在以上信息中，第二列的第一个字符表示文件类型，第 2～10 这 9 个字符表示权限，以 3 个为一组，分别为文件属主权限、同组用户权限和其他用户权限，且均为 r、w、x 3 个参数的组合。其中，r 代表可读（read），w 代表可写（write），x 代表可执行（execute）。要注意的是，这 3 个权限的位置不会改变，如果没有权限，就会出现减号“-”，如图 4-4 所示。

（2）三组九位二进制表示法

与九位字母相对应，相应权限位有权限表示为 1，无权限表示为 0，例如，文件权限字母表示为 rwxr-xr-x，对应的三组九位二进制表示为 111 101 101。

（3）三位八进制表示法

在三位八进制表示法中，第一位表示文件属主权限，第二位表示同组用户权限，第三位表示其他用户权限，每个数字都是多种权限的累加值，每个类型用户对应的三位权限转换为一个八进制数，如图 4-5 所示。

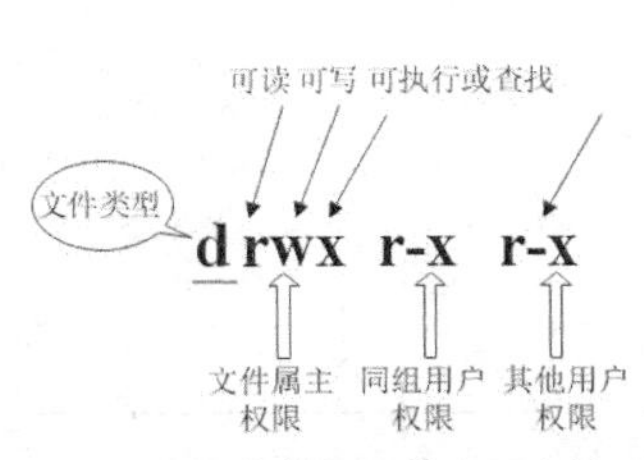

图 4-4 文件权限的表示方法

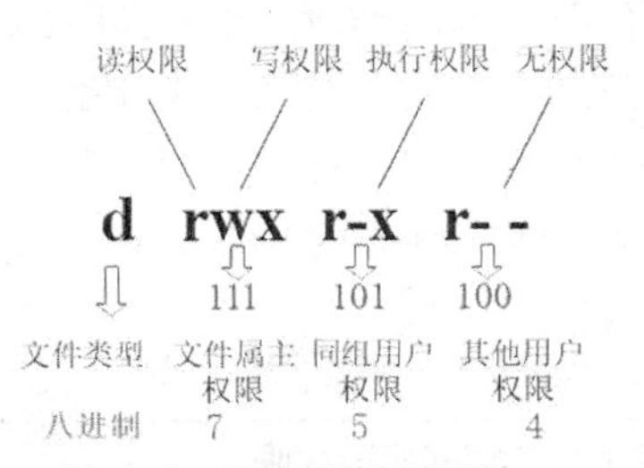

图 4-5 三位八进制表示法

2. 文件权限的修改方法

修改文件权限的命令是 chmod，执行该命令必须是文件属主或 root 用户，有两种修改方法。

（1）字母模式修改权限

【格式】chmod [-R] [{a,u,g,o}{+,-,=}{r,w,x}] 文件或目录名

① 用户对象：包括以下符号或者组合。

- user：用户。
- group：组。
- others：其他。

使用 u、g、o 来代表 3 种身份的权限。此外，a 代表 all，即全部的身份。

② 操作符号：可以为以下类型。

- +：加入权限。
- -：除去权限。
- =：设定权限。

③ 操作权限：可以为以下类型。

- r 代表可读（read）。
- w 代表可写（write）。
- x 代表可执行（execute）。

也可以使用多个字母模式，但中间要用逗号分隔。

【实例 4-26】chmod 字母模式修改权限。

```
# touch test1                          #创建test1文件
# ls -al test1                         #查看test1默认权限
-rw-r--r-- 1 root root 0 Nov 22 10:52 test1
# chmod u=rwx,g=rx,o=r  test1          #修改test1权限
# ls -al test1
-rwxr-xr-- 1 root root 0 Nov 22 10:52 test1
# chmod  a-x test1                     #除去所有的可执行权限
# ls -al test1
-rw-r--r-- 1 root root 0 Nov 22 10:52 test1
```

注意：

- 在一个命令行中可给出多个权限方式，其间使用逗号进行分隔；
- 若依次修改某个目录下所有文件的权限，要使用-R 进行递归处理；
- 文件的创建者是唯一可以修改该文件访问权限的普通用户，另外一个可以修改文件访问权限的用户是 root。

（2）数字模式修改权限

数字模式由三位八进制数字组成，每种身份（owner/group/others）各自的 3 个权限（r/w/x）分数是需要累加的，例如当权限为-rwxrwx--- 时，数字是

- owner = rwx = 4+2+1 = 7；
- group = rwx = 4+2+1 = 7；
- others= --- = 0+0+0 = 0。

【格式】chmod 八进制模式 文件或目录名

【实例 4-27】数字模式修改权限。

```
# ls -al .bashrc
-rw-r--r--  1 root root 395 Jul  20 16:45 .bashrc
# chmod 777 .bashrc
```

```
# ls -al .bashrc
-rwxrwxrwx  1 root root 395 Jul 20 16:45 .bashrc
```

4.4 本章小结

文件管理是 Linux 系统管理的重要组成部分，通过本章的学习，读者能够理解 Linux 目录结构，掌握绝对路径与相对路径，掌握文件类型，掌握目录的切换、创建和删除，掌握文件的查看、创建、复制、剪切、删除，掌握文本文件的处理，理解链接文件。

文件的权限管理方式体现了 Linux 系统管理的数据安全特性，读者要掌握权限的概念、权限的表示方法、基本权限管理、修改文件的所有者与所属者的方法。

4.5 习题

一、选择题

1. cd 命令可以改变用户的当前目录，用户输入命令“cd　/”，并按回车键后，(　　)。

A. 当前目录改为根目录　　B. 当前目录没有改变

C. 当前目录改为用户主目录　　D. 当前目录改为上一级目录

2. 对名为 file 的文件用 chmod 551 file 进行了修改，则它的许可权是 (　　)。

A. -rwxr-xr-x　　B. -rwxr--r--

C. -r--r--r--　　D. -r-xr-x-x

3. 要删除目录/home/user1/subdir 及其下级目录和文件，不需要依次确认，命令是 (　　)。

A. rmdir -p /home/user1/subdir　　B. rmdir -pf　/home/user1/subdir

C. rmdir–df /home/user1/subdir　　D. rmdir–rf /home/user1/subdir

4. 分页显示当前目录下的所有文件的文件或目录名、用户组、用户、文件大小、文件或目录权限、文件创建时间等信息的命令是 (　　)。

A. more ls–al　　B. more–al ls

C. more < ls–al　　D. ls–al | more

5. 某文件的组外成员的权限为只读,所有者有全部权限,组内的权限为读与写,则该文件的权限为(　　)。

A. 467　　B. 674

C. 476　　D. 764

6. 以长格式列目录时，若文件 test 的权限描述为 drwxrw-r--，则文件 test 的类型及文件属主的权限是 (　　)。

A. 目录文件、读写执行　　B. 目录文件、读写

C. 普通文件、读写　　D. 普通文件、读

7. 用“ls–al”命令列出下面的文件列表，是符号链接文件的是 (　　)。

A. -rw-rw-rw- 2 users users 56 Sep 09 11:05 hello

B. -rwxrwxrwx 2 users users 56 Sep 09 11:05 goodbey

C. drwxr--r-- 1 users users 1024 Sep 10 08:10 zhang

D. lrwxr--r-- 1 users users 7 Sep 12 08:12 file

8. 用户编写了一个文本文件 a.txt，想将该文件名称改为 txt.a，下列命令哪个可以实现？ (　　)

A. cd a.txt xt.a　　B. echo a.txt > txt.a

C. rm a.txt txt.a　　　　D. cat a.txt > txt.a

9. 假设文件 fileA 的符号链接为 fileB，那么删除 fileA 后，下面的描述正确的是（　　）。

A. fileB 也随之被删除

B. fileB 仍存在，但是属于无效文件

C. 因为 fileB 未被删除，所以 fileA 会被系统自动重新建立

D. fileB 会随 fileA 的删除而被系统自动删除

10. 如果当前目录是/home/sea/china，那么“china”的父目录是哪个目录？（　　）

A. /home/sea　　　　B. /home/

C. /　　　　D. /sea

二、简答题

1. 什么是符号链接？什么是硬链接？符号链接与硬链接的区别是什么？

2. Linux 常用的目录有哪些？

3. 简述 Linux 下主要有哪些不同类型的文件。

三、实验题

1. 执行命令“ls –l”时，某行显示如下。

```
-rw-r--r-- 1 xiao xiao 207 jul 20 11:58 mydata
```

（1）用户 xiao 对该文件具有什么权限？

（2）执行命令 useradd wang 后，用户 wang 对该文件具有什么权限？

（3）如何使任何用户都可以读写执行该文件？

（4）如何把该文件属主改为用户 root？

2. 请按顺序写出下面操作步骤中所用到的命令（包括参数）。

（1）在当前目录新建 my 目录。

（2）进入 my 目录。

（3）把一个文本文件复制到 my 目录下同时重命名为 ok.txt，该文本文件的绝对路径为/usr/book/ok.txt。

（4）把“/usr/book/ok.txt”文件移动到 my 目录下。

CHAPTER05

第5章

Linux系统管理

学习目标：

- ❑ 掌握用户和组的管理；
- ❑ 了解用户和组群的配置文件；
- ❑ 掌握进程定义、监视、控制和进程优先级，以及任务计划定制；
- ❑ 掌握 Linux 物理设备的命名规则；
- ❑ 掌握文件系统的创建、挂载与卸载；
- ❑ 掌握磁盘配额的实现方法；
- ❑ 掌握常见的软件安装方式和常用软件包的管理方法。

Linux 操作系统的设计目标是为多个用户同时提供服务。为了给用户提供更好的服务，充分发挥系统的功能，系统管理员要对系统进行定期维护和管理。本章将介绍 Linux 系统管理的方法，主要包括用户和组的管理、软件包的管理、进程管理和任务计划及磁盘管理等，并详细介绍各部分的基本概念、使用方法和技巧。

5.1 用户和组的管理

Linux 系统是一个多用户多任务的分时操作系统，任何一个要使用系统资源的用户，都必须先向系统管理员申请一个账号，然后以这个账号的身份进入系统。用户的账号一方面可以帮助系统管理员对使用系统的用户进行跟踪，并控制他们对系统资源的访问；另一方面也可以帮助用户组织文件，并为用户提供安全性保护。

每个用户账号都拥有一个唯一的用户名和各自的口令。用户在登录时输入正确的用户名和口令后，就能够进入系统和自己的主目录。用户和组的管理主要包括以下几个方面的内容：用户账户管理、用户组的管理、用户查询命令、用户账号相关的系统文件。

5.1.1 用户账户管理

1. 用户账户

Linux 这样的多任务多用户系统，往往是一台计算机被多个人同时使用，因此，每个用户都有一个唯一的用于登录的用户名，以使每个用户的工作都能独立地、不受干扰地进行。系统依据账户来区分每个用户的文件、进程、任务，给每个用户提供特定的工作环境。在 Linux 下用户是根据角色定义的，具体分为以下 3 种类型。

（1）超级用户：拥有对系统的最高管理权限，默认是 root 用户，具有更改整个系统的权力。

（2）普通用户：这类用户由系统管理员创建，只能对自己目录下的文件进行访问和修改，权限有限。

（3）虚拟用户：也叫“伪”用户，这类用户最大的特点是不能登录系统，它们的存在主要是方便系统管理，满足相应的系统进程对文件属主的要求，例如系统默认的 bin、adm、nobody 用户等。

2. 创建用户账户

用户账号的管理工作主要涉及用户账号的添加、修改和删除。

可以使用 useradd 命令在系统中创建一个新账号，然后为新账号分配用户号、用户组、主目录和登录 Shell 等资源。刚添加的账号是被锁定的，无法使用。

【格式】useradd 选项 用户名

选项及参数说明如下。

- -c comment：指定一段注释性描述。
- -d 目录 ：指定用户主目录，如果此目录不存在，则同时使用-m 选项，可以创建主目录。
- -m：自动建立用户的主目录。
- -g 用户组：指定用户所属的用户组。
- -G 用户组：指定用户所属的附加组。
- -s Shell 文件：指定用户的登录 Shell。
- -u 用户号：指定用户的用户号，如果同时有-o 选项，则可以重复使用其他用户的标识号。
- -用户名：指定新账号的登录名。

【实例 5-1】创建一个用户 sam，其中-d 和-m 选项用来为登录名 sam 产生一个主目录/usr/sam（/usr 为默认的用户主目录所在的父目录）。

```
[root@localhost ~]# useradd -d /usr/sam -m sam
```

【实例 5-2】新建一个用户 gem，该用户的登录 Shell 是 /bin/sh，它属于 group 用户组，同时又属于 adm 和 root 用户组，其中 group 用户组是其主组。

```
[root@localhost ~]# useradd -s /bin/sh -g group -G adm,root gem
```

此命令增加用户账号就是在/etc/passwd 文件中为新用户增加一条记录，同时更新其他系统文件，如/etc/shadow、/etc/group 等。

【实例 5-3】创建用户 newuser，并设置该用户组是 student，用户的 Shell 类型是/bin/ksh，用户的主目录是 /home/localhost。

```
[root@localhost ~]# useradd -g student -d /home/localhost -s /bin/ksh  newuser
```

3. 改变用户属性

usermod 命令用来修改现有账户的设置值。可以修改登录子目录或者用户 ID 编号，甚至还可以修改账户的用户名。

【格式】usermod 选项 用户名

常用的选项包括-c、-d、-m、-g、-G、-s、-u 及-o 等，这些选项的意义与 useradd 命令中的选项一样，可以为用户指定新的资源值。

另外，有些系统可以使用选项“-l 新用户名”。这个选项指定一个新的账号，即将原来的用户名改为新的用户名。

【实例 5-4】将用户 sam 的登录 Shell 修改为 ksh，主目录改为/home/z，用户组改为 developer。

```
[root@localhost ~]# usermod -s /bin/ksh -d /home/z -g developer sam
```

【实例 5-5】锁住用户 zhangsan 的口令，使口令无效，最后再解除。

```
[root@localhost ~]# usermod -L zhangsan
[root@localhost ~]# passwd  -S zhangsan   #查看zhangsan的口令状态
[root@localhost ~]# passwd  -U zhangsan
```

【实例 5-6】修改用户 zhangsan 的用户名全称为 zhangsanjsjxwl，家目录为/home/aaa，UID 修改为 2000。

```
[root@localhost ~]# usermod -c zhangsanjsjxwl -d /home/aaa -u 2000 zhangsan
```

4. 删除用户

如果一个用户的账号不再使用，可以从系统中删除。删除用户账号就是要将/etc/passwd 等系统文件中的该用户记录删除，必要时还删除用户的主目录。可使用 userdel 命令来完成。

【格式】userdel 选项 用户名

常用的选项是 -r，它的作用是把用户的主目录一起删除。示例如下。

```
[root@localhost ~]# userdel -r sam
```

此命令删除用户 sam 在系统文件（主要是/etc/passwd、/etc/shadow、/etc/group 等）中的记录，同时删除用户的主目录。

5. 用户口令的管理

【功能】用户管理的一项重要内容是用户口令的管理。用户账号刚创建时被系统锁定，无法使用，必须为其指定口令后才可以使用。指定和修改用户口令的命令是 passwd。超级用户可以为自己和其他用户指定口令，普通用户只能修改自己的口令。

【格式】passwd 选项 用户名

选项如下。

- ❑ -l：锁定口令，即禁用账号。
- ❑ -u：口令解锁。
- ❑ -d：使账号无口令。
- ❑ -f：强迫用户下次登录时修改口令。

如果默认用户名，则修改当前用户的口令。

【实例 5-7】假设当前用户是 sam，则下面的命令修改该用户自己的口令。

```
$ passwd
Old password:******
New password:*******
Re-enter new password:*******
```

如果是超级用户，可以用下列形式指定任何用户的口令。

```
[root@localhost ~]# passwd sam
New password:*******
Re-enter new password:*******
```

普通用户修改自己的口令时，passwd 命令会先询问原口令，验证后再要求用户输入两遍新口令，如果两次输入的口令一致，则将这个口令指定给用户；而超级用户为用户指定口令时，不需要知道原口令。

为了系统安全起见，用户应该选择比较复杂的口令，例如使用 8 位长，包含大写、小写字母和数字等的口令。

为用户设置空口令时，执行下列形式的命令。

```
[root@localhost ~]# passwd -d sam
```

此命令将用户 sam 的口令删除，这样用户 sam 下一次登录时，系统就不再询问口令。

passwd 命令还可以用"-l"选项锁定某一用户，使其不能登录，示例如下。

```
[root@localhost ~]# passwd -l sam
```

为了方便系统管理，passwd 命令提供了"stdin"选项，用于批量给用户设置初始密码。

【实例 5-8】调用管道符，给 lampuser 用户设置密码"123"。

```
[root@localhost ~]# echo "123" | passwd --stdin lampuser
```

【实例 5-9】建立用户，同时设置密码。

```
[root@localhost ~]# useradd wangping;echo "jsjx123"|passwd --stdin wangping
```

注意：使用此方式批量给用户设置初始密码，方便快捷，但需要注意的是，这样设定的密码会把密码明文保存在历史命令中，如果系统被不法分子攻破，则不法分子可以在 /root/.bash_history 中找到设置密码的这个命令，因此存在安全隐患。

5.1.2 用户组的管理

每个用户都有一个用户组，系统可以对一个用户组中的所有用户进行统一管理。不同 Linux 系统对用户组的规定有所不同，如 Linux 下的用户属于与它同名的用户组，这个用户组在创建用户的同时创建。用户组的管理涉及用户组的添加、删除和修改。组的增加、删除和修改实际上就是对/etc/group 配置文件的更新。

1. groupadd 命令

【功能】增加一个新的用户组。

【格式】groupadd 选项 用户组

选项如下。

- ❑ -g GID：指定新用户组的组标识号。
- ❑ -o：一般与-g 选项同时使用，表示新用户组的 GID 可以与系统已有用户组的 GID 相同。

【实例 5-10】向系统中增加一个新组 group1，新组的组标识号是在当前已有的最大组标识号的基础上加 1。

```
[root@localhost ~]# groupadd group1
```

【实例 5-11】向系统中增加一个新组 group2，同时指定新组的组标识号是 101。

```
[root@localhost ~]# groupadd -g 101 group2
```

2. groupdel 命令

【功能】删除一个已有的用户组。

【格式】groupdel 用户组

【实例 5-12】从系统中删除组 group1。

```
[root@localhost ~]# groupdel group1
```

3. groupmod 命令

【功能】修改用户组的属性

【格式】groupmod 选项 用户组

选项如下。

- -g GID：为用户组指定新的组标识号。
- -o：与-g 选项同时使用，用户组的新 GID 可以与系统已有用户组的 GID 相同。
- -n 新用户组：将用户组的名字改为新名字。

【实例 5-13】将组 group2 的组标识号修改为 102。

```
[root@localhost ~]# groupmod -g 102 group2
```

【实例 5-14】将组 group2 的标识号改为 10000，组名修改为 group3。

```
[root@localhost ~]# groupmod -g 10000 -n group3 group2
```

4. newgrp 命令

如果一个用户同时属于多个用户组，那么用户可以在用户组之间切换，同时具有其他用户组的权限。

用户可以在登录后，使用命令 newgrp 切换到其他用户组，这个命令的参数就是目的用户组。示例如下。

```
[root@localhost ~]# newgrp root
```

这条命令将当前用户切换到 root 用户组，前提条件是 root 用户组确实是该用户的主组或附加组。类似于用户账号的管理，用户组的管理也可以通过集成的系统管理工具来完成。

5.1.3 用户查询命令

1. id 命令

【功能】命令用于显示用户的 ID，以及所属群组的 ID。id 命令会显示用户及所属群组的实际与有效 ID。

【格式】id [用户名]

如不指定用户名，则显示当前用户的相关信息。

【实例 5-15】显示当前用户 ID。

```
[root@localhost ~]# id
uid=0(root) gid=0(root)
groups=0(root),1(bin),2(daemon),3(sys),4(adm),6(disk),10(wheel) context=root:system_
r:unconfined_t
```

2. finger 命令

【功能】用于查找并显示用户信息。

【格式】finger [用户名]

显示本地主机现在所有的用户的登录信息，包括账号名称、真实姓名、登录终端机、闲置时间、登录时间等信息。

3. su 命令

【功能】用于变更为其他使用者的身份，除 root 外，需要输入该使用者的密码。

【格式】su [选项] [用户名]

常用的选项如下。

- 完全切换成另一个用户。
- -f 或-fast，仅用于 csh 或 tcsh。
- -m -p 执行 su 时不改变环境变量。
- -c command 变更账号为 USER 的使用者并执行命令（command）后再变回原来的使用者。

【实例 5-16】切换用户，并改变环境变量。

```
[test@localhost ~]$ whoami              #显示当前用户
test
[test@localhost ~]$ pwd                 #显示当前目录
/home/test
[test@localhost ~]$ su - root           #切换到root用户
密码:
[root@localhost ~]# whoami
root
[root@localhost ~]# pwd                 #显示当前目录
/root
```

5.1.4 用户账号相关的系统文件

完成用户管理的工作有许多种方法，但是每一种方法实际上都是对有关的系统文件进行修改。

与用户和用户组相关的信息都存放在一些系统文件中，这些文件包括/etc/passwd、/etc/shadow、/etc/group 等。

下面分别介绍这些文件的内容。

1. /etc/passwd 文件

这是用户管理工作涉及的最重要的一个文件，Linux 系统中的每个用户都在/etc/passwd 文件中有一个对应的记录行，它记录了这个用户的一些基本属性。

这个文件对所有用户都是可读的。它的内容类似下面的例子。

【实例 5-17】显示/etc/ passwd 文件。

```
[root@localhost ~]# cat /etc/passwd
root:x:0:0:Superuser:/:
daemon:x:1:1:System daemons:/etc:
bin:x:2:2:Owner of system commands:/bin:
sys:x:3:3:Owner of system files:/usr/sys:
adm:x:4:4:System accounting:/usr/adm:
uucp:x:5:5:UUCP administrator:/usr/lib/uucp:
auth:x:7:21:Authentication administrator:/tcb/files/auth:
```

```
cron:x:9:16:Cron daemon:/usr/spool/cron:
listen:x:37:4:Network daemon:/usr/net/nls:
lp:x:71:18:Printer administrator:/usr/spool/lp:
sam:x:200:50:Sam san:/usr/sam:/bin/sh
```

从上面的例子我们可以看到，/etc/passwd 中一行记录对应着一个用户，每行记录又被冒号“:”分隔为 7 个字段，其格式和具体含义如下。

用户名：口令：用户标识号：组标识号：注释性描述：主目录：登录 Shell

（1）“用户名”代表用户账号的字符串。通常长度不超过 8 个字符，并且由大小写字母和“/”或数字组成。登录名中不能有冒号“:”，因为冒号在这里是分隔符。

（2）“口令”字段在一些系统中存放加密后的用户口令。虽然这个字段存放的只是用户口令的加密串，不是明文，但是由于/etc/passwd 文件对所有用户都可读，所以这仍是一个安全隐患。因此，Linux 系统使用了 shadow 技术，把真正的加密后的用户口令字存放到/etc/shadow 文件中，而在/etc/passwd 文件的口令字段中只存放一个特殊的字符，例如“x”或者“*”。

（3）“用户标识号”是一个整数，系统内部用它来标识用户。一般情况下它与用户名是一一对应的。如果几个用户名对应的用户标识号是一样的，系统内部将把它们视为同一个用户，但是它们可以有不同的口令、不同的主目录及不同的登录 Shell 等。

Linux 系统中存在 3 类用户：root 用户、系统用户（虚拟用户）、普通用户。每个登录的使用者至少都会取得两个 ID：一个是使用者 ID（User ID，UID）；另一个是群组 ID（Group ID，GID）。root 的 UID 是 0，在 CentOS 7 系统中，系统用户的 UID 范围是 1～999，普通用户的 UID 范围是 1000～60000。

（4）“组标识号”字段记录的是用户所属的用户组。它对应着/etc/group 文件中的一条记录，Linux 系统中组分为 root 组、系统组（虚拟用户组）、普通用户组。组标识号是从 0 开始的正整数。GID 为 0 的组群是 root 组。在 CentOS 7 系统中，系统虚拟用户组的 GID 是 1～999，普通用户组的 GID 范围是 1000～60000。

（5）“注释性描述”字段记录着用户的一些个人情况。例如用户的真实姓名、电话、地址等，这个字段并没有什么实际的用途。在不同的 Linux 系统中，这个字段的格式并没有统一。在许多 Linux 系统中，这个字段存放的是一段任意的注释性描述文字，用做 finger 命令的输出。

（6）“主目录”，也就是用户的起始工作目录。它是用户在登录系统之后所处的目录。在大多数系统中，各用户的主目录都被组织在同一个特定的目录下，而用户主目录的名称就是该用户的登录名。各用户对自己的主目录有读、写、执行（搜索）权限，其他用户对此目录的访问权限则根据具体情况设置。

（7）用户登录后，要启动一个进程，负责将用户的操作传给内核，这个进程是用户登录系统后运行的命令解释器或某个特定的程序，即 Shell。

Shell 是用户与 Linux 系统之间的接口。Linux 的 Shell 有许多种，每种都有不同的特点。常用的有 sh、csh、ksh、tcsh、bash 等。系统管理员可以根据系统情况和用户习惯为用户指定某个 Shell。

2. /etc/shadow 文件

由于/etc/passwd 文件是所有用户都可读的，如果用户的密码太简单或规律比较明显的话，使用一台普通的计算机就能够很容易地将它破解，因此对安全性要求较高的 Linux 系统都把加密后的口令字分离出来，单独存放在一个文件中，这个文件就是/etc/shadow 文件。 只有超级用户才拥有该文件的读权限，这就保证了用户密码的安全性。

它的文件格式与/etc/passwd 类似，由若干个字段组成，字段之间用“:”隔开。这些字段分别是登录名、加密口令、最后一次修改时间、最小时间间隔、最大时间间隔、警告时间、不活动时间、失效时间、标志。

3. /etc/group 文件

用户组的所有信息都存放在这个文件中，将用户分组是 Linux 系统对用户进行管理及控制访问权限的一种手段。

每个用户都属于某个用户组，一个组中可以有多个用户，一个用户也可以属于不同的组。当一个用户同时是多个组中的成员时，在/etc/passwd 文件中记录的是用户所属的主组，也就是登录时所属的默认组，而其他组称为附加组。

用户要访问属于附加组的文件时，必须首先使用 newgrp 命令使自己成为所要访问的组中的成员。

用户组的所有信息都存放在/etc/group 文件中。此文件的格式也类似于/etc/passwd 文件，由冒号“:”隔开若干个字段，这些字段有组名、口令、组标识号、组内用户列表。

（1）“组名”是用户组的名称，由字母或数字构成。与/etc/passwd 中的登录名一样，组名不应重复。

（2）“口令”字段存放的是用户组加密后的口令字。一般 Linux 系统的用户组都没有口令，即这个字段一般为空，或者是“*”。

（3）“组标识号”与用户标识号类似，也是一个整数，在系统内部用来标识组。

（4）“组内用户列表”是属于这个组的所有用户的列表，不同用户之间用逗号“,”分隔。

【实例 5-18】添加 3 个用户 usr1、usr2、usr3；添加用户 usr4，同时指定其主组为 usr1，UID 为 2048，并验证用户是否创建正确；添加用户 usr5，家目录为/tmp/usr5，附属组为 usr2 和 usr3；修改 usr4 的附属组为 usr2 和 usr3，并验证；彻底删除 usr5 用户。

```
[root@localhost ~]# useradd usr1
[root@localhost ~]# useradd usr2
[root@localhost ~]# useradd usr3
[root@localhost ~]# useradd -g usr1 -u 2048 usr4
[root@localhost ~]# id usr4
uid=2048(usr4) gid=529(usr1) groups=529(usr1)
[root@localhost ~]# useradd -d /tmp/usr5 -G usr2,usr3 usr5
[root@localhost ~]# usermod -G usr2,usr3 usr4
[root@localhost ~]# userdel -r usr5
```

5.2 软件包管理

操作系统的一项重要工作就是管理系统中运行的各种软件包，软件包是指软件提供方已经将软件程序编译好，并且将所有相关文件打包后所形成的一个安装文件。不同类型的安装包需要使用不同的软件包管理工具来完成管理工作。本节主要介绍 RPM 软件包管理和 YUM 软件包管理，内容包括安装、删除、查询及校验等。

5.2.1 RPM 软件包管理

RPM 的全名为 RedHat Package Manager，是由 RedHat 公司研发的软件包管理器，用来实现软件的各种操作，包括安装、更新、删除、查询、认证。它最大的特点是将软件事先编译，然后打包成为 RPM 机制的包文件，并且包中记录了此软件在安装时需要的其他依赖软件。在安装时 RPM 会根据记录比较本地主机数据库中的记录是否满足依赖，若满足则安装，并且把此软件的信息也写入数据库，不满足则不予安装。在 CentOS 系统上 RPM 软件包常用的功能有安装、升级、卸载、查询和校验、数据库维护等。

1. RPM 包命名格式

RPM 包的命名需遵守统一的命名规则，用户通过名称就可以直接获取这类包的版本、适用平台等信息。RPM 包命名的一般格式如下。

```
name-version.type.rpm
```

其中：

（1）name 为软件的名称；

（2）version 为软件的版本号；

（3）type 为包的类型，如 i[3456]86 表示在 Intel x86 计算机平台上编译，src 表示软件源代码；

（4）rpm 为文件扩展名，如 httpd-2.2.15-15.i386.rpm 是 httpd（2.2.15-15）的 Intel x86 平台编译版本包。

2. RPM 包安装、升级和卸载

（1）安装

【格式】rpm -ivh 包全名

-i 或者-install 为安装选项，一般会配合-v、-h 参数一同使用。-v 为显示具体的安装信息，-h 为显示安装进度。

【实例 5-19】使用 rpm 命令安装 Apache 软件包。

```
[root@localhost ~]# rpm -ivh \
/mnt/cdrom/Packages/httpd-2.2.15-15.el6.centos.1.i686.rpm
Preparing…
####################
[100%]
1:httpd
####################
[100%]
```

注意，直到出现两个 100% 才是真正的安装成功，第一个 100% 仅表示完成了安装准备工作。

（2）升级

【格式】rpm –Uvh 包全名

-U（大写）选项：后面接的软件若不存在，则予以安装，存在则更新。

（3）卸载

【格式】rpm {-e|--erase} [erase-option] PACKAGE_NAME …

-e 选项表示卸载，也就是 erase 的首字母。如果卸载 RPM 软件不考虑依赖性，执行卸载命令会报依赖性错误，示例如下。

```
[root@localhost ~]# rpm -e httpd
error: Failed dependencies:
httpd-mmn = 20051115 is needed by (installed) mod_wsgi-3.2-1.el6.i686
httpd-mmn = 20051115 is needed by (installed) php-5.3.3-3.el6_2.8.i686
httpd-mmn = 20051115 is needed by (installed) mod_ssl-1:2.2.15-15.el6.
centos.1.i686
……
```

3. RPM 包查询

rpm 命令还可用来对 RPM 软件包做查询操作，具体包括：查询软件包是否已安装、查询系统中所有已安装的软件包、查看软件包的详细信息、查询软件包的文件列表、查询某系统文件具体属于哪个 RPM 包。

【格式】rpm 选项 查询对象

【实例 5-20】查看 Linux 系统中是否安装 Apache。

```
[root@localhost ~]# rpm -q httpd
httpd-2.2.15-15.el6.centos.1.i686
```

注意：这里使用的是包名，而不是包全名。

【实例 5-21】使用 rpm 查询 Linux 系统中所有已安装的软件包。

```
[root@localhost ~]# rpm -qa
libsamplerate-0.1.7-2.1.el6.i686
startup-notification-0.10-2.1.el6.i686
gnome-themes-2.28.1-6.el6.noarch
…省略余下内容…
```

（1）rpm 命令查询软件包的详细信息

【格式】rpm –qi 包名

–i 选项表示查询软件信息，是 information 的首字母。

（2）查询软件包的文件列表

【格式】rpm –ql 包名

–l 选项表示列出软件包所有文件的安装目录。

（3）查询软件包的依赖关系

使用 rpm 命令安装 RPM 包，需考虑与其他 RPM 包的依赖关系。rpm –qR 命令就用来查询某已安装软件包依赖的其他包，该命令的格式如下。

【格式】rpm –qR 包名

–R（大写）选项的含义是查询软件包的依赖性，是 requires 的首字母。

5.2.2 YUM 软件包管理

1. YUM 概述

（1）YUM 的含义

YUM（Yellow dog Updater Modified）起初由 Terra Soft 研发，其宗旨是自动化地升级、安装和删除 RPM 软件包，收集 RPM 软件包的相关信息，检查依赖性并且一次安装所有依赖的软件包，无须烦琐地一次次安装，是一个专门为了解决包的依赖关系而存在的软件包管理器。YUM 在服务器端存有所有的 RPM 包，并将各个包之间的依赖关系记录在文件中，当管理员使用 YUM 安装 RPM 包时，YUM 会先从服务器端下载包的依赖性文件，通过分析此文件，从服务器端一次性下载所有相关的 RPM 包并进行安装。

YUM 软件包管理分为准备 YUM 软件仓库、配置 YUM 客户端及 YUM 命令工具的使用 3 部分。

（2）YUM 的软件仓库

YUM 的关键之处是要有可靠的软件仓库，软件仓库可以是 HTTP 站点、FTP 站点或者是本地软件池，但必须包含 rpm 的 header，header 包括了 RPM 软件包的各种信息，包括描述、功能、提供的文件及依赖性等。正是收集了这些 header 并加以分析，才能自动化地完成余下的任务。使用 YUM 安装软件包之前，需指定好 YUM 下载 RPM 包的位置，此位置称为 YUM 的软件仓库，也叫 YUM 源。换句话说，YUM 源指的就是软件安装包的来源。

使用 YUM 安装软件时至少需要一个 YUM 源。YUM 源既可以使用网络 YUM 源，也可以将本地光盘作为 YUM 源。

repo 文件是 Linux 系统中 YUM 源（软件仓库）的配置文件，通常一个 repo 文件定义了一个或者多个软件仓库的细节内容，比如从哪里下载需要安装或者升级的软件包，repo 文件中的设置内容将被 YUM 读取和应用。网络 YUM 源配置文件位于 /etc/yum.repos.d/ 目录下，文件扩展名为.repo（只要扩展名为.repo 的文件都是 YUM 源的配置文件）。

【实例 5-22】列出软件仓库的配置文件。

```
[root@localhost ~]# ls /etc/yum.repos.d/
CentOS-Base.repo   CentOS-Debuginfo.repo  CentOS-Media.repo
CentOS-Vault.repo  CentOS-CR.repo    CentOS-fasttrack.repo
CentOS-Sources.repo
```

CentOS 7 系统默认的软件仓库的配置文件有 7 个，这些文件都以.repo 为文件扩展名，一般系统都已经配置好相关的网络资源。

【实例 5-23】查看系统中一个软件仓库配置文件的关键信息。

```
[root@localhost ~]# vim /etc/yum.repos.d/CentOS-Base.repo
[base]                                          #每个文件中都有多个以“[]”开始的软件源
name=CentOS-$releasever-Base                    #本软件源的名称
mirrorlist=http://mirrorlist.centos.org/…       #指定镜像站点
baseurl=http://mirror.centos.org/centos/…       #指定YUM源服务器的地址
gpgkey=1                                        #1表示RPM的数字证书生效，0表示RPM的数字证书不生效
gpgkey=file:///etc/pki/rpm-gpg/RPM-GPG-KEY-CentOS-7  #数字证书的公钥文件保存位置
……省略余下内容……
```

用户可以按照以上格式添加自己的本地软件仓库的配置。

2. 配置本地 YUM 源

在无法连网的情况下，可以考虑用本地光盘（或安装镜像文件）作为 YUM 源。主要步骤如下。

（1）挂载光盘镜像

命令操作如下所示。

```
[root@localhost ~]# mkdir /mnt/cdrom       #创建cdrom目录，作为光盘的挂载点
[root@localhost ~]# mount /dev/sr0 /mnt/cdrom/
mount: block device/dev/sr0 is write-protected,mounting read-only
#挂载光盘到/mnt/cdrom目录下
```

（2）配置 YUM 源

YUM 的软件仓库配置文件都在/etc/yum.repos.d/目录下，是以.repo 为扩展名的多个文件，这些文件是多个网上的镜像站点文件。为了保留这些信息，可以把外网的软件仓库配置文件备份到其他目录，在软件仓库的配置文件夹下创建一个新的本地源的软件仓库文件，操作步骤如下。

① 创建软件仓库的 repo 配置文件。

```
[root@localhost ~]# mkdir /root/yum.repo                        #创建备份目录
[root@localhost ~]# mv /etc/yum.repos.d/ *   /root/yum repo     #移动备份文件
[root@localhost ~]# vi /etc/yum.repos.d/local.repo              #创建新配置文件
```

② 编写 repo 文件并指向光盘镜像文件的挂载目录。在该新的配置文件 local.repo 中编辑如下内容。

```
[local]
name=local
baseurl=file:///media                   #指向镜像文件的挂载目录
enabled=1                               #1表示可用状态
gpgcheck=0                              #不检验待安装的RPM包
```

③ 清除缓存。

```
[root@localhost ~]# yum clean all       #清除缓存
[root@localhost ~]# yum makecache       #把YUM源缓存到本地
```

（3）测试 yum 命令

完成以上操作步骤后，即可使用 yum 命令，该命令使用的软件仓库为本地源，即加载安装系统的镜像 ISO 文件。测试如下。

```
[root@localhost ~]# yum repolist
```

3. YUM 的常用命令

yum 命令可以管理 RPM 软件包，进行软件的安装、查询、更新、删除等操作，yum 命令可以从软件仓库中指定服务器上进行查找及下载软件包等相关操作。

【格式】yum [选项] [命令] [包名]

其中，options 可选，选项包括-h（帮助）、-y（当安装过程提示选择时全部为“yes”）、-q（不显示安装的过程）等。

command：操作。

package：安装的包名。

常用的命令如下。

（1）列出所有可更新的软件清单

```
[root@localhost ~]# yum check-update
```

（2）更新所有软件

```
[root@localhost ~]# yum update
```

（3）仅安装指定的软件

```
[root@localhost ~]# yum install <package_name>
```

（4）仅更新指定的软件

```
[root@localhost ~]# yum update <package_name>
```

（5）列出所有可安装的软件清单

```
[root@localhost ~]# yum list
```

（6）删除软件包

```
[root@localhost ~]# yum remove <package_name>
```

（7）查找软件包

```
[root@localhost ~]# yum search <keyword>
```

（8）清除缓存目录下的软件包

```
[root@localhost ~]# yum clean all
```

5.3 进程管理和任务计划

进程是 Linux 系统中非常重要的概念，Linux 系统提供功能强大的进程管理命令，为了更好地协调这些进程的执行，需要对进程进行相应的管理。下面介绍常用的进程管理命令及使用方法。

5.3.1 系统监视和进程管理

1. 查看登录的用户

（1）w 命令

w 命令用于显示目前登录系统的用户信息。执行这项指令可知道目前登录系统的用户有哪些，以及正在执行的程序是什么。

单独执行 w 命令会显示所有的用户；也可指定用户名称，仅显示该用户的相关信息。

w 命令的显示项目按以下顺序排列：当前时间，系统启动到现在的时间，登录用户的数目，系统在最近 1s、5s 和 15s 的平均负载。然后是每个用户的各项数据，项目显示顺序如下：登录账号、终端名称、远程主机名、登录时间、空闲时间、JCPU（JCPU 时间指的是和该终端连接的所有进程占用的 CPU 时间）、PCPU（PCPU 时间是指当前进程所占用的 CPU 时间）、当前正在运行进程的命令行。

【格式】w [-fhlsuV] [用户名称]

选项及参数说明如下。

- ❑ -f：开启或关闭显示用户从何处登录系统。
- ❑ -h：不显示各栏的标题信息列。
- ❑ -l：使用详细格式列表，此为预设值。
- ❑ -s：使用简洁格式列表，不显示用户登录时间及 JCPU 和 PCPU 时间。
- ❑ -u：忽略执行程序的名称，以及该程序耗费 CPU 时间的信息。
- ❑ -V：显示版本信息。

【实例 5-24】显示当前用户。

```
[root@localhost ~]# w
19:50:14 up 9:27, 4 users, load average: 0.31, 0.26, 0.18
USER      TTY      FROM           LOGIN@  IDLE   JCPU   PCPU WHAT
root      tty7     :0             Thu12   31:39m 10:10  0.60s gnome-session
root      pts/0    :0.0           17:09   2:18m 15.36s 0.15s  bash
root      pts/1    192.168.1.17   18:51   1.00s 1.24s 0.14s   -bash
root      pts/2    192.168.1.17   19:48   60.00s 0.05s 0.05s  -bash
```

（2）who 命令

who 命令用于显示系统中有哪些用户正在使用系统，显示的资料包含了用户 ID、使用的终端机、来源、上线时间、闲置时间、CPU 使用量、动作等，该命令所有用户都可使用。

【格式】who [选项] [参数]

选项及参数说明如下。

- ❑ -H：显示各栏的标题信息列。
- ❑ -i 或-u 或--idle：显示闲置时间。
- ❑ -q：只显示登录系统的账号名称和总人数。
- ❑ -s：此参数将仅负责解决 who 指令其他版本的兼容性问题。
- ❑ -w 或-T：显示用户的信息状态栏。
- ❑ --help：在线帮助。
- ❑ --version：显示版本信息。

【实例 5-25】显示当前登录系统的用户。

```
[root@localhost ~]# who
root     pts/0       2020-08-19 15:04 (192.168.0.100)
root     pts/1       2020-12-20 10:37 (192.168.0.101)
# who -q
root root
# who -w
root      + pts/0        2020-08-19 15:04 (192.168.0.134)
root      + pts/1        2020-12-20 10:37 (192.168.0.101)
```

2. 进程控制命令

（1）ps 命令

ps 命令用于显示当前进程的状态，是 Linux 系统中最基本同时也是非常强大的进程查看命令。使用该命令可以确定有哪些进程正在运行、进程运行的状态、进程是否结束、进程有没有僵死状态，以及哪些进程占用过多的资源等。

【格式】ps [选项] [--help]

选项及参数说明如下。

- ❑ -a：显示现行终端机下的所有进程，包括其他用户。
- ❑ -e：显示所有进程的信息，包括系统进程。
- ❑ -x：显示所有没有控制终端的进程。
- ❑ -u：显示用户名和启动时间等信息。
- ❑ -l：显示进程的详细列表。

最常用的方法是 ps -aux，然后利用一个管道符号导向 grep 去查找特定的进程，再对特定的进程进行操作。

【实例 5-26】显示系统中 php 的进程。

```
[root@localhost ~]# ps -ef | grep php
root      780     1  0  2020 ?         00:00:52 php-fpm: master process
(/etc/php/7.3/fpm/php-fpm.conf)
localhost-data   851   780  0  2020 ?   00:24:15 php-fpm: pool localhost
localhost-data   853   780  0  2020 ?   00:24:14 php-fpm: pool localhost
localhost-data   854   780  0  2020 ?   00:24:29 php-fpm: pool localhost
...
```

【实例 5-27】显示所有进程的详细信息，包括系统进程。

```
[ root@teacher ~] # ps - el
F  S  UID  PID   PPID C   PRI   NI ADDR SZ  WCHAN  TTY       TIME CMD
4  S   0    1     0   0   80    0 -  47778  ep_pol  ?    00:00:04 systemd
1  S   0    2     0   0   80    0 -      0  kthrea  ?    00:00:00 kthreadd
1  S   0    3     2   0   80    0 -      0  smpboo  ?    00:00:00 ksoftirqd/0
1  S   0    4     2   0   80    0 -      0  worker  ?    00:00:00 kworker/0:0
1  S   0    5     2   0   60 - 20 -      0  worker  ?    00:00:00 kworker/O:0H
1  S   0    6     2   0   80    0 -      0  worker  ?    00:00:00 kWorker/u256
1  S   0    7     2   0 - 40    - -      0  smpboo  ?    00:00:00 migration/0
```

以上输出信息含义如下。

- ❑ F：十六进制标示，加在一起表示进程目前的状态。
- ❑ S：进程的当前状态，由下列字母之一表示。
  - ★ O：正在处理器上运行。
  - ★ S：睡眠，等待 IO 事件完成。
  - ★ R：运行就绪。
  - ★ I：空闲状态，进程正在创建。
  - ★ Z：僵尸状态，进程已经终止且父进程不再等待，但此进程仍留在进程表中。
  - ★ T：因父进程正在跟踪它而停止执行。
  - ★ X：等待获得更多的内存。
- ❑ UID：进程所有者的用户 ID 号。
- ❑ PID：进程标识号。
- ❑ PPID：父进程的标识号。
- ❑ C：进程所用的 CPU 时间（该进程所用 CPU 时间的百分比估计值）。
- ❑ PRI：进程调度优先级，数字越大表示优先级越低。
- ❑ NI：进程的 Nice 数，影响其调度优先级，提高进程的 Nice 数意味着降低其优先级、使用更少的 CPU 时间。
- ❑ APPR：指出该程序在内存的哪个部分，如果是 running 的程序，一般显示“-”。
- ❑ SZ：进程所需虚存数量，它很好地表示出了进程对系统存储器的要求。
- ❑ WCHAN：进程正在休眠的内核函数符号名称，R 状态进程此字段值为“_”。
- ❑ TTY：启动此进程（或父进程）的终端，若为“？”，则表示无控制终端（通常表示系统进程）。

- TIME：进程从启动到目前所使用的 CPU 时间总和。
- CMD：产生此进程的命令。

（2）kill 命令

kill 命令是通过向进程发送指定信号来结束进程。如果没有指定发送信号，那么默认值为 TERM 信号。TERM 信号将终止所有不能捕获该信号的进程。

【格式】kill [-s <信息名称或编号>] [程序]

或

kill [-l <信息编号>]

项目及参数说明如下。

- -l <信息编号>：若不加<信息编号>选项，则 -l 参数会列出全部的信息名称。
- -s <信息名称或编号>：指定要送出的信息。最常用的信号如下。
  - ★ 1 (HUP)：重新加载进程。
  - ★ 9 (KILL)：强制杀死一个进程。

【实例 5-28】杀死进程。

```
[root@localhost~]# kill 12345    #向指定的进程发送终止信号，进程自行结束并处理相关事务，属于安全结束
[root@localhost~]# kill -9 123456    #立即终止进程，属于强制结束
[root@localhost~]# kill -l           #显示信号
```

5.3.2 进程的优先级

Linux 是一个多用户、多任务的操作系统，系统中通常运行着多个进程。进程的优先级是操作系统在进程调度时用于判断进程能否获得 CPU 的依据。在 Linux 系统中，表示进程优先级的参数有两个，即 Priority 和 Nice，如下所示。

```
[root@localhost ~]# ps -el
F S UID PID PPID C PRI NI ADDR SZ      WCHAN TTY     TIME      CMD
4 S   0   1    0  0 80  0   -   718      -    ?     00:00:01  init
1 S   0   2    0  0 80  0   -   0        -    ?     00:00:00  kthreadd
……省略部分输出……
```

其中，PRI 代表 Priority，NI 代表 Nice。这两个值都表示优先级，数值越小代表该进程越优先被 CPU 处理。不过，PRI 值是由内核动态调整的，用户不能直接修改。可以通过修改 NI 值来影响 PRI 值，间接地调整进程优先级。

PRI 和 NI 的关系：PRI（最终值）= PRI（原始值）+ NI。

通过修改 NI 的值就可以改变进程的优先级。NI 值越小，进程的 PRI 就会降低，该进程就越优先被 CPU 处理；反之，NI 值越大，进程的 PRI 值就会增加，该进程就越靠后被 CPU 处理。

每个进程都有一个介于-20 到 19 之间的 NI 值。默认情况下进程的 NI 值为 0。

进程的 NI 值，可以通过 nice 命令和 renice 命令修改，进而调整进程的运行顺序。

1. nice 命令

nice 命令可以给要启动的进程赋予 NI 值，但是不能修改已运行进程的 NI 值。

【格式】nice [-n NI 值] 命令

选项及参数说明如下。

- -n NI 值：给命令赋予 NI 值，该值的范围为 -20～19。

【实例 5-29】启动 Apache 服务，通过 nice 命令更改优先级。

```
[root@localhost ~]# service httpd start #启动Apache服务
[root@localhost ~]# ps -el | grep "httpd" | grep -v grep
```

```
F S UID  PID PPID C PRI NI ADDR   SZ      WCHAN TTY      TIME     CMD
1 S   0 2084    1  0 80  0   -    1130      -    ?      00:00:00 httpd
5 S   2 2085 2084 0 80   0   -    1130      -    ?      00:00:00 httpd
5 S   2 2086 2084 0 80   0   -    1130      -    ?      00:00:00 httpd
5 S   2 2087 2084 0 80   0   -    1130      -    ?      00:00:00 httpd
5 S   2 2088 2084 0 80   0   -    1130      -    ?      00:00:00 httpd
5 S   2 2089 2084 0 80   0   -    1130      -    ?      00:00:00 httpd
[root@localhost ~]# service httpd stop  #停止Apache服务
[root@localhost ~]# nice -n -5 service httpd start   #启动Apache服务,并修改Apache服务进程的NI值为-5
[root@localhost ~]# ps -el | grep "httpd" | grep -v grep
#httpd进程的PRI值变为了75，而NI值为-5
F S UID  PID PPID  C  PRI   NI   ADDR  SZ WCHAN TTY     TIME    CMD
1 S   0  2122    1  0   75   -5     - 1130    -    ?     00:00:00 httpd
5 S   2  2123 2122 0   75   -5     - 1130    -    ?     00:00:00 httpd
5 S   2  2124 2122 0   75   -5     - 1130    -    ?     00:00:00 httpd
5 S   2  2125 2122 0   75   -5     - 1130    -    ?     00:00:00 httpd
5 S   2  2126 2122 0   75   -5     - 1130    -    ?     00:00:00 httpd
5 S   2  2127 2122 0   75   -5     - 1130    -    ?     00:00:00 httpd
```

NI 列即表示进程的 NI 值。PRI 表示进程当前的总优先级，值越小表示优先级越高，由进程默认的 PRI 加上 NI 得到，即 PRI（new）= PRI（old）+ NI。上面案例中进程默认的 PRI 是 80，所以加上值为-5 的 NI 后，进程的 PRI 为 75。

2. renice 命令

同 nice 命令相比，renice 命令可以在进程运行时修改其 NI 值，从而调整优先级。

【格式】renice [优先级] PID

注意：此命令中使用的是进程的 PID 号，因此常与 ps 等命令配合使用。

【实例 5-30】通过 renice 命令更改优先级。

```
[root@localhost ~]# renice -10 2125
2125: old priority -5, new priority -10
[root@localhost ~]# ps-el | grep "httpd" | grep -v grep
1 S 0 2122 1    0 75 -5 - 113.0- ? 00:00:00 httpd
5 S 2 2123 2122 0 75 -5 - 1130 - ? 00:00:00 httpd
5 S 2 2124 2122 0 75 -5 - 1130 - ? 00:00:00 httpd
5 S 2 2125 2122 0 70 -10- 1130 - ? 00:00:00 httpd
5 S 2 2126 2122 0 75 -5 - 1130 - ? 00:00:00 httpd
5 S 2 2127 2122 0 75 -5 - 1130 - ? 00:00:00 httpd
#PID为2125的进程的PRI为70，而NI为-10
```

5.3.3　任务计划

在 Linux 操作系统中，可以配置在指定的时间和日期执行预先计划好的系统管理任务。通过调度安排，指定任务运行的时间和场合，到时系统会自动完成这一切工作，该过程称为计划任务。

1. at 任务调度

当使用 Shell 脚本时，要在某个特定的时间运行 Shell 脚本，Linux 系统中提供了多种方法，其中一种方法就是使用 at 命令。

at 命令会将作业提交到队列中，指定 Shell 何时运行该作业。at 的守护进程 atd 会以后台模式运行，会检查系统上的一个特殊目录来获取 at 命令提交的作业。默认情况下，atd 守护进程每 60s 检查一次目录，如果有作业时间与当前时间匹配，则运行此作业。

使用 at 命令，需安装 at 软件包，并启动 atd 服务。在 Linux 系统中，查看 at 软件包是否已安装，可以使用 “rpm -q” 命令，如下所示。

```
[root@localhost ~]# rpm -q at
at-3.1.13-20.el7x86_64
```

可以看到，当前系统已经安装 at 软件包。如果所用系统未安装 at 软件包，可使用如下命令进行安装。

```
[root@localhost ~]# yum -y install at
```

要想正确执行 at 命令，还需要 atd 服务的支持。atd 服务是独立的服务，启动的命令如下。

```
[root@localhost ~]# service atd start
```

如让 atd 服务开机时自动启动，则可以使用如下命令。

```
[root@localhost ~]# chkconfig atd on
```

at 命令的格式非常简单，其语法如下。

【格式】at [选项] [时间]

此命令常用的几个选项和时间参数格式如表 5-1 和表 5-2 所示。

表 5-1　at 命令选项及含义

选项	含义
-m	当 at 工作完成后，无论命令是否输出，都用 E-mail 通知执行 at 命令的用户
-c	显示该 at 工作的实际内容
-t 时间	在指定时间提交工作并执行
-d	删除某个工作，需要提供相应的工作标识号（ID），与 atrm 命令的作用相同
-l	列出当前所有等待运行的工作，和 atq 命令具有相同的作用
-f 脚本文件	指定所要提交的脚本文件

表 5-2　at 命令时间参数格式

格式	用法
HH:MM	比如 04:00 AM，若时间已过，则它会在第二天的同一时间执行
Midnight	代表 12:00 AM（也就是 00:00）
Noon（noon）	代表 12:00 PM（相当于 12:00）
Teatime	代表 4:00 PM（相当于 16:00）
英文月份 日期 年份	例如 January 15 2018 表示 2018 年 1 月 15 号
MMDDYY MM/DD/YY MM.DD.YY	例如 011518 表示 2018 年 1 月 15 号
now +时间	以 minutes、hours、days 或 weeks 为单位，例如 now +5 days 表示命令在 5 天之后的此时此刻执行

at 命令只要指定正确的时间，就可以输入需要在指定时间执行的命令。这个命令可以是系统命令，也可以是 Shell 脚本。

【实例 5-31】在指定的时间关机，在一个 at 任务中是可以执行多个系统命令的。

```
[root@localhost ~]# at 02:00 2020-05-21
at> /bin/sync
at> /sbin/shutdown -h now
at> <EOT>
job 1 at 2020-05-21 02:00
```

在使用系统定时任务时，不论执行的是系统命令还是 Shell 脚本，最好使用绝对路径来写命令，这样不容易报错。at 任务使用 Ctrl+d 组合键保存，实际上写入了 /var/spool/at/这个目录，这个目录内的文件可以直接被 atd 服务调用和执行。

【实例 5-32】查看系统的 at 任务，并删除指定的 at 任务。

```
[root@localhost ~]# at -l
1 2020-05-21 02: 00 a root
#root用户有一个at任务在2020年5月21日02：00执行，工作号是1
[root@localhost ~]# at -d 1
#删除指定的at任务
```

2. CRON 任务调度

at 命令是在指定的时间仅能执行一次任务，但在实际工作中，系统的定时任务一般是需要重复执行的，而 at 命令显然无法满足需求。这时就需要使用 crontab 命令来执行周期性定时任务。

CRON 系统由一个守护进程（crond）和用户的配置文件构成，每一个配置文件叫 cron 表，简称 crontab 文件。crontab 文件前面 3 行是用来配置 cron 任务运行环境的变量。Shell 变量的值定义系统要使用哪个 Shell 环境。PATH 变量定义用来执行命令的路径。cron 任务的输出被邮寄给 MAILTO 变量定义的用户名。如果 MAILTO 变量被定义为空白字符串，电子邮件就不会被寄出。

crontab 命令的语法如下。

【格式】crontab [-u user] { -l | -r | -e }

选项及参数说明如下。

- -e：执行文字编辑器来设定时程表，内定的文字编辑器是 Vim。
- -r：删除目前的时程表。
- -l：列出目前的时程表。

默认表示操作当前用户的 crontab，通过执行“crontab -e”命令，然后输入想要定时执行的任务，打开的是一个空文件，操作方法和 Vim 是一致的，文件格式如下。

```
[root@localhost ~]# crontab -e
#进入crontab编辑界面，会打开Vim编辑任务
* * * * * 执行的任务
```

文件中是通过 5 个“*”来确定命令或任务的执行时间的，这 5 个“*”的具体含义如表 5-3 所示。

表 5-3　crontab 时间格式

项目	含义	范围
第一个“*”	一小时当中的第几分钟（minute）	0～59
第二个“*”	一天当中的第几小时（hour）	0～23
第三个“*”	一个月当中的第几天（day）	1～31
第四个“*”	一年当中的第几个月（month）	1～12
第五个“*”	一周当中的星期几（week）	0～7（0 和 7 都代表星期日）

在时间表示中，还有一些特殊符号，如表 5-4 所示。

表 5-4　crontab 命令时间格式选项

特殊符号	含义
*（星号）	代表任何时间。比如第一个“*”就代表一小时中每分钟都执行一次
，（逗号）	代表不连续的时间。比如“08，12，16***命令”，就代表在每天的 8 点 0 分、12 点 0 分、16 点 0 分都执行一次命令
-（中杠）	代表连续的时间范围。比如“05 ** 1-6 命令”，代表在周一到周六的凌晨 5 点 0 分执行命令
/（正斜线）	代表每隔多久执行一次。比如“*/10****命令”，代表每隔 10 分钟就执行一次命令

当“crontab -e”编辑完成之后，一旦保存退出，那么这个定时任务实际上就会写入 /var/spool/cron/ 目录中，每个用户的定时任务用自己的用户名进行区分。而且 crontab 命令只要保存就会生效，只要 crond 服务是启动的，具体案例如表 5-5 所示。

表 5-5　crontab 命令案例

时间	含义
45 22 *** 命令	在 22 点 45 分执行命令
0 17 ** 1 命令	在每周一的 17 点 0 分执行命令
0 5 1，15** 命令	在每月 1 日和 15 日的凌晨 5 点 0 分执行命令
40 4 ** 1-5 命令	在每周一到周五的凌晨 4 点 40 分执行命令

【实例 5-33】系统在每周二的凌晨 5 点 5 分自动重启一次。

```
[root@localhost ~]# crontab -e
5 5 * * 2/sbin/shutdown -r now
```

【实例 5-34】在每月 1 日、10 日、15 日的凌晨 3 点 30 分都定时执行日志备份脚本 autobak.sh，并查看和删除任务。

```
[root@localhost ~]# crontab -e
30 3 1,10,15 * */root/sh/autobak.sh
```

定时任务保存之后，可以在指定的时间执行。使用命令来查看定时任务，命令如下。

```
[root@localhost ~]# crontab -l
5 5  * * 2 /sbin/shutdown -r now
30 3  1,10,15 * */root/sh/autobak.sh
```

可以使用命令删除 root 用户所有的定时任务，命令如下。

```
[root@localhost ~]# crontab -r
```

注意：如果只想删除某个定时任务，则可以执行“crontab -e”命令，进入编辑模式手工删除。

crontab 命令需要 crond 进程支持。crond 是 Linux 系统下用来按周期执行某种任务或等待处理某些事件的一个守护进程。crond 守护进程可以在无须人工干预的情况下，根据时间和日期的组合来调度执行重复任务。

crond 进程的启动和自启动方法如下。

```
[root@localhost ~]# service crond restart
[root@localhost ~]# chkconfig crond on        #设定crond服务为开机自动启动
```

在安装完成操作系统后，默认会安装 crond 服务工具，且 crond 进程默认就是自动启动的。crond 进程每分钟会定期检查是否有要执行的任务，如果有则会自动执行该任务。

5.4 磁盘管理

文件系统是用户创建文件的最基本的要求，磁盘是文件系统的基础，文件系统是逻辑概念，磁盘是物理概念，文件系统以磁盘为基础来存储文件。在本节中，大家需要掌握 Linux 物理设备的命名规则、添加硬件设备的方法、硬盘管理，掌握用 fdisk 进行硬盘分区，掌握文件系统的创建、挂载与卸载，掌握磁盘配额的实现方法。

5.4.1 Linux 磁盘分区和格式化

1. Linux 磁盘分区

磁盘分区是指对硬盘物理介质的逻辑划分。将磁盘分成多个分区，不仅利于对文件的管理，而且不同的分区可以建立不同的文件系统，这样才能在不同的分区上安装不同的操作系统。

磁盘分区一共有 3 种：主分区、扩展分区和逻辑分区。扩展分区只不过是逻辑驱动器的“容器”，实际上只有主分区和逻辑分区才能进行数据存储。在一块磁盘上最多只能有 4 个主分区，可以另外建立一个扩展分区来代替 4 个主分区的其中一个，然后在扩展分区下可以建立更多的逻辑分区。

2. 磁盘分区格式化

磁盘经过分区之后，要对磁盘分区进行格式化，并创建文件系统。格式化是指对磁盘分区进行初始化，会导致现有的分区中所有的数据被清除。格式化是在磁盘的开端写入启动扇区的数据，在根目录记录磁盘卷标，为文件分配表保留一些空间，以及检查磁盘上是否有损坏的扇区。在 Linux 系统中使用 mkfs 命令来完成。

3. Linux 文件系统类型

文件系统是操作系统用于明确存储设备或分区上的文件的方法和数据结构，即在存储设备上组织文件的方法。不同的操作系统使用不同类型的文件系统，但为了与其他操作系统兼容，通常操作系统都能支持多种类型的文件系统，如 Windows 7 默认的文件系统是 NTFS，但同时也支持 FAT32 文件系统。

Linux 操作系统支持使用多种常见类型的文件系统，下面分别介绍常见的文件系统类型。

（1）ext3/ext4

ext（Extended File System）即扩展文件系统，于 1992 年 4 月发布，是为 Linux 核心所做的第一个文件系统。ext3 是 ext2 的改进版本，其支持日志功能，能够帮助系统从非正常关机导致的异常中恢复，是目前 Linux 默认采用的文件系统。

ext4 是第四代扩展文件系统，是 ext3 文件系统的后续版本。其提供了很多新的特性，包括纳秒级时间戳，创建和使用巨型文件（16TB），以及速度的提升等，文件系统最大达 1EB。

（2）XFS

XFS 是一种高性能的日志文件系统，而且是 RHEL 7 中默认的文件管理系统，它的优势在发生意外宕机后尤其明显，即可以快速地恢复可能被破坏的文件，而且强大的日志功能只用花费极低的计算和存储性能。

（3）swap

swap 用于 Linux 的交换分区，用来提供虚拟内存，当系统的物理内存不够用的时候，就需要将物理内存中的一部分空间释放出来，以供当前运行的程序使用。虚拟内存一般为物理内存的 2 倍，由操作系统自行管理。

（4）vfat

vfat 是 Linux 对 DOS 和 Windows 系统下的 FAT 文件系统的一个统称，它兼容 FAT 文件系统中的长文件名。

（5）ISO 9660 文件系统

ISO 9660 是光盘使用的标准文件系统。

5.4.2 硬盘设备的添加和分区格式化

1. 物理设备的命名规则

在 Linux 系统中一切都是文件，硬件设备也不例外。既然是文件，就必须有文件名称。系统内核中的设备管理器会自动把硬件名称规范起来，目的是让用户通过设备文件的名字可以识别设备大致的属性及分区信息等。另外，设备管理器的服务以守护进程的形式运行并侦听内核发出的信号来管理/dev 目录下的设备文件。

在 Linux 中，每一个硬件设备都映射到一个系统的文件，文件名的格式如下。

```
/dev/xxyN
```

- /dev/：　Linux 下所有设备文件所在的目录。
- xx：表示设备类型，其中 IDE 硬盘为 hd，SCSI 硬盘为 sd，软盘驱动器为 fd0，光盘驱动器为 cdrom。
- y：表示分区所在的设备的盘号，表明硬盘是使用此类接口的第几个硬盘。第一个 IDE 设备为 hda；第二个 IDE 设备为 hdb，分别用 a～z 字母表示。
- N：最后数字代表分区。前 4 个分区用 1～4 表示，逻辑分区从 5 开始。例如：/dev/hda3 是第 1 个 IDE 硬盘上的第 3 个主分区或扩展分区；/dev/sdb6 是第 2 个 SCSI 硬盘上的第 2 个逻辑分区。

2. 磁盘管理命令

Linux 磁盘管理的好坏直接关系到整个系统的性能问题，Linux 磁盘管理常用的命令为 df 和 du。

（1）df 命令

检查文件系统的磁盘空间占用情况，可以利用该命令来获取硬盘被占用了多少空间，目前还剩下多少空间等信息。

【格式】

df [-ahikTm] [目录或文件名]

选项及参数说明如下。

- -a：列出所有的文件系统，包括系统特有的 /proc 等文件系统。
- -k：以 KB 的容量显示。
- -m：以 MB 的容量显示。
- -h：以 GB、MB、KB 等格式自行显示。
- -T：显示文件系统类型。
- -i：不用硬盘容量，而以 inode 的数量来显示。

【实例 5-35】将系统所有的文件系统列出。

```
[root@localhost ~]# df
Filesystem      1K-blocks    Used Available  Use% Mounted on
/dev/hdb2         9920624  3823112   5585444  41% /
/dev/hdb3         4956316   141376   4559108   4%  /home
/dev/hdb1          101086    11126     84741  12% /boot
tmpfs              371332        0    371332   0%  /dev/shm
```

注意：df 没有加任何选项，默认会将系统内所有的文件系统（不含特殊内存内的文件系统与 swap）都以 KB 为容量单位列出。

【实例 5-36】将容量结果以易读的容量格式显示出来。

```
[root@localhost ~]# df -h
Filesystem            Size  Used Avail Use% Mounted on
```

```
/dev/hdb2              9.5G  3.7G  5.4G  41% /
/dev/hdb3              4.8G  139M  4.4G   4% /home
/dev/hdb1               99M   11M   83M  12% /boot
tmpfs                  363M     0  363M   0% /dev/shm
```

（2）du 命令

查看使用空间，逐级进入指定的目录的每一个子目录并显示该目录占用文件系统数据块（1024B）的情况。若没有给出文件或目录名称，则对当前目录进行统计。

【格式】du [-ahskm] 文件或目录名称

选项及参数说明如下。

- -a：列出所有的文件与目录容量，因为默认仅统计目录底下的文件量而已。
- -h：以人们较易读的容量格式（G/M）显示。
- -s：列出总量而已，而不列出每个目录的占用容量。
- -k：以 KB 为单位列出容量。
- -m：以 MB 为单位列出容量。

【实例 5-37】列出当前目录下的所有文件夹容量（包括隐藏文件夹）。

```
[root@localhost ~]# du
```

【实例 5-38】分屏显示每个目录或文件的大小。

```
[root@localhost ~]# du |more
```

【实例 5-39】显示文件系统/root/abc 的大小。

```
[root@localhost ~]# du /root/abc
```

3. 添加硬盘设备

首先需要在虚拟机中模拟添加一块新的硬盘存储设备，然后再进行分区、格式化、挂载等操作，最后通过检查系统的挂载状态并真实地使用硬盘来验证硬盘设备是否成功添加。通过虚拟机软件进行硬件模拟，体现出了使用虚拟机软件的好处，操作步骤如下。

（1）把虚拟机系统关机，稍等几分钟会自动返回到虚拟机管理主界面，然后单击“编辑虚拟机设置”选项，在弹出的界面中单击“添加”按钮，选择想要添加的硬件类型为“硬盘”，然后单击“下一步”按钮。

（2）选择虚拟硬盘的类型为 SCSI（默认推荐），并单击“下一步”按钮，此时虚拟机中的设备名称显示为/dev/sdb。

（3）将“最大磁盘大小”设置为默认的 20GB。这个数值是限制这台虚拟机所使用的最大硬盘空间，而不是立即将其填满，并设置磁盘文件名和保存位置，单机“完成”按钮。

4. 使用 fdisk 硬盘进行分区

在虚拟机中模拟添加了硬盘设备后就应该能看到抽象成的硬盘设备文件了，按照硬盘命名规则，第二个被识别的 SCSI 设备被保存为/dev/sdb 文件。开始使用该硬盘之前还需要进行分区操作。fdisk 是 Linux 的磁盘分区操作工具。

【格式】fdisk [-l] 硬盘设备

选项及参数说明如下。

- -l：输出后面接的所有的分区内容。若仅有“fdisk -l”，则系统将会把整个系统内能够搜寻到的分区均列出来。

【实例 5-40】列出所有分区信息。

```
[root@localhost ~]# fdisk -l
```

【实例 5-41】添加一块硬盘，类型为 SCSI 硬盘，大小为 20GB，分为 3 个主分区，大小都为 5GB，分为 2 个逻辑分区，第 1 个逻辑分区大小为 1GB，第 2 个逻辑分区大小为剩余所有空间。

```
[root@localhost ~]# fdisk /dev/sdb #注意不要加上数字
                                    #输入"m"选项后，可以查看命令帮助，输入"n"选项开始创建分区
Command (m for help): n
Command action
   e   extended
   p   primary partition (1-4)
P
Partition number (1-4): 1
First cylinder (1-2610, default 1):
Using default value 1
Last cylinder, +cylinders or +size{K, M, G} (1-2610, default 2610): +5G

Command (m for help): n
Command action
   e   extended
   p   primary partition (1-4)
e
Selected partition 4
First cylinder (1963-2610, default 1963):
Using default value 1963
Last cylinder, +cylinders or +size{K, M, G} (1963-2610, default 2610):
Using default value 2610

Command (m for help): n
First cylinder (1963-2610, default 1963):
Using default value 1963
Last cylinder, +cylinders or +size{K, M, G} (1963-2610, default 2610): +1G

Command (m for help): n
First cylinder (2095-2610, default 2095):
Using default value 2095
Last cylinder, +cylinders or +size{K, M, G} (2095-2610, default 2610):
Using default value 2610
Command (m for help): p

Disk /dev/sdb: 21.5 GB, 21474836480 bytes
255 heads, 63 sectors/track, 2610 cylinders
Units = cylinders of 16065 * 512 = 8225280 bytes
Sector size (logical/physical): 512 bytes / 512 bytes
I/O size (minimum/optimal): 512 bytes / 512 bytes
Disk identifier: 0xa37738b2

   Device Boot    Start      End      Blocks    Id   System
   / dev/ sdb1        1      654     5253223+   83   Linux
   / dev/ sdb2      655     1308     5253255    83   Linux
   / dev/ sdb3     1309     1962     5253255    83   Linux
   / dev/ sdb4     1963     2610     5205060     5   Extended
   / dev/ sdb5     1963     2094     1060258+   83   Linux
```

```
    /dev/sdb6     2095     2610     4144738+  83  Linux
Command (m for help): W
The partition table has been altered!

Calling ioctl() to re-read partition table.
Syncing disks.
#离开fdisk时按下q，那么所有的操作都不会生效；按下w就是保存
```

5. 磁盘格式化

对一个新的硬盘进行分区以后，还要对这些分区进行格式化并创建文件系统，一个分区只有建立了某种文件系统后，这个分区才能使用。在 Linux 中进行格式化并建立文件系统的命令是 mkfs。

【格式】mkfs [-t 文件系统格式] 磁盘分区

选项及参数说明如下。

- ❑ -t：可以接文件系统格式，例如 ext3、ext2、vfat 等。

【实例 5-42】查看 mkfs 支持的文件格式。

```
[root@localhost ~]# mkfs [tab][tab]
mkfs          mkfs.ext2   mkfs.ext4      mkfs.msdos
mkfs.cramfs   mkfs.ext3   mkfs.ext4dev   mkfs.vfat
```

注意：按两下 Tab 键，会发现 mkfs 支持的文件格式如上所示。

【实例 5-43】将分区 /dev/sdb1 格式化为 ext4 文件系统。

```
[root@localhost ~]# mkfs -t  ext4  /dev/sdb1
```

5.4.3 磁盘文件系统挂载与卸载

Linux 系统中"一切皆文件"，所有文件都放置在以根目录为树根的树形目录结构中。在 Linux 看来，任何硬件设备也都是文件，它们各有自己的一套文件系统。当在 Linux 系统中使用这些硬件设备时，需要将 Linux 本身的文件目录与硬件设备的文件目录联系起来，这样的过程称为"挂载"。挂载指的就是将设备文件中的顶级目录连接到 Linux 根目录下的某一目录，访问此目录就等同于访问设备文件。但是并不是根目录下任何一个目录都可以作为挂载点。由于挂载操作会使原有目录中文件被隐藏，因此根目录及系统原有目录都不要作为挂载点，以免造成系统异常甚至崩溃，挂载点最好是新建的空目录。

1. 挂载文件系统

使用 mount 命令可以将指定分区、光盘、U 盘或者是移动硬盘挂载到 Linux 系统的目录下，其语法格式如下。

【格式】mount [-t vfstype] [-o options] 设备名称 挂载点

选项及参数说明如下。

- ❑ -t vfstype：指定文件系统的类型，通常不必指定，mount 会自动选择正确的类型。
- ❑ -o options：主要用来描述设备或档案的挂载方式，常用的有以下 3 种。
  - ★ ro：采用只读方式挂载设备。
  - ★ rw：采用读写方式挂载设备。
  - ★ iocharset：指定访问文件系统所用字符集。

2. 查看磁盘分区挂载情况

要查看 Linux 系统上的磁盘分区挂载情况，可以使用 df 命令。使用 df 命令可以显示每个文件所在的文件系统的信息，默认显示所有文件系统。可使用 df 命令检查文件系统的磁盘空间使用情况，获取硬盘使用了多少空间，目前还剩下多少空间等相关信息。其语法格式如下。

【格式】df [选项] [文件]

【实例 5-44】用默认的方式，将刚刚创建的/dev/sdb1 挂载到/mnt/sdb1 上，并查看磁盘分区挂载情况。

```
[root@localhost ~]# mkdir /mnt/sdb1
[root@localhost ~]# mount /dev/sdb1 /mnt/sdb1
[root@localhost ~]#df
Filesystem          1K-blocks    Used   Available  Use% Mounted on
……中间省略……
/dev/sdb1           5039592      10264  4766668    1%   /mnt/sdb1
```

3. 卸载文件系统

使用 umount 命令可以将指定分区、光盘、U 盘或者移动硬盘进行卸载。umount 可以卸载目前挂载在 Linux 目录中的文件系统，除了直接指定文件系统外，也可以使用设备名称或挂载目录来表示文件系统。其语法格式如下。

【格式】umount [选项] [-t <文件系统类型>] [文件系统]

【实例 5-45】卸载/dev/sdb1。

```
[root@localhost ~]# umount /dev/sdb1
```

5.4.4 开机自动挂载文件系统

1. /etc/fstab 文件简介

/etc/fstab 文件包含了所有磁盘分区及存储设备的信息，其中包含了磁盘分区和存储设备如何挂载，以及挂载在什么目录上的信息。/etc/fstab 文件是一个简单的文本文件，必须以 root 用户登录才可以编辑该文件。

/etc/fstab 文件的每一行都包含一个设备或磁盘分区的信息，每一行又有多个列的信息，格式如下。

```
<device> <dir> <type> <options> <dump> <pass>
```

- device：指定加载的磁盘分区或移动文件系统，除了指定设备文件外，也可以使用 UUID、LABEL 来指定分区。
- dir：指定挂载点的路径。
- type：指定文件系统的类型，如 ext3、ext4 等。
- options：指定挂载的选项，默认为 default，其他可用选项包括 acl、noauto、ro 等。
- dump：当其值设置为 1 时将允许 dump 备份程序备份；设置为 0 时忽略备份操作；如果文件系统不需要被 dump，则设置为 0 即可。
- pass：该字段用于 fsck 程序在重新启动时确定文件系统检查完成的顺序，启动用的文件系统需要指定为 1，其他文件系统需要指定为 2，如果没有此字段或设置为 0 则表示不检查。

2. 设置开机自动挂载文件系统

执行 mount 命令后就能立即使用文件系统了，但系统重启后挂载就会失效，需要每次开机后都手动挂载一下。

如果想让硬件设备和目录永久地进行自动关联，就必须把挂载信息按照指定的填写格式“设备文件 挂载目录 格式类型 权限选项 是否备份 是否自检”写入/etc/fstab 文件中。/etc/fstab 文件中包含挂载所需的诸多信息项目，配置好之后就能开机自动挂载了。

5.4.5 磁盘配额

Linux 系统是多用户、多任务的操作系统，但是硬件资源是固定且有限的，如果某些用户不断地在 Linux 系统上创建文件，硬盘空间总有一天会被占满。针对这种情况，root 管理员就需要使用磁盘容量配额服务来限制某个用户或某个用户组针对特定文件夹可以使用的最大硬盘空间或最大文件个数，一旦达到这个最大值就不再允许继续使用。

1. 磁盘配额的相关概念

（1）硬限制（ hard limit）：指的是每个用户或组可拥有的磁盘空间或文件的绝对数量，绝对不允许超过这个限制。

（2）软限制（soft limit）：一个用户在文件系统可拥有的最大磁盘空间和最多文件数量，在某个宽限期内可以暂时超过这个限制。

（3）宽限时间（ grace period）：默认为 7 天。如果 7 天后，用户使用磁盘空间的数量仍然超出软限制，则系统将会禁用此用户账号。要重新激活账号，必须由系统管理员来进行。

2. 磁盘配额的相关命令

可以使用 quota 命令进行磁盘容量配额管理，从而限制用户的硬盘可用容量或所能创建的最大文件个数。

（1）edquota 命令

用于编辑指定用户或工作组磁盘配额，其语法格式如下。

【格式】edquota [-u username] [-g groupname]

选项及参数说明如下。

- -u：设置用户的 quota，这是预设的参数。
- -g：设置群组的 quota。

（2）setquota 命令

setquota 是一个命令行配额编辑器，可以采用命令行的方式直接设置用户或用户组的配额限制。若想禁用配额限制，可以把相应参数设置为 0。如果多个文件系统需要修改配额设置，每个文件系统需要调用一次 setquota 命令。其语法格式如下。

【格式】setquota [参数]

参数说明如下。

- -a：编辑启用配额限制的所有文件系统。
- -b：从标准输入读取配额设置信息。
- -U：设置命令行参数 name 指定用户的配额。
- -t：设置用户数据块与信息节点的宽限时间周期。

（3）quota 命令

执行 quota 命令可查询磁盘空间的限制，并得知已使用多少空间。其语法格式如下。

【格式】quota [-quvV] [用户名称…]

或

quota [-gqvV] [群组名称…]

选项及参数说明如下。

- -g：列出群组的磁盘空间限制。
- -q：简明列表，只列出超过限制的部分。
- -u：列出用户的磁盘空间限制。
- -v：显示该用户或群组，在所有挂入系统的存储设备的空间限制。
- -V：显示版本信息。

（4）repquota 命令

用于检查磁盘空间限制的状态。执行 repquota 指令，可报告磁盘空间限制的状况，清楚得知每位用户或每个群组已使用多少空间。其语法格式如下。

【格式】repquota [-aguv] [文件系统]

参数说明如下。

- -a：列出在/etc/fstab 文件里，加入 quota 设置的分区的使用状况，包括用户和群组。
- -g：列出所有群组的磁盘空间限制。
- -u：列出所有用户的磁盘空间限制。
- -v：显示该用户或群组的所有空间限制。

（5）quotacheck 命令

用于检查磁盘的使用空间与限制。执行 quotacheck 命令，扫描挂入系统的分区，并在各分区的文件系统根目录下产生 quota.user 和 quota.group 文件，设置用户和群组的磁盘空间限制。其语法格式如下。

【格式】quotacheck [-adgRuv] [文件系统]

参数说明如下。

- -a：扫描在/etc/fstab 文件里加入 quota 设置的分区。
- -d：详细显示命令执行过程，便于排错或了解程序执行的情形。
- -g：扫描磁盘空间时，计算每个群组识别码所占用的目录和文件数目。
- -R：排除根目录所在的分区。
- -u：扫描磁盘空间时，计算每个用户识别码所占用的目录和文件数目。
- -v：显示命令执行过程。

（6）quotaon 命令

quotaon 命令用于激活 Linux 内核中指定文件系统的磁盘配额功能。执行 quotaon 命令可开启用户和群组的空间限制，各分区的文件系统根目录必须有 quota.user 和 quota.group 配置文件。其语法格式如下。

【格式】quotaon [-aguv] [文件系统]

选项及参数说明如下。

- -a：开启在/ect/fstab 文件里，有加入 quota 设置的分区的空间限制。
- -g：开启群组的磁盘空间限制。
- -u：开启用户的磁盘空间限制。
- -v：显示命令执行过程。

（7）quotaoff 命令

quotaoff 命令用于关闭 Linux 内核中指定文件系统的磁盘配额功能，其语法格式如下。

【格式】quotaoff [-aguv] [文件系统]

选项及参数说明如下。

- -a：开启在/ect/fstab 文件里，有加入 quota 设置的分区的空间限制。
- -g：开启群组的磁盘空间限制。
- -u：开启用户的磁盘空间限制。
- -v：显示命令执行过程。

3. 磁盘配额案例

【实例 5-46】将/dev/sdb2 分区挂载在/mnt/quota 下，在/mnt/quota 目录对用户 test 实行磁盘空间的配额限制，用户 test 能使用 3000KB 的空间，最多不能超过 4000KB 的空间大小；只能存 6 个文件，最多不能超过 8 个文件。

操作步骤如下。

（1）检查内核是否支持磁盘配额、建立用户、挂载点目录、挂载文件系统。

① 查看系统是否装了 quota 软件包。

```
[root@localhost ~]# rpm -qa|grep quota
```

需要内核支持 quota 功能。

② 建立用户 test 并设密码（如果已经存在就不用建立）。

```
[root@localhost ~]# adduser test
[root@localhost ~]# passwd test
```

③ 建立一个挂载目录/mnt/quota。

```
[root@localhost ~]# mkdir /mnt/quota
[root@localhost ~]# chmod 777  /mnt/quota
```

④ 把/dev/sdb2 文件系统挂载到/mnt/quota，指定挂载文件系统的选项 usrquota、grpquota。

```
[root@localhost ~]# mount -o usrquota,grpquota  /dev/sdb2  /mnt/quota
```

（2）扫描相应文件系统，用 quotacheck 命令生成基本配额文件。

```
[root@localhost ~]# quotacheck /mnt/quota
[root@localhost ~]# quotacheck -g  /mnt/quota
```

（3）使用 edquota 命令分配磁盘配额。

```
[root@localhost ~]# edquota -u 用户
```

注意：blocks 以 KB 为单位。第 1 个 soft 表示磁盘容量软限制，第 2 个 soft 表示文件个数软限制，第 1 个 hard 表示磁盘容量硬限制，第 2 个 hard 表示文件个数硬限制。

```
Disk quotas for user test (uid 1001):
Filesystem     blocks     soft      hard    inodes     soft     hard
/dev/sdb2      0          3000      4000    8          6        8
```

（4）激活要做磁盘配额的分区。

```
[root@localhost ~]# quotaon  /mnt/quota或quotaon  /dev/sdb2
```

5.5 本章小结

本章主要介绍了 Linux 系统管理的主要内容。在用户管理中要熟练掌握用户和组的维护和管理工作；在软件包管理中要熟悉 RPM 包和 YUM 包的使用方法，如何安装软件是维护系统的基本操作；在进程控制中，要了解 Linux 中的前台和后台工作机制，并掌握常用进程管理命令和任务定制；在磁盘操作管理中要掌握 Linux 物理设备的命名规则，文件系统的创建、挂载与卸载，以及磁盘配额的实现方法。

本章介绍的内容都是系统管理员熟练操作 Linux 的必备基础，也为后面的网络服务架设和系统配置打下扎实的基础。

5.6 习题

一、选择题

1. 为了保证系统的安全，现在的 Linux 系统一般将/etc/passwd 密码文件加密后，保存在（　　）。

   A. /etc/group　　　　B. /etc/netgroup

   C. /etc/libasafe.notify　　　　D. /etc/shadow

2. 创建用户 ID 是 500、组 ID 是 1000、用户主目录为/home/mary 的新用户 mary 的正确命令是（　　）。

   A. adduser–u:500–g:1000–h:/home/mary mary

   B. adduser–u=500 –g=1000 –d=/home/mary mary

   C. useradd–u 500–g 1000–d /home/mary mary

   D. useradd–u 500–g 1000–h /home/mary mary

3. 作为一个管理员，你希望在每一个新用户的目录下放一个文件 .bashrc，那么你应该在（　　）目录下放这个文件，以便于新用户创建主目录时自动将这个文件复制到自己的目录下。

A. /etc/skel/　　B. /etc/default/
C. /etc/defaults/　　D. /etc/profile.d/

4. 下面哪个参数可以删除一个用户并同时删除用户的主目录？（　　）

A. rmuser–r　　B. deluser –r
C. userdel –r　　D. usermgr –r

5. 为卸载一个软件包，应使用（　　）。

A. rpm –i　　B. rpm –e
C. rpm –q　　D. rpm–V

6. 安装 bind 套件，应用下列哪一指令？（　　）

A. rpm –ivh bind*.rpm　　B. rpm –Fvh bind*.rpm
C. rpm –ql bind*.rpm　　D. rpm –e bind

7. 有一个备份程序 mybackup，需要在周一至周四下午 1 点和晚上 8 点各运行一次，下面哪项可以完成这项工作？（　　）

A. 0 13,20 * * 1,4 mybackup　　B. 0 13,20 * * 1,2,3,4 mybackup
C. * 13,20 * * 1,2,3,4 mybackup　　D. 0 13,20 1,4 * * mybackup

二、实验题

1. 建立用户 wangping，密码为 jsjx123；查看该用户所属的主组；建立组群 rjgc，组群账号为 1005，密码为 jsjx123；修改 wangping 用户的主组为 rjgc，附属组为 root；查看 wangping 用户的信息。请写出相关操作命令。

2. 显示当前硬盘/dev/sda 的分区信息；查看 grep less 进程是否在运行；显示用户名和进程的起始时间；以 MB 为单位查看系统的物理内存和交换分区的总量；显示文件/home/student/a 的大小。请写出命令及执行过程。

3. 使用某个文件系统存放数据，一般要经过哪几个操作步骤？

4. 按要求书写 at 命令。

（1）6 月 30 日上午 10 点执行文件 job1 中的作业。

（2）在今天下午 18 : 30 执行 date 命令，并将结果放到/backup/test 文件中。

5. 设置 crontab 调度，要求：

（1）每天上午 8 点 30 分查看系统的进程状态，并将查看结果保存于 ps.log；

（2）每星期三上午 10 点执行命令“ls - al /home>two.txt”；

（3）每 3 个月的 1 号零时查看正在使用的用户列表；

（4）每月的 1 号、5 号的 2 点 20 分执行命令“reboot”。

6. 某系统管理员需要为用户 mary 在/dev/sda1 分区上做用户磁盘配额，请按照下列要求，编制一个解决方案（写出详细步骤）。

（1）用户 mary 能使用 7000KB 的空间，最多不能超过 8000KB 的空间大小；

（2）只能存 6 个文件，最多不能超过 8 个文件。

CHAPTER06

第6章

网络配置与管理

学习目标：

- 理解网络协议与体系结构；
- 理解 IP 地址、端口号与网络接口；
- 掌握查看和管理网络接口的命令；
- 掌握网络配置文件；
- 掌握 Linux 网络配置方法；
- 掌握网络管理命令。

计算机网络将一台计算机与其他计算机通过通信线路连接起来，实现资源共享和数据通信。我们将网络中的计算机及相关设备称为主机。有运行 Windows 系统的主机，也有运行 Linux 系统的主机，在使用网络前需要对主机进行网络配置，才能够实现主机间的网络通信。网络配置通常包括主机名、IP 地址、子网掩码、默认网关、DNS 服务器等，网络配置与管理是服务器日常运维中重要的一项基础性工作。本章主要介绍 Linux 的网络协议与体系结构，IP 地址、端口号与网络接口，网络配置与管理，网络配置文件，网络配置参数，以及网络管理命令。

6.1 网络协议与体系结构

6.1.1 TCP/IP 协议

网络协议是网络上所有设备（如网络服务器、计算机、交换机、路由器及防火墙等）之间通信规则的集合，它规定了通信时信息必须采用的格式和这些格式的意义。与 Windows 一样，Linux 网络体系也是按分层结构实现的，通过定义各层的功能，指定各个层之间的接口，实现各层的相对独立。

20 世纪 70 年代后期，ISO（国际标准化组织）创建 OSI（开放系统互联）参考模型。严格地说，OSI 是灵活、稳健和可操作的模型，并不是协议，常用来分析和设计网络体系结构。OSI 模型分为七层，由下到上分别为物理层、数据链路层、网络层、传输层、会话层、表示层、应用层。

TCP/IP 协议是一套用于网络通信的协议集合，其中 TCP（Transmission Control Protocol）为传输控制协议；IP（Internet Protocol）为国际互联协议。TCP/IP 协议不仅仅指的是 TCP 和 IP 两个协议，而是指一个由 FTP、SMTP、TCP、UDP、IP 等协议构成的协议簇。所有这些协议相互配合，实现网络上的信息通信。它是目前最完整、使用最广泛的通信协议标准。

TCP/IP 协议严格来说是一个四层的体系结构，包括应用层、传输层、网络层和数据链路层。如图 6-1 所示，左边是 OSI 参考模型的七层结构，右边是 TCP/IP 协议的四层结构，中间则是 TCP/IP 每一层主要的协议组件。

ISO/OSI参考模型	TCP/IP 协议					TCP/IP 模型
应用层	文件传输协议(FTP)	远程登录协议(Telnet)	电子邮件协议(SMTP)	网络文件服务协议(NFS)	网络管理协议(SNMP)	应用层
表示层						
会话层						
传输层	TCP		UDP			传输层
网络层	IP	ICMP	ARP	RARP		网络层
数据链路层	Ethernet IEEE 802.3	FDDI	Token-Ring/ IEEE 802.5	ARCnet	PPP/SLIP	网络接口层
物理层						硬件层

图 6-1　OSI 模型与 TCP/IP 协议的分层结构

6.1.2 Linux 的协议栈层次

Linux 具有丰富而稳定的网络协议栈，与 TCP /IP 分层结构相对应，Linux 网络栈一般分为四层网络模型，从低到高分别介绍如下。

（1）网络接口层：将 TCP /IP 的数据链路层和物理层合并在一起，提供访问物理设备的驱动程序，对应的网络协议主要是以太网协议。

（2）网络层：对应 TCP/IP 网络层，用于管理离散的计算机间的数据传输。重要的网络协议包括 ARP（地址解析）协议、ICMP（Internet 控制消息）协议和 IP（网际）协议。

（3）传输层：对应 TCP/IP 传输层，提供应用程序间的通信，功能包括格式化信息流，提供可靠传输。重要的网络协议包括 TCP 和 UDP（User Datagram Protocol，用户数据报）协议。

（4）应用层：对应 TCP/IP 应用层（对应 OSI 应用层、表示层和会话层）。应用层位于协议栈的顶端，服务于应用。常见的应用层协议有 HTTP、FTP、Telnet 等。这是 Linux 网络配置最关键的一层，Linux 服务器的配置文档主要针对应用层协议。

6.2 IP 地址、端口号与网络接口

一个网络中可能有许多台主机，进行网络通信的对象实质上是网络中的进程，每台主机中的进程也不唯一，在计算机网络中，人们常用 IP 地址标识一台主机，使用端口号标识网络中的一个进程。

6.2.1 IP 地址

IP 地址是互联网协议特有的一种地址，它是 IP 协议提供的一种统一的地址格式。IP 地址为互联网上的每一台计算机（或其他网络设备）分配一个唯一的 32 比特的标识符，IP 地址分成两部分：网络地址和主机地址。网络地址也称网络号，用来标识主机所连接的网络；主机地址也称主机号，用来标识该网络上特定的主机。

目前广泛使用的 IP 地址是 IPv4 地址，因此，本书主要对 IPv4 进行讲解。

1. IP 地址组成

IPv4 由 32 位二进制组成，分为 4 段（4 个字节），每一段为 8 位二进制数（1 个字节），中间使用英文的标点符号“.”隔开。为了便于记忆和识别，把每一段 8 位二进制数转成十进制数，大小为 0 至 255，这种表示法称为“点分十进制表示法”，IP 地址表示为 xxx.xxx.xxx.xxx，例如 192.168.3.25 就是一个 IP 地址。

IP 地址共分为 5 类，分别为 A 类地址、B 类地址、C 类地址、D 类地址和 E 类地址。其中 A、B、C 类 IP 地址在逻辑上又分为两个部分：第一部分是网络号，第二部分是主机号。例如 IP 地址 192.168.2.10，该地址的前 3 个字节标识网络号 192.168.2.0，最后一个字节标识该网络中的主机。不同网络中的 IP 地址规划如图 6-2 所示。

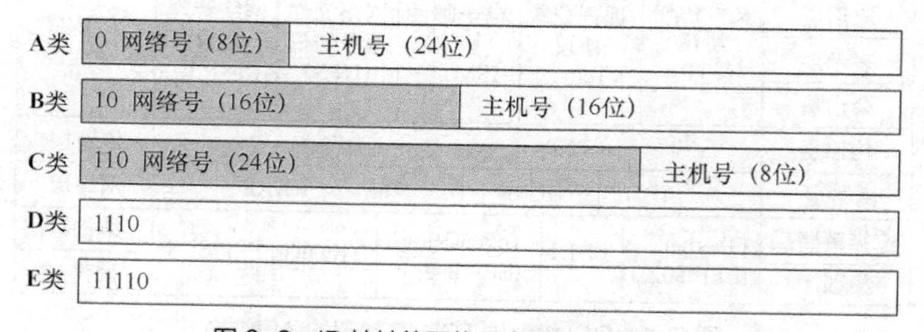

图 6-2 IP 地址的网络号字段和主机号字段

下面分别介绍这 5 类地址。

（1）A 类地址

第一个字节是网络号，后 3 个字节是主机号，网络号的最高位必须是 0。A 类地址取值范围为 1.0.0.1～126.255.255.254，其中 0.0.0.0 和 255.255.255.255 作为特殊地址。

（2）B 类地址

前两个字节是网络号，后两个字节是主机号，网络号的最高位必须是 10。B 类地址取值范围为 128.1.0.1～191.255.255.254。

(3) C 类地址

前 3 个字节是网络号，最后一个字节是主机号，网络号的最高位必须是 110。C 类地址取值范围为 192.0.1.1～223.255.255.254。

(4) D 类地址

D 类地址不分网络号和主机号，它固定以 1110 开头，取值范围为 224.0.0.1～239.255.255.254，主要用于多点广播的地址。

(5) E 类地址

E 类地址主要用在实验和开发中。

A、B、C 类 IP 地址中都有一部分 IP 地址作为私有地址，不使用在互联网上，而是提供给局域网使用，它们的范围如下。

A 类地址：10.0.0.0～10.255.255.255。

B 类地址：172.16.0.0～172.31.255.255。

C 类地址：192.168.0.0～192.168.255.255。

2. 常用概念

IP 地址还有一些常用的概念。

(1) 子网掩码

子网掩码又称为地址掩码，它用于划分 IP 地址中网络号和主机号，网络号所在的位用 1 标识，主机号所在的位用 0 标识。因为 A、B、C 类地址网络号和主机号的位置是确定的，所以子网掩码的取值也是确定的，分别如下。

① 255.0.0.0，用于匹配 A 类地址。

② 255.255.0.0，用于匹配 B 类地址。

③ 255.255.255.0，用于匹配 C 类地址。

(2) 网络地址

如果某 IP 地址的主机号全部为 0，则 IP 地址表示的是对应整个网络。

例如网络地址 192.168.5.0/24 表示的是网络号为 192.168.5.0 的整个网络。对于网络 192.168.5.0/24 中的主机，实际能够分配的 IP 地址范围为 192.168.5.1～192.168.5.254，其中 192.168.5.255 为广播地址（主机号全部为 1）。

(3) 回环地址

回环地址（Loopback Address）不属于任何一个有类别地址类，它代表设备的本地虚拟接口，所以默认被看作永远不会宕掉的接口。回环地址指的是以 127 开头的地址，通常用 127.0.0.1 来表示，回环地址表示为压缩格式::1，默认在 Linux 系统中使用的回环地址是 127.0.0.1。

回环地址主要作用有两个：一是测试本机的网络配置，发往回环地址的信息实际将回送本机接收，能 ping 通 127.0.0.1 说明本机的网卡和 IP 协议安装都没有问题；另一个作用是某些 Server/Client 的应用程序在运行时需调用服务器上的资源，一般要指定 Server 的 IP 地址，但当该程序要在同一台机器上运行而没有别的 Server 时，就可以把 Server 的资源装在本机，Server 的 IP 地址设为 127.0.0.1 同样也可以运行。

6.2.2 端口号

IP 地址用来识别网络中的主机，要确定主机中的每个进程，还需要用到端口号。端口号是主机进程的唯一标识，在计算机中，使用“IP 地址+端口号”确定网络中的一个进程。端口号按照一定的规定进行分配，端口号的范围为 0～65535。其中 0～1023 号端口由系统服务进程占用，例如 80 端口分配给 WWW 服务，21 端口分配给 FTP 服务等。动态端口的范围是 1024～65535。之所以称为动态端口，是因为它一般不固定分配某种服务，而是动态分配。动态分配是指当一个系统进程或应用程序进程需要网络通信时，它向主机申请一个端口，主机从可用的端口号中分配一个供它使用。当这个进程关闭时，同时也就释放了所占用的端口号。

6.2.3 网络接口

网络接口通常指的是网络设备的接口。每个 IP 地址实际上是分配给某个网络接口的，比如以太网卡接口。网路接口可以对应于某个物理网络设备，也可以仅仅是一个虚拟的网络设备，它们分别以某种方式连接计算机网络。

Linux 系统支持多种网络接口设备类型，包括以太网、令牌环、无线局域、ADSL、ISDN、Modem 等设备的接口，其中最重要的是网卡。

网卡设备名的格式为：网卡类型+网卡序号。在 Linux 中以太网卡的设备名用 eth*N* 表示，其中 *N* 为一个从 0 开始的数字，代表网卡的序号。第一块以太网卡的设备名为 eth0，第二块以太网卡的设备名为 eth1，其余以此类推。

Linux 支持一块物理网卡绑定多个 IP 地址。此时每个绑定的 IP 地址需要一个虚拟网卡，该网卡的设备名为 eth*N*:*M*，其中 *N* 和 *M* 均为从 0 开始的数字，代表其序号，如第 1 块以太网卡绑定的第 1 个虚拟网卡设备名为 eth0:0，绑定的第 2 个虚拟网卡设备名为 eth0:1。

从 CentOS 7 开始，以太网卡的命名规则有所改变，系统默认的网卡命名已经不是 eth*N* 方式了，而是基于固件、拓扑、位置信息来分配。比如 ens、enp 等开头的网卡名称，其中前两个字符的含义：en 表示以太网；wl 表示无线局域网；ww 表示无线广域网。第三个字符根据设备类型来选择，字符 o 表示主板集成网卡，如 eno1；字符 s 表示热插拔网卡；字符 p 表示 PCI 独立网卡，可能有多个插孔，因此有 s0、s1 等编号，如 enp2s3 网卡。

在 CentOS 7 中，网卡的命名方式如下。

（1）规则 1：如果 Firmware 或者 BIOS 提供的设备索引信息可用就用此命名。比如 eno1。

（2）规则 2：如果 Firmware 或 BIOS 的 PCI-E 扩展插槽可用就用此命名。比如 ens1。

（3）规则 3：如果硬件接口的位置信息可用就用此命名。比如 enp2s0。

（4）规则 4：根据 MAC 地址命名，比如 enx7d3e9f。默认不开启。

（5）规则 5：上述均不可用时回归传统命名方式。

这种命名方式的优点是全自动生成、完全可预测，即使添加或移除硬件，名字也可以保留不变。缺点是新的名字有时不像以前的名字（eth0、wlan0）好读，如 enp0s25。

6.2.4 查看和管理网络接口的命令

在 Linux 环境中，所有的网络通信都发生在网络接口与物理网络设备之间，那么一个系统都有哪些物理网络设备，这些设备如何查看它们的接口信息呢？下面介绍常用的查看和管理网络接口的命令。

1. ifconfig 命令

【功能】查看、设置、启用或关停某个网络接口，可以用来临时配置网络接口的 IP 地址、掩码、网关、物理地址等。

【格式】ifconfig [网络接口] [参数]

常用参数说明如下。

- up：启动指定网络设备/网卡。
- down：关闭指定网络设备/网卡。该参数可以有效地阻止通过指定接口的 IP 信息流，如果想永久地关闭一个接口，还需要从核心路由表中将该接口的路由信息全部删除。
- arp：设置指定网卡是否支持 ARP 协议。

- -promisc：设置是否支持网卡的 promiscuous 模式，如果选择此参数，网卡将接收网络中发给它的所有的数据包。
- -allmulti：设置是否支持组播模式，如果选择此参数，网卡将接收网络中所有的组播数据包。
- -a：显示全部接口信息。
- add：给指定网卡配置 IPv6 地址。
- del：删除指定网卡的 IPv6 地址。
- netmask<子网掩码>：设置网卡的子网掩码。
- address：为网卡设置 IPv4 地址。

【实例 6-1】查看系统中所有网络接口信息。

```
[root@localhost ~]# ifconfig -a
ens33: flags=4163<UP,BROADCAST,RUNNING,MULTICAST>  mtu 1500
        inet 192.168.20.80  netmask 255.255.255.0  broadcast 192.168.20.255
        inet6 fe80::20c:29ff:fe14:3468  prefixlen 64  scopeid 0x20<link>
        ether 00:0c:29:14:34:68  txqueuelen 1000  (Ethernet)
        RX packets 8573  bytes 686060 (669.9 KiB)
        RX errors 0  dropped 0  overruns 0  frame 0
        TX packets 242  bytes 26505 (25.8 KiB)
        TX errors 0  dropped 0 overruns 0  carrier 0  collisions 0
lo: flags=73<UP,LOOPBACK,RUNNING>  mtu 65536
        inet 127.0.0.1  netmask 255.0.0.0
        inet6 ::1  prefixlen 128  scopeid 0x10<host>
        loop  txqueuelen 1000  (Local Loopback)
        RX packets 0  bytes 0 (0.0 B)
        RX errors 0  dropped 0  overruns 0  frame 0
        TX packets 0  bytes 0 (0.0 B)
        TX errors 0  dropped 0 overruns 0  carrier 0  collisions 0
virbr0: flags=4099<UP,BROADCAST,MULTICAST>  mtu 1500
        inet 192.168.122.1  netmask 255.255.255.0  broadcast 192.168.122.255
        ether 52:54:00:ad:d0:d5  txqueuelen 1000  (Ethernet)
        RX packets 0  bytes 0 (0.0 B)
        RX errors 0  dropped 0  overruns 0  frame 0
        TX packets 0  bytes 0 (0.0 B)
        TX errors 0  dropped 0 overruns 0  carrier 0  collisions 0
```

【说明】

（1）ens33：表示第一块网卡。

第一行：UP 表示接口已启用；BROADCAST 表示主机支持广播；RUNNING 表示接口在工作中；MULTICAST 表示主机支持组播；MTU（最大传输单元）为 1500 字节。

第二行：inet 表示网卡的 IP 地址；netmask 表示网络掩码；broadcast 表示广播地址。

第三行：网卡的 IPv6 地址。

第四行：连接类型为 Ethernet（以太网）；00:0c：29:14:34:68 表示网卡的物理地址，即通常所说的 MAC 地址；txqueuelen 表示网卡设置的传送队列长度。

第五行～第八行：接收、发送数据包统计信息。

RX packets：接收时正确的数据包数。RX bytes：接收的数据量。RX errors：接收时产生错误的数据包数。RX dropped：接收时丢弃的数据包数。RX overruns：接收时由于速度过快而丢失的数据包数。RX frame：接收时发生 frame 错误而丢失的数据包数。TX packets：发送时正确的数据包数。TX bytes：发送的数据量。TX errors：发送时产生错误的数据包数。TX dropped：发送时丢弃的数据包数。TX overruns：发送时由于速度过快而丢失的数据包数。TX carrier：发送时发生 carrier 错误而丢失的数据包数。collisions：冲突信息包的数目。

（2）lo：第二个网卡，网卡名 lo，是主机的回环地址，IP 地址为 127.0.0.1。

（3）virbr0：表示第三个网卡，网卡名 virbr0，是一个虚拟的网络连接端口，是由于安装和启用了 libvirt 服务后生成的。

【实例 6-2】启用 ens33 网络接口并重新配置它的 IP 地址为 192.168.20.90。

```
[root@localhost ~]# ifconfig ens33 192.168.20.90 up
[root@localhost ~]# ifconfig ens33
```

【实例 6-3】重新配置 ens33 的 IP 地址为 192.168.20.50，子网掩码为 255.255.255.0。

```
[root@localhost ~]# ifconfig ens33 192.168.20.50 netmask 255.255.255.0
```

【实例 6-4】将网卡 ens33 禁用。

```
[root@localhost ~]# ifconfig ens33 down
```

该命令的设置会立即生效，但不会修改网卡的配置文件，所设置的 IP 地址仅对本次有效，重启系统或网卡被禁用后该设置就失效，其 IP 地址将设置为网卡配置文件中指定的 IP 地址。要想将上述配置信息永久设置生效，那就要修改网卡的配置文件了。

2. ip 命令

【功能】用来显示或设置网络设备。

【格式】ip [选项] 对象 {COMMAND|help}

【说明】

- ❑ 对象 OBJECT={ link|addr|addrlabel|route|rule|neigh|ntable|tunnel|maddr|mroute|mrule|monitor|xfrm|token}，对象常用的取值含义如下。
  - ★ link：用于查看和设定网络设备相关的信息。
  - ★ address：用于查看和设定设备的协议地址有关的信息。
  - ★ addrlabel：协议地址选择的标签配置。
  - ★ add|del：进行相关参数的增加（add）或删除（del）设定。
  - ★ route：路由表条目。
  - ★ rule：路由策略数据库中的规则。
- ❑ 选项 OPTIONS={ -V[ersion]|-s[tatistics]|-d[etails]|-r[esolve]|-h[uman-readable]|-iec|-f[amily]{inet|inet6|ipx|dnet|link}|-o[neline]|-t[imestamp]|-b[atch][filename]|-rc[vbuf][size]}，选项的常用取值含义如下。
  - ★ -V：显示命令版本信息。
  - ★ -s：输出详细信息。
  - ★ -h：输出可读的统计信息和后缀。
  - ★ -o：将每条记录输出到一行，用“\”字符替换换行符。

需要注意的是:ip 是 iproute2 软件包里面一个强大的网络配置工具,它能够替代一些传统的网络管理工具,例如 ifconfig、route 等。用 ip 配置的设备信息，大部分会在设备重启后还原，如果想永久保留配置，需要进入配置文件修改。

【实例 6-5】常用 ip 命令的运用。

```
[root@localhost ~]# ip link show                     #显示出所有可用网络接口的列表
[root@localhost ~]# ip link show up                  #显示激活的网络接口信息
[root@localhost ~]# ip -s link show ens33            #查看更加详细的网络接口信息
[root@localhost ~]# ip link set ens33 down           #关闭ens33
[root@localhost ~]# ip link set ens33 up             #启用ens33
[root@localhost ~]# ip route show                    #查看路由信息
[root@localhost ~]# ip route del 172.17.160.0/20     #删除路由
[root@localhost ~]# ip route flush cache             #刷新路由表
[root@localhost ~]# ip addr   #显示出所有可用网络接口的IP地址
[root@localhost ~]# ip addr show ens33               #查看某个网络设备的协议地址等信息
```

6.3 网络配置文件

6.3.1 网络接口配置文件

进入 Linux 环境中，常用的网络配置文件如表 6-1 所示。

表 6-1 常用的网络配置文件

配置文件名	功能
/etc/sysconfig/network-scripts/ifcfg-en*	网络接口配置文件，此目录下的文件在系统启动时用来初始化网络基本信息
/etc/hostname	存放系统主机名称的文件
/etc/host.conf	指定如何解析主机名
/etc/hosts	域名或主机名与 IP 地址的映射文件
/etc/resolve.conf	设置域名服务器的文件
/etc/services	网络服务名与端口号的映射文件
/etc/protocols	定义使用的网络协议及协议号

进入 Linux 环境，在/etc/sysconfig/network-scripts/目录中存放了网络配置相关的脚本文件，其中就有网络接口配置文件，如下所示。

```
[root@localhost ~]# ls /etc/sysconfig/network-scripts/
ifcfg-ens33   ifdown-isdn       ifup           ifup-plip      ifup-tunnel
ifcfg-lo      ifdown-post       ifup-aliases   ifup-plusb     ifup-wireless
ifdown        ifdown-ppp        ifup-bnep      ifup-post      init.ipv6-global
ifdown-bnep   ifdown-routes     ifup-eth       ifup-ppp       network-functions
ifdown-eth    ifdown-sit        ifup-ib        ifup-routes    network-functions-ipv6
ifdown-ib     ifdown-Team       ifup-ippp      ifup-sit
ifdown-ippp   ifdown-TeamPort   ifup-ipv6      ifup-Team
ifdown-ipv6   ifdown-tunnel     ifup-isdn      ifup-TeamPort
```

其中 ifcfg-lo 是回环地址的配置文件，ifup 是开启网络接口的脚本文件，ifdown 是关闭网络接口的脚本文件。

第一块网卡的配置文件为/etc/sysconfig/network-scripts/ifcfg-ens33，下面是该文件内容的示例。

```
TYPE=Ethernet                                #网络类型：Ethernet以太网类型
PROXY_METHOD=none                            #代理方式：关闭状态
BROWSER_ONLY=no                              #仅使用浏览器：否
BOOTPROTO=static                             #引导协议：dhcp(动态协议)、static(静态协议)、
none(不指定)
DEFROUTE=yes                                 #默认路由：启动
IPV4_FAILURE_FATAL=no                        #不启用IPv4错误检查功能
IPV6INIT=yes                                 #启用IPv6协议
IPV6_AUTOCONF=yes                            #自动配置IPv6地址
IPV6_DEFROUTE=yes                            #启用IPv6默认路由
IPV6_FAILURE_FATAL=no                        #不启用IPv6错误检查功能
IPV6_ADDR_GEN_MODE=stable-privacy            #IPv6地址生成模型
NAME=ens33                                   #网卡物理设备名称
UUID=860addb6-525e-4f04-bb11-0aef45e65ee7    #通用唯一识别码
DEVICE=ens33                                 #网卡设备名称
ONBOOT=yes                                   #系统启动时是否激活该网卡
IPADDR=192.168.80.100                        #IP地址
NETMASK=255.255.255.0                        #子网掩码
GATEWAY=192.168.20.0                         #网关
DNS1=192.168.80.2                            #DNS
```

6.3.2 主机名称配置文件

/etc/hostname 文件中放置的是主机名称，默认 Linux 系统的主机名称为 localhost.localdomain。下面是/etc/hostname 文件内容示例。

```
[root@localhost ~]# cat /etc/hostname
localhost.localdomain
```

6.3.3 地址解析配置文件

1. /etc/host.conf 文件

该文件用来指定如何解析主机名，下面是/etc/host.conf 文件内容示例。

```
multi on
order bind,hosts
```

该文件中包含的内容描述如下。

（1）multi on：表示在/etc/hosts 文件中指定的主机是否可以拥有多个 IP 地址。

（2）order bind,hosts：主机名解析顺序，这里规定先使用 DNS 来解析域名，然后再查询/etchosts 文件。

2. /etc/hosts 文件

该文件是主机名映射为 IP 地址的信息文件，在没有域名服务器的情况下，系统上所有网络程序都通过查询该文件来解析对应某个主机名的 IP 地址，下面是/etc/hosts 文件内容示例。

```
127.0.0.1   localhost localhost.localdomain localhost4 localhost4.localdomain4
::1         localhost localhost.localdomain localhost6 localhost6.localdomain 6
```

默认的情况是本机 IP 和本机的一些主机名的对应关系，第一行是 IPv4 的信息，第二行是 IPv6 的信息，如果用不上 IPv6 本机解析，一般把该行注释掉。

3. /etc/resolv.conf 文件

该文件是指定域名解析的 DNS 服务器等信息的配置文件，配置参数常用的有以下 3 个。

（1）nameserver：指定 DNS 服务器的 IP 地址。

（2）domain：定义本地域名信息。

（3）search：定义 DNS 搜索路径。

最常用的配置参数是 nameserver，其他的可以不设置，这个参数指定了 DNS 服务器的 IP 地址，如果设置不正确，就无法进行正常的域名解析。

4. /etc/services 文件

该文件定义了 Linux 系统中所有服务的名称、协议类型、服务端口等信息。/etc/services 文件是一个服务名和服务端口对应的文件，它有 4 个字段，中间用 Tab 或空格分隔，分别表示“服务名称”“端口/协议”“别名”和“注释”，下面是/etc/services 文件内容示例。

```
# /etc/services:
# $Id: services,v 1.55 2013/04/14 ovasik Exp $
#
……省略部分内容……
# service-name  port/protocol  [aliases…]   [# comment]
//服务名称      端口/协议      别名                #注释
tcpmux          1/tcp                  # TCP port service multiplexer
tcpmux          1/udp                  # TCP port service multiplexer
rje             5/tcp                  # Remote Job Entry
rje             5/udp                  # Remote Job Entry
echo            7/tcp
echo            7/udp
discard         9/tcp          sink null
……省略余下内容……
```

5. /etc/protocols 文件

该文件是网络协议定义文件，里面记录了 TCP/IP 协议簇的所有协议类型。文件中的每一行对应一个协议类型，它有 4 个字段，中间用 Tab 或空格分隔，分别表示“协议名称”“协议号”“协议别名”和“注释”。

6.4 网络配置参数

6.4.1 网络配置概述

Linux 的网络配置主要包括 3 方面。

（1）网络接口配置：支持多种类型网络接口设备，包括以太网连接、无线局域网连接、ADSL 连接、ISDN 连接等接口设备。一般情况下，Linux 安装程序能自动检测和识别到网络接口，实际应用中主要是网卡配置，包括 IP 地址、子网掩码、默认网关等配置信息。

（2）主机名配置：用于标识一台主机的名称。

（3）DNS 服务器配置：一般指域名服务器。

6.4.2 网络模式概述

Linux 系统中提供 Web、FTP、DNS、DHCP、数据库和邮箱等多种类型的服务，这些服务与网络环境息息相关。下面对基于 VMware 虚拟机配置 Linux 网络环境的方式进行介绍。

在 VMware 中，虚拟机的网络连接主要是由 VMware 创建的虚拟交换机（也叫作虚拟网络）负责实现的，VMware 可以根据需要创建多个虚拟网络。VMware 的虚拟网络都是以“VMnet+数字”的形式来命名的，例如 VMnet0、VMnet1、VMnet2，以此类推，如图 6-3 所示。

当用户安装 VMware 时，VMware 会自动为 3 种网络连接模式各自创建一个虚拟机网络，对应的名称分别为 VMnet0（桥接模式）、VMnet8（NAT 模式）、VMnet1（仅主机模式），下面分别对这 3 种网络模式的工作原理进行讲解。

1. 桥接模式

VMware 桥接模式，虚拟机中的虚拟网络适配器可通过主机中的物理网络适配器直接访问外部网络，如图 6-4 所示。图中的两台虚拟机和一台物理机同时处于一个局域网中。简而言之，这就好像在局域网中添加了两台新的、独立的计算机。因此，虚拟机也会占用局域网中的一个 IP 地址，并且可以和其他终端进行相互访问。如果用户想把虚拟机当成一台完全独立的计算机看待，并且允许它和其他终端一样进行网络通信，那么桥接模式通常是虚拟机访问网络的最简单途径。

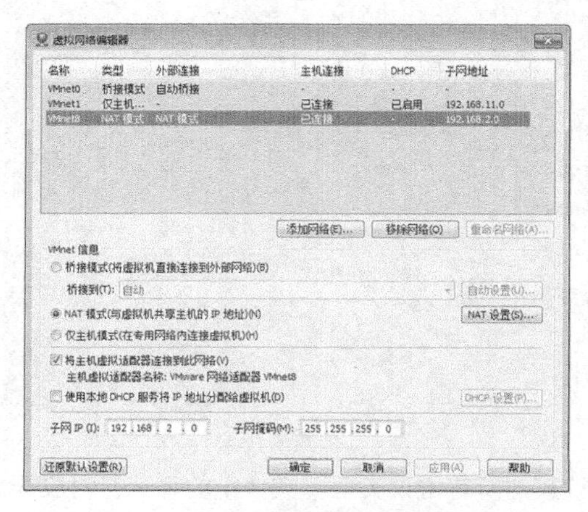

图 6-3　虚拟机的网络连接

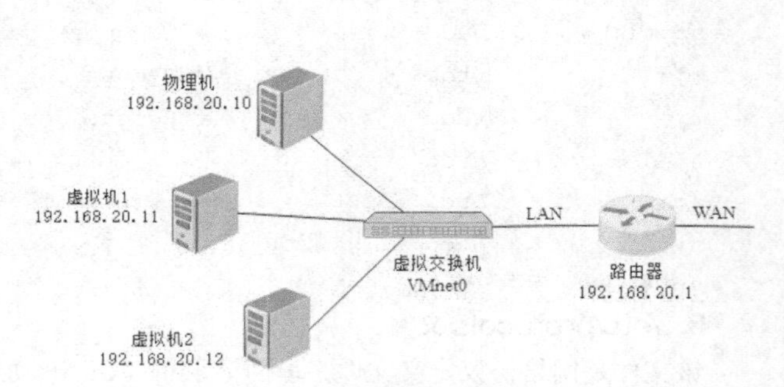

图 6-4　VMnet0 虚拟网络

2. NAT 模式

NAT（Network Address Translation）即网络地址转换。该模式是 VMware 虚拟机默认使用的模式，在安装 VMware 的时候，在 Windows 网络连接里面会出现两个虚拟连接，分别是 VMnet1 和 VMnet8。NAT 模式主要通过 VMnet8 进行数据转发和多个虚拟主机之间的通信。此时的 VMnet8 相当于一个虚拟的路由器。该路由器的数据包通过主机的物理网卡向外转发，且该虚拟路由器内含 DHCP 服务器，虚拟服务器可以通过 DHCP 方式自动获取 IP 地址。虚拟服务器和主机不在同一个网段，因此，只要物理机连上外网，虚拟机便能访问外网，如图 6-5 所示。

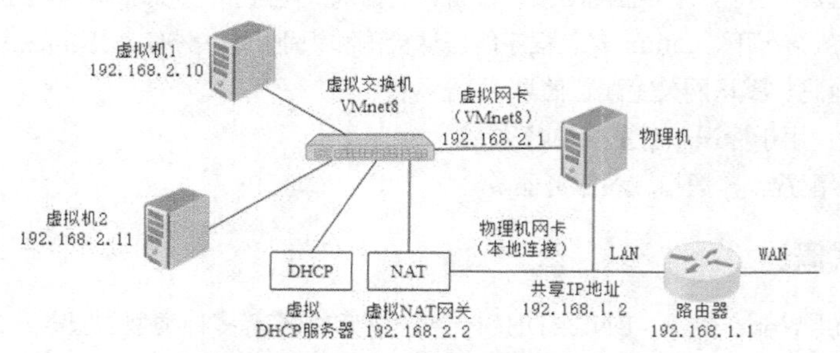

图 6-5　VMnet8 虚拟网络

3. 仅主机模式

仅主机模式是一种比 NAT 模式更加封闭的网络连接模式，相对于 NAT 模式而言，仅主机模式不具备 NAT 功能，因此，在默认情况下，使用仅主机模式网络连接的虚拟机无法连接到外网，只能在 VMnet1 虚拟网内互访。其网络结构如图 6-6 所示。

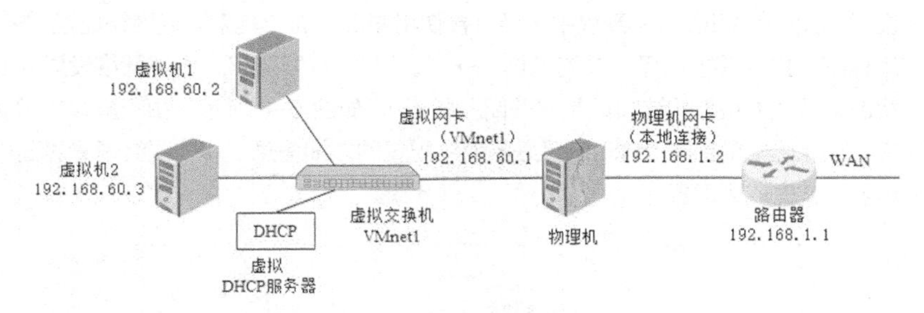

图 6-6 VMnet8 虚拟网络

在 VMware 中，桥接模式、NAT 模式和仅主机模式是共存的，但是一台虚拟机只能使用一种模式，如何进行模式更改呢?

在 VMware 菜单栏右击一台虚拟机，选择“设置”选项，在弹出的“虚拟机设置”对话框中选择“网络适配器”，可以选择查看或更改虚拟机的网络模式，如图 6-7 所示。

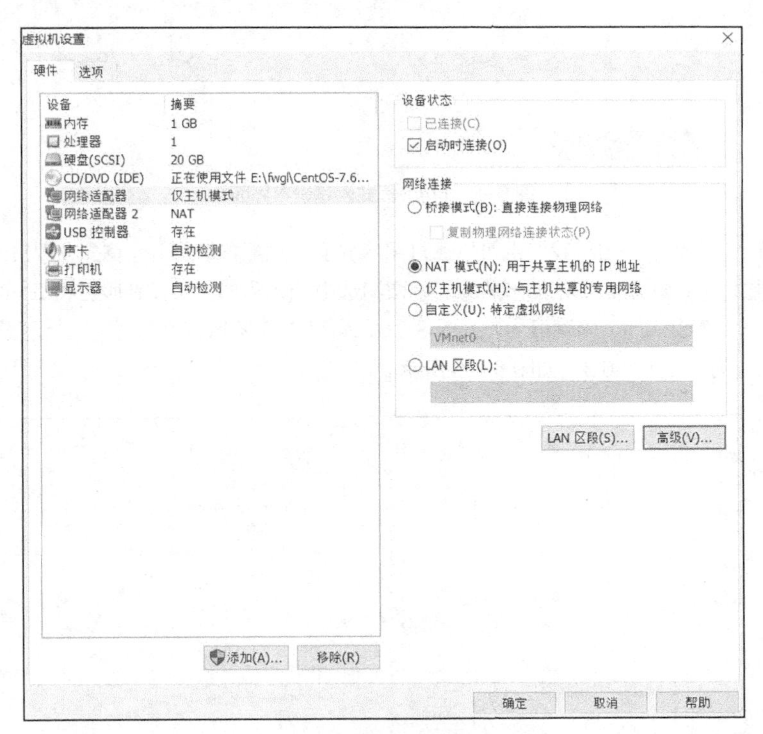

图 6-7 “虚拟机设置”对话框

6.4.3 网络配置的方法

在 CentOS 7 中进行网络配置的方法主要有 3 种。

（1）使用图形界面进行配置。

（2）使用文本窗口网络配置工具。

（3）直接编辑网络相关配置文件。

下面详细介绍这 3 种方法。

1. 图形界面方法

对初学者来说，可以像在 Windows 系统中一样直接使用图形界面工具来完成网络配置。在 CentOS 7 桌面环境中，从“应用程序”主菜单中选择“系统工具”→“设置”→“网络”，出现网络设置界面，确保网络连接处于“打开”状态（默认网络连接选项区是“关闭”状态），如图 6-8 所示。由于虚拟机默认选择的网络连接模式为 NAT 模式，所以界面会显示自动配置好的网络配置的详细信息。单击网络设置界面中的“IPv4”选项卡，选择相关选项，就完成了配置。

图 6-8　NAT 模式网络设置界面

一般的服务器都应设置静态 IP，我们也可以通过图形界面方式配置静态 IP。首先在 VMware 菜单栏的“编辑”菜单中选择“虚拟网络编辑器”，在弹出的界面中取消选中“使用本地 DHCP 服务将 IP 地址分配给虚拟机”复选框，其中显示 NAT 模式的子网网段为 192.168.6.0，如图 6-9 所示。单击“NAT 设置”按钮，可以查看虚拟网络的网关 IP，为 192.168.6.2，如图 6-10 所示。

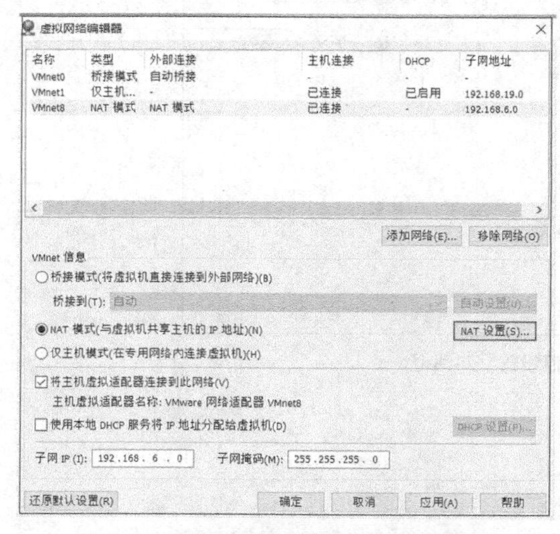

图 6-9　虚拟网络编辑器的 NAT 模式配置

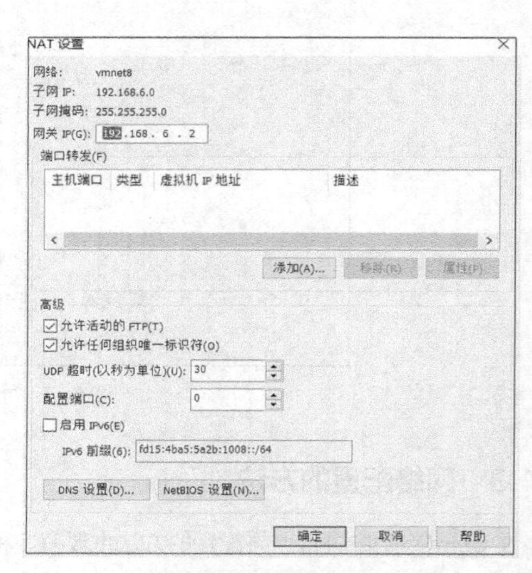

图 6-10　查看网关 IP

在 CentOS 7 桌面环境中，从“应用程序”主菜单中选择“系统工具”→“设置”→“网络”，出现网络设置界面，选择“IPv4”选项卡，单击“手动”按钮，打开图 6-11 所示界面，设置 IP 地址、子网掩码、网关和 DNS。设置完毕，单击“应用”按钮，再回到“详细信息”选项卡中选择“自动连接”，然后退出该界面即可。

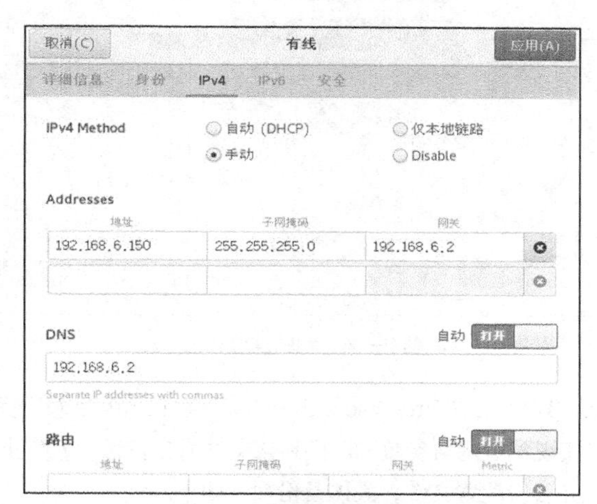

图 6-11 手动设置网络参数

再次使用 ifconfig 命令查看网卡 ens33 的信息，如图 6-12 所示。

```
[root@localhost ~]# ifconfig
ens33: flags=4163<UP,BROADCAST,RUNNING,MULTICAST>  mtu 1500
        inet 192.168.6.150  netmask 255.255.255.0  broadcast 192.168.6.255
        inet6 fe80::6419:9700:471d:19a0  prefixlen 64  scopeid 0x20<link>
        ether 00:0c:29:28:e0:cf  txqueuelen 1000  (Ethernet)
        RX packets 95  bytes 17894 (17.4 KiB)
        RX errors 0  dropped 0  overruns 0  frame 0
        TX packets 144  bytes 15731 (15.3 KiB)
        TX errors 0  dropped 0 overruns 0  carrier 0  collisions 0
```

图 6-12 手动设置 IP 地址结果

在终端向百度主页发送 ping 请求，测试连接是否畅通。测试结果如图 6-13 所示。

```
[root@localhost ~]# ping -c 2 www.*****.com
PING www.*****.com (220.181.38.149) 56(84) bytes of data.
64 bytes from 220.181.38.149 (220.181.38.149): icmp_seq=1 ttl=128 time=38.3 ms
64 bytes from 220.181.38.149 (220.181.38.149): icmp_seq=2 ttl=128 time=226 ms
```

图 6-13 向百度主页发送 ping 请求

2. 使用文本窗口网络配置工具

CentOS 7 提供了一个功能强大的文本窗口网络配置工具 Network Manager Text User Interface，即 nmtui，不但可以配置网络参数，也可以设置系统主机名。在终端输入 nmtui 命令，将弹出一个蓝色背景的文本式窗口——“网络管理器”界面，选择要配置的选项，按回车键弹出网卡选择界面，默认配置第一个网卡 ens33，单击“编辑”按钮就出现图 6-14 所示界面，可以设置主要的网络参数，再返回“网络管理器”界面选择“启用连接”即可。

3. 直接编辑网络配置文件

若使用 VMware 的 NAT 模式或仅主机模式，那么网络中的虚拟机可以通过 DHCP（动态主机配置协议）自动获取 IP 地址，但是在真实环境中，最好为所有的虚拟机配置静态 IP 地址，以确保通过一个 IP 地址便能找到一台主机。下面介绍如何通过编辑网络配置文件来配置动态和静态 IP。

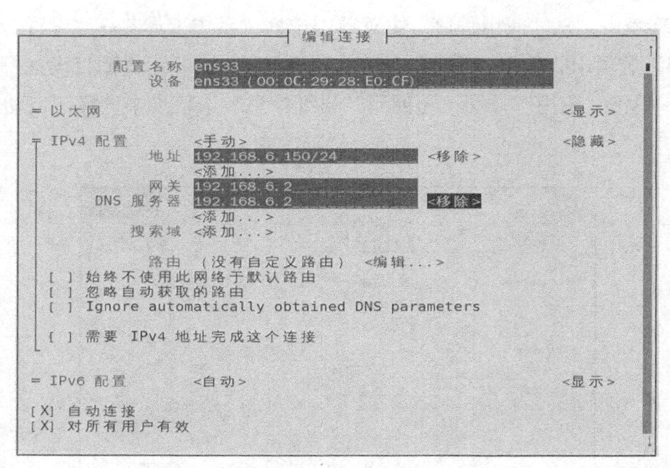

图 6-14 编辑连接界面

首先，备份网卡 ifcfg-ens33 文件。在/etc/sysconfig/network-sprits 目录中保存网卡 ifcfg-ens33 的配置文件，通过修改该文件，可以实现配置网络参数。切换到该文件所在目录，为防止因修改配置而导致一系列问题，在更改配置文件前，建议先备份配置文件，具体备份命令如下。

```
[root@localhost ~]# cd /etc/sysconfig/network-scripts/
[root@localhost network-scripts]# cp ifcfg-ens33  -p ifcfg-ens33.bak
[root@localhost network-scripts]#
```

（1）配置动态 IP 地址

使用 Vim 编辑器打开 ifcfg-ens33 文件，修改选项 BOOTPROTO 和 ONBOOT 的值，BOOTPROTO 用于设置主机获取 IP 地址的方式，若值为 static，则表示使用静态 IP 地址（使用手动设置），若值为 dhcp，则表示使用动态 IP 地址，此处将 BOOTPROTO 值设为 dhcp。ONBOOT 表示系统开机后网卡的激活状态，当其值为 no 时系统启动后网卡处于禁用状态，当其值为 yes 时系统启动后网卡处于激活状态，此处将 ONBOOT 值设为 yes。该文件中其他选项保持默认值即可。

修改完成后，保存修改，退出编辑器，回到终端。通过修改 ens33 配置文件配置网络参数，要使网络配置生效，必须重启 network 服务，或者重新启动计算机。

（2）配置静态 IP 地址

静态 IP 地址与动态 IP 地址一样可通过修改 ens33 网卡配置文件实现，不同的是需要用户手动设置。配置静态 IP 地址，首先需要将 ifcfg-ens33 文件中的 BOOTPROTO 值设为 static，将 ONBOOT 值设为 yes，将 IPADDR 值设为主机所在的子网中的正确的、无冲突的 IP 地址，同时设置 NETMASK（子网掩码）、GATEWAY（网关）、DNS（域名服务器）的值。

以 VMware 使用桥接模式为例进行网络配置。通过 VMware 菜单栏选择“编辑”→“虚拟网络编辑器”，更改 VMnet 的网络模式为桥接模式。同时在 CentOS 7 系统的虚拟机设置界面中，网络适配器对应连接方式选择“桥接模式”。

在物理机（本例为 Windows 系统）中打开命令提示符，输入命令 ipconfig 查看网卡信息，在图 6-15 中可看到 Windows 物理机的网络配置参数：子网 IP 为 192.168.0.103，子网掩码为 255.255.255.0，网关为 192.168.0.1，DNS 服务器为 192.168.0.1。

当虚拟机的网络处于桥接模式时，相当于这台虚拟机与物理机同时连到一个局域网，那么 Linux 的 IP 地址要与 Windows 物理机属于同一个网段，如设置 IP 地址为 192.168.0.106。子网掩码、网关和首选 DNS 服务器的设置与 Windows 物理机一致即可。ens33 的配置文件修改后的内容如下（只给出需要修改的）。

```
无线局域网适配器 WLAN:

   连接特定的 DNS 后缀 . . . . . . . :
   描述. . . . . . . . . . . . . . . : Realtek 8821CE Wireless LAN 802.11ac PCI-E NIC
   物理地址. . . . . . . . . . . . . : 00-F4-8D-B7-4F-0D
   DHCP 已启用 . . . . . . . . . . . : 是
   自动配置已启用. . . . . . . . . . : 是
   本地链接 IPv6 地址. . . . . . . . : fe80::d3f:5013:38ee:647c%15(首选)
   IPv4 地址 . . . . . . . . . . . . : 192.168.0.103(首选)
   子网掩码 . . . . . . . . . . . . : 255.255.255.0
   获得租约的时间 . . . . . . . . . : 2020年8月19日 19:37:50
   租约过期的时间 . . . . . . . . . : 2020年8月19日 21:37:51
   默认网关. . . . . . . . . . . . . : 192.168.0.1
   DHCP 服务器 . . . . . . . . . . . : 192.168.0.1
   DHCPv6 IAID . . . . . . . . . . . : 201389197
   DHCPv6 客户端 DUID . . . . . . . : 00-01-00-01-23-22-33-68-8C-16-45-FA-EA-43
   DNS 服务器 . . . . . . . . . . . : 192.168.0.1
   TCPIP 上的 NetBIOS . . . . . . . : 已启用
```

图 6-15　Windows 物理机的网络配置参数

```
…
BOOTPROTO=static
ONBOOT=yes
IPADDR=192.168.0.106
NETMASK=255.255.255.0
GATEWAY=192.168.0.1
DNS1=192.168.0.1
```

修改配置文件并保存，在终端执行“systemctl restart network”命令重启服务，使以上配置生效。再次用 ifconfig 命令查看网卡信息，终端显示的信息如图 6-16 所示。

```
[root@localhost ~]# ifconfig ens33
ens33: flags=4163<UP,BROADCAST,RUNNING,MULTICAST>  mtu 1500
        inet 192.168.0.106  netmask 255.255.255.0  broadcast 192.168.0.255
        inet6 fe80::6419:9700:471d:19a0  prefixlen 64  scopeid 0x20<link>
        ether 00:0c:29:28:e0:cf  txqueuelen 1000  (Ethernet)
        RX packets 259  bytes 35550 (34.7 KiB)
        RX errors 0  dropped 0  overruns 0  frame 0
        TX packets 360  bytes 34357 (33.5 KiB)
        TX errors 0  dropped 0 overruns 0  carrier 0  collisions 0
```

图 6-16　静态 IP 配置结果

由以上信息可知，虚拟机的 IP 地址成功配置为 192.168.0.106。

6.4.4　配置主机名

主机名保存在/etc/hostname 配置文件中，用于标识一台主机。可使用 hostname 命令来查看当前主机的名称。

如果临时设置主机名，可使用 hostname 命令实现，如修改主机名为 webserver 的命令如下。

```
[root@localhost ~]# hostname webserver
```

该命令不会将新主机名写入相应配置文件，因此重新启动系统后，主机名将恢复为配置文件中所设置的主机名。

要使主机名长久有效，则应直接在/etc/hostname 配置文件中修改主机名，重新启动系统后配置生效。

在 CentOS 7 系统中，如果要使设置的主机名长期有效，还可以使用 hostnamectl 命令，如修改主机名为 webserver 的命令如下。

```
[root@localhost ~]# hostnamectl set-hostname webserver
```

该命令立即生效并同时将新主机名写入相应配置文件，替换掉原来的主机名。

6.4.5　配置 DNS 服务器

/etc/resolv.conf 文件是 DNS 客户端配置文件，用于设置 DNS 服务器的 IP 地址、DNS 域名及主机的域名搜索顺序。该文件的每行以一个关键字开头，后接由空格或 tab 键隔开的参数。resolv.conf 文件中的常用关键字主要有以下 3 个。

（1）nameserver：表明 DNS 服务器的 IP 地址。查询时按 nameserver 在配置文件中的顺序进行解析，且只有当第一个 nameserver 指定的域名服务器没有回应时，才用下一个 nameserver 指定的域名服务器来进行域名解析。

（2）domain：声明主机的域名。

（3）search：指明域名查询顺序，用于把非完全限定域名转换成完全限定域名。

下面是/etc/resolve.conf 的一个示例。

```
nameserver 192.168.0.20
nameserver 192.168.0.100
search abc.com
```

6.5 网络管理命令

Linux 系统提供了大量的网络命令用于网络管理，如 ping、netstat、traceroute、sar、tcpdump 等。本节主要讲述这些命令的用法。

6.5.1 网络测试命令

1. ping 命令

【功能】主要用来检测网络是否连通，它通过 ICMP 协议向被测试的目的主机发送数据包，以测试当前主机到目的主机的网络连接状态。

【格式】ping [-dfnqrRv] [-c <完成次数>] [-i <间隔秒数>] [-I <网络界面>] [-l <前置载入>] [-p <范本样式>] [-s <数据包大小>] [-t <存活数值>] [主机名称或 IP 地址]

主要参数说明如下。

- -c <完成次数>：设置完成要求回应的次数。
- -s <数据包大小>：设置数据包的大小。
- -i <间隔秒数>：指定收发信息的间隔时间。
- -I <网络界面>：使用指定的网络接口送出数据包。
- -l <前置载入>：设置在送出要求信息之前，先行发出的数据包。

【实例 6-6】检测是否与主机 192.168.0.103 连通。

```
[root@localhost ~]# ping 192.168.0.103
PING 192.168.0.103 (192.168.0.103) 56(84) bytes of data.
64 bytes from 192.168.0.103: icmp_seq=1 ttl=128 time=2.01 ms
64 bytes from 192.168.0.103: icmp_seq=2 ttl=128 time=1.48 ms
……省略余下内容……
#需要手动终止（Ctrl+C）
```

【实例 6-7】多参数使用。

```
[root@localhost ~]# ping -i 3 -s 1024 -t 225 -c 3 www.*****.com
PING www.a.******.com (220.181.38.150) 1024(1052) bytes of data.
1032 bytes from 220.181.38.150 (220.181.38.150): icmp_seq=1 ttl=52 time=102 ms
```

```
……省略余下内容……
# -i 3:发送周期为3s。-s 1024:设置发送包的大小为1024B。-t 225:设置TTL的值为255-c 3:设置接收包次数为3
```

2. netstat 命令

【功能】主要用于显示网络连接、路由表和正在侦听的端口等信息。netstat 命令用于显示与 IP、TCP、UDP 和 ICMP 协议相关的统计数据，一般用于检验本机各端口的网络连接情况。

注意：最小化安装 CentOS 7 需要安装 net-tools 软件包才能使用 netstat 命令。

【格式】netstat [-acCeFghilMnNoprstuvVwx] [-A<网络类型>] [--ip]

常用选项说明如下。

- -a：显示所有连接和侦听端口。
- -i：显示网络界面信息表单。
- -M：显示伪装的网络连线。
- -n：直接使用 IP 地址，而不通过域名服务器。
- -p：显示正在使用 Socket 的程序识别码和程序名称。
- -r：显示路由表。

【实例 6-8】显示详细的网络状况。

```
[root@localhost ~]# netstat -a
```

【实例 6-9】显示 UDP 端口号的使用情况。

```
[root@localhost ~]# netstat -apu
```

3. traceroute 命令

【功能】主要用于显示数据包到目的主机之间的路径。预设数据包大小是 40B，用户可另行设置。

【格式】traceroute[-dFlnrvx][-f <存活数值>][-g <网关>…][-i <网络界面>][-m <存活数值>][-p <通信端口>][-s <来源地址>][-t <服务类型>][-w <超时秒数>][主机名称或 IP 地址][数据包大小]

常用选项说明如下。

- -d：开启调试功能。
- -g <网关>：设置来源路由网关。
- -i：使用指定的网络接口发送数据包。
- -m <存活数值>：设置检测数据包的最大存活数值 TTL 的大小。
- -p <通信端口>：设置 UDP 传输协议的通信端口。
- -s <来源地址>：设置本地主机送出数据包的 IP 地址。

【实例 6-10】显示从本地计算机到 www.dqtest.com 网站的路径。

```
[root@localhost ~]# traceroute www.dqtest.com
```

6.5.2 网络性能监测命令

1. sar 命令

【功能】从多方面对系统的活动进行报告，包括：文件的读写情况、系统调用的使用情况、磁盘 I/O、CPU 效率、内存使用状况、进程活动等。

【格式】sar[options] [-A] [-o file] t [n]

其中，t 为采样间隔，n 为采样次数，默认值是 1；-o file 表示将命令结果以二进制形式存放在文件中，file 是文件名；options 为命令行选项。

【实例 6-11】每 2s 采样一次，连续采样 3 次，查看 CPU 的整体使用情况。

```
[root@localhost ~]# sar 2 3
```

2. tcpdump 命令

【功能】可以监视 TCP/IP 连接，并直接读取数据链路层的数据包头，可以指定哪些数据包被监视以及控制显示格式。

【格式】tcpdump [-adeflnNOpqStvx] [-c <数据包数目>] [-dd] [-ddd] [-F <表达文件>] [-i <网络界面>] [-r <数据包文件>] [-s <数据包大小>] [-tt] [-T <数据包类型>] [-vv] [-w <数据包文件>] [输出数据栏位]

常用选项说明如下。

- -a：将网络地址和广播地址转换成名字。
- -c <数据包数目>：收到指定的数据包数目后，就停止操作。
- -i <网络界面>：指定监听的网络接口。
- -r <数据包文件>：从指定的文件中读取数据包数据。
- -s <数据包大小>：设置数据包的大小。
- -w <数据包文件>：把数据包数据写入指定的文件。

tcpdump 可以将网络中传送的数据包的"头"完全截获下来提供分析。它支持针对网络层、协议、主机、网络或端口的过滤，并提供 and、or、not 等逻辑语句来帮助用户去掉无用的信息。

【实例 6-12】监视指定网络接口的数据包。

```
[root@localhost ~]# tcpdump -i ens33
```

6.6 本章小结

本章首先介绍了网络协议与体系结构，包括 TCP/IP 协议、Linux 系统的网络体系结构；然后讲解了 IP 地址的分类、网络接口的概念及管理网络接口的命令；接着通过实例详细分析网络配置文件的内容、网络模式的 3 种连接模式、进行网络接口配置的 3 种方法；最后讲解了用于网络管理的命令。通过本章内容的学习，读者应能对 Linux 系统的网络体系结构、IP 地址的分类、网络接口的概念有更进一步理解，掌握管理网络接口的命令，能够熟练掌握配置网络的方法，实现虚拟机对物理机、网络的互访。

6.7 习题

一、选择题

1. 对系统中的网络接口 ens33 的 IP 地址进行配置，需要修改（　　）文件。

   A. /etc/sysconfig/network-scripts/ifcfg-lo
   B. /etc/sysconfig/network-scripts/ifcfg-ens33
   C. /etc/sysconfig/network
   D. /etc/resolv.conf

2. 修改网络接口的配置文件后，使用（　　）命令使配置生效。

   A. systemctl start network　　B. systemctl stop network
   C. ifdown eth33　　D. systemctl restart network

3. 下面的表达哪个是正确的？（　　）

A. 进行 Linux 安装，必须由光盘启动并且直接由光盘安装

B. 在进行网络配置时，netstat 命令用于测试网络中主机之间是否连通

C. 在 Shell 脚本文件中可以进行命令替换，被替换的命令需要用单引号括起来

D. 使用 traceroute 命令可以显示数据包到目的主机之间的路径

4. VMware 提供了虚拟网络功能，使用户可方便地进行网络环境部署，以下（　　）选项不属于 VMware 虚拟网络中的网络模式。

A. NAT　　　　B. B/S

C. 桥接　　　　D. 仅主机模式

5. 下面的（　　）选项不是 Linux 可提供的服务。

A. Samba　　　　B. SSH

C. Xshell　　　　D. Web

6. IP 地址 190.233.28.10/16 的网络部分地址是（　　）。

A. 190.0.0.0　　　　B. 190.233.0.0

C. 190.233.28.0　　　　D. 190.233.28.1

二、简答题

1. 简述保留 IP 地址的范围。

2. 简述 ifconfig 命令和 IP 命令的功能与用法。

三、实验题

通过修改/etc/sysconfig/network-scripts/ifcfg-ens33 文件，设置计算机 IP 地址为 192.168.20.120、网关 IP 地址为 192.168.20.254、DNS 服务器地址为 8.8.8.8。

CHAPTER07

第7章

网络安全与防火墙

学习目标：

- ❑ 理解网络安全的概念及特征；
- ❑ 了解威胁网络安全的因素；
- ❑ 了解网络安全的防御措施；
- ❑ 理解访问控制机制的含义；
- ❑ 掌握 3 种访问控制策略；
- ❑ 了解防火墙的概念与分类；
- ❑ 掌握 Firewalld 的配置管理。

随着互联网技术的不断发展和广泛应用，计算机网络在现代生活中越来越重要，人们也越来越依赖网络，网络的开放性与共享性使它容易受到外界的攻击与破坏。因此，面对无所不在的网络攻击，如何抵御网络攻击、保护信息数据，已成为一个亟待解决的问题。本章主要包括网络安全概述、访问机制控制、防火墙及 Firewalld 的使用等内容。

7.1 网络安全概述

计算机网络是一个开放和自由的空间，它在增强信息服务灵活性的同时，也带来了一些安全隐患，影响网络稳定运行和用户的正常使用。本节从网络安全的概念、网络安全的特征、威胁网络安全的因素、网络安全的防御措施这些方面进行讲解，帮助读者了解网络安全方面的相关知识。

7.1.1 网络安全简介

1. 网络安全的概念

国际标准化组织（ISO）对网络安全的定义如下："网络系统的硬件、软件及其系统中的数据受到保护，不因无意或恶意的威胁而遭到破坏、更改或泄露，从而保证网络服务不中断，系统连续、可靠、正常地运行。"网络安全从其本质上来讲就是要保障网络上信息的保密性、完整性、可用性、可控性和真实性。

网络安全是一门涉及多方面的学科，如计算机科学、网络技术、通信技术、密码技术、信息安全技术、应用数学等，包括安全体系结构、安全协议、密码理论、信息内容分析、安全监控、应急处理等内容。网络安全涉及的内容既有技术方面的，也有管理方面的，两方面相互补充，缺一不可。

网络安全的具体含义会随着使用者的角度变化而变化，例如从普通用户的角度来说，希望个人的信息在网络上传输时受到保护，避免被其他人窃听、篡改，从而保证信息的完整性；从管理者的角度来说，网络安全主要是采取访问控制措施，防止黑客和病毒攻击，避免网络信息受到威胁；从安全保密角度来说，网络安全是指对非法的、有害的信息进行打击，同时防止重大机密信息的泄露，避免信息的泄露对社会、对国家造成危害；从社会教育和意识形态来说，网络安全是指营造一个健康积极的网络环境，控制不健康内容的传播。

2. 网络安全的特征

从不同角度来看，网络安全的具体含义也不同，但总体来说，网络安全具备以下几个特征。

（1）完整性：数据未经授权不能进行改变的特性，即确保信息在存储或传输过程中不被修改、不被破坏和丢失。这是网络安全最基本的特征。

（2）可用性：可被授权实体访问并按需求使用的特性。

（3）保密性：指非授权对象无法获取信息而加以利用。

（4）可控性：是对网络信息的传播及内容具有控制力的特性。

（5）不可否认性：网络通信双方在信息交互过程中，确信参与者本身和所提供的信息具有真实同一性。

3. 威胁网络安全的因素

任何可能对网络造成潜在破坏的人、对象或事件都称为网络安全威胁。总体来说，威胁网络安全的因素主要有以下几个方面。

（1）物理环境。

物理环境威胁是指直接威胁网络设备的安全，包括自然灾害、电磁辐射及地域因素等。目前针对这些非人为的环境和灾害的威胁已有较好的应对措施。

（2）系统自身因素。

系统自身因素是指网络中的计算机系统或网络设备由于自身的原因引起的网络安全风险，主要包括计算机硬件系统的故障、软件故障或安全缺陷及网络和通信协议自身缺陷等。

（3）人为操作。

人为操作不当带来的安全威胁主要包括两个方面。一种是无意的失误，这种威胁主要是由用户、操作人员或管理人员操作疏忽而造成的安全漏洞，可能会给网络安全带来威胁。如业务在交互处理中的逻辑错误，一般与系统管理者有关。另一种是人为主动的恶意攻击、违纪、违法和犯罪等，这些有意的网络破坏行为会对用户乃至社会造成很恶劣的影响。

7.1.2 网络安全的防御措施

面对各种各样的网络攻击，为了保证网络的健康发展，应采取积极有效的防御措施来抵抗这些攻击行为。下面介绍常用的防御网络攻击的措施。

1. 物理安全措施

物理安全措施主要指从外围到内部办公环境，包括设施、数据、介质、设备、支持系统等所有系统资源的防护。例如，保护网络关键设备（如交换机、大型计算机等），制定严格的网络安全规章制度，采取防辐射、防火及安装不间断电源等措施。

2. 防火墙技术

防火墙是目前计算机网络安全防范上运用较为广泛的一种措施，作为网络防护的第一道防线，它由软件和硬件设备组合而成，它位于企业等单位的内部网络与外界网络的边界，限制着外界用户对内部网络的访问以及管理内部用户访问外界网络的权限。

3. 数据加密技术

数据加密技术如今已经成为网络信息安全领域的一项基本技术，用于保证数据信息不会被其他人或者系统所窃取与破坏，确保信息数据的安全传输与储存，只有特定拥有合法权限的人才能进行查询审阅与使用，从而维护了网络信息的安全。网络传输中数据安全常用的加密技术有 DES 加密算法及 RSA 算法等。

4. 访问控制技术

访问控制是网络安全防范和保护的核心策略，它的主要任务是保证网络资源不被非法使用和访问。访问控制涉及的技术比较广泛，包括入网访问控制、网络权限控制、目录级控制及属性控制等多种手段。

5. 认证技术

认证技术是指认证被认证对象是否属实和是否有效的技术。认证常常被用于通信双方相互确认身份，以保证通信的安全。认证一般分为身份认证、消息认证两种，其中身份认证用于鉴别用户身份，消息认证用于保证信息的完整性和抗否认性。

除了这些防御措施，还有反病毒技术、计算机取证技术、虚拟局域网技术等，这些都是常用的防御攻击手段。网络安全的防护是全方位、多层次的，不但包括技术方面，同时还涉及使用网络的人员、管理机构等诸多内容，要构建一个网络安全保障体系，还需要依靠安全法律规范和网路安全标准，全面治理，确保网络数据传输的可靠性和安全性。

7.2 访问控制机制与访问控制策略

7.2.1 访问控制机制

访问控制包括两个方面的控制：一是防止非法用户对系统的入侵；二是防止合法用户对系统资源的违规使用。访问控制的目的是保证网络资源受控、合法地使用。用户只能根据自己的权限大小来访问系统资源，不能越权访问。同时，访问控制也是审计的前提。

访问控制涉及的有关概念如下。

（1）实体（entity）：从数据处理的角度看，现实世界中的客观事物称为实体。在计算机信息系统中，实体表示一个计算机资源（如物理设备、数据文件、内存或进程等）或一个合法用户。实体又可以分为主体和客体。

（2）主体（subject）：指一个提出请求的实体，是动作的发起者，有时也称为用户或访问者。主体可以是用户、用户组、终端、主机或一个应用等。

（3）客体（object）：接收其他实体访问的被动实体，凡是可以被操作的信息、资源、对象，都可以作为客体。

（4）访问（access）：使信息在主体和客体之间流动的一种交互方式。对文件客体来说，典型的访问就是读、写和执行。

（5）授权访问：指主体访问客体的允许，授权访问对每一对主体和客体来说是给定的。

（6）访问控制策略：指主体对客体的访问规则集。这个规则集直接定义了主体对客体的作用行为和客体对主体的条件约束。访问控制策略体现了一种授权行为。

在一个访问控制系统中，区分主体与客体很重要。首先由主体发起访问客体的操作，该操作根据系统的授权或被允许或被拒绝。另外，主体与客体的关系是相对的，当一个主体受到另一主体访问，成为访问目标时，该主体便成了客体。

7.2.2 访问控制策略

操作系统的访问控制策略通常有 3 种：自主访问控制、强制访问控制与角色访问控制。下面讲解这些访问控制策略。

1. 自主访问控制

自主访问控制（Discretionary Access Control，DAC）是根据主体的身份及允许访问的权限进行决策，也称自由访问控制。Linux、UNIX、Windows NT/Server 操作系统都提供自主访问控制功能。自主访问控制的特点是授权的实施主体自主负责赋予和回收其他主体对客体资源的访问权限。

具体实现上，首先要对用户的身份进行鉴别；然后就可以按照访问控制列表等所赋予用户的权限允许和限制用户使用客体的资源。

自主访问控制一般采用访问控制列表、访问控制矩阵及访问控制能力列表这 3 种机制来存放不同主体的访问控制权限，从而完成对主体访问权限的限制。自主访问控制具有简单、灵活的优点，而且在一定程度上实现了多用户环境下的资源保护。

但是自主访问控制也有难以克服的缺陷：由于客体拥有者可以更改客体的访问授权，所以客体拥有者可以将客体访问权限直接或间接地转交给其他主体，也可以禁止其他用户访问。也就是说，客体的拥有者对访问的控制有一定的权利，但是正是这种权限使访问权限关系会被改变，从而产生安全隐患。例如用户 User1 可以将其对客体 Object1 的存取权限传递给用户 User2，User2 又可以将存取权限传递给 User3，这样导致在用户 User1 不知道的情况下，用户 User3 也具有了对客体 Object1 的存取权限，导致对客体 Object1 的存取不受用户 User1 的控制，容易产生安全漏洞，所以自主访问控制提供的安全性还相对较低，不能够对系统资源提供充分的保护。

2. 强制访问控制

强制访问控制（Mandatory Access Control，MAC）是比自主访问控制更为严格的访问控制策略。具体实现时，每个用户及文件都被赋予一定的安全级别，用户不能改变自身或任何客体的安全级别，只有系统管理员可以确定用户和组的安全级别。系统通过比较用户和访问的文件的安全级别来决定用户是否可以访问该文件。

强制访问控制在自主访问控制的基础上，增加了对网络资源的属性划分，对每个用户及文件赋予一个访问级别，一般有 5 级：绝密级（Top Secret，T）、秘密级（Secret，S）、机密级（Confidential，C）、限制级（Restricted，R）和无密级（Unclassified，U），级别依次降低（即 T > S > C > R > U）。用户与访问的信息的读写关系有 4 种。

（1）下读：用户级别高于文件级别的读操作。

（2）上写：用户级别低于文件级别的写操作。

（3）下写：用户级别高于文件级别的写操作。

（4）上读：用户级别低于文件级别的读操作。

上述读写方式都保证信息流的单向性：上读和下写保证了数据的完整性；上写和下读则保证了信息的机密性。

3. 角色访问控制

角色访问控制（Role-based Access Control，RBAC）将访问许可权分配给一定的角色，用户通过饰演不同的角色获得角色所拥有的访问许可权。

与自主访问控制和强制访问控制将权限直接授予用户的方式不同，角色访问控制从控制主体的角度出发，根据管理中相对稳定的职权和责任来划分角色，将访问权限与角色相联系；通过给用户分配合适的角色，让用户与访问权限相联系。用户访问系统时，系统必须先检查用户的角色，一个用户可以充当多个角色，一个角色也可以由多个用户担任。角色访问控制是实施面向企业的安全策略的一种有效的访问控制方式，具有灵活性、方便性和安全性的特点，目前在大型数据库系统的权限管理中得到普遍应用。

7.2.3 Linux 安全模型

与 UNIX 系统一样，传统的 Linux 安全模型依赖于 DAC，这种安全模型虽然存在局限性，但通过安全配置管理，仍然可以实现高效安全的目的。要实现严格的安全控制，可以采用基于 MAC 的安全模型，让 Linux 所有系统用户服从全局安全策略。

1. 传统的 Linux 安全模型

按照这种模型，Linux 基于所有者、所属组和其他用户的身份进行文件权限控制。文件是被访问的对象，用户或进程等是要访问对象的主体。每个对象都有 3 个权限集，分别定义所有者权限、所属组权限和其他用户权限，这些权限由系统内核负责实现。用户根据对象的权限访问和操作这些对象。

在 Linux 操作系统中，对文件或者目录的访问控制是通过把各种用户分成 3 类：属主（User）、属组（Group）和其他用户（Other），每个文件或者目录都通过权限位关联这 3 类用户。例如 Linux 系统中有一个文件 filetest，其权限为 rwxr--r--，文件的所有者为 root，表示 root 用户具有读、写和执行权限，属组用户具有读权限，普通用户也只具有读权限。

对象的任何所有者都可以设置或者改变对象的权限，超级用户 root 既对系统中的所有对象拥有所有权，又能够改变系统中所有对象的权限。具有 root 权限的用户或者进程可以在 Linux 系统中任意行事，也就是 root 决定一切。一旦攻击者获得 root 权限，就彻底攻克了一个 Linux 系统。而进程和管理员用户又经常以 root 权限运行，这就给攻击者提供了窃取特权的大量机会。

2. 基于 MAC 的 Linux 安全模型

与 DAC 不同，在一个基于 MAC 的系统上，超级用户仅用于维护全局安全策略。日常系统管理员则使用无权改变全局安全策略的账户。因此，攻击任何进程都不可能威胁到整个系统。

基于 MAC 模型的操作系统在配置和维护上比 DAC 复杂得多。主流的 Linux 操作系统支持 MAC 安全，目前 Linux 的 MAC 解决方案 SELinux 是 NSA（美国国家安全局）为 Linux 操作系统开发的强制访问控制体系。SELinux 将进程称为主体，将所有可以访问的对象，如文件、目录、进程、设备等，都称为对象。每一个进程都有一个类型标识，一般称为域。每一个对象也有一个类型标识。采用类型强制机制，所有主体和对象都有一个类型标识符与它们关联，要访问某个对象，主体的类型必须为对象的类型进行授权。

7.3 防火墙

防火墙作为公网与内网之间的保护屏障，在防御网络攻击、保护数据安全性方面起着重要的作用。

7.3.1 防火墙简介

防火墙是内部网络和外部网络之间的第一道闸门，被用来保护计算机网络免受非授权人员的骚扰和黑客的入侵。防火墙既可以是一台路由器或者一台主机，也可以是由多台主机构成的体系。防火墙对流经它的网络通信进行扫描，这样能够过滤掉一些攻击，以免其在目标计算机上被执行。防火墙还可以关闭不使用的端口，而且它还能禁止特定端口的流出通信，它可以禁止来自特殊站点的访问，从而防止来自不明入侵者的所有通信。

随着防火墙技术的不断发展，防火墙的功能越来越强大，不仅能及时发现并处理计算机网络运行时可能存在的安全风险、数据传输等问题，同时也可对计算机网络安全当中的各项操作实施记录与检测，以确保计算机网络运行的安全性，保障用户资料与信息的完整性，为用户提供更好、更安全的计算机网络使用体验。

尽管防火墙可以提高内网的安全性，但是它并不是网络中唯一的安全措施。除了上述特性外，防火墙也有一些力不能及的地方，存在一定的不足和缺陷，主要表现在以下几个方面。

（1）防火墙不能完全防止人为因素的威胁，如用户操作失误而导致网络受到攻击。

（2）防火墙不能完全防止感染病毒的软件或文件传输。

（3）防火墙本身也会出现问题和受到攻击。

（4）防火墙无法防御木马、缓冲区溢出等类型的攻击。

（5）防火墙只能对现在已知的网络威胁起到防范作用，不能防御最新的未设置策略的高级漏洞。

防火墙是网络安全的重要一环，但不代表设置了防火墙就能一定保证网络的安全，随着网络攻击类型越来越多，不可能靠一次性的防火墙设置来解决永久的网络安全问题，而是需要对网络安全防护软件不断进行升级、更新和完善，采取多种更加有效的防御措施来抵抗攻击。

7.3.2 防火墙的分类

依据实现的方法不同，防火墙可分为软件防火墙、硬件防火墙和专用防火墙 3 类。

1. 软件防火墙

软件防火墙是特殊程序，像其他的软件产品一样需要先在计算机上安装并做好配置才可以使用。软件防火墙程序运行在 Ring0 级别的特殊驱动模块上，在系统接口与网络驱动程序接口之间构成一道逻辑防御体系。

2. 硬件防火墙

硬件防火墙是一种专用的硬件设备，它通常通过网线连接在外部网络接口与内部接口之间。硬件防火墙基于硬件设备，不需要像软件一样占用 CPU 资源，因此其效率较高。

3. 专用防火墙

采用特别优化设计的硬件体系结构，使用专用的操作系统，此类防火墙在稳定性和传输性能方面有着得天独厚的优势，速度快，处理能力强，性能高；由于使用专用操作系统，容易配置和管理，本身漏洞也比较少，但是扩展能力有限，价格也较高。

7.3.3 防火墙技术

防火墙技术一般可分为包过滤防火墙、代理防火墙和状态检测防火墙。下面将针对这 3 种防火墙技术进行讲解。

1. 包过滤防火墙

包过滤（Packet Filter）防火墙是一种应用非常广泛的防火墙技术。包过滤是在网络层和传输层中，根据事先设置的安全访问策略（过滤规则），检查每一个数据包的源 IP 地址、目的 IP 地址及 IP 分组头部的其他各种标志信息（如协议、服务类型等），确定是否允许该数据包通过防火墙。包过滤防火墙具有以下主要特点。

（1）过滤规则表需要事先进行人工设置，规则表中的条目根据用户的安全要求来定。

（2）防火墙在进行检查时，首先从过滤规则表中的第 1 个条目开始逐条进行，所以过滤规则表中条目的先后顺序非常重要。

（3）由于包过滤防火墙工作在 OSI 参考模型的网络层和传输层，所以包过滤防火墙对通过的数据包的速度影响不大，实现成本较低。。

2. 代理防火墙

代理防火墙工作在 OSI 的最高层，即应用层。代理防火墙通过对每种应用服务设定专门的代理程序，实现监视和控制应用层通信流的作用。

代理防火墙具有传统的代理服务器和防火墙的双重功能。代理服务器位于客户端与服务器之间。从客户端来看，代理服务器相当于一台真正的服务器；而从服务器来看，代理服务器仅是一个客户端。

代理防火墙具有以下主要特点。

（1）针对应用层进行检测和扫描，可有效防止应用层的恶意入侵和病毒。

（2）具有较高的安全性。每一个内外网络之间的连接都需要代理服务器介入和转换，而且代理防火墙会针对每一种网络应用（如 HTTP）使用特定的应用程序来处理。

（3）通常拥有高速缓存，缓存中保存了用户最近访问过的站点内容。

与包过滤防火墙相比，代理防火墙技术更为完善，安全级别更高，但是由于基于代理技术，通过防火墙的每个连接都必须建立在为之创建的代理程序进程上，这些进程会消耗一定的时间，如果数据量较大，对系统的整体性能有较大的影响，系统的处理效率会有所下降，因此代理防火墙的普及率远远低于包过滤防火墙。

3. 状态检测防火墙

状态检测防火墙基本保持了包过滤防火墙的优点，性能比较好。状态检测防火墙摒弃了包过滤防火墙仅仅考察进出网络的数据包，不关心数据包状态的缺点，而是在防火墙的核心部分建立状态连接表，将进出网络的数据当成一个个的事件来处理。

状态检测防火墙工作在数据链路层和网络层之间，利用一个检测模块从网络层捕获数据包，并抽取与应用层状态有关的信息，并以此作为决定对该连接是接收还是拒绝的依据。检测模块维护一个动态的状态连接表，当数据到达防火墙的接口时，防火墙判断数据包是不是一个已经存在的连接，如果是就对数据包进行特征检测，并依据策略判断是否允许通过，如果允许就转发到目的端口并记录日志，否则就丢弃。

7.4 Firewalld 的使用

CentOS 7 系统中集成了多款防火墙管理工具，默认启用的是动态防火墙管理器 Firewalld，其特点是支持运行时配置与永久配置，且支持动态更新及区域功能。Firewalld 支持图形工具 firewall-config 和文本管理工具 firewall-cmd 两种管理方式。

7.4.1 Firewalld 介绍

与传统的防火墙配置管理工具相比，Firewalld 支持动态更新技术并加入了区域（zone）的概念。区域就是 Firewalld 预先准备的防火墙策略集合（策略模板），用户可以根据场景的不同而选择合适的策略集合，从而实现防火墙策略之间的快速切换。

传统的防火墙配置时每一个更改都需要先清除所有旧有的规则，然后重新加载所有的规则（包括新的和修改后的规则）；而 Firewalld 任何规则的变更都不需要对整个防火墙规则重新加载。Firewalld 常见的区域及相应的策略规则如表 7-1 所示。

表 7-1　Firewalld 常见的区域及相应的策略规则

区域	策略规则
trusted	允许所有的数据包进出
home	拒绝进入的流量，除非与出去的流量相关；而如果流量与 ssh、mdns、ipp-client、amba-client、dhcpv7-client 服务相关，则允许进入
Internal	等同于 home 区域
work	拒绝进入的流量，除非与出去的流量相关；而如果流量与 ssh、ipp-client、dhcpv7-client 服务相关，则允许进入
public	拒绝进入的流量，除非与出去的流量相关；而如果流量与 ssh、dhcpv7-client 服务相关，则允许进入
external	拒绝进入的流量，除非与出去的流量相关；而如果流量与 ssh 服务相关，则允许进入
dmz	拒绝进入的流量，除非与出去的流量相关；而如果流量与 ssh 服务相关，则允许进入
block	拒绝进入的流量，除非与出去的流量相关（阻断）
drop	拒绝进入的流量，除非与出去的流量相关（丢弃）

Firewalld 服务的主配置文件是 firewalld.conf，防火墙策略的配置文件以 XML 格式为主（主配置文件 firewalled.conf 除外），存放在以下两个目录里。

- /etc/firewalld：存放用户配置文件。
- /usr/lib/firewalld：存放系统配置文件。

使用时的规则：当需要一个文件时，Firewalld 会首先到第一个目录中去查找，如果可以找到，那么就直接使用，否则会继续到第二个目录中查找，目录内容如下所示。

```
[root@localhost ~]# ls -a /etc/firewalld/
… firewalld.conf  helpers  icmptypes  ipsets  lockdown-whitelist.xml  services  zones
[root@localhost ~]# ls -a /usr/lib/firewalld/
… helpers  icmptypes  ipsets  services  xmlschema  zones
```

使用 systemctl 可以对 Firewalld 服务进行关闭、重启、开机启动等管理，具体命令如下所示：

```
[root@localhost ~]# systemctl stop firewalld      #关闭Firewalld服务
[root@localhost ~]# systemctl restart firewalld   #重启Firewalld服务
[root@localhost ~]# systemctl enable firewalld    #开机启动Firewalld服务
[root@localhost ~]# systemctl disable firewalld   #禁止Firewalld服务开机启动
```

Firewalld 只能实现和 IP/Port 相关的限制，Web 相关的限制无法实现。在 CentOS 7 系统中，Firewalld 默认出口是全放开的，默认开启 Firewalld 服务，通过以下命令可以查看 Firewalld 服务状态。

```
[root@localhost ~]# systemctl status firewalld
firewalld.service - firewalld - dynamic firewall daemon
Loaded: loaded (/usr/lib/systemd/system/firewalld.service; disabled; vendor preset: enabled)
   Active: active (running) since Tue 2021-04-06 10:48:35 CST;3 days ago
     Docs: man:firewalld(1)
     Main PID: 12761 (firewalld)
     Tasks: 2
     CGroup: /system.slice/firewalld.service
             └─12761 /usr/bin/python -Es /usr/sbin/firewalld --nofork-nopid
```

从输出结果可以看出，Active 状态为 running，说明 Firewalld 处于运行状态。

7.4.2 字符界面管理工具

Firewalld 的配置有 firewall-cmd 和 firewall-config 两种方式。下面介绍使用 firewall-cmd 命令配置管理防火墙。

Firewalld 的参数一般是以“长格式”来提供的，firewall-cmd 命令常用参数及其含义如表 7-2 所示。

表 7-2 firewall-cmd 命令常用参数及其含义

参数	含义
--get-default-zone	获取默认区域信息
--set-default-zone=<区域名称>	设置默认区域
--get-active-zones	显示当前正在使用的区域信息
--get-zones	显示系统预定义的区域
--get-services	显示系统预定义的服务名称
--get-zone-of-interface=<网卡名称>	查询某个接口与哪个区域匹配
--get-zone-of-source=<source>[/<mask>]	查询某个源地址与哪个区域匹配
--list-all-zones	显示所有区域信息的所有规则
--add-service=<服务名>	向区域中添加允许访问的服务
--add-port=<portid>[-<portid>]/<protocol>	向区域中添加允许访问的端口
--add-interface=<网卡名称>	将接口与区域绑定
--add-source=<source>[/<mask>]	将源地址与区域绑定
--list-all	列出某个区域的所有规则信息
--remove-service=<服务名>	从区域中移除允许某个服务的规则
--remove-port=<portid>[-<portid>]/<protocol>	从区域中移除允许某个端口的规则
--remove-source=<source>[/<mask>]	将源地址与区域解除绑定
--remove-interface=<interface>	将网卡接口与 zone 解除绑定
--permanent	设置永久有效规则，默认情况规则都是临时的
--reload	重新加载防火墙规则

Firewalld 配置的防火墙策略默认为运行时（Runtime）模式，又称为当前生效模式，但是如果系统重启就会失效。如果想让配置策略一直存在，就需要使用永久（Permanent）模式了，方法就是在 firewall-cmd 命令后面添加 --permanent 参数，这样配置的防火墙策略就可以永久生效了。但是，永久生效模式下使用它设置的策略只有在系统重启后才会生效。如果想让配置的永久策略立即生效，需要手动执行“firewall-cmd --reload”命令。

“区域”是用户预构建的规则集合，不同的区域允许不同的网络服务和入站流量类型，可以根据场景的不同选择合适的规则集合，首次启用 Firewalld，public 是默认区域。查看默认区域的命令如下：

```
[root@localhost ~]# firewall-cmd --get-default-zone    #查看当前使用的默认区域
```

下面使用 firewall-cmd 命令设置防火墙的规则，具体命令如下。

```
[root@localhost ~]# firewall-cmd --get-active-zones    #查看系统默认活动区域名称与关联的网卡
[root@localhost ~]# firewall-cmd --get-zones           #查看所有可用区域
block dmz drop external home internal public trusted work
[root@localhost ~]# firewall-cmd --list-all            #查看所有区域设置
public
  target: default  #目标
  icmp-block-inversion: no  # ICMP协议类型黑白名单开关（yes/no）
```

```
    interfaces:        #关联的网卡接口
    sources:           #来源，可以是IP地址，也可以是MAC地址
    services: ssh dhcpv7-client    #允许的服务
    ports:             #允许的目标端口，即本地开放的端口
    protocols:         #允许通过的协议
    masquerade: no     #是否允许伪装（yes/no），可改写来源IP地址及mac地址
    forward-ports:     #允许转发的端口
    source-ports:      #允许的来源端口
    icmp-blocks:
  #可添加ICMP类型，当icmp-block-inversion为no时，这些ICMP类型被拒绝；当icmp-block-inversion为yes时，这些ICMP类型被允许
  rich rules:    #富规则，即更细致、更详细的防火墙规则策略，它的优先级在所有的防火墙策略中也是最高的
```

【实例 7-1】在 public 区域中添加允许访问 http 服务的规则。

```
[root@localhost ~]# firewall-cmd --add-service=http  --zone=public
success
```

【实例 7-2】禁止 192.168.2.208 的主机访问 https 服务。

```
[root@localhost ~]# firewall-cmd --zone=drop --add-rich-rule="rule family="ipv4" source address="192.168.2.208" service name="https" reject"
success
```

【实例 7-3】在 public 区域中。添加允许访问 3306 端口的规则。

```
[root@localhost ~]# firewall-cmd --add-port=3306/tcp --zone=public
success
```

7.4.3 图形界面管理工具

firewall-config 是 Firewalld 防火墙配置管理工具的 GUI（图形用户界面）版本，几乎可以实现所有命令行执行的操作。在终端输入命令 firewall-config，会出现图 7-1 所示的防火墙配置界面。

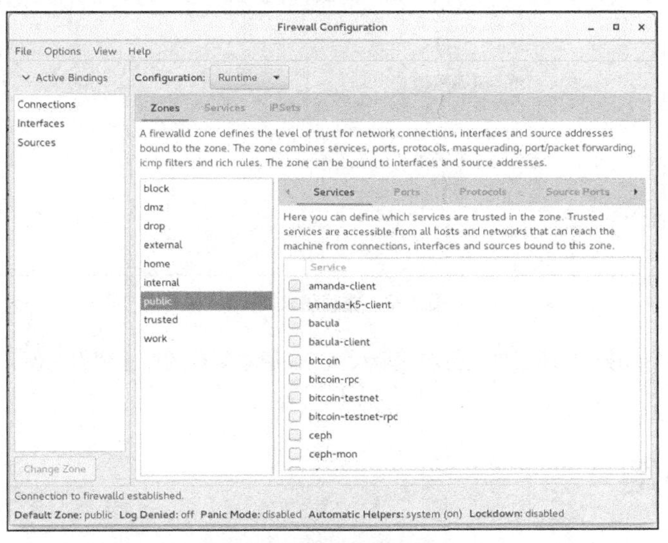

图 7-1　防火墙配置界面

在 firewall-config 图形管理工具中只要修改内容就会自动保存，不用再进行保存确认。下面通过配置防火墙规则来演示 firewall-config 的具体运用。例如，将当前区域设置为允许其他主机访问 https 服务，仅当前生效，具体配置如图 7-2 所示。

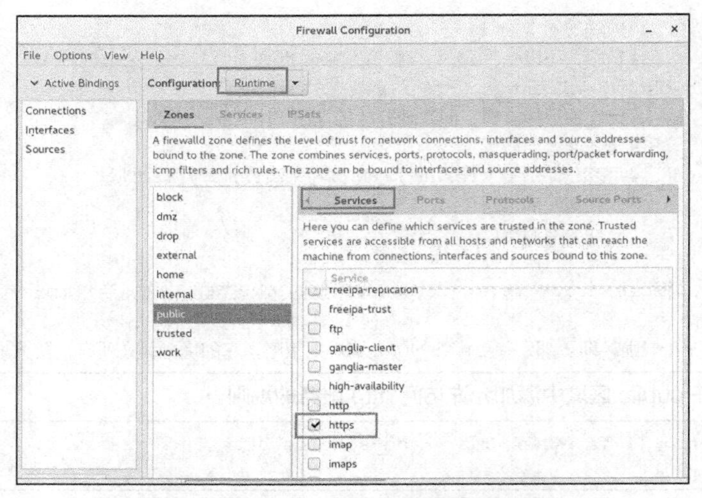

图 7-2　允许 https 服务协议生效配置界面

添加一条规则，允许其他主机访问 8080-9000 端口，并将其设置为永久生效。首先，单击“Ports”选项卡，然后单击左下角的“Add”按钮，在弹出的端口和协议界面中添加 8080-9000 端口。返回防火墙配置界面，单击菜单中的“Options”选项，在下拉菜单中单击“Reload Firewalld”重载防火墙命令，让配置立即生效，如图 7-3 所示。

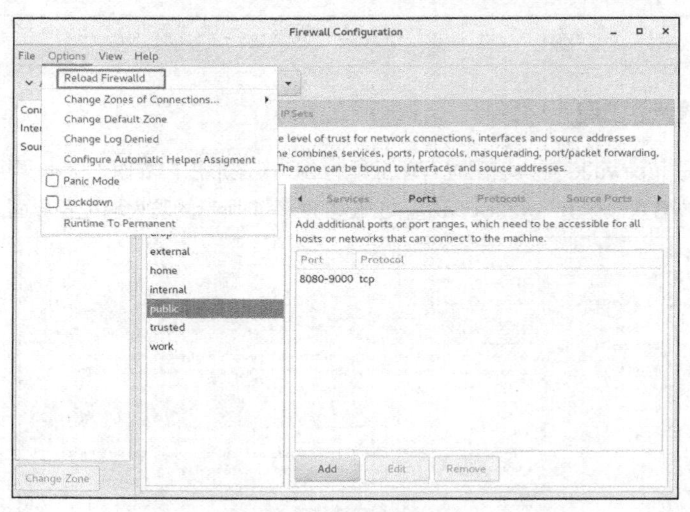

图 7-3　重载防火墙界面

使用 firewall-config 图形管理工具进行防火墙设置，使原本复杂的命令变得简便灵活，这极大地提高了日常运维的效率。

7.5　本章小结

对整个网络信息系统进行保护是为了网络信息的安全，网络信息安全的特征主要表现在可用性、保密性、完整性、可控性等安全属性方面。对网络安全的威胁既包括环境和灾害因素，也包括人为因素和系统自身因素。避免引起网络安全的危险，不但要从环境因素、硬件设施做好防护，采用一些技术手段来防范、解决网络安全问题，还应注重网络安全教育，并不断增强管理力度。

访问控制是防止未经授权使用资源，一是防止非授权用户访问资源，二是防止合法用户以非授权方式访问资源。访问控制包括3个要素：主体、客体和控制策略。操作系统的访问控制策略通常包括自主访问控制、强制访问控制和角色访问控制。

防火墙依据实现的方法不同，可分为软件防火墙、硬件防火墙和专用防火墙。防火墙技术常用的有包过滤防火墙、代理防火墙和状态检测防火墙。

CentOS 7系统中默认启用的是Firewalld防火墙管理工具，Firewalld支持图形工具firewall-config和文本管理工具firewall-cmd两种管理方式。

7.6 习题

一、单选题

1. 下面选项中，哪一项不是防火墙的作用？（　　）

   A. 防止攻击者接近设备　　B. 实施安全策略，对网络通信进行访问控制

   C. 防止网络内部攻击　　D. 屏蔽有害的网络服务

2. 下面说法错误的是（　　）。

   A. 本地用户账户信息保存在/etc/passwd文件中

   B. Linux普遍使用类似MD5一类的Hash算法

   C. 在Linux系统中默认使用本地用户账户进行身份验证

   D. 一般的用户也可以访问/etc/shadow文件的信息

3. 关于包过滤防火墙，下列描述错误的是（　　）。

   A. 动态包过滤类型防火墙工作在传输层

   B. 静态包过滤类型防火墙工作在网络层

   C. 包过滤防火墙分为静态包过滤防火墙和动态包过滤防火墙

   D. 静态包过滤防火墙可以对已经放行的数据包进行跟踪监视

4. 下面不属于访问控制技术范畴的是（　　）。

   A. 权限控制　　B. 目录级控制

   C. 文件属性控制　　D. 内存控制

5. 使用firewall-cmd命令设置实现开放9000端口，下面哪一个规则描述是正确的？（　　）

   A. firewall-cmd --zone=public --remove-port=9000/tcp

   B. firewall-cmd --zone=public --add-port=9000/tcp

   C. firewall-cmd --zone=public–list-protocol=9000/tcp

   D. firewall-cmd --zone=public --add-forward-port=9000/tcp

二、简答题

1. 简述网络安全的特征。
2. 简述网络威胁的主要因素。
3. 简述强制访问控制的原理。
4. 简述代理防火墙的工作原理。

CHAPTER08

第8章

DHCP服务器

学习目标：

- ❑ 理解 DHCP 的定义；
- ❑ 理解 DHCP 的工作原理；
- ❑ 掌握 DHCP 服务器的安装与配置；
- ❑ 掌握 DHCP 的主配置文件；
- ❑ 理解 DHCP 中继代理原理。
- ❑ 理解中继代理的实现方法。

基于动态主机配置协议（Dynamic Host Configuration Protocol，DHCP）动态分配 IP 地址可以实现完全可靠的 IP 地址分配，避免因手工分配引起的配置错误，大大减轻了配置管理的负担。本章主要介绍 DHCP 基础、DHCP 的安装与配置及 DHCP 中继代理。

8.1 DHCP 基础

8.1.1 什么是 DHCP

DHCP 采用 UDP 作为传输协议，主要作用是集中管理、分配 IP 地址，使网络环境中的主机动态地获得 IP 地址、网关地址、DNS 服务器地址等信息，通常应用在大型的局域网环境中。

DHCP 协议采用客户端/服务器模式，当 DHCP 服务器接收到来自网络主机申请地址的信息时，才会向网络主机发送相关的地址配置等信息，以实现网络主机地址信息的动态配置。

1. DHCP 分配 IP 地址的 3 种方式

（1）自动分配方式（Automatic Allocation）。DHCP 服务器为主机指定一个永久性的 IP 地址，一旦 DHCP 客户端第一次成功从 DHCP 服务器端租用到 IP 地址，就可以永久性地使用该地址。

（2）动态分配方式（Dynamic Allocation）。DHCP 服务器给主机指定一个具有时间限制的 IP 地址，时间到期或主机明确表示放弃该地址时，该地址可以被其他主机使用。

（3）手工分配方式（Manual Allocation）。客户端的 IP 地址是由网络管理员指定的，DHCP 服务器只是将指定的 IP 地址告诉客户端主机。

这 3 种方式可以同时使用。通常采用动态分配与手动分配相结合的方式，除能动态分配 IP 地址外，还可以将一些 IP 地址保留给一些特殊用途的计算机使用。

2. DHCP 配置 TCP/IP 参数

IP 地址分配只是 DHCP 的基本功能，DHCP 还能为客户端配置 TCP/IP 相关参数，主要包括子网掩码、默认网关、DNS 服务器、域名等。客户端除启用 DHCP 功能外，几乎不需要做任何的 TCP/IP 设置。

8.1.2 DHCP 常用术语

DHCP 服务器常用术语有 DHCP 服务器、DHCP 客户端、作用域、超级作用域、排除范围、租约、保留地址等。下面讲解常用的术语。

1. DHCP 服务器

DHCP 服务器用于提供网络设置参数给 DHCP 客户端的主机。用于配置 DHCP 服务器的主机需要配置静态的 IP 地址和子网掩码。

2. DHCP 客户端

DHCP 客户端是通过 DHCP 服务获取网络配置参数的主机。若网络中存在 DHCP 服务器，则开启 DHCP 服务的客户端在接入网络后可获得由 DHCP 服务器动态分配的 IP 地址。

3. 作用域

一个完整的 IP 地址段，DHCP 服务根据作用域来管理网络的分布、分配 IP 地址及其他配置参数。

4. 超级作用域

超级作用域是一组作用域的集合，包含作用域的列表，并对子作用域统一管理。

5. 排除范围

将某些 IP 地址在作用域中排除，确保这些 IP 地址不会提供给 DHCP 客户端。

6. 租约

租约指 DHCP 客户端能够使用动态分配的 IP 地址的时间。

7. 保留地址

用户可以使用保留地址，保留地址提供了一个将动态地址和其 MAC 地址相关联的手段。用于保证此网卡长期使用某个 IP 地址。

8.1.3 DHCP 客户端首次申请 IP 地址

DHCP 是基于客户端/服务器模式的，客户端首次登录 DHCP 服务器获取 IP 配置信息是通过与服务器端的交互来完成的，DHCP 服务器是以租约的方式为 DHCP 客户端提供服务的。DHCP 客户端成功获取 IP 地址信息，说明新建租约是成功的，新建租约具体分为 4 个阶段，如图 8-1 所示。

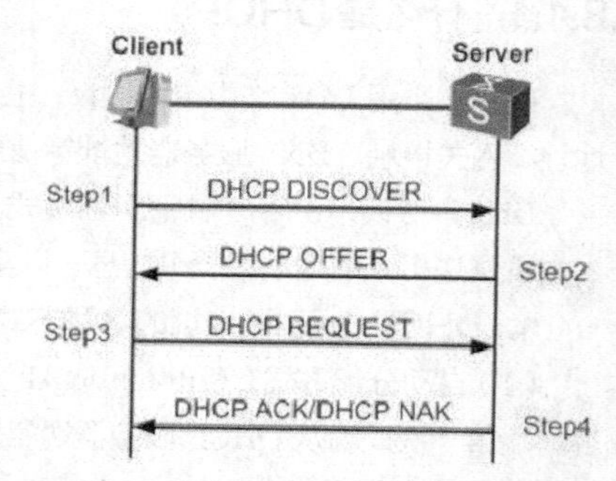

图 8-1　客户端申请 IP 地址交互协商过程

1. 发现 DHCP 服务器

如果一台客户端被配置为自动获取 IP 地址，当客户端登录时，将自动通过广播发送 DHCP 发现（dhcpdiscover）报文数据包，该数据包用于寻找网络上的 DHCP 服务器，并向 DHCP 服务器请求 IP 配置信息。因为 DHCP 服务器对应于客户端是未知的，所以 DHCP 客户端发出的 DHCP 发现报文是广播包，源地址为 0.0.0.0，目的地址为 255.255.255.255，端口号为 67（67 为 DHCP 服务器默认端口），由于此时客户端没有获取 IP 地址，网络中的 DHCP 服务器通过 MAC 地址来识别主机。

如果同一个网络内没有 DHCP 服务器，而该网关接口设置了 DHCP 中继（relay）功能，则该接口为 DHCP 中继，DHCP 中继会将该 DHCP 发现报文的源 IP 地址修改为该接口的 IP 地址，而目的地址则为 DHCP 中继配置的 DHCP 服务器的 IP 地址。

2. DHCP 服务器提供 IP 配置

网络上的所有支持 TCP /IP 的 DHCP 服务器收到 DHCP 发现报文后，均会回复该 DHCP 发现报文，会向 DHCP 客户端发送 dhcpoffer 报文，dhcpoffer 包含一个可用的 IP 地址和 TCP/IP 设置等信息，服务器还将该 IP 地址临时保留起来，以免同时分配给其他客户端。

3. 客户端请求确认

如果网络上有多台 DHCP 服务器，DHCP 客户端可能会接收到多个 dhcpoffer，客户端一般只接受最先递达的 dhcpoffer 报文。客户端会向网络广播一个请求报文（dhcprequset），该报文中包含它要接收的 IP 地址等信息，以告诉网络上所有的 DHCP 服务器，它接受了哪个 DHCP 服务器提供的配置信息，并请求该服务器最后确认，也通知其他服务器拒接它们提供的响应，让这些服务器释放原本准备分配给该客户端的 IP 地址，以供其他客户端使用。

4. DHCP 服务器确认 IP

DHCP 服务器收到 DHCP 客户端提出的 dhcprequset 报文后，会解析该请求报文的 IP 地址所属的子网，并从 dhcp.conf 中选择匹配的可用 IP 地址，以及相关的配置选项，如默认租用租期、最大租期、路由器等信息，向 DHCP 客户端发送回应报文（dhcpack），对客户端的 IP 配置信息做最后确认。

客户端收到确认后，使用 ARP（地址解析协议）对所提供的 IP 地址进行最后校验，查看网络上是否有重复的地址，如果没有重复，配置该 IP 地址，并完成 TCP /IP 设置的初始化，即成功从 DHCP 服务器上获取到 IP 配置信息；如果找到重复地址，则向服务器发出响应报文（dhcpdecline），拒绝它提供的地址，发送新的 DHCP 发现报文，重新尝试协商。

如果由于某种原因不能完成协商，服务器则发出 dhcpnak 报文，拒绝客户端请求。如果客户端收到 dhcpnak 报文，则开始发送新的 DHCP 发现报文，再次开始整个交互协商过程。

8.1.4 DHCP 客户端重新登录

当 DHCP 客户端每次重新登录网络时，不再需要首次登录的 4 个步骤，客户端直接发送包含上一次所分配的 IP 地址的 dhcprequret 报文，给上次提供 IP 配置信息的 DHCP 服务器，当该 DHCP 服务器收到这一信息后，它会尝试让客户端继续使用原来的 IP 配置信息，并回送一个 dhcpack 报文进行确认。如果原来的 IP 配置信息无法再分给客户端，那么服务器将发出 dhcpnak 报文，终止租约。客户端收到该消息后，就必须重新发起 dhcpdiscover 报文，重新寻找 DHCP 服务器，以获取新的配置信息。

8.1.5 更新 IP 地址租约

那么 DHCP 客户端从 DHCP 服务器获取的 IP 配置信息是否可以永久使用呢？答案是否定的。DHCP 服务器以租借的形式给客户端动态分配 IP 地址，因此，动态获取的 IP 地址都有租约，租约长短可以由 DHCP 服务器配置。

客户端会在租用时间达到租约期限的 50%的时候，直接向为其提供 IP 地址的服务器发送一条 dhcprequest 报文，尝试续订租约。如果 DHCP 服务器允许，则它将续订租约并向客户端发送 dhcpack 报文，此报文包含新期限和一些更新参数，客户端收到确认消息后，就根据这些信息更新自己的配置，IP 租约更新完成。如果服务器没有回应，则客户端还可以继续使用当前的租约，因为当前租约还有 50%。

当租用时间达到租约期限的 87.5%时，客户端再次向为其提供 IP 地址的服务器发送一条 dhcprequest 报文，如果没有收到 DHCP 服务器的回应，DHCP 客户端会认为该 DHCP 服务器不可用，则发出广播 dhcpdiscover 报文来重新寻找 DHCP 服务器。在这一阶段，DHCP 客户端接收任何 DHCP 服务器发出的租约。

如果租约已到期（100%），DHCP 客户端必须立即停止使用当前的 IP 地址，然后 DHCP 客户端开始新的 DHCP 租约过程，尝试租用新的 IP 地址。如果没有得到任何回应，DHCP 客户端必须放弃这个 IP 地址。

8.2 DHCP 的安装与配置

基于 DHCP 动态分配 IP 地址可以实现安全可靠的 IP 地址分配，有效提升 IP 地址使用率，降低管理与维护成本。这里以 CentOS 7.6 平台为例介绍如何架设和管理 DHCP 服务器。

8.2.1 DHCP 服务器的安装

在安装 DHCP 前先使用 rpm 命令查看系统中已有的 DHCP 软件包，具体命令如下。

```
[root@localhost~]#hostnamectl set-hostname localhost #主机名
[root@localhost ~]# rpm -aq |grep dhcp              #新打开一个终端，查看DHCP软件包
```

若输出结果显示没有安装 DHCP 软件包，此时可以使用 yum 命令进行安装，确认镜像挂载且 YUM 仓库配置完毕即可开始安装，具体如下所示。

```
root@localhost ~]# yum  install  dhcp  -y
已加载插件：fastestmirror,langpacks
Loading mirror speeds from cached hostfile
……省略部分安装过程……
已安装：
dhcp.x86_64 12:4.2.5-79.el7.centos
完毕!
```

再次使用 rpm 命令查看 DHCP 软件包列表，输出结果如下。

```
[root@localhost ~]# rpm -aq |grep dhcp
dhcp-libs-4.2.5-79.el7.centos.x86_64
dhcp-common-4.2.5-79.el7.centos.x86_64
dhcp-4.2.5-79.el7.centos.x86_64
```

输出结果表明已经成功安装 DHCP 软件包。

8.2.2 DHCP 服务器的启动与关闭

Linux 的 DHCP 服务器是通过 dhcpd 守护进程进行启动、关闭等操作的。默认情况下该服务是关闭的，需要通过命令启动 DHCP 服务，使配置生效，具体命令如下。

```
[root@ localhost ~]# systemctl start dhcpd
[root@localhost ~]#  systemctl restart dhcpd
```

如果需要 dhcpd 守护进程随着系统启动而自动加载，可以使用如下命令。

```
[root@localhost ~]# systemctl enable dhcpd
```

停止该进程或查看运行状态，可以使用如下命令。

```
[root@localhost ~]# systemctl stop dhcpd
[root@localhost ~]# systemctl status dhcpd
```

可以运用 netstat 查询 DHCP 服务启动的端口，具体命令如下。

```
[root@localhost ~]# netstat -tunlp|grep dhcp
```

8.2.3 DHCP 服务器的卸载

如果 DHCP 服务器不再使用，可以通过以下命令卸载 DHCP 软件包。

```
[root@localhost ~]# yum remove dhcp -y
```

用如下命令可以查询 DHCP 软件包是否已经卸载。

```
[root@localhost ~]# rpm -qa dhcp
```

8.2.4 DHCP 服务器的主配置文件

在 Linux 平台中，DHCP 的主配置文件为/etc/dhcp/dhcpd.conf，DHCP 服务器通过该配置文件设置 IP 作用域、DHCP 选项、租约和静态 IP 地址等内容。使用 cat 命令可查看/etc/dhcp/dhcpd.conf 内容，如下所示。

```
[root@localhost ~]# cat /etc/dhcp/dhcpd.conf
#
# DHCP Server Configuration file.
#   see /usr/share/doc/dhcp*/dhcpd.conf.example
#   see dhcpd.conf(5) man page
#
```

该文件默认只有注释，没有任何配置内容。注释说明中提示如果要配置 DHCP 服务的配置文件，可以查看/usr/share/doc/dhcp*/目录下的样本文件 dhcpd.conf.example。通过 rpm 命令查看 DHCP 软件包，得知当前系统中已安装的 DHCP 软件包版本是 4.2.5，因此样本文件为/usr/share/doc/dhcp-4.2.5/ dhcpd.conf.example，可将其内容复制到/etc/dhcp/dhcpd.conf 文件中，根据实际需要再进行修改。

DHCP 样本文件内容包含了部分参数、声明及选项的用法，其中注释部分可以放在任何位置，并以“#”开头，当一行内容结束时，以“;”结束，但声明所在的大括号所在行除外。

8.2.5 编写 DHCP 服务器的主配置文件

Linux 中对 DHCP 服务器的配置实质上就是对 DHCP 主配置文件进行设置，因此掌握 DHCP 主配置文件的格式及编写非常重要。上一节已经介绍，安装完 DHCP 软件包后，/etc/dhcp/目录下会出现一个空白的 dhcpd.conf 主配置文件,用户需要编写该文件。用户可以在复制样本文件/usr/share/doc/dhcp-4.2.5/dhcpd.conf.example 后，结合实际需要进行修改，也可以手动编写配置文件。下面通过一个实例讲解如何编写 dhcpd.conf 主配置文件。

【实例 8-1】为某局域网安装配置一台 DHCP 服务器。

基本要求如下。

（1）为 192.168.5.0/24 网段用户提供 IP 地址动态分配，用于动态分配的 IP 地址范围为 192.168.5.20~192.168.5.50。

（2）为客户端指定默认网关为 192.168.5.1，默认的 DNS 服务器为 192.168.5.5。

（3）物理地址为 00:0C:30:05:FE:C3 的网卡固定分配的静态 IP 地址为 192.168.5.30。

按照这些要求设置的/etc/dhcp/dhcpd.conf 配置文件内容，如下所示。

```
allow booting                                      #允许引导时获取IP地址
#subnet语句用来声明一个作用域，subnet声明确定要提供DHCP服务的子网，这要用网络ID和子网掩码来定义。这里的网络ID必须与DHCP服务器的网络ID相同。一个子网只能对应一个作用域
subnet 192.168.5.0 netmask 255.255.255.0 {        #分配的网段
#设置作用域的参数
  range 192.168.5.20 192.168.5.50;                 #分配子网的IP地址取值范围
  option domain-name-servers 192.168.5.5;          #分配的DNS服务器地址
  option domain-name "internal.example.org";       #分配的域名信息
  option routers 192.168.5.1;                      #分配的网关地址
  option broadcast-address 192.168.5.15;           #分配的广播地址
  default-lease-time 600;                          #默认租约时间为600s
  max-lease-time 7200;                             #默认最大租约时间为7200s
}
#设置分配的静态IP地址
host manager {                                     #manager为主机名
  hardware ethernet 00:0C:30:05:FE:C3;             #manager主机网卡的MAC地址
  fixed-address 192.168.5.30;                      #manager主机分配的IP地址
}
```

1. DHCP 主配置文件格式

从实例 8-1 可以看出，/etc/dhcp/dhcpd.conf 文件是一个纯文本文件，包含参数、声明及选项 3 部分内容，基本结构如下。

```
#全局设置
参数或选项;          #全局生效
#局部设置
声明 {
    参数或选项;      #局部生效
}
```

其中全局设置可以包含参数或选项，该部分对整个 DHCP 服务器起作用；局部设置位于声明部分，该部分仅对局部生效，比如只对某个 IP 作用域起作用。

2. DHCP 服务参数

该参数用于设置 DHCP 服务器执行的任务、执行任务的方式以及将会发送给 DHCP 客户端的网络配置选项，常用的 DHCP 服务参数如表 8-1 所示。

表 8-1　常用的 DHCP 服务参数

参数	说明
ddns-update-style	定义 DNS 服务动态更新的类型
allow/ignore client-updates	允许/忽略客户端更新 DNS 记录
default-lease-time	默认租约时间，单位为秒
max-lease-time	最大租约时间，单位为秒
hardware	指定网卡接口类型和 MAC 地址
fixed-address	为客户端主机指定固定 IP 地址

3. DHCP 服务声明

DHCP 配置文件中的声明用于描述网络布局、客户端 IP 地址池等信息。常用的 DHCP 服务声明如表 8-2 所示。

表 8-2　常用的 DHCP 服务声明

声明	说明
subnet	指定子网作用域
range	提供动态分配 IP 的范围
allows bootp/deny bootp	响应激活查询/拒绝激活查询
allows booting/deny booting	响应使用者查询/拒绝使用者查询
host	指定保留主机
filename	指定启动文件，应用于无盘工作站
shared-network	设定共享网络

4. DHCP 服务选项

DHCP 服务的选项用来配置 DHCP 的可选参数。比如定义客户端的 DNS 地址、默认网关等信息。常用的 DHCP 服务选项如表 8-3 所示。

表 8-3　常用的 DHCP 服务选项

选项	说明
domain-name	设定客户端的 DNS 域名
domain-name-servers	设定 DNS 服务器的 IP 地址
host-name	设定客户端主机名
subnet-mask	设定客户端的子网掩码
routers	设定客户端网关的 IP 地址
broadcast-address	设定客户端的广播地址

8.2.6　案例：DHCP 服务器的安装与配置

【任务要求】

某局域网内有 15 台计算机，采用 DHCP 获取 IP 地址，地址范围为 192.168.10.50～192.168.10.70，子网掩码是 255.255.255.0。其中 IP 地址 192.168.10.60 分配给指定 MAC 地址的客户端，DNS 服务器地址是 192.168.10.5，搜索域为 dqsnat.com，默认租约时间为 21600s，最大预约时间为 43200s。配置一个 DHCP 服务器来动态分配 IP 地址。

【环境要求】

实验环境要求如表 8-4 所示。

表 8-4 实验环境要求

主机类型	操作系统/主机名	IP 地址
DHCP 服务器	CentOS 7.6/dhcpserver	192.168.10.20
客户端	CentOS 7.6/ client1、client2	DHCP 自动获取

【任务实施】

第 1 步：配置虚拟网络类型。

使用 VMware 的菜单“编辑”→“虚拟网络编辑器”设置网络连接模式为仅主机模式（这里选择仅主机模式进行实验，也可以选择其他模式），需要注意的是，DHCP 服务器与 DHCP 客户端都要配置成相同的类型，另外虚拟机 VMwareWorkstation 默认开启了“使用本地 DHCP 服务将 IP 地址分配给虚拟机”功能，需要将该功能选项取消，再进行 DHCP 实验。

第 2 步：配置 DHCP 服务器的静态 IP 地址。

使用 vim 命令修改网卡/etc/sysconfig/network-scripts/ifcfg-ens33 文件，修改内容如下（只给出需要修改的部分），该文件中其他选项保持默认值即可。

```
BOOTPROTO=static
ONBOOT=yes
IPADDR=192.168.10.20
NETMASK=255.255.255.0
```

需要注意的是，DHCP 服务器本身的 IP 地址应是静态的，不能是动态分配的。

重启网络服务，使配置生效，然后用“ifconfig ens33”命令确认配置的 IP 地址等信息，如图 8-2 所示。

```
[root@dhcpserver network-scripts]# ifconfig ens33
ens33:  flags=4163<UP,BROADCAST,RUNNING,MULTICAST>  mtu 1500
        inet 192.168.10.20  netmask 255.255.255.0  broadcast 192.168.10.255
        inet6 fe80::6419:9700:471d:19a0  prefixlen 64  scopeid 0x20<link>
        ether 00:0c:29:28:e0:cf  txqueuelen 1000  (Ethernet)
        RX packets 17589  bytes 1094640 (1.0 MiB)
        RX errors 0  dropped 0  overruns 0  frame 0
        TX packets 961  bytes 87824 (85.7 KiB)
        TX errors 0  dropped 0 overruns 0  carrier 0  collisions 0
```

图 8-2 确认 IP 地址

第 3 步：安装 DHCP 服务。

配置好本地 YUM 源，即可通过 yum 命令“yum install dhcp -y”安装 DHCP 服务软件。

使用“rpm -qa dhcp”命令查询软件是否已经安装，命令如下。

```
[root@dhcpserver ~]# rpm -qa dhcp
dhcp-4.2.5-79.el7.centos.x86_64
```

第 4 步：复制 DHCP 的示例文件，覆盖主配置文件。

默认 DHCP 服务的主配置文件 dhcpd.conf 是没有配置信息的。可使用命令“cp /usr/share/doc/dhcp-4.2.5/dhcpd.conf.example /etc/dhcp/dhcpd.conf”复制样本文件，把主配置文件覆盖（或仅复制示例文件中作用域配置内容），再进行编辑修改。

第 5 步：编辑修改 DHCP 的主配置文件。

使用“vim /etc/dhcp/dhcpd.conf”命令将任务要求中的参数写入该文件中（指定 IP 地址的客户端配置信息暂不填写），内容如下。

```
subnet 192.168.10.0 netmask 255.255.255.0 {
  range 192.168.10.50 192.168.10.70;
  option domain-name-servers 192.168.10.5;
  option domain-name "dqsnat.com";
  option routers 192.168.10.1;
  default-lease-time 21600;
  max-lease-time 43200;
}
```

第 6 步：重启 DHCP 服务程序。

```
[root@ dhcpserver ~]# systemctl restart dhcpd
```

添加到开机启动项中，命令如下。

```
[root@dhcpserver ~]# systemctl enable dhcpd
```

至此，DHCP 服务器的主配置文件修改完成（指定 IP 地址的客户端配置信息暂没完成）。下面进行客户端验证。

第 7 步：配置客户端的网络连接模式。

配置两台 DHCP 客户端，分别为 client1 与 client2，设置网络连接模式为仅主机模式。

第 8 步：设置客户端 client1 的网卡为自动获取 IP 地址。

在客户端 client1，使用 vim 命令编辑 ifcfg-ens33 文件，修改选项 BOOTPROTO 和 ONBOOT 的值，此处将 BOOTPROTO 值设为 dhcp，将 ONBOOT 值设为 yes。该文件中其他选项保持默认值即可。

第 9 步：客户端 client1 验证。

在客户端 client1 上重启网络服务，即可自动获取到 IP 地址，如图 8-3 所示。

```
[root@client1 ~]# systemctl restart  network
[root@client1 ~]# ifconfig ens33
ens33: flags=4163<UP,BROADCAST,RUNNING,MULTICAST>  mtu 1500
        inet 192.168.10.51  netmask 255.255.255.0  broadcast 192.168.10.255
        inet6 fe80::20c:29ff:fe78:cbbe  prefixlen 64  scopeid 0x20<link>
        ether 00:0c:29:78:cb:be  txqueuelen 1000  (Ethernet)
        RX packets 601  bytes 44250 (43.2 KiB)
        RX errors 0  dropped 0  overruns 0  frame 0
        TX packets 377  bytes 37990 (37.0 KiB)
        TX errors 0  dropped 0 overruns 0  carrier 0  collisions 0
```

图 8-3　客户端 client1 自动获取 IP 地址效果图

第 10 步：查看客户端 client2 的 MAC 地址。

使用“ifconfig ens33”查找客户端 client2 的 MAC 地址，如图 8-4 所示。

```
[root@client2 ~]# ifconfig ens33
ens33: flags=4098<BROADCAST,MULTICAST>  mtu 1500
        ether 00:0c:29:c8:e3:63  txqueuelen 1000  (Ethernet)
        RX packets 3306  bytes 213736 (208.7 KiB)
        RX errors 0  dropped 0  overruns 0  frame 0
        TX packets 567  bytes 49903 (48.7 KiB)
        TX errors 0  dropped 0 overruns 0  carrier 0  collisions 0
```

图 8-4　客户端 client2 的 MAC 地址

第 11 步：指定 IP 地址分配给客户端 client2。

编辑 DHCP 服务的主配置文件 dhcpd.conf，指定 IP 地址分配给客户端 client2，添加的语句如下。

```
host clent2 {
   hardware ethernet 00:0c:29:c8:e3:63;
   fixed-address 192.168.10.60;
}
```

确定配置参数填写正确后重启 dhcpd 服务，使配置生效。

```
[root@dhcpserver network-scripts]# systemctl restart dhcpd
```

第 12 步：客户端 client2 验证。

客户端 client2 重新加载网卡设备后可查看到顺利绑定了指定的 IP 地址，如图 8-5 所示。

```
[root@client2 ~]# systemctl restart network
[root@client2 ~]# ifconfig ens33
ens33: flags=4163<UP,BROADCAST,RUNNING,MULTICAST>  mtu 1500
        inet 192.168.10.60  netmask 255.255.255.0  broadcast 192.168.10.255
        inet6 fe80::20c:29ff:fec8:e363  prefixlen 64  scopeid 0x20<link>
        ether 00:0c:29:c8:e3:63  txqueuelen 1000  (Ethernet)
        RX packets 3178  bytes 205186 (200.3 KiB)
        RX errors 0  dropped 0  overruns 0  frame 0
        TX packets 562  bytes 49519 (48.3 KiB)
        TX errors 0  dropped 0 overruns 0  carrier 0  collisions 0
```

图 8-5　客户端 client2 绑定 IP 地址效果图

8.3　DHCP 中继代理

8.3.1　DHCP 中继代理简介

DHCP 客户端使用 IP 广播来寻找不同网段上的 DHCP 服务器。如果 DHCP 服务器与客户端位于不同的网段，路由器本身会阻断 LAN 广播，这就需要配置 DHCP 中继代理，使 DHCP 请求能够从一个网段传递到另一个网段。

DHCP 中继代理（即 DHCP Relay Agent）用于转发来自另一没有 DHCP 服务子网段客户端的 DHCP 请求。即未部署 DHCP 服务器网段中的客户端发出 DHCP 请求时，DHCP 中继代理就会像 DHCP 服务器一样接收广播，然后向另一网段的 DHCP 服务器发出广播请求，该网段 DHCP 服务器把 IP 地址动态分配给客户端。DHCP 中继代理如图 8-6 所示。

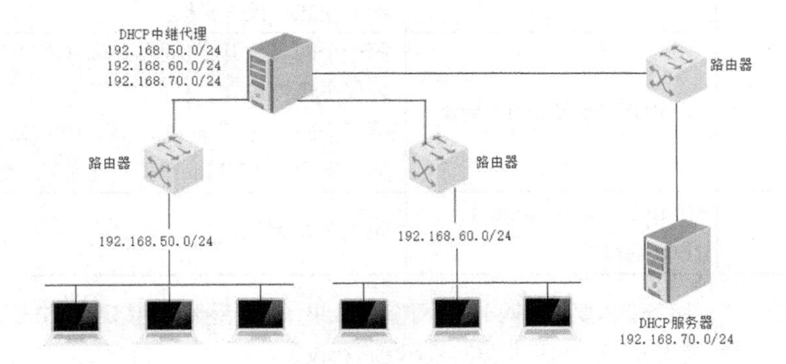

图 8-6　DHCP 中继代理

图 8-6 中划分了 3 个网段，其中客户端所在的网段是 192.168.50.0/24 和 192.168.60.0/24，DHCP 服务器位于网段 192.168.70.0/24，客户端与 DHCP 服务器位于不同的网段，通过 DHCP 中继代理服务实现 DHCP 服务器给位于不同网段的网络 192.168.50.0/24 和网络 192.168.60.0/24 的客户端分配 IP 地址。

DHCP 中继代理可以直接由路由器或交换机（支持 DHCP/BOOTP 中继代理功能）实现，也可以通过 DHCP 中继代理组件实现。

8.3.2　案例：跨网段的 DHCP 中继代理

【任务要求】

在 DHCP 服务器的安装与配置基础上，进行跨网段的 DHCP 中继代理设置，根据企业实际需要划分两个 VLAN（虚拟局域网），中间通过一台中继代理服务器连接，网络 1 的网段为 192.168.11.0/24，网络 2 的网段为 192.168.12.0/24，DHCP 服务器的 IP 地址为 192.168.11.50。实现 DHCP 服务器同时为网段 192.168.11.0/24 和网段 192.168.12.0/24 客户端提供动态 IP 地址分配。具体规划如图 8-7 所示。

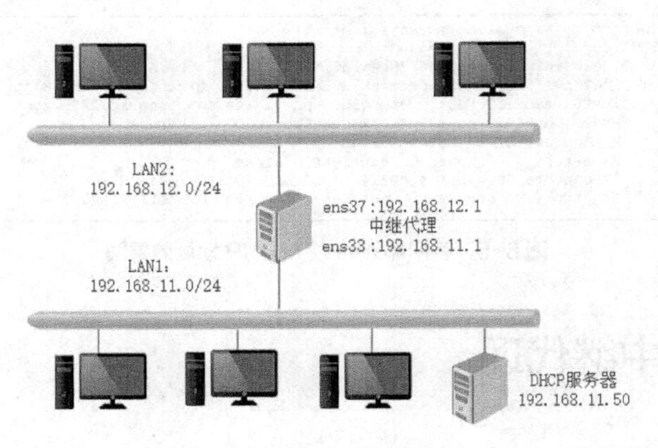

图 8-7　具体规划

【环境要求】

实验环境要求如表 8-5 所示。

表 8-5　实验环境要求

主机类型	操作系统/主机名	主要配置信息
DHCP 服务器	CentOS 7.6/dhcpsrevre	IP 地址：192.168.11.50。网关：192.168.11.1。 网卡模式：仅主机模式
DHCP 中继代理	CentOS 7.6 /dhcpragent	第一个网卡的 IP 地址为 192.168.11.1，网络连接模式为仅主机模式。 第二个网卡的 IP 地址为 192.168.12.1，网络连接模式为“自定义（VMnet8）”（NAT 模式）
DHCP 客户端	CentOS 7.6/testclient1 、testclient2	DHCP 自动获取

说明：DHCP 中继代理服务器需要两个网卡，为了实验效果，两个网卡的网络连接方式分别为仅主机模式和自定义 VMnet8（NAT 模式），读者可以根据实验环境自行设置。

【任务实施】

第 1 步：设置 DHCP 服务器的 IP 地址、网关地址。

使用 vim 命令修改网卡的/etc/sysconfig/network-scripts/ifcfg-ens33 文件，设置静态 IP 地址 192.168.11.50 及网关 192.168.11.1，文件内容如下（只给出需要修改的内容）。

```
BOOTPROTO=static
ONBOOT=yes
IPADDR=192.168.11.50
NETMASK=255.255.255.0
GATEWAY=192.168.11.1
```

配置好后使用命令“systemctl restart network” 重启网络服务，使配置生效。

第 2 步：配置 DHCP 服务器的作用域。

编辑配置文件/etc/dhcp/dhcpd.conf，需要分别对两个网段设置作用域，文件内容及释义如下。

```
option domain-name "dqsfedora.com";
option domain-name-servers 8.8.8.8;
#设置网段192.168.11.0/24的作用域
subnet 192.168.11.0 netmask 255.255.255.0 {
  range 192.168.11.100 192.168.11.200;
  option routers 192.168.11.1;
  default-lease-time 21600;
  max-lease-time 43200;
}
#设置网段192.168.12.0/24的作用域
subnet 192.168.12.0 netmask 255.255.255.0 {
  range 192.168.12.100 192.168.12.200;
  option routers 192.168.12.1;
  default-lease-time 21600;
  max-lease-time 43200;
}
```

第 3 步：启动 dhcpd 进程。

重启 DHCP 服务程序使配置生效，并设置 DHCP 服务开机自动启动，命令如下。

```
[root@dhcpserver ~]# systemctl restart dhcpd
[root@dhcpserver ~]# systemctl enable dhcpd
```

第 4 步：配置中继服务器的 DHCP 服务软件来实现中继功能。

配置好本地 YUM 源，即可通过 yum 命令 “yum install dhcp -y” 安装 DHCP 服务软件。

通过 “rpm -qa dhcp” 命令查询软件是否已经安装。

```
[root@dhcprdhcpragent ~]# rpm -qa dhcp
dhcp-4.2.5-79.el7.centos.x86_64
```

第 5 步：配置中继代理服务器的两个网卡的 IP 地址。

中继代理服务器需要两个网卡，IP 为各网段的网关，分别是 192.168.11.1 和 192.168.12.1。

选择菜单 “虚拟机设置”，添加一个网络适配器，并设置网络连接方式为 “自定义（VMnet8）”（NAT 模式），如图 8-8 所示。

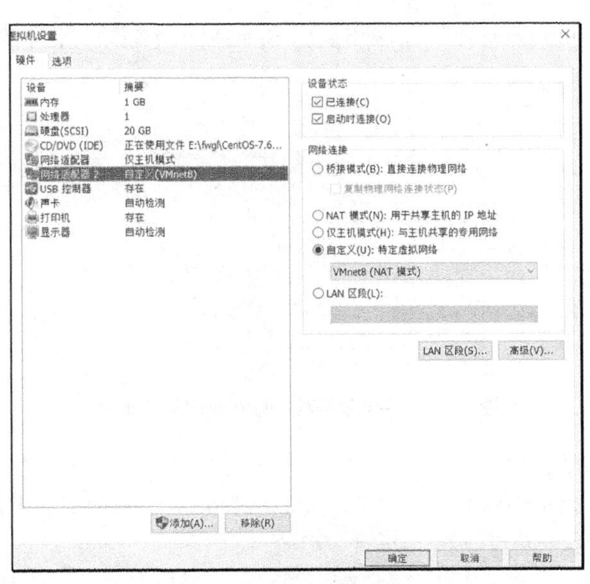

图 8-8　添加第二个网卡

使用命令“ip addr”查找刚添加的网卡，名字为 ens37，如图 8-9 所示。

```
[root@dhcpragent ~]# ip addr
1: lo: <LOOPBACK,UP,LOWER_UP> mtu 65536 qdisc noqueue state UNKNOWN group default qlen 1000
    link/loopback 00:00:00:00:00:00 brd 00:00:00:00:00:00
    inet 127.0.0.1/8 scope host lo
       valid_lft forever preferred_lft forever
    inet6 ::1/128 scope host
       valid_lft forever preferred_lft forever
2: ens33: <BROADCAST,MULTICAST,UP,LOWER_UP> mtu 1500 qdisc pfifo_fast state UP group default qlen 1000
    link/ether 00:0c:29:78:cb:be brd ff:ff:ff:ff:ff:ff
    inet 192.168.10.254/24 brd 192.168.10.255 scope global ens33
       valid_lft forever preferred_lft forever
    inet6 fe80::20c:29ff:fe78:cbbe/64 scope link
       valid_lft forever preferred_lft forever
3: ens37: <BROADCAST,MULTICAST> mtu 1500 qdisc noop state DOWN group default qlen 1000
    link/ether 00:0c:29:78:cb:c8 brd ff:ff:ff:ff:ff:ff
```

图 8-9 新添加的第二个网卡 ens37

设置第一块网卡 ens33 的 IP 地址为 192.168.11.1（即网段 192.168.11.0/24 的网关地址）。ifcfg-ens33 文件配置及释义如下（只给出主要内容）。

```
BOOTPROTO=static
NAME=ens33
DEVICE=ens33
HWADDR=00:0c:29:78:cb:be
IPADDR=192.168.11.1          #网段192.168.11.0/24的网关
NETMASK=255.255.255.0
ONBOOT=yes;
```

设置第二块网卡 ens37 的 IP 地址为 192.168.12.1（即网段 192.168.12.0/24 的网关地址）。ifcfg-ens37 文件配置及释义如下。

```
BOOTPROTO=static
NAME=ens37                   #网卡名ens37
DEVICE=ens37                 #网卡设备ens37
HWADDR=00:0c:29:78:cb:c8
IPADDR=192.168.12.1          #网段192.168.12.0/24的网关
NETMASK=255.255.255.0
ONBOOT=yes
```

使用命令“systemctl restart network”重启网络服务，使配置生效，查看两个网卡的配置信息，如图 8-10 所示。

```
[root@dhcpragent ~]# ifconfig
ens33: flags=4163<UP,BROADCAST,RUNNING,MULTICAST>  mtu 1500
        inet 192.168.11.1  netmask 255.255.255.0  broadcast 192.168.11.255
        inet6 fe80::20c:29ff:fe78:cbbe  prefixlen 64  scopeid 0x20<link>
        ether 00:0c:29:78:cb:be  txqueuelen 1000  (Ethernet)
        RX packets 207  bytes 18663 (18.2 KiB)
        RX errors 0  dropped 0  overruns 0  frame 0
        TX packets 555  bytes 46841 (45.7 KiB)
        TX errors 0  dropped 0 overruns 0  carrier 0  collisions 0

ens37: flags=4163<UP,BROADCAST,RUNNING,MULTICAST>  mtu 1500
        inet 192.168.12.1  netmask 255.255.255.0  broadcast 192.168.12.255
        inet6 fe80::20c:29ff:fe78:cbc8  prefixlen 64  scopeid 0x20<link>
        ether 00:0c:29:78:cb:c8  txqueuelen 1000  (Ethernet)
        RX packets 7  bytes 1356 (1.3 KiB)
        RX errors 0  dropped 0  overruns 0  frame 0
        TX packets 108  bytes 14306 (13.9 KiB)
        TX errors 0  dropped 0 overruns 0  carrier 0  collisions 0
```

图 8-10 中继服务器的两个网卡的 IP 地址

第 6 步：开启路由转发功能。

使用 vim 命令编辑/etc/sysctl.conf 文件，添加“net.ipv4.ip_forward = 1”，内容如下。

```
# sysctl settings are defined through files in
……省略部分内容……
net.ipv4.ip_forward=1
```

或临时开启路由转发功能，通过以下命令实现。

```
[root@dhcpragent ~] # echo "1">/proc/sys/net/ipv4/ip_forward
```

刷新修改参数设置，使之立即生效，命令如下。

```
[root@dhcpragent ~]# sysctl -p
net.ipv4.ip_forward=1
```

检查路由转发功能，如图 8-11 所示。

```
[root@dhcpragent network-scripts]# sysctl -a |grep "ip_forward"
net.ipv4.ip_forward = 1
net.ipv4.ip_forward_use_pmtu = 0
sysctl: reading key "net.ipv6.conf.all.stable_secret"
sysctl: reading key "net.ipv6.conf.default.stable_secret"
sysctl: reading key "net.ipv6.conf.ens33.stable_secret"
sysctl: reading key "net.ipv6.conf.ens37.stable_secret"
sysctl: reading key "net.ipv6.conf.lo.stable_secret"
sysctl: reading key "net.ipv6.conf.virbr0.stable_secret"
sysctl: reading key "net.ipv6.conf.virbr0-nic.stable_secret"
```

图 8-11 检查路由转发功能

第 7 步：开启 DHCP 中继服务。

使用 dhcrelay 命令开启 DHCP 中继服务，命令如下。

```
[root@dhcpragent ~]# dhcrelay 192.168.11.50    #DHCP服务器的IP地址
```

第 8 步：配置网段 192.168.11.0/24 的客户端，进行测试。

新建一台客户端（主机名为 testclient1）测试 IP 地址获取情况，选择菜单“虚拟机”，设置网络连接方式为“仅主机模式”。

使用“vim /etc/sysconfig/network-scripts/ifcfg-ens33”编辑 ifcfg-ens33 文件，修改选项 BOOTPROTO 和 ONBOOT 的值，这里将 BOOTPROTO 值设为“BOOTPROTO=dhcp”，将 ONBOOT 值设为“ONBOOT=yes”。该文件中其他选项保持默认值即可。使用命令“systemctl restart network”重启网络服务，使配置生效。

通过命令 ifconfig 查看客户端获取到的 IP 地址是否为 192.168.11.0/24 网段，如图 8-12 所示。

```
[root@testclient1 ~]# ifconfig
ens33: flags=4163<UP,BROADCAST,RUNNING,MULTICAST>  mtu 1500
        inet 192.168.11.100  netmask 255.255.255.0  broadcast 192.168.11.255
        inet6 fe80::20c:29ff:fe8b:d5f  prefixlen 64  scopeid 0x20<link>
        ether 00:0c:29:8b:0d:5f  txqueuelen 1000  (Ethernet)
        RX packets 20  bytes 2067 (2.0 KiB)
        RX errors 0  dropped 0  overruns 0  frame 0
        TX packets 85  bytes 8490 (8.2 KiB)
        TX errors 0  dropped 0 overruns 0  carrier 0  collisions 0
```

图 8-12 客户端获得网段 192.168.11.0 的 IP 地址效果图

从输出结果得知，网段 192.168.11.0/24 的客户端通过 DHCP 服务器获取到的 IP 地址是 192.168.11.100，属于该网段。

第 9 步：配置网段 192.168.12.0/24 的客户端，进行测试。

新建一台客户端（主机名为 testclient2）测试 IP 地址获取情况，选择菜单“虚拟机”，设置网络连接方式为“自定义（VMnet8）”（NAT 模式）。

使用“vim /etc/sysconfig/network-scripts/ifcfg-ens33”编辑 ifcfg-ens33 文件，修改选项 BOOTPROTO 和 ONBOOT 的值，这里将 BOOTPROTO 值设为“BOOTPROTO=dhcp”，将 ONBOOT 值设为“ONBOOT=yes”。该文件中其他选项保持默认值即可。使用命令“systemctl restart network”重启网络服务，使配置生效。

通过命令 ifconfig 查看客户端获取到的 IP 地址是否属于 192.168.12.0/24 网段，如图 8-13 所示。

```
[root@testclient2 ~]# ifconfig
ens33: flags=4163<UP,BROADCAST,RUNNING,MULTICAST>  mtu 1500
        inet 192.168.12.100  netmask 255.255.255.0  broadcast 192.168.12.255
        inet6 fe80::20c:29ff:fe8b:d5f  prefixlen 64  scopeid 0x20<link>
        ether 00:0c:29:8b:0d:5f  txqueuelen 1000  (Ethernet)
        RX packets 115  bytes 19527 (19.0 KiB)
        RX errors 0  dropped 0  overruns 0  frame 0
        TX packets 257  bytes 33948 (33.1 KiB)
        TX errors 0  dropped 0 overruns 0  carrier 0  collisions 0
```

图 8-13　客户端获得网段 192.168.12.0 的 IP 地址效果图

从输出结果得知，网段 192.168.12.0 的客户端通过 DHCP 服务器获取到的 IP 地址是 192.168.12.100，属于该网段。

通过以上测试，确定不同网段的客户端能够通过 DHCP 中继代理功能获取到正确的 IP 地址。

8.4　本章小结

本章首先介绍了 DHCP 的定义及常用的概念，对 DHCP 的工作原理做了详细的介绍，分析了 DHCP 客户端首次登录、新建租约、DHCP 客户端重新登录及更新 IP 地址与租约的应用机制，讲解了 DHCP 服务器的主配置文件的参数、声明及选项，并通过案例详细介绍安装和配置 DHCP 服务器的方法，最后通过案例介绍 DHCP 中继代理的实现方法。

8.5　习题

一、简答题

1. 简述 DHCP 分配地址有哪 3 种方式。
2. 简述通过 DHCP 申请 IP 地址的过程。
3. 简述 DHCP 中继代理。

二、实验题

架设一台 DHCP 服务器，并按照下面的要求进行配置。

（1）为子网 192.168.5.0/25 建立一个作用域，并将在 192.168.5.100～192.168.5.150 范围内的 IP 地址动态分配给客户端。

（2）假设子网中的 DNS 服务器地址是 192.168.5.2，搜索域为 dqabc.com，默认租约时间为 7200s。

（3）为主机 jsjxhost 保留 192.168.5.70 这个 IP 地址。

CHAPTER09

第9章

FTP服务器

学习目标：

- 理解 FTP 协议；
- 理解 FTP 的工作模式；
- 掌握 Vsftp 服务器的安装与启动方法；
- 掌握 FTP 常用命令；
- 掌握匿名用户、本地用户使用 Vsftp 服务器的方法；
- 掌握虚拟用户使用 Vsftp 服务器的方法；
- 掌握禁止用户登录服务器的方法。

文件传输协议（File Transfer Protocol，FTP）作为网络共享文件的传输协议，在网络应用软件中具有广泛的应用。FTP 的目标是提高文件的共享性和可靠高效地传送数据。本章主要内容包括 FTP 简介、使用 Vsftp 服务器、深入使用 Vsftp 服务器三大部分。

9.1 FTP 简介

9.1.1 FTP 协议

FTP 是 TCP/IP 协议簇中的协议之一，其主要功能是借助网络实现远距离主机间的文件传输。在 FTP 的使用当中，经常遇到两个概念："下载"（Download）和"上载"（Upload）。"下载"文件就是从远程主机复制文件至自己的计算机上；"上载"文件就是将文件从自己的计算机复制至远程主机上。

FTP 采用客户端/服务器模式运行，FTP 服务器使用两个端口：一个控制端口（或称为命令端口）和一个数据端口。

（1）控制端口：负责 FTP 命令的发送和接收返回的响应信息，端口号是 21，一旦建立 FTP 会话，该端口在会话期间一直保持打开状态。

（2）数据端口：数据端口用来接收和发送 FTP 数据，端口号是 20，只在传输数据时打开，数据传输结束就断开。

9.1.2 FTP 工作模式

FTP 工作模式有两种：主动模式（Active Mode）与被动模式（Passive Mode）。

1. 主动模式

在主动模式下，FTP 客户端首先开启一个端口（端口号一般大于 1024）向服务器的 21 号端口发起连接，发送 FTP 用户名和密码，建立控制连接，连接成功后，客户端开放临时数据端口（端口号一般大于 1024）进行监听，并向服务器发送信息，告诉服务器客户端接收数据的端口。FTP 服务器接收到信息后，会用其本地的 FTP 数据端口（通常是 20）来建立数据连接，连接客户端指定的临时数据端口，进行数据传输。在这个过程中，控制连接的发起方是 FTP 客户端，而数据连接的发起方是 FTP 服务器。

2. 被动模式

被动模式中建立控制连接的过程与主动模式相同，建立控制连接后，FTP 客户端向服务器发送命令请求进入被动模式。服务器收到该命令后，会开放一个空闲的随机端口 P（端口号一般大于 1024）进行监听，将该端口 P 通知客户端，然后等待客户端与其建立连接。客户端收到命令后，打开一个随机端口 T（端口号一般大于 1024）向服务器发出数据连接命令，FTP 服务器立即使用端口 P 连接客户端的随机端口 T，然后在两个端口之间进行数据传输。在这个过程中，控制连接和数据连接的发起方都是 FTP 客户端。

9.2 使用 Vsftp 服务器

目前有许多 FTP 服务器软件供选择，其中非常安全的 Vsftp（Very Secure FTP）是 Linux 系统的常用软件，是一款安全性高的 FTP 服务器，在单机上可支持 4000 个以上用户同时连接，具有良好的扩展性、稳定性和高效性等优点。

9.2.1 Vsftp 服务器的安装与启动

默认情况下，本书采用的 CentOS 7.6 操作系统未安装 Vsftp 软件包，可用如下命令检查当前系统是否安装该软件包（Vsftp 服务器的主机名为 ftpserver）。

```
[root@ftpserver ~]# rpm -qa | grep vsftpd
```

若输出结果显示没有安装 Vsftp 软件包，此时可以使用 yum 命令进行安装，确认镜像挂载且 YUM 仓库配置完毕即可开始安装，具体如下所示。

```
[root@ftpserver ~]# yum install vsftpd -y
已加载插件：fastestmirror,langpacks
……省略部分安装过程……
已安装：
vsftpd.x86_64 0:3.0.2-27.el7
完毕!
```

再次使用 rpm 命令查看 Vsftp 软件包安装情况，输出结果如下。

```
[root@ftpserver ~]# rpm -qa|grep vsftpd
vsftpd-3.0.2-27.el7.x86_64
```

输出结果表明已经成功安装 Vsftp 软件包。

Vsftp 软件包安装完成后，需要启动 Vsftp 服务才可以使用，启动 Vsftp 服务的命令如下。

```
[root@ftpserver ~]# systemctl start vsftpd
```

输出终端没有任何信息，成功返回命令提示符，则说明 Vsftp 服务启动成功。若要关闭 Vsftp 服务，可使用如下命令。

```
[root@ftpserver ~]# systemctl stop vsftpd
```

若要检查 Vsftp 服务的状态，可使用下面的命令。

```
[root@ftpserver ~]# systemctl status vsftpd
```

9.2.2　Vsftp 服务器的用户类型

Vsftp 的用户主要分为匿名用户、本地用户和虚拟用户。

（1）匿名用户：如果 Vsftp 服务器提供匿名访问功能，默认的匿名访问用户为 anonymous 或 ftp，密码为空，匿名用户登录后进入的工作目录是/var/ftp。

（2）本地用户：本地用户信息存储在/etc/passwd 文件中，本地用户输入用户名和密码后可登录 Vsftp 服务器，并且直接进入该用户的宿主目录。默认情况下，本地用户可以访问 Vsftp 服务器中除 root 目录中文件外的所有资料。

（3）虚拟用户：指在 Vsftp 服务器拥有账号，并且该账号只能用于文件传输服务的专有用户，也称为 guest 用户。这类用户可以通过输入用户名和密码进行授权登录，其登录目录为指定的目录，其只能访问 Vsftp 服务器提供的资源。

9.2.3　Vsftp 服务器的测试

FTP 服务器的运行模式基于服务器/客户端，服务器安装完 Vsftp 软件包后，可以通过客户端进行测试。首先需要在客户端安装 FTP 软件包（本例客户端的主机名为 ftpclient），具体安装命令如下。

```
[root@ftpclient~]# yum install ftp -y
```

输出信息说明 FTP 软件包安装成功。

在客户端以匿名用户身份进行测试，使用 ftp 命令，后面输入 Vsftp 服务器的 IP 地址，用户名是 anonymous 或 ftp，密码为空，登录过程如下。

```
[root@ftpclient ~]# ftp 192.168.6.128
Connected to 192.168.6.128 (192.168.6.128).
220 (vsFTPd 3.0.2)
Name (192.168.6.128:root): ftp
331 Please specify the password.
Password:
230 Login successful.
Remote system type is UNIX.
Using binary mode to transfer files.
ftp>…
```

以上命令中的 192.168.6.128 是 Vsftp 服务器的 IP 地址，终端打印信息“230 Login successful.”，说明登录成功，在 FTP 提示符“ftp>”后根据需要输入 FTP 命令即可访问 Vsftp 服务器。

也可以打开 IE 浏览器，在地址栏输入 Vsftp 服务器地址，如 ftp://192.168.6.128，输入用户名和密码，就可以访问 Vsftp 服务器。

9.2.4 FTP 常用命令

客户端成功与 Vsftp 服务器建立连接后，出现提示符“ftp>”，用户输入相应的命令，就可以对服务器进行操作。表 9-1 给出了常用命令及其说明。

表 9-1 常用命令及其说明

命令	说明
ls	查看服务器当前目录的文件
cd 目录名	切换到服务器中指定的目录
pwd	显示服务器的当前目录
mkdir [目录名]	在服务器新建目录
rmdir 目录名	删除服务器中的指定目录，该目录必须为空
rename 新文件名 源文件名	更改服务器中指定的文件名
delete 文件名	删除服务器中指定的文件
get 文件名	从服务器下载指定的一个文件
mget 文件名列表	从服务器下载多个文件
put 文件名	向服务器上传指定的一个文件
mput 文件名列表	向服务器上传多个文件
chmod	改变服务器中的文件权限
lcd 目录名	切换到本地指定目录
! 命令名	指定本地中的命令
? 或 help	显示内部命令的帮助信息
open 域名|IP 地址	建立与指定服务器的连接
close	终止远端的进程，返回命令状态
bye 或 quit	退出服务器

9.2.5 Vsftp 服务器的配置文件

配置基本的 Vsftp 服务器比较简单，只要正确安装了 Vsftp 软件，直接启动 Vsftp 服务就可以了。但是，想要建立一个高性能的、安全的 Vsftp 服务器，就需要掌握 Vsftp 服务器的配置文件。

表 9-2 列出了 Vsftp 服务器相关的配置文件，其中最重要的是主配置文件 Vsftpd.conf。

表 9-2 与 Vsftp 服务器相关的配置文件

文件	说明
/etc/vsftpd/vsftpd.conf	Vsftp 服务器主配置文件
/etc/vsftpd/ftpusers	禁止访问 Vsftp 服务器的用户名单
/etc/vsftpd/user_list	指定用户能否访问 FTP 服务器取决于 userlist_deny 选项的设置
/etc/vsftpd/chroot_list	目录访问控制文件

下面对这几个文件进行详细说明。

1. vsftpd.conf 文件

vsftpd.conf 是个文本文档，位于/etc/vsftpd/目录下，与 Linux 系统中的大多数配置文件一样，vsftpd.conf 文件中以符号“#”开始注释信息，用户可以用 Vim 等编辑工具对它进行修改，文件中配置语句的形式为“参数名称=参数值”，以此来定义用户登录控制、用户权限控制、超时配置、服务器响应消息等 FTP 服务器的配置。在 Vsftp 中去掉注释内容，显示该文件的原始配置内容如下。

```
[root@dhcpserver vsftpd]# grep -v "#" vsftpd.conf
anonymous_enable=YES
local_enable=YES
write_enable=YES
local_umask=022
dirmessage_enable=YES
xferlog_enable=YES
connect_from_port_20=YES
xferlog_std_format=YES
listen=NO
listen_ipv6=YES

pam_service_name=vsftpd
userlist_enable=YES
```

下面对该文件中的常用选项进行介绍，合理使用这些选项是保障 FTP 安全稳定运行的前提，如表 9-3 所示。

表 9-3 配置文件 Vsftpd.conf 的常用选项

选项	说明
anonymous_enable	设置是否允许匿名用户登录服务器
local_enable	设置是否允许本地用户登录服务器
write_enabl	设置是否允许写操作
local_umask	设置本地用户创建文件的 umask 值
anon_upload_enable	设置是否允许匿名用户上传文件
anon_mkdir_write_enable	设置是否允许匿名用户建立目录
xferlog_enable	设置是否激活日志功能
chown_uploads	修改匿名用户上传文件的所有者
chown_username=whoever	启用 chown_uploads=YES 时，指定为主用户账号，此处的 whoever 要用合适的用户账号来代替
xferlog_file	设置日志文件
xferlog_std_format	设置是否使用标准日志文件
idle_session_timeout	设置会话的超时时间，单位为秒
data_connection_timeout	设置数据传输的超时时间，单位为秒
ascii _upload_enable	设置是否采用 ASCII 模式上传数据
ascii _download_enable	设置是否采用 ASCII 模式下载数据
chroot_local_user	设置是否将所有用户限制在其主目录
chroot_list_enable	设置是否启用限制用户的名单
chroot_list_file	设置是否限制/排除主目录下的用户名单，限制/排除由 chroot_local_user 值决定
allow_writeable_chroot	设置 chroot 目录的写权限

2. ftpusers 文件

/etc/vsftpd/ftpusers 文件用于指定不能访问 Vsftp 服务器的用户列表。此文件在格式上采用每个用户一行的形式，其包含的用户通常是 Linux 系统的超级用户和系统用户。

3. user_list 文件

/etc/vsftpd/user_list 文件也保留用户列表，指定的用户能否访问 FTP 服务器取决于 userlist_deny 选项的设置，当 userlist_deny=YES 时，禁止 user_list 文件中的用户访问 FTP 服务器，甚至不给出输入密码的登录提示。当 userlist_deny=NO 时，则只允许这些用户访问 FTP 服务器。

如果要限制指定的本地用户（user_list 文件中列出的用户）不能访问 FTP 服务器，则可以按照下面方法设置选项。

```
userlist_enable=YES
userlist_deny=YES
userlist_file=/etc/vsftpd/user_list
```

如果要限制指定的本地用户（user_list 文件中列出的用户）可以访问 FTP 服务器，而其他用户不可以访问，则可以按照下面方法设置选项。

```
userlist_enable=YES
userlist_deny=NO
userlist_file=/etc/vsftpd/user_list
```

注意：user_list 文件的两个用处刚好相反，用户在使用过程中要仔细斟酌，否则将出现完全相反的结果。

4. chroot_list 文件

默认情况下，匿名用户会被锁定在默认 FTP 目录中，而本地用户却可以访问自己主目录以外的内容，出于安全考虑，通过 chroot_list 文件可以实现限制用户只能访问其主目录，也可以实现使用户不仅能访问自己的主目录，还能访问服务器上的其他目录。

chroot_list 文件中存储的是用户名单，其路径由配置文件 vsftpd.conf 中的选项 chroot_list_file 指定（默认为/etc/vsftpd/chroot_list），chroot_list 文件的功能有两个，一是限制用户名单中的用户只能在其主目录中；二是名单中的用户不仅能访问自己的主目录，还能跳出主目录，浏览服务器上的其他目录。

chroot_list 文件涉及 chroot_local_user 和 chroot_list_enable 两个选项，具体情况如下。

chroot_list_enable 选项决定是否启用 chroot_list 文件，当 chroot_list_enable=YES 时，启用 chroot_list 文件；当 chroot_list_enable=NO 时，禁用 chroot_list 文件。

chroot_local_user 选项决定用户是否可以跳出其主目录，当 chroot_local_user=YES 时，全部用户限制在主目录；当 chroot_local_user=NO 时，全部用户都可跳出主目录。

9.3 深入使用 Vsftp 服务器

前面介绍了 Vsftp 服务器的安装、启动及主要的配置文件，下面通过具体的实例来介绍该服务器的具体应用。

9.3.1 匿名用户访问 Vsftp 服务器

匿名用户可以从客户端登录 Vsftp 服务器，也可以从本地服务器登录 Vsftp 服务器。实例 9-1 采用 CentOS 7.6 环境的客户端访问 Vsftp 服务器，Vsftp 服务器的 IP 地址为 192.168.159.128，主机名为 ftpserver，客户端主机名为 client。

【实例 9-1】匿名用户访问 Vsftp 服务器。

第 1 步：查看 Vsftp 服务器的运行状态，如果 Vsftp 服务没有开启，要启动该服务。

```
[root@ftpserver ~]# systemctl status vsftpd
```

终端打印如上所示，说明 Vsftp 服务器已经处于运行状态。

第 2 步：客户端使用 anonymous 匿名用户登录，如下所示。

```
[root@client ~]# ftp 192.168.159.128
Connected to 92.168.159.128 (92.168.159.128).
220 (vsFTPd 3.0.2)
Name (92.168.159.128:root): anonymous
331 Please specify the password.
Password:
230 Login successful.
Remote system type is UNIX.
Using binary mode to transfer files.
ftp>
```

登录成功，使用 ls 命令浏览默认的 FTP 目录（/var/ftp）。

```
ftp>ls
227 Entering Passive Mode (192,168,159,128,73,158).
150 Here comes the directory listing.
drwxr-xr-x 2 0 0 6 Apr 01 04:55 pub
226 Directory send OK.
ftp>
```

第 3 步：将 Vsftp 服务器上文件下载到客户端。

进入 pub 目录，使用 get 命令将文件 1.png（Vsftp 服务器已经创建该文件）下载到当前目录下，下载成功的过程如下。

```
ftp>cd pub
250 Directory successfully changed.
ftp>ls
227 Entering Passive Mode (192,168,159,128,198,195).
150 Here comes the directory listing.
-rw-r--r--   1  0  0       0 Sep 19 03:10 1.png
-rw-r--r--   1  0  0       0 Sep 19 03:10 2.png
226 Directory send OK.
ftp>!pwd             #执行本机Shell命令，显示当前路径
/root
ftp>get 1.png        #下载/var/ftp/1.png文件到本地/root目录下，也可以重命名
local: 1.png remote: 1.png
227 Entering Passive Mode (192,168,159,128,177,211).
150 Opening BINARY mode data connection for 1.png (0 bytes).
226 Transfer complete.
ftp>!ls              #执行本机Shell命令，显示当前内容
1.png initial-setup-ks.cfg  模板  图片  下载  桌面
anaconda-ks.cfg  公共  视频  文档  音乐
ftp>
```

第 4 步：测试在 Vsftp 服务器创建目录。

```
ftp>mkdir jsjx1
550 Permission denied.     #创建目录失败，因为没有权限
```

通过以上操作可以得出：在默认情况下，匿名用户一般只有从服务器下载文件的权限，不能上传文件或进行其他操作。

下面将继续通过实例配置匿名用户具有上传文件、创建目录的功能。

第 5 步：更改 vsftpd.conf 文件，开启匿名用户上传、创建目录的权限。

```
anon_upload_enable=YES          #允许匿名用户上传文件
anon_mkdir_write_enable=YES     #允许建立目录
```

配置文件更改完成后，保存退出，重启 Vsftp 服务，使配置生效。

```
[root@ftpserver ~]# systemctl restart vsftpd
```

第 6 步：创建匿名用户上传目录。

需要在/var/ftp/目录下创建一个目录，修改该目录的权限，让匿名用户具有写权限，具体操作如下。

```
[root@ftpserver ~]# mkdir /var/ftp/jsjx
[root@ftpserver ~]# chmod o+w /var/ftp/jsjx
```

第 7 步：上传目录。

使用 put 命令把本地文件上传到 FTP 服务器上，具体过程如下。

```
[root@client ~]# ftp 192.168.159.128
Connected to 192,168,159,128 (192,168,159,128).
220 (vsFTPd 3.0.2)
Name (192,168,159,128:root): anonymous
331 Please specify the password.
Password:
230 Login successful.
Remote system type is UNIX.
Using binary mode to transfer files.
ftp>ls
227 Entering Passive Mode (192,168,159,128,94,71).
150 Here comes the directory listing.
drwxr-xrwx  2   0   0     6 Sep 21 13:03 jsjx
drwxr-xr-x  2   0   0     45 Sep 19 08:53 pub
226 Directory send OK.
ftp>cd jsjx
250 Directory successfully changed.
ftp>!ls
1.png  anaconda-ks.cfg initial-setup-ks.cfg  模板  图片  下载 桌面
3.txt  file1.txt 公共 视频  文档  音乐
ftp>put file1.txt       # 上传文件file1.txt
local: file1.txt remote: file1.txt
227 Entering Passive Mode (192,168,159,128,134,6).
150 Ok to send data.
226 Transfer complete. #上传文件file1.txt成功
ftp>ls -l               #查看jsjx目录中文件列表
227 Entering Passive Mode (192,168,159,128,52,203).
150 Here comes the directory listing.
-rw-------   1 14   50     0 Sep 21 13:12 file1.txt
ftp>mkdir incoming     #创建目录成功
257 "/jsjx/incoming" created
ftp>ls
```

以上测试结果表明，开启匿名用户上传、创建目录权限后，匿名用户可以实现上传文件、创建目录功能。用户还可以通过更改配置文件选项，使匿名用户获得更名、删除文件等权限。但是对匿名用户来说，权限越少越好，否则极有可能出现安全漏洞，危害系统安全。这里只是从技术上做介绍，不推荐匿名用户提供下载之外的其他权限。

9.3.2 本地用户访问 Vsftp 服务器

本地用户是在 FTP 服务器上拥有用户账户的用户，相当于 FTP 服务器中的实际（real）用户，用户可以通过输入自己的账号和口令来进行授权登录。当用户成功登录服务器后，其登录目录为用户的主目录，用户的权限为对该主目录的操作权限，既可以下载文件，也可以上传文件。下面通过实例来介绍本地用户登录 Vsftp 服务器下载、上传文件的过程。

【实例 9-2】本地用户访问 Vsftp 服务器，本例 Vsftp 服务器的 IP 地址为 192.168.159.128，主机名为 ftpserver，客户端主机名为 client。

第 1 步：建立本地用户 userlh。

Vsftp 服务器建立用户 userlh，并在该用户的家目录建立文件 lhfiel1 与 lhfile2，命令如下。

```
[root@ftpserver ~]# useradd userlh
[root@ftpserver ~]# passwd userlh
……省略输入密码……
[root@ftpserver ~]# su - userlh
[userlh@ftpserver ~]$ touch lhfile1.txt
[userlh@ftpserver ~]$ touch lhfile1.txt
```

第 2 步：使用本地用户在客户端登录 Vsftpd 服务器。

用户 userlh 成功登录 Vsftpd 服务器后，其登录目录为用户的主目录/home/userlh，具体内容如下。

```
[root@client ~]# ftp 192.168.159.128
Connected to 192.168.159.128 (192.168.159.128).
220 (vsFTPd 3.0.2)
Name (192.168.159.128:root): userlh
331 Please specify the password.
Password:
230 Login successful.
Remote system type is UNIX.
Using binary mode to transfer files.
ftp>ls
227 Entering Passive Mode (192,168,159,128,238,110).
150 Here comes the directory listing.
-rw-r--r--  1   0    0     0 Sep 22 08:14 lhfile1
-rw-r--r--  1   0    0     0 Sep 22 08:14 lhfile2
226 Directory send OK.
ftp>pwd
257 "/home/userlh"
```

第 3 步：创建目录。

用户 userlh 创建目录 lhdir1，具体操作如下。

```
ftp>mkdir lhdir1            #创建lhdir1目录（具有写权限）
257 "/home/userlh/lhdir1" created
ftp>ls                      #浏览用户家目录，验证创建目录操作是否成功
227 Entering Passive Mode (192,168,159,128,89,177).
150 Here comes the directory listing.
drwxr-xr-x  2  1002    1002    6 Sep 22 08:15 lhdir1
-rw-r--r--  1  0       0       0 Sep 22 08:14 lhfile1
-rw-r--r--  1  0       0       0 Sep 22 08:14 lhfile2
```

第 4 步 ：上传本地文件。

用户 userlh 上传本地文件到服务器指定目录（该用户的家目录），具体操作如下。

```
ftp>!ls -l
总用量8
-rw-------. 1 root root 1893 8月  19 15:50 anaconda-ks.cfg
……省略其他内容……
ftp>put anaconda-ks.cfg    #上传本地文件
local: anaconda-ks.cfg remote: anaconda-ks.cfg
227 Entering Passive Mode (192,168,159,128,157,90).
150 Ok to send data.
226 Transfer complete.
1893 bytes sent in 0.000246 secs (7695.12 Kbytes/sec)
ftp>ls -l                       #浏览远程目录，验证上传文件是否为本地文件
```

```
227 Entering Passive Mode (192,168,159,128,117,216).
150 Here comes the directory listing.
-rw-r--r--  1  1002   1002   1893 Sep 22 08:17 anaconda-ks.cfg
drwxr-xr-x  2  1002   1002   6    Sep 22 08:15 lhdir1
-rw-r--r--  1  0      0      0    Sep 22 08:14 lhfile1
-rw-r--r--  1  0      0      0    Sep 22 08:14 lhfile2
226 Directory send OK.
```

第 5 步：下载服务器文件到本地。

用户 userlh 下载文件 lhfile1 到本地当前目录下，下载文件 lhfile2 到本地目录/tmp 下，并且重新命名为 lhfile2bak，具体操作如下。

```
ftp>get lhfile1                 #下载文件到本地目录
local: lhfile1 remote: lhfile1
227 Entering Passive Mode (192,168,159,128,190,155).
150 Opening BINARY mode data connection for lhfile1 (0 bytes).
226 Transfer complete.
ftp>!ls -l                      #浏览本地目录，验证下载文件操作是否成功
总用量8
-rw-------. 1 root root 1893 8月  19 15:50 anaconda-ks.cfg
-rw-r--r--  1 root root    0 9月  22 16:16 lhfile1
……
#下载文件lhfile2到本地目录/tmp下，并重新命名为lhfile2bak
ftp>get lhfile2 /tmp/lhfile2bak
local: /tmp/lhfile2bak remote: lhfile2
227 Entering Passive Mode (192,168,159,128,244,173).
150 Opening BINARY mode data connection for lhfile2 (0 bytes).
226 Transfer complete.
ftp>lcd /tmp                    #切换到本地目录/tmp，验证下载文件操作是否成功
Local directory now /tmp
ftp>!ls -l
-rw-r--r-- 1 root root  0 9月  22 16:16 lhfile2bak
drwx------ 2 root root 24 9月  21 20:46 ssh-hCBiYDPH8Omk
……
```

9.3.3 虚拟用户访问 Vsftp 服务器

虚拟用户是 FTP 的专有用户，采用单独用户名/口令的保存方式，与本地账号（passwd/ shadow）分离，通常保存在数据库文件或数据库服务器中，从而增强了系统的安全性。下面通过实例介绍虚拟用户登录 Vsftp 服务器的过程。

【实例 9-3】 虚拟用户访问 Vsftp 服务器，FTP 服务器 IP 为 192.168.232.132，主机名为 ftpserver2，客户端主机名为 ftpclient。

第 1 步：在 FTP 服务器安装 Vsftp 服务软件包。

第 2 步：建立虚拟用户，生成虚拟用户认证的数据库文件。

使用"vim /etc/vsftpd/loginusers.list"建立虚拟用户文件 loginusers.list，在文件中添加虚拟用户 vrftp1 和 vrftp2（也可以添加多个虚拟用户），文件里的单数行为用户名，偶数行为该用户的口令，内容如下。

```
[root@ftpserver2 ~]# vim /etc/vsftpd/loginusers.list
vrftp1
f1234567
vrftp2
v1234567
```

根据这个文件生成数据库文件 loginusers.db，设置 loginusers.db 的访问权限为 600（从安全性考虑，数据库文件的访问权限应设置小一点）。

```
[root@ftpserver2 ~]#db_load -T -t hash  -f /etc/vsftpd/loginusers.list/etc/vsftpd/login-
users.db
[root@ftpserver2~]# chmod 600 /etc/vsftpd/loginusers.db
```

注意：如果没有安装 db4，每次添加或者删除一个用户都要执行生成数据库文件操作，否则用户将无法进行登录访问，重新生成数据库文件之前最好备份。

第 3 步：创建虚拟用户映射的 FTP 服务器的系统用户。

创建系统用户 virftp，其主目录为/var/virftproot，不允许系统用户登录 Shell，可以将主目录的访问权限设定为 755，这样其他用户也可以访问，然后在该主目录下新建用于测试的文件 ftp1.file1。

```
[root@ftpserver2 ~]#mkdir /var/virftp
[root@ftpserver2 ~]#useradd -d /var/virftproot  -s /sbin/nologin virftp
[root@ftpserver2 ~]#chmod 755 /var/virftproot
[root@ftpserver2 ~]#touch /var/virftproot/ftp1.file1
```

说明：也可以把主目录 var/virftproot 的访问权限设置为 777。

第 4 步：建立虚拟用户所需的 PAM 认证文件。

使用“cp -p /etc/pam.d/vsftpd /etc/pam.d/vsftpdbak”备份/etc/pam.d/vsftpd 文件，然后编辑修改/etc/pam.d/vsftpd，先注释原有配置，添加如下两行内容，然后保存退出。

```
auth required  /lib64/security/pam_userdb.so  db=/etc/vsftpd/loginusers
account required  /lib64/security/pam_userdb.so  db=/etc/vsftpd/loginusers
```

注意：如果系统为 32 位，目录“/lib64/security/”需要修改为“/lib/security/”，否则配置失败；参数 db 指向生成的库文件，但不需要写后缀。

第 5 步：为虚拟用户创建权限配置文件。

创建虚拟用户权限配置文件时，文件名称必须与虚拟用户名一致，这里以虚拟用户 vrftp1 为例，创建权限配置文件 vrftp1，具体操作如下。

```
[root@ftpserver2 ~]           # mkdir /etc/vsftpd/virconf
[root@ftpserver2 ~]           # vim /etc/vsftpd/virconf/vrftp1
local_root=/var/virftproot    #虚拟用户映射的系统用户的主目录
write_enable=YES
```

说明：读者可以根据需要，给每个虚拟用户创建权限配置文件，设置不同的权限。

第 6 步：编辑主配置文件 vsftpd.conf，添加支持虚拟用户的配置内容。

使用 vim 命令编辑主配置文件，主要配置内容如下。

```
[root@ftpserver2 ~]# vim /etc/vsftpd/userconf
anonymous_enable=NO           #禁止匿名用户登录
local_enable=YES              #允许本地用户模式
guest_enable=YES              #启用虚拟用户模式
guest_username=virftp         #指定虚拟用户账号
user_config_dir=/etc/vsftpd/virconf    #虚拟用户的配置文件目录
allow_writeable_chroot=YES  #允许禁锢的FTP根目录可写而不拒绝用户登录请求
```

注意：要更改配置前最好先备份主配置文件。

第 7 步：重启 Vsftp 服务，使配置生效。

```
[root@ftpserver2~]# systemctl restart vsftpd
```

第 8 步：客户端验证。

使用虚拟用户 vrftp1 登录 vsftp 服务器（IP 地址为 192.168.232.132）。

```
[root@ftpclient ~]# ftp 192.168.232.132
Connected to 192.168.232.132 (192.168.232.132).
```

```
220 (vsFTPd 3.0.2)
Name (192.168.232.132:root): vrftp1
331 Please specify the password.
Password:
230 Login successful.
Remote system type is UNIX.
Using binary mode to transfer files.
ftp> pwd
257 "/"
ftp> ls
227 Entering Passive Mode (192,168,232,132,130,133).
150 Here comes the directory listing.
-rw-r--r--    1 0        0               0 Jan 18 10:14 ftp1.file1
226 Directory send OK.
ftp> get ftp1.file1
local: ftp1.file1 remote: ftp1.file1
227 Entering Passive Mode (192,168,232,132,213,204).
150 Opening BINARY mode data connection for ftp1.file1 (0 bytes).
226 Transfer complete.
ftp> !ls
abc.txt          ftp1.file1  模板  图片  下载  桌面
anaconda-ks.cfg  公共        视频  文档  音乐
ftp> put abc.txt
local: abc.txt remote: abc.txt
227 Entering Passive Mode (192,168,232,132,181,86).
550 Permission denied.
ftp> mkdir viraaa
550 Permission denied.
ftp>
```

通过以上操作可以看到，虚拟用户登录的目录为指定的目录，默认权限与匿名用户一致，只有浏览及下载权限，而不具有上传和创建目录的权限，如果虚拟用户需要上传和创建目录等权限，那么就需要修改相关的配置文件，感兴趣的读者可自行实践，这里就不再介绍了。

9.3.4 禁止指定用户登录 Vsftp 服务器

普通用户一般具有登录、上传和下载权限，如果要禁止某些用户登录服务器，可以使用控制配置文件 ftpusers 来设定，ftpusers 文件是 Vsftp 的用户控制文件，文件的内容是一个用户列表，若 Vsftp 需要拒绝某个用户访问服务器，直接将该用户的用户名添加到 ftpusers 文件即可。

以普通用户 jackuser 为例，初始时，用户 jackuser 能够正常登录 Vsftp 服务器，成功登录过程及结果如下。

```
[root@ftpserver ~]# ftp 127.0.0.1
Connected to 127.0.0.1 (127.0.0.1).
220 (vsFTPd 3.0.2)
Name (127.0.0.1:root): jackuser
331 Please specify the password.
Password:
230 Login successful.
Remote system type is UNIX.
Using binary mode to transfer files.
```

使用“vim /etc/vsftpd/ftpuser”命令在文件中添加用户 jackuser，如下所示。

```
jackuser
```

保存修改退出，重启 Vsftp 服务，使设置生效，再次使用用户 jackuser 登录 Vsftp 服务器，具体结果如下。

```
[root@ftpserver ~]# ftp 127.0.0.1
Connected to 127.0.0.1 (127.0.0.1).
220 (vsFTPd 3.0.2)
Name (127.0.0.1:root): jackuser
331 Please specify the password.
Password:
530 Login incorrect.
Login failed.
ftp>
```

由以上输出的登录信息可知，本次登录失败，对比两次登录可知，通过更改/etc/vsftpd/ftpusers 文件可以实现禁止指定用户 jackuser 登录 Vsftp 服务器。

9.4 本章小结

文件传输协议是能够实现文件上传、下载的文件协议，而 FTP 服务器就是支持文件传输协议的服务器，其采用客户端/服务器模式。FTP 服务器使用两个端口，命令端口为 21 号端口，用户接受客户端执行的 FTP 命令；数据端口为 20 号端口，用于上传、下载文件数据。FTP 数据传输的类型有主动模式与被动模式两种，主动模式为 FTP 服务器主动向 FTP 客户端发起连接请求,被动模式为 FTP 服务器等待 FTP 客户端的连接请求。

Vsftp 服务器具有安全性高、完全开源免费、速度高、支持 IPv6、虚拟用户等功能。Vsftp 服务器的配置文件主要有/etc/vsftpd/vsftpd.conf、/etc/vsftpd/ftpusers、/etc/vsftpd/user_list、/etc/vsftpd/chroot_list，其中/etc/vsftpd/vsftpd.conf 是主配置文件，用来定义用户登录控制、用户权限控制、超时配置、服务器响应消息等配置。

Vsftp 服务器将用户分为匿名用户、本地用户和虚拟用户 3 类。默认的匿名用户为 FTP 和 anonymous，无须验证口令即可登录 Vsftp 服务器，这样会产生安全问题。本地用户与虚拟用户则需要提供账号及口令才能登录 Vsftp 服务器，更加安全，其中虚拟用户是最安全的。

本章通过完整的实例演示了匿名用户模式、本地用户模式及虚拟用户模式使用 Vsftp 服务器的方法，若 Vsftp 服务器需要拒绝某个用户登录服务器，可以将该用户的用户名直接添加到控制配置文件 ftpusers 中。

9.5 习题

一、选择题

1. 默认情况下，FTP 服务使用的 TCP 端口为（　　）。

   A. 20　　　　B. 5

   C. 21　　　　D. 80

2. 用户将自己计算机中的文件资源复制到 FTP 服务器上的过程，称为（　　）。

   A. 上传　　　　B. 下载

   C. 共享　　　　D. 专用

3. 常用的 FTP 命令中更改客户端当前目录的命令是（　　）。

   A. cd　　　　B. lcd

   C. pwd　　　　D. ls

4. 以下文件中，不属于 Vsftp 的配置文件的是（　　）。

   A. /etc/vsftpd/vsftpd.conf　　　　B. /etc/vsftpd/chroot_list

C. /etc/vsftd/user-list　　D. /etc/vsftpd/ftpusers

5. 使用匿名账户登录 Vsftp 服务器，所处的目录是（　　）。

A. /home/ftp　　B. /var/ftp/

C. /etc/vsftpd　　D. /home/vsftpd

二、简答题

1. 简述 FTP 服务器的工作模式。

2. 简述 Vsftpd 服务器的特点。

3. 根据公司需要，搭建一台 FTP 服务器以供公司内部员工及客户使用，需满足以下要求。

（1）使用 yum 命令安装 Vsftpd 软件包。

（2）使用匿名用户访问，仅可以进行访问和下载操作。

（3）建立一个普通用户 saler，口令为 xyz12345，在客户端验证该用户可以访问服务器，并实现下载和上传文件。

（4）限制 saler 只能访问自己的主目录，不能跳出其主目录。

CHAPTER10

第10章

DNS服务器

学习目标：

- ❑ 理解 DNS 域名空间；
- ❑ 了解域名服务器的类型；
- ❑ 理解 DNS 域名解析的原理及作用；
- ❑ 理解 DNS 服务器的主配置文件的含义；
- ❑ 理解区域文件的含义；
- ❑ 掌握主从 DNS 服务器的部署方法；
- ❑ 理解 DNS 服务器的转发与委派。

在 Internet 中使用 IP 地址来确定每台计算机的地址。用数字表示的 IP 地址并不便于记忆，而且不够直观、形象，于是就产生了域名方案，即为计算机赋予有意义的名称。为每台计算机的名称与 IP 地址建立一个映射关系，在访问计算机时就可直接访问计算机名称。将域名转换为 IP 地址就是域名解析，域名解析有很多类型，例如 WINS、DNS 等。目前大部分操作系统都使用 DNS 服务器进行域名解析。本章主要内容包括 DNS 概述、DNS 服务器配置基础及部署主从 DNS 服务器，涵盖 DNS 域名解析的原理及作用、域名查询功能中正向解析与反向解析的作用。本章还通过实例演示了如何部署主从 DNS 服务器及 DNS 服务器的委派与转发，方便读者学习 DNS 服务相关知识。

10.1 DNS 概述

10.1.1 hosts 文件

域名系统是由早期的 hosts 文件发展而来的。在没有域名服务器的情况下，TCP/IP 网络用一个名为 hosts 的文本文件对网内的所有主机进行名称解析。在每一个 Linux/UNIX 系统中都有一个主机表文件，不同的 Linux 版本，这个配置文件也可能不同，比如 CentOS 的对应文件是/etc/hosts，Debian 的对应文件是/etc/hostname。该文件每一条记录包含一个主机 IP 地址及其对应的主机名，通过检索文件中的信息便可以完成主机名的解析。下面是 CentOS 的对应文件/etc/hosts 的内容示例：

```
127.0.0.1   localhost localhost.localdomain localhost4 localhost4.localdomain4
::1         localhost localhost.localdomain localhost6 localhost6.localdomain6
```

一般情况下，hosts 文件每行由 3 个部分组成，每个部分由空格隔开。最左边为第一部分，表示主机的 IP 地址；中间是第二部分，表示该 IP 地址对应的主机名，主机名可以是完整的域名，也可以是短格式的主机名；最后面是第三部分，表示该主机的别名，可以包括若干别名。

不过，在网络中的每台机器都要配置该文件并及时更新，管理很不方便。随着互联网规模的进一步扩大，维护主机表文件的开销越来越大，其缺点也越来越明显，主要表现在以下两方面。

（1）维护主机表的服务器在网络通信量和处理负载上的开销呈几何级数增大。

（2）在/etc/hosts 中不能有两台相同名字的主机，当网络规模不断扩充时，这就容易造成主机名冲突，无法保障主机名的唯一性。

这些缺陷主要是由于主机表文件不具备扩展性造成的。为了弥补主机表的不足，出现了一种新的名字解析机制——域名系统（Domain Name System，DNS）。

10.1.2 DNS 域名空间的分层结构

1. DNS

DNS 是将域名和 IP 地址相互映射的一个分布式数据库系统，采用客户端/服务器模式。它的主要功能是域名解析，使用户能通过域名获取对应的 IP 地址，更方便地访问互联网。DNS 位于 OSI 模型的应用层，默认使用端口号 53。提供域名解析功能的主机被称为域名服务器，即 DNS 服务器。在域名服务器中，一个域名只能对应一个 IP 地址，但一个 IP 地址可以对应多个域名。

整个域名系统是分布式树状层次结构，仿佛一颗倒过来的树，这个树形结构也称为域名空间，如图 10-1 所示，树的每一个节点代表一个域，根域位于最顶部，根域的下一级为顶级域，由因特网信息中心（Internet's Network Information Center，InterNIC）进行管理，每个顶级域下分为不同的二级域，二级域下面划分成不同子域（或称为三级域），子域下面可以有主机，也可以再分子域，直到最后是主机。

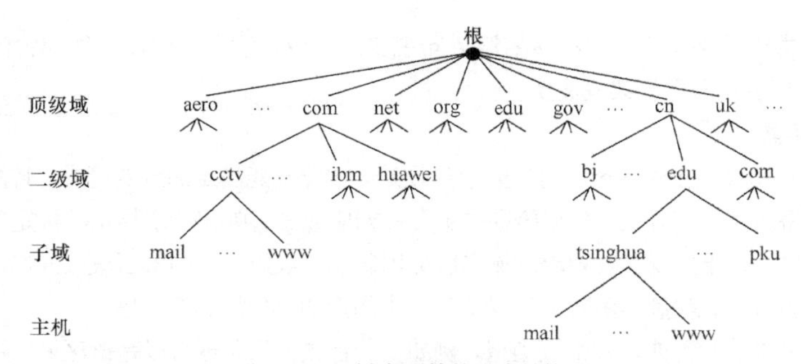

图 10-1　域名系统的层次结构

域名系统相对于主机表，其优越性主要表现在以下几个方面。

（1）DNS 具有很好的扩充性，它不是一个大表，而是一个分布式数据库系统，可避免因为数据库的增大而陷入瓶颈。

（2）DNS 服务的管理不是集中的，它的层次结构允许将整个的任务管理分成区域、子域管理。这样可使工作负载分散，提高了域名服务器的响应时间。

2. FQDN 域名标识

域名系统的每个域的名字通过域名进行标识，采用从节点到 DNS 树根的完整标识方式，并将每个节点用符号“.”分隔，符合这种格式的域名称为完全合格域名（Fully Qualified Domain Name，FQDN）。如 www.***.com.就是一个完全合格域名。FQDN 有严格的命名长度，不能超过 256 字节，只允许使用 a～z、0～9、A～Z 和符号“-”命名，每个节点用符号“.”隔开，格式一般为“主机名.三级域名.二级域名.顶级域名.”域名末尾使用“.”，表示根域。在一般的网络应用中，可以省略完全合格域名最右侧的点，但 DNS 对这个点不能随便省略。因为这个点代表了 DNS 的根，有了这个点，完全合格域名就可以表达为一个绝对路径。要在 Internet 中标识每一台主机，必须用 FQDN 方式。

3. 域和区域

域是域名空间的一个分支，除了最末端是主机节点外，DNS 树中的每个节点都是一个域，包括子域。为了便于管理庞大的域名空间，将 DNS 域名空间划分为区域（zone）来进行管理，以减轻网络管理负担。区域是 DNS 服务器的管辖范围，是由 DNS 域名空间中的单个区域或由具有上下隶属关系的紧密相邻的多个子域组成的一个管理单位。因此，DNS 服务器是通过区域来管理域名空间的，而不是以域为单位来管理域名空间。一台 DNS 服务器可以管理一个或多个区域，而一个区域也可以由多台 DNS 服务器来管理。

10.1.3　域名服务器类型

域名服务器（Domian Name Server）是一台可以实现域名解析的配置 DNS 服务软件的主机。根据工作方式，域名服务器可分为主域名服务器、辅助域名服务器、缓存域名服务器和转发域名服务器。下面分别对这几种域名服务器进行介绍。

1. 主域名服务器

网络中的主域名服务器（Master Server）负责维护域中所有的域名信息，一个域中只能有一个主域名服务器。有时为了分散域名解析任务，网络中还可以创建一个或多个辅助域名服务器。

2. 辅助域名服务器

辅助域名服务器（Slave Server）是主域名服务器的备份，具有主域名服务器的绝大部分功能。配置辅助域名服务器时只需要配置主配置文件，而不需要配置区域文件。

3. 缓存域名服务器

缓存域名服务器（Caching Only Server）将收到的解析信息存储下来，并再将其提供给其他用户进行查询。

它对任何区域都不提供权威性解析。缓存域名服务器主要用于域名缓存，因此无须配置区域文件，默认只要DNS服务开启，缓存域名服务器便架设成功。

4. 转发域名服务器

转发域名服务器（Forward Server）向其他域名服务器转发不能满足的查询请求。转发域名服务器在收到客户端查询请求后，将在缓存中寻找，如果缓存中不存在相应数据，则将请求转发给指定的域名服务器进行查询，直到获取查询结果。如果接受转发要求的域名服务器未能完成解析，则解析失败。也就是说，转发域名服务器就是将本地域名服务器无法解析的查询转发给网络上指定的其他域名服务器。

域名服务器可以是以上一种或多种配置类型。例如，一台域名服务器可以是该区域的主域名服务器，同时也可以是另一些区域的辅助域名服务器。为了避免服务器出现问题导致网络瘫痪，一个区域中至少要有两台域名服务器进行工作。

10.1.4 DNS 解析原理

DNS 域名解析服务是用于解析域名与 IP 地址对应关系的服务，功能上可以实现正向解析与反向解析，正向解析是根据主机名（域名）查找对应的 IP 地址，反向解析是根据 IP 地址查找对应的主机名（域名）。

1. 递归查询与迭代查询

整个 Internet 的 DNS 系统是按照域名层次组织的，每台 DNS 服务器只对域名系统中的一部分区域进行管理，不同的 DNS 服务器有不同的管辖范围。一个 ISP 或一个企业，甚至一个部门，都可以拥有本地的 DNS 服务器。当一个主机需要 DNS 查询时，查询请求首先提交给本地 DNS 服务器，只有本地 DNS 服务器解决不了时，才转向其他 DNS 服务器。

（1）递归查询

递归查询要求本地域名服务器（即本地 DNS 服务器）在任何情况下都要返回结果。DNS 客户端向本地DNS 域名服务器查询，一般采用递归查询。如果 DNS 客户端向本地服务器发出请求，本地服务器收到请求后，先查询本地 DNS 解析缓存中是否有相应的域名信息，如果有，则直接返回，完成域名解析；如果没有，则查询本地 DNS 服务器是否存在要查询的域名信息，若存在，则本地服务器直接解析，并把结果返回给 DNS 客户端，完成解析，否则，所询问的本地 DNS 服务器不知道被查询的域名信息，那么本地 DNS 服务器就以 DNS客户端的身份，向某一根域名服务器继续发出查询请求报文（即代替客户端继续查询，而不是让客户端自己进行下一步查询），直到获得最终结果为止，并返回给客户端。以 www.***.com 为例，递归查询的流程示意如图 10-2 所示。

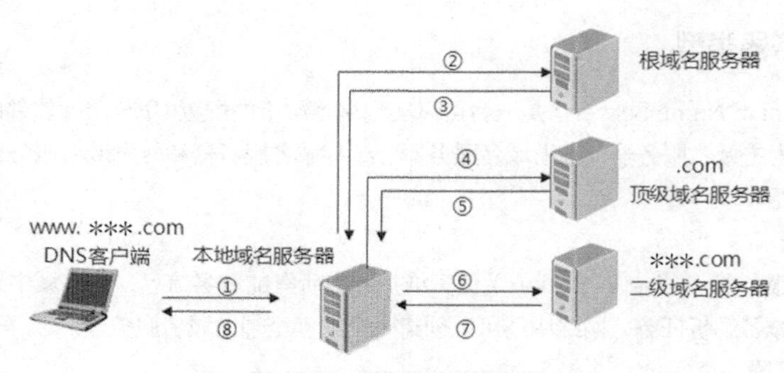

图 10-2　递归查询流程示意

（2）迭代查询

迭代查询的前期过程与递归查询基本一致，首先查询本地 DNS 服务器是否存在要查询的域名信息，若存在，则本地服务器直接解析，并把结果返回给 DNS 客户端，完成解析；否则，本地 DNS 服务器不知道被查询的域名信息。采用迭代查询时，本地 DNS 服务器会把查询任务交给 DNS 客户端。本地 DNS 服务器只是给客户端一个提示，告诉它到哪一台域名服务器继续查询，直到查到所需结果为止。如果最后一台域名服务器中也没有所需的域名信息，则返回，解析失败。一般域名服务器之间的查询请求属于迭代查询。迭代查询的流程示意如图 10-3 所示。

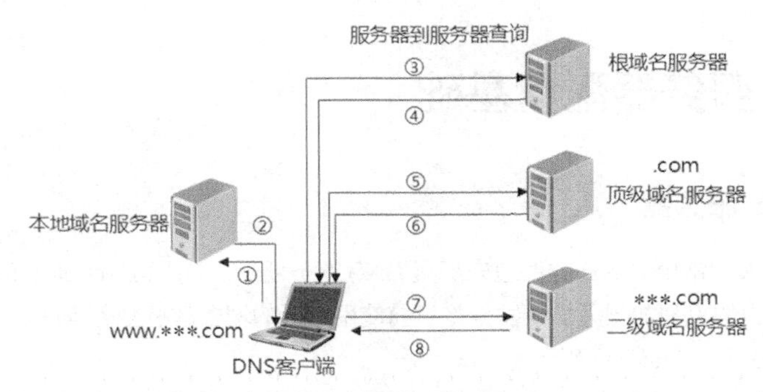

图 10-3　迭代查询流程示意

2. 域名解析过程

下面通过查询 www.****.com 的例子来深入了解 DNS 域名解析的过程，如图 10-4 所示。

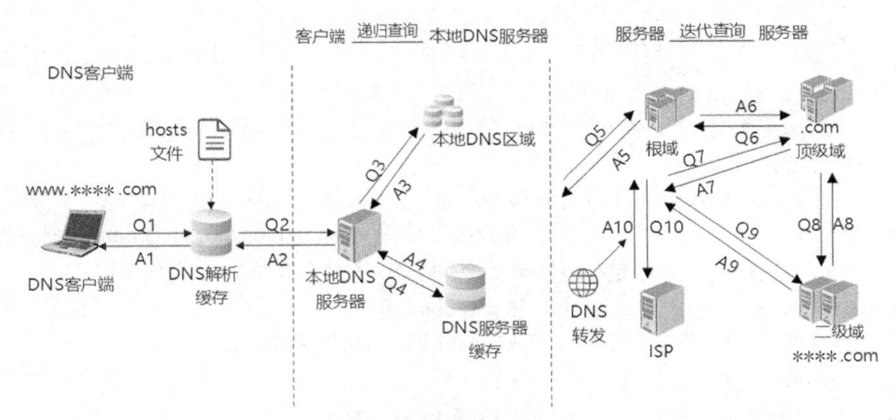

图 10-4　域名解析过程示意

（1）当客户端提出查询请求时，首先在本地的 hosts 或者本地 DNS 解析缓存中查询是否存在域名信息。如果在本地获得查询信息，直接返回，完成域名解析。

（2）如果 hosts 与本地 DNS 解析缓存都没有相应的查询信息，首先会找 TCP/IP 参数中设置的首选 DNS 服务器（本地 DNS 服务器）。此服务器收到查询时则查找本地 DNS 区域数据文件。如果要查询的域名包含在本地配置区域资源中，则返回解析结果给客户端，完成域名解析。此解析具有权威性。

（3）如果本地 DNS 区域文件与缓存解析都失效，则根据本地 DNS 服务器的设置（是否设置转发器）进行查询。如果未用转发模式，本地 DNS 就把请求发至根 DNS 服务器，根 DNS 服务器收到请求后会判断这个域名（.com）是谁来授权管理，并会返回一个负责该顶级域名服务器的 IP。本地 DNS 服务器收到 IP 信息后，将会联系负责.com 域的这台服务器。这台服务器收到请求后，如果自己无法解析，就会找一个管理.com 域的下一级 DNS 服务器地址（****.com）给本地 DNS 服务器。本地 DNS 服务器收到这个地址后，就会找****.com 域服务器，重复上面的动作，进行查询，直至找到 www.****.com 主机。

（4）如果用的是转发模式，本地 DNS 服务器就会把请求转发至上一级 DNS 服务器，由上一级服务器进行解析，上一级服务器如果不能解析，则找根 DNS 或把请求转至上上级，以此循环。不管是本地 DNS 服务器用还是转发，最后都是把结果返回给本地 DNS 服务器，由此 DNS 服务器再返回给客户端。

（5）如果还不能解析该查询信息，则客户端会找 TCP/IP 参数中设置的 DNS 服务器列表，依次查询其中所列的备用 DNS 服务器。

10.2 DNS 服务器配置基础

10.2.1 配置 DNS 服务器

在 Linux 系统中，人们常用 BIND 软件包来配置 DNS 服务器，BIND（Berkeley Intenet Name Domain，伯克利因特网名称域）由伯克利加州大学研发，是目前使用广泛的域名解析服务程序。BIND 支持各种 Linux 平台，同时也支持 UNIX 和 Windows 平台。

配置 DNS 服务器时，首先用 rpm 命令查看系统中是否安装相关软件包，本书采用的是 CentOS 7.6 操作系统，查询结果如下。

```
[root@localhost ~]# rpm -aq |grep bind
keybinder3-0.3.0-1.el7.x86_64
bind-libs-lite-9.9.4-72.el7.x86_64
bind-license-9.9.4-72.el7.noarch
rpcbind-0.2.0-47.el7.x86_64
bind-libs-9.9.4-72.el7.x86_64
bind-utils-9.9.4-72.el7.x86_64
```

使用 yum 命令进行安装具体如下所示。

```
[root@dnsserver ~]# yum install bind -y
```

使用 yum 命令安装 bind-chroot 软件包时,系统会自动将/var/name/chroot 作为 bind 程序的虚拟根目录。这样黑客通过 bind 入侵系统，将被限定在该目录及其子目录。安装命令如下。

```
[root@dnsserver ~]# yum install bind-chroot  -y
```

使用 rpm 命令查看已经安装的、与 bind 有关的软件包，查询结果如下。

```
[root@dnsserver ~]# rpm -aq|grep bind
bind-export-libs-9.11.4-26.P2.el7_9.2.x86_64
bind-utils-9.11.4-26.P2.el7_9.2.x86_64
keybinder3-0.3.0-1.el7.x86_64
bind-9.11.4-26.P2.el7_9.2.x86_64
bind-libs-9.11.4-26.P2.el7_9.2.x86_64
bind-chroot-9.11.4-26.P2.el7_9.2.x86_64
rpcbind-0.2.0-47.el7.x86_64
bind-libs-lite-9.11.4-26.P2.el7_9.2.x86_64
bind-license-9.11.4-26.P2.el7_9.2.noarch
```

输出终端显示配置 BIND 服务的软件包 bind、bind-chroot、bind-utils 等已经安装完成。软件包具体含义如下。

（1）bind：提供主程序。

（2）bind-libs：提供库文件。

（3）bind-utils：提供常用命令工具包。

（4）bind-chroot：用来增强服务器的安全性，将某个特定目录作为主程序的虚拟根目录。

此时可以开启 DNS 服务，也可以在相应的配置文件配置好后再开启，还可设置开机自动启动。

```
[root@dnsserver ~]# systemctl start named
[root@dnsserver ~]# systemctl enable named
```

若要启用 chroot 模式，可使用下面命令。

```
[root@dnsserver ~]# systemctl start named-chroot
[root@dnsserver ~]# systemctl enable named-chroot
```

10.2.2 BIND 配置文件详解

选择 BIND 服务程序提供域名服务时，数据配置文件存放的目录为/var/named。该目录用来保存域名和 IP 地址的对应映射关系的文件。同时 BIND 服务程序需要一些关键的配置文件，主要是主配置文件 named.conf 和相应的区域文件。表 10-1 列出了与 DNS 服务器配置相关的主要文件。

表 10-1　与 DNS 服务器配置相关的主要文件

文件类型	文件名	说明
主配置文件	/etc/named.conf	主要用于设置 DNS 服务器的全局参数
根服务器信息文件	/var/named/named.ca	缓存服务器的配置文件
区域配置文件	/etc/named.rfc1912	配置 DNS 服务的区域信息
正向解析区域文件	由 named.conf 文件指定	保存域名和 IP 地址真实对应关系，用于实现正向解析
反向解析区域文件	由 named.conf 文件指定	保存 IP 地址和域名真实对应关系，用于实现反向解析

下面着重介绍主配置文件、正向解析区域文件和反向解析区域文件。

1. 主配置文件

BIND 服务程序的主配置文件 named.conf 默认存储在/etc 目录下，去掉注释信息和空行外，实际有效的参数约 30 行左右。DNS 服务器提供域名解析时，首先启动守护进程 named，该进程读取主配置文件 named.conf，从中获取其他的配置文件（如区域文件）信息，然后再根据区域文件的信息为客户端提供域名解析服务。掌握 BIND 主配置文件中的参数、全局语句、区域语句是编写和阅读 BIND 主配置文件的基础，下面通过一个示例，来展示这些信息在 named.conf 中的使用方法。BIND 主配置文件/etc/named.conf 的内容示例如下（省略“/”开头的注释行内容）。

```
options {                                               #设置全局配置信息
        listen-on port 53 { 127.0.0.1; };               #named监听的端口号、IPv4地址
        listen-on-v6 port 53 { ::1; };                  #named监听的端口号、IPv6地址
        directory    "/var/named";                      #区域文件默认存放目录
        dump-file    "/var/named/data/cache_dump.db";   #域名缓存数据库文件位置
        statistics-file "/var/named/data/named_stats.txt";  #状态统计文件
        memstatistics-file "/var/named/data/named_mem_stats.txt";
        #服务器输出内存使用统计文件的位置
        recursing-file  "/var/named/data/named.recursing";
        secroots-file   "/var/named/data/named.secroots";
        allow-query    { localhost; };                  #客户端查询范围，可设置为网段
        recursion yes;                                  #是否允许递归查询
        dnssec-enable yes;                              #开启DNSSEC（DNS安全扩展）
        dnssec-validation yes;                          #开启DNSSEC确认
        bindkeys-file "/etc/named.root.key";            #ISC DLV KEY路径
        managed-keys-directory "/var/named/dynamic";    #密钥路径
        pid-file "/run/named/named.pid";                #服务器进程id文件
```

```
        session-keyfile "/run/named/session.key";       # 会话密钥路径
};
logging {                                                #日志配置信息
        channel default_debug {
                file "data/named.run";
                severity dynamic;
        };
};
zone "." IN {                           #根区域名称是“.”
        type hint;                      #根区域的类型”hint”
        file "named.ca";                #根服务器列表文件名
};
include "/etc/named.rfc1912.zones";     #引入区域配置文件信息
include "/etc/named.root.key";          #引入DNS资源集的公共密钥文件
```

配置文件 named.conf 主要由语句和注释组成，语句以分号结束，语句还可以包含子语句，子语句也以分号结束。BIND 支持的基本语句有 options、logging、zone，其中 options 和 logging 语句在每个配置文件中只能出现一次。每个语句都有自己的语法，接下来介绍 options、logging、zone 语句。

（1）使用 options 语句设置全局选项

使用 options 语句可以设置整个 BINDS 的全局选项。这个语句在每个配置文件中只能出现一次。如果出现多个 options 语句，则第一个 options 语句的配置有效，并且会产生一个警告信息。如果没有显式定义 options 选项，则自动启动相应选项的默认值。常用配置选项的命令及功能如下。

① directory：指定 DNS 服务器的工作目录，配置文件中出现的相对路径都是相对于该目录的。该目录也是区域文件的存储目录。如果未指定，默认就是 DNS 服务器的启动目录。

② recursion：指定是否允许客户端递归查询其他 DNS 服务器。默认设置为 yes。

③ max-cache-size：设置最大缓存大小。

④ allow-recursion：指定允许执行递归查询操作的客户端 IP 地址（列表）或网络。

⑤ allow-query：指定允许哪些主机可以进行 DNS 查询，默认允许所有主机。

⑥ query-source：指定查询 DNS 服务所使用的端口号，通常为 53。

⑦ listen-on：指定 DNS 服务器侦听查询请求的接口和端口，默认侦听所有接口的 53 端口。要指定端口，可用如下命令。

```
listen-on port 端口号 {接口地址IP列表}
```

（2）使用 logging 定义日志配置信息

logging 语句为域名服务器设定了一个多样性的 logging 选项。它的 channel 短语对应于输出方式、格式选项和分类级别，它的名称可以与 category 短语一起定义多样的日志信息。

2. 区域配置文件

区域配置文件用于配置 DNS 服务器的相关信息，该文件默认于/etc/目录下，文件名称为 named.rfc1912.zones，区域配置文件中包含多个 zones 语句。zone 语句用于定义区域，分为正向解析区域和反向解析区域，其基本语法格式如下。

```
zone  "区域名称"  类 {
        type  区域类型;
        file  "区域文件名";
};
```

区域名称后面有一个可选项用于指定类。如果没指定类，默认为 IN（表示 Internet）类，另外两种不常用的类分别是 HS（hesiod）和 CHAOS（chaosnet）。

type用于指定区域的类型，共有3种类型：① master，表示此DNS服务器为主域名服务器；② slave，表示此DNS服务器为辅助域名服务器；③ hint，表示此DNS服务器为根域名服务器。

file用于指定区域文件名称。

在具体配置时，需要根据区域文件情况添加zone语句。通常zone语句成对出现，分别表示域名的正向解析和反向解析。

```
zone  "dqabc.com"  IN {                    #声明一个正向解析区域
        type  master;                      #定义DNS区域的类型，这里表示主区域
        file  "dqabc.com.zone";            #定义正向解析区域文件名称
};
zone  "0.130.200.in-addr.arpa"  IN {       #声明一个反向解析区域
        type  master;                      #定义DNS区域的类型，这里表示主区域
        file  "200.130.0.rev";             #定义反向解析区域文件名称
};
```

需要注意的是，DNS在主配置文件中必须定义根区域，并指定根服务器信息文件，如下所示。

```
zone "." IN {                              #根区域的名称是“.”
        type hint;                         #根区域的类型是“hint”
        file "named.ca";                   #根服务器列表文件名
};
```

虽然根服务器列表文件名可由用户自定义，但是为了管理方便，通常将此文件命名为named.ca。根服务器列表文件名包含了根DNS服务器的地址列表，服务器启动的时候，它能找到根DNS服务器并得到根DNS服务器的最新列表。

3. 正向解析区域文件

DNS服务器的区域文件默认存放在/var/named目录下，一台DNS服务器中可以有多个区域文件，同一个区域文件也可以存放到多台 DNS 服务器中。区域文件分为正向解析区域文件和反向解析区域文件。在/var/named目录下，正向解析区域文件为named.localhost，使用Vim编辑器打开，文件内容如下。

```
$TTL 1D
@    IN SOA   @ rname.invalid. (
                                        0    ; serial
                                        1D   ; refresh
                                        1H   ; retry
                                        1W   ; expire
                                        3H ) ; minimum
     NS       @
     A        127.0.0.1
     AAAA     ::1
```

DNS通过资源记录来识别DNS信息。区域文件记录的内容就是资源记录。下面详细介绍资源记录。

（1）默认生存时间

生存时间（TTL）：指定一个资源记录在其被丢弃前可以被缓存多长时间，区域文件的第1行通常用于设置允许DNS客户端缓存所查询的数据的默认时间，语法格式如下。

```
$TTL  生存时间
```

默认的单位为秒，也可以表示为H（小时）、D（天）、W（周）。通常该值不应设置过小。

（2）SOA资源记录

SOA（Start of Auhort，授权起始）记录是主域名服务器的区域文件中必不可少的记录，通常将SOA资源记录放在区域文件的第1行或紧跟在$TTL之后。一个区域文件只允许存在唯一的SOA记录。SOA记录定义域名的基本信息和属性，其基本格式如下。

```
a  IN SOA  DNS区域的地址  域名管理员邮箱(
                          序列号
                          刷新时间
                          重试时间
                          过期时间
                          最小存活时间)
```

各个部分解释如下。

① 符号“@”定义了当前SOA所管辖的域名。

② IN：代表网络类型属于Internet类。这个格式是固定不可改变的。

③ DNS区域的地址：定义区域的地址，如区域配置文件中的zone语句定义的域名“dqabc.com.”(注意此时以“.”结尾)，授权主机名称必须在区域数据文件中有一个对应的A资源记录。

④ 域名管理员邮箱：指管理员的电子邮箱地址。由于“@”符号在区域文件中的特殊含义，管理员的电子邮箱地址不能使用“@”符号，而使用“.”符号代替。

⑤ 括号内各项参数：指定SOA记录各种选项的值，主要用于与辅助域名服务器同步数据。需要注意的是，“(”必须和SOA写在同一行。

⑥ 序列号：表示区域文件的内容是否已更新。当辅助域名服务器需要与主域名服务器同步数据时，将比较这个数值。如果此数值比上次更新的值大，则进行数据同步。

⑦ 刷新时间：指定辅助域名服务器更新区域文件的时间周期。

⑧ 重试时间：指定辅助域名服务器如果更新区域文件时出现通信故障，多长时间后重试。

⑨ 过期时间：指定辅助域名服务器出现通信故障无法更新区域文件，多长时间后所有资源记录无效。

⑩ 最小存活时间：指定资源记录信息存放在缓存中的时间。

(3)NS(Name Server，域名服务器)资源记录

NS资源记录定义该区域域名空间由哪个DNS服务器来进行解析。每个区域文件里至少包含一条NS记录，如果有辅助DNS服务器，也应该为其定义一条NS记录。示例如下。

```
IN  NS  mdns1.dqabc.com.
IN  NS  sdns2.dqabc.com.
```

提示：NS资源记录是任何区域文件都需要的记录，一般是区域文件中首要列出的记录。

(4)A(Address，主机地址)与AAAA资源记录

A资源记录定义该区域中域名对应IPv4地址的映射关系，仅用于正向解析区域文件。通常仅写出完整域名中最左端的主机名。示例如下。

```
samba           IN  A  192.168.2.100
```

AAAA资源记录定义该区域中域名对应IPv6地址的映射关系。

如正向解析区域文件named.localhost中，A资源记录表示主机对应的IPv4地址为127.0.0.1，AAAA资源记录表示主机对应的IPv6地址为::1。

(5)CNAME(Canonical Name，别名)资源记录

CNAME资源记录为区域内的主机建立别名，仅用于正向解析区域文件。别名通常用于一个IP地址对应多个不同类型服务器的情况。如下所示，www.dqabc.com是主机samba. dqabc.com的别名。

```
www          IN   CNAME  samba.dqabc.com.
```

利用A资源记录也可以实现别名功能，如上列别名可表示如下。

```
samba         IN  A  192.168.2.100
www           IN  A  192.168.2.100
```

(6)MS(Mail Exchanger，邮件交换器)资源记录

MS资源记录用于指定区域邮件服务器的域名与IP地址的相互关系，仅用于正向解析区域文件。MS资源记录中也可指定邮件服务器的优先级别，当区域内有多个邮件服务器时，根据其优先级别决定其执行的先后顺

序，数字越小越早执行。

假设 dqabc.com 区域的邮件服务器的域名为 mail.dqabc.com，优先级别为 10，US 资源记录如下所示。

```
IN  MX  10   mail.dqabc.com.
```

4. 反向解析区域文件

反向解析区域文件的结构和格式与正向解析区域文件类似，其主要实现从 IP 地址到域名的映射关系。在 /var/named 目录下，反向解析区域文件为 named.loopback，使用 Vim 编辑器打开，文件内容如下。

```
$TTL 1D
@     IN SOA   @ rname.invalid. (
                                    0    ; serial
                                    1D   ; refresh
                                    1H   ; retry
                                    1W   ; expire
                                    3H ) ; minimum
      NS       @
      A        127.0.0.1
      AAAA     ::1
      PTR      localhost.
```

反向解析区域文件中也必须包括 SOA 和 NS 记录，其语法结构与正向解析区域文件完全相同。唯一不同的是，在反向解析区域文件中主要使用 PTR 资源记录实现 IP 地址到域名的反向解析，例如 IP 地址 192.168.2.100 的主机域名为 samba. dqabc.com，表示如下。

```
100          IN   PTR  samba.dqabc.com.
```

10.3 部署主从 DNS 服务器

域名空间被划分为若干区域进行管理，每个区域由一个或多个 DNS 服务器负责解析工作。如果采用单独的 DNS 服务器而这个服务器没有响应，那么这个区域的域名解析就会失败。因此，每个区域建议使用多个 DNS 服务器，这样可以实现域名解析容错功能。对于存在多个 DNS 服务器的区域，必须选择一台主 DNS 服务器（master），保存并管理整个区域的信息，其他服务器称为辅助（从）DNS 服务器（slave）。

使用辅助 DNS 服务器的好处如下。

（1）辅助 DNS 服务器提供区域冗余，能够在这个区域的主服务器停止响应的情况下为客户端解析这个区域的 DNS 名称。

（2）创建辅助 DNS 服务器可以减少 DNS 网络通信量。采用分布式结构，在低速广域网链路中添加 DNS 服务器能有效地管理和减少网络通信量。

（3）辅助 DNS 服务器可以减少区域的主 DNS 服务器的负载。

10.3.1 部署主从 DNS 服务器

部署主从 DNS 服务器的实验环境要求如表 10-2 所示。

表 10-2 部署主从 DNS 服务器的实验环境要求

IP 地址	域名	说明
192.168.0.170	mdns.dqabc.com	主 DNS 服务器
192.168.0.175	sdns. dqabc.com	从（辅助）DNS 服务器
192.168.0.200	ftp. dqabc.com	文件传输服务器
192.168.0.205	nfs. dqabc.com	文件服务器

下面详细介绍具体实现步骤。

第 1 步：设置主 DNS 服务器的 IP 地址，配置完成后使用命令“systemctl restart network”重启网络服务使配置生效。

第 2 步：使用 yum 命令安装 DNS 服务软件。

输出终端显示配置 BIND 服务的软件包 bind、bind-chroot、bind-utils 等已经安装完成。

第 3 步：备份主配置文件。

```
[root@dns_master ~]# cp /etc/named.conf -p /etc/named.conf.bak
```

注意：cp 加参数-p，代表权限不变地复制。

第 4 步：修改主 DNS 服务器的主配置文件 named.conf。

（1）修改监听对象。原配置文件中的“listen-on port 53 { 127.0.0.1; }”仅指定监听本机 127.0.0.1 的 53 端口，但实际要监听整个网络，因此将大括号内的数据改成 any。需要注意的是，any 之后的“;”必不可少，大括号中的语句与括号之间要有空格。

（2）修改客户端查询范围。原配置文件中的“allow-query { localhost; };”是指客户端仅能查询本机，但实际应用中客户端应能查询所有域名，这里对 allow-query 选项进行修改，将大括号内的数据改成 any。

因此修改后的主服务器的主配置文件 named.conf 主要内容如下（只显示修改的内容）。

```
options {
        listen-on port 53  { any; };
        allow-query        { any; };
};
```

第 5 步：修改主 DNS 的区域配置文件 named.rfc1912.zones。

在 zone 区域配置语句中，需要配置正向解析区域和反向解析区域信息，用 allow-transfer 参数指定从 DNS 服务器的 IP 地址。如下所示：

```
zone "dqabc.com." IN{                          #正向解析区域
        type master;                           #服务器类型为master，即DNS主服务器
        file "dqabc.com.zone";                 #正向解析区域文件名
        allow-transfer { 192.168.0.175; };     #从DNS服务器IP地址
};
zone "0.168.192.in-addr.arpa" IN{              #反向解析区域
        type master;                           #服务器类型为master，即主服务器
        file "192.168.0.zone";                 #反向解析区域文件名
        allow-transfer {192.168.0.175;};       #从服务器IP地址
};
```

第 6 步：配置正向解析区域文件 dqabc.com.zone。

根据/var/named 目录中的模板文件 named.localhost 使用“cp-p named.localhost dqabc.com.zone”命令进行复制生成该正向解析区域文件，然后使用 Vim 编辑器进行修改，把域名和 IP 地址对应映射关系填写到该文件中并保存。正向解析区域文件 dqabc.com.zone 的内容如下。

```
$TTL 1D
@       IN   SOA   dqabc.com.   admin.dqabc.com. (
                                        0       ; serial
                                        1D      ; refresh
                                        1H      ; retry
                                        1W      ; expire
                                        3H )    ; minimum
        NS      mdns.dqabc.com.
        NS      sdns.dqabc.com.
mdns     A       192.168.0.170
```

```
sdns    A      192.168.0.175;
ftp     A      192.168.0.200
nfs     A      192.168.0.205
```

第 7 步：编辑反向解析文件 192.168.0.zone 。

在/var/named 下的模板文件 named.lookback 使用“cp -p named.lookback 192.168.0.zone”命令进行复制，生成反向解析区域文件，然后把 IP 地址和域名对应映射关系写在该文件里，如下所示。

```
$TTL 1D
@      IN  SOA  dqabc.com.   admin.dqabc.com. (
                                        0       ; serial
                                        1D      ; refresh
                                        1H      ; retry
                                        1W      ; expire
                                        3H )    ; minimum
        NS      mdns.dqabc.com.
        NS      sdns.dqabc.com.
170      PTR     mdns.dqabc.com.
175      PTR     sdns.dqabc.com.
200      PTR     ftp.dqabc.com.
205      PTR     nfs.dqabc.com.
```

第 8 步：主 DNS 服务器，使用“system restart named”命令重新启动 named 服务。

第 9 步：客户机验证。编辑文件/etc/resolve.conf 配置客户机的 DNS，在文件末尾添加如下内容。

```
nameserver 192.168.0.170     #指向主DNS 服务器
```

使用 nslookup 命令进行解析结果校验。nslookup 命令用于检测是否能够通过 DNS 服务器查询到域名与 IP 地址的解析记录，从而判断 DNS 服务器能否正常实现解析功能。正向查找区域的验证结果如图 10-5 所示。

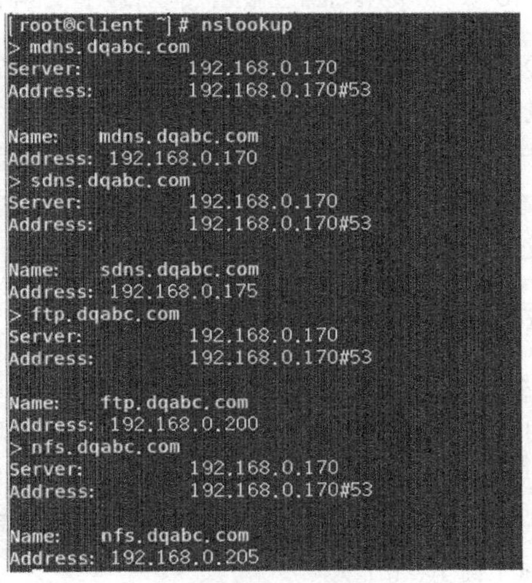

```
[root@client ~]# nslookup
> mdns.dqabc.com
Server:         192.168.0.170
Address:        192.168.0.170#53

Name:   mdns.dqabc.com
Address: 192.168.0.170
> sdns.dqabc.com
Server:         192.168.0.170
Address:        192.168.0.170#53

Name:   sdns.dqabc.com
Address: 192.168.0.175
> ftp.dqabc.com
Server:         192.168.0.170
Address:        192.168.0.170#53

Name:   ftp.dqabc.com
Address: 192.168.0.200
> nfs.dqabc.com
Server:         192.168.0.170
Address:        192.168.0.170#53

Name:   nfs.dqabc.com
Address: 192.168.0.205
```

图 10-5　正向查找区域的验证结果图

反向区域查找的验证结果，读者可以自行验证，这里就不再验证了。至此，主 DNS 服务器搭建完成，并测试完成。

第 10 步：配置从 DNS 服务器。

同样，在从 DNS 服务器安装 BIND 服务程序，输出终端显示配置 BIND 服务的软件包 bind、bind-chroot、bind-utils 等已经安装完成。编辑从 DNS 服务器的主配置文件 named.conf 的内容可参照主 DNS 服务器的主配置文件 named.conf，这里不再介绍了。在修改从 DNS 服务器的区域配置文件时，要指明主 DNS 服务器的

IP 地址。注意此时从 DNS 服务器的类型是 slave（从）而不是 master（主），masters 参数后面应该为主 DNS 服务器的 IP，file 参数后定义的是同步主 DNS 服务器的数据配置文件（后面的测试中可以看到同步的文件）。

下面是从 DNA 服务器的区域配置文件 named.rfc1912.zones，需要添加的内容如下（只显示要修改后的内容）。

```
zone "dqabc.com." IN{                          #正向区域解析文件
        type slave;                            #服务器类型为slave，即从DNS服务器
        masters { 192.168.0.170; };            #主 DNS 服务器的IP
        file "slaves/dqabc.com.slave.zone";    #同步区域文件存于默认路径下slaves目录
        allow-transfer {none;};                #保障服务器安全，不允许其他主机查看当前主机
};
zone "0.168.192.in-addr.arpa" IN{              #反向区域解析文件
        type slave;
        masters { 192.168.0.170; };
        file "slaves/192.168.0.zone";
        allow-transfer {none;};
};
```

第 11 步：从 DNS 服务器配置完成，使用“systemctl start named”命令启动 DNS 服务。

第 12 步：查看同步区域数据文件是否生成。

此时从服务器的/var/named/slaves 目录下复制生成了 dqabc.com.slave.zone 和 192.168.0.zone，这 2 个文件是从 DNS 服务器复制主 DNS 服务器的内容，如图 10-6 所示。

```
[root@dns_slave slaves]# ll
总用量 8
-rw-r--r--. 1 named named 471 1月  11 16:28 192.168.0.zone
-rw-r--r--. 1 named named 318 1月  11 16:28 dqabc.com.slave.zone
```

图 10-6　从服务器复制主服务器的区域数据文件截图

如果从 DNS 服务器在启动 DNS 服务后，不能立即复制主 DNS 服务器的内容，可以使用“rndc　reload”命令分别对主、从 DNS 服务器进行同步。

也可以在主 DNS 服务器上修改区域配置文件，然后再查看从 DNS 服务器区域文件是否同步更新。需要注意的是，主 DNS 服务器每次修改完区域文件后，需要将 SOA 资源记录中的序号增大，否则从服务器将无法得知主 DNS 服务器中区域数据已发生。感兴趣的读者，可以进行这部分验证，这里就不再介绍了。

10.3.2　DNS 服务器委派与转发

委派（Delegation）是 DNS 服务器把一个区域的子域委派给另外一台 DNS 服务器来管理，这样当客户端向 DNS 提交查询请求时，根域的 DNS 服务器会把这种请求转发给维护其子域的 DNS 服务器。委派的好处：一是区域中的子域过多时，DNS 服务器维护起来不方便，还会遇到域名查询的瓶颈，通过在区域中新建委派，可以将子域名委派到其他服务器维护，减少 DNS 服务器的负载；二是减轻管理的负担，分散管理使分支机构也能够管理它自己的域；三是负载平衡和容错。

转发是一种特殊的递归。在不指定转发服务器的情况下，DNS 服务器接收到查询请求后，如果本地区域文件不能解析，而且本地的缓存记录中没有相应域名结果时，DNS 服务器会将查询请求转发给转发器（另外一台 DNS 服务器），由另外一台 DNS 服务器来完成查询请求。

配置 DNS 转发器的优点：一是充分利用 DNS 缓存，减少网络流量并加速查询速度；二是增强 DNS 服务器的安全性。

注意，转发服务器的查询模式必须允许递归查询，否则无法正确完成转发。

转发功能由 forwarder 选项来设置。转发服务器可以分为以下两种类型。

1. 完全转发服务器

完全转发是指将所有非本地区域的 DNS 查询请求转送到其他 DNS 服务器。可以在 named.conf 文件中的 options 语句中使用 forwarders 选项指定 DNS 转发器，通常是一个远程 DNS 服务器的 IP 地址列表，多个地址之间使用分号分隔，如下所示。

```
forwarders { 192.168.10.100 ; 172.16.2.20; };
```

如果没有指定此选项，则默认转发列表为空，DNS 服务器不会进行任何转发，所有请求都由 DNS 服务器自身来处理。

2. 条件转发服务器

这种服务器只能转发指定域的 DNS 查询请求，需要在 named.rfc1912.conf 文件中的 zone 语句中使用 type、fowarder 和 forward 选项设置该功能。实际上是设置一个转发区域，转发区域是一种基于特定域的转发配置方式，如下所示。

```
zone "abc.com."  IN  {
        type forwarder;                    #指定条件转发类型
        forwarders {172.16.20.50;};        #设置转发器IP地址
};
```

下面通过实验来介绍 DNS 转发的实现过程，实验环境要求如表 10-3 所示。

表 10-3　IP、域名对应关系

IP 地址	域名	说明
192.168.56.132	ns.dqlinux.com	主 DNS 服务器
192.168.56.160	ns.dqcentos.com	转发 DNS 服务器

实验过程如下。

第 1 步：配置主 DNS 服务器。

第 2 步：在/etc/named.rfc1912.zones 中定义正向解析区域文件。

主 DNS 服务器的区域配置文件 named.rfc1912.zones 需要添加如下内容（只显示要修改后的内容）。

```
zone "dqlinux.com" IN {
    type master;
    file "dqlinux.com.zone";
    allow-update { none; };
};
```

第 3 步：配置主 DNS 服务器的正向解析区域文件。

根据/var/named 目录中的模板文件 named.localhost 使用“cp -p named.localhost　dqlinux.com.zone”命令通过复制生成正向解析区域文件，然后使用 Vim 编辑器进行修改，把域名和 IP 地址的对应映射关系填写到该文件中并保存。文件内容如图 10-7 所示。

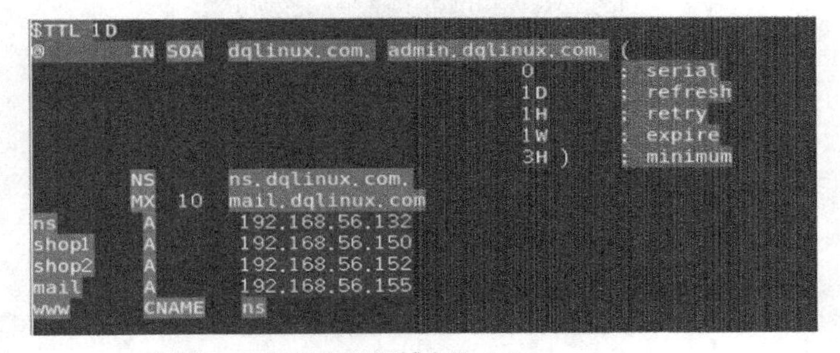

```
$TTL 1D
@       IN SOA  dqlinux.com. admin.dqlinux.com. (
                                        0       ; serial
                                        1D      ; refresh
                                        1H      ; retry
                                        1W      ; expire
                                        3H )    ; minimum
        NS      ns.dqlinux.com.
        MX  10  mail.dqlinux.com
ns       A       192.168.56.132
shop1    A       192.168.56.150
shop2    A       192.168.56.152
mail     A       192.168.56.155
www      CNAME   ns
```

图 10-7　正向解析区域文件 dqlinux.com.zone

第 4 步：主 DNS 服务器的配置完成，使用“system start named”命令启动 named 服务，使用“nslookup”命令进行检测。

第 5 步：配置转发 DNS 服务器，实现转发功能。

所有非本区域的 DNS 请求转送到主 DNS 服务器，因此在 named.conf 中添加“forwarders { 192.168.56.132; };”语句，表明如果本地文件不能解析，需要转发到 IP 地址为 192.168.56.132 的 DNS 服务器中进行解析，内容如下（只显示要修改后的内容）。

```
options {
        forwarders  { 192.168.56.132; };
};
```

第 6 步：配置正向解析区域文件。

区域配置文件 named.rfc1912.zones 需要添加的内容如下（只显示要修改后的内容）。

```
zone "dqcentos.com" IN {
       type master;
       file "dqcentos.com.zone";
       allow-update { none; };
};
```

正向解析区域文件 dqcentos.com.zone 内容如图 10-8 所示。

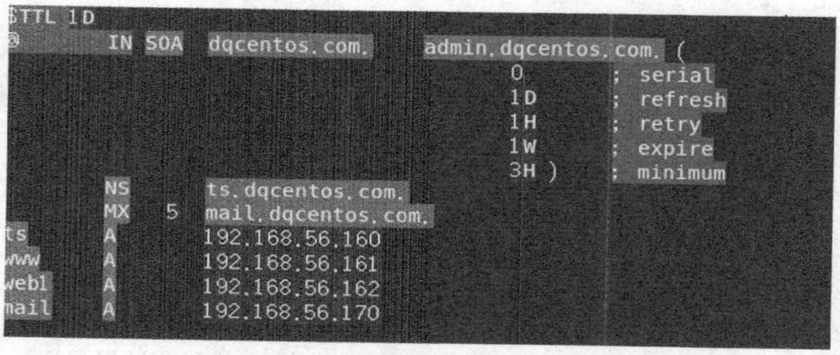

```
$TTL 1D
@       IN SOA  dqcentos.com.     admin.dqcentos.com. (
                                        0       ; serial
                                        1D      ; refresh
                                        1H      ; retry
                                        1W      ; expire
                                        3H )    ; minimum
        NS      ts.dqcentos.com.
        MX   5  mail.dqcentos.com.
ts      A       192.168.56.160
www     A       192.168.56.161
web1    A       192.168.56.162
mail    A       192.168.56.170
```

图 10-8　正向解析区域文件 dqcentos.com.zone

第 7 步：客户端测试。

客户机的 IP 地址为 192.168.56.135，修改/etc/resolve.conf 文件，添加“nameserver 192.168.56.133”，即转发服务器的 IP 地址，如下所示。

```
nameserver 192.168.56.133
```

在客户机终端模式，使用 nslookup 命令进行检测。结果如图 10-9 所示。

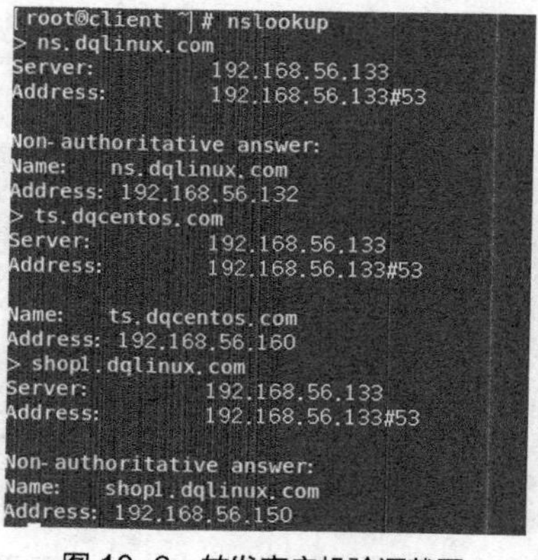

```
[root@client ~]# nslookup
> ns.dqlinux.com
Server:         192.168.56.133
Address:        192.168.56.133#53

Non-authoritative answer:
Name:   ns.dqlinux.com
Address: 192.168.56.132
> ts.dqcentos.com
Server:         192.168.56.133
Address:        192.168.56.133#53

Name:   ts.dqcentos.com
Address: 192.168.56.160
> shop1.dqlinux.com
Server:         192.168.56.133
Address:        192.168.56.133#53

Non-authoritative answer:
Name:   shop1.dqlinux.com
Address: 192.168.56.150
```

图 10-9　转发客户机验证截图

结果表明，域名 ts.dqcentos.com 通过本地 DNS 服务器（IP 为 192.168.）解析获得。查询域名 ns.dqlinux.com、shop1.dqlinux.com 时，本地文件不能解析，需要转发到 IP 地址为 192.168.56.132 的 DNS 服务器进行解析，并且是非权威性应答。测试验证 DNS 转发能正确执行。

10.4 本章小结

通常用户更习惯用域名来代替 IP 地址，解决不容易记住的问题，DNS 域名解析就是实现域名与 IP 地址对应关系的映射。DNS 域名解析服务从功能上可分为正向解析和反向解析，正向解析是根据域名获得对应的 IP 地址，反向解析是根据 IP 地址获得对应的域名。提供域名解析功能的主机被称为域名服务器，即 DNS 服务器。一个域名只能对应一个 IP 地址，但一个 IP 地址可以对应多个域名。

整个域名系统是分布式树状层次结构，除了最末端是主机节点外，DNS 树中的每个节点都是一个域。根域位于域名系统的最顶端，根域的下一级为顶级域，每个顶级域下分为不同的二级域，二级域下面划分为不同子域（或称三级域），子域下面可以有主机，也可以再分子域。DNS 对域名空间的管理采用区域方式。一台 DNS 服务器可以管理一个或多个区域，而一个区域也可以由多台 DNS 服务器来管理。域名的查询分为递归查询和迭代查询。

CentOS 7.6 中利用 BIND 软件架设不同类型的 DNS 服务器。对于主域名服务器，必须配置主配置文件 /etc/named.conf、解析区域文件（正向解析区域文件和反向解析区域文件）。named.conf 文件定义域名服务器的全局信息。区域数据文件一般保存在/var/named 目录下，用于定义域名和 IP 地址的映射关系。

DNS 服务器根据工作方式可分为主域名服务器、辅助域名服务器、缓存域名服务器和转发域名服务器。DNS 服务器能够实现转发和委派功能，委派是 DNS 服务器把一个区域的子域委派给另外一台 DNS 服务器来管理，转发是将解析请求转发到另一台能够提供域名解析的 DNS 服务器。

10.5 习题

一、选择题

1. 主机域名为 www.dqredhat.com，对应的 IP 地址是 172.16.30.70，那么此域的反向解析域的名称可表示为（　　）。

　A. 172.16.30..in-addr.arpa　　B. 30.16.172 -addr,arpa

　C. 30.16.172　　D. 30.16.172 .in-addr,arpa

2. 包含主机名和 IP 地址映射关系的文件是（　　）。

　A. /etc/resolve.conf　　B. /etc/named.conf

　C. /etc/host　　D. /etc/hosts

3. DNS 服务器默认所使用的端口号是（　　）。

　A. 21　　B. 80

　C. 53　　D. 25

4. 在 DNS 的反向解析区域文件中，除需要设置 SOA 和 NS 资源记录外，还需要下面哪个资源记录？（　　）

　A. A　　B. AAAA

　C. PTR　　D. LOA

5. 测试 DNS 服务主要使用的命令是（　　）。

　A. ping　　B. ifconfig

　C. nslookup　　D. netstat

二、简答题

1. 简述域名系统的结构。
2. 简述递归查询、迭代查询及二者的区别。
3. 简述 DNS 转发服务器的两种类型。

三、实验题

根据公司需要，构建主从 DNS 域名解析环境，需满足以下要求：

（1）使用 yum 安装 BIND 软件包；

（2）将 www.dqstudy.com 域名解析为 192.168.10.80，同时可实现反向解析；

（3）客户端通过 nslookup 测试可解析到 www.dqstudy.com 的域名。

CHAPTER11

第11章

Apache服务器

学习目标：

- ❑ 了解 WWW 的历史；
- ❑ 理解 WWW 的工作原理；
- ❑ 掌握 Apache 服务器的安装和启动方法；
- ❑ 掌握 Apache 服务器的基本配置；
- ❑ 掌握 Apache 服务器的目录访问控制；
- ❑ 掌握 Apache 服务器的虚拟主机技术。

目前，Internet 中使用最广泛的是万维网（World Wide Web，WWW）服务，也称为 Web 服务或 HTTP 服务，是通过 Web 服务器来实现的。Web 服务器基于客户端/浏览器模式，Web 浏览器和服务器都采用 HTTP 协议进行传输数据。目前最为流行的 Web 服务器有 Apache、Nginx、IIS 等。本章首先讲解 WWW 的工作原理与常用术语，然后介绍在 CentOS 操作系统上使用 Apache 服务软件，使读者在学习后能够独立在 CentOS 操作系统上完成 Apache 服务器的部署和使用，并能够解决在其服务过程中出现的问题，最后介绍虚拟主机技术，实现在一台服务器上建立多个 Web 网站，使读者能更好地运用 Apache 服务器相关知识。

11.1 WWW 服务概述

11.1.1 WWW 简介

WWW 服务是最重要的 Internet 服务，它已经成为很多人在网上共享、查找、浏览信息的主要手段。WWW 是一种交互式图形界面的 Internet 服务，具有强大的信息连接功能。它起源于 1989 年，是由欧洲粒子物理中心（European Particle Physics Lab，CERN）开发的一种超文本设计语言（Hyper Text Markup Language，HTTP），用于世界各地的物理学家进行信息交流、共享分散在各地的物理实验室信息。尽管当时服务器中的信息只是 CERN 的电话号码，但这标志着 WWW 的起源。1991 年，CERN 向世界公布了 WWW 技术，吸引更多的人开始深入研究与开发。1993 年，美国国家超级计算应用中心开发出基本类似于现在的浏览器的软件——MOSAIC 浏览器。MOSAIC 浏览器一经推出就引起极大轰动，用户在通过浏览器访问信息的过程中，仅需给出查询要求，而到什么地方查询及如何查询则由 WWW 自动完成，不用考虑具体实现的技术细节。这种友好的信息查询界面，使 WWW 迅速发展并风靡全世界，新的浏览器软件层出不穷，常用的有 Navigator、IE、Firefox、Chrome 等。

现在，WWW 已经成为 Internet 上最热门的服务，将位于全世界 Internet 网上不同地点的相关数据信息有机地编织在一起，为用户带来的是世界范围的超级文本服务，用户只要操纵计算机的鼠标器，就可以通过 Internet 从全世界任何地方查询到所希望得到的文本、图像、视频等的最新信息和各种服务。

WWW 基于客户端/浏览器模式运行，WWW 服务器通过 HTML 超文本标记语言把信息组织成为图文并茂的超文本，WWW 浏览器则为用户提供基于 HTTP 超文本传输协议的用户界面。用户使用 WWW 浏览器通过 Internet 访问远端 WWW 服务器上的 HTML 超文本。

11.1.2 相关术语

1. 超文本

超文本（HyperText）与一般的文本类似，主要差别是，文本是线性的并有先后顺序，而超文本是非线性的，通过链接（Link）或超链接（Hyperlink）实现超文本信息片段之间的非线性关联。WWW 是一个基于超文本方式的信息检索服务工具，用它查询信息具有很强的直观性。

2. 超媒体

媒体就是表现、存储信息的形式。一般常用的媒体有文本、静态图像、音频、动态图像和程序。多媒体的定义也有许多，但对计算机用户来说，多媒体意味着不同类型的媒体统一在一个计算机环境里。超媒体（Hypermedia）就是用超文本技术管理多媒体信息，即超媒体=超文本+多媒体。

3. 统一资源定位器

统一资源定位器（Uniform Resource Locators，URL）体现了 Internet 上各种资源统一定位和管理的机制，极大地方便了用户访问各种 Internet 资源。WWW 通过 URL 地址进行管理和检索网页。Internet 上几乎所有功能都可以通过在 WWW 浏览器中写入 URL 地址实现。URL 并不单单是地址，它还包含了对这个地址的访问方式。

一个完整的 URL 的格式由通信协议、主机名、TCP 端口号、目录名和文件名 5 部分组成，其格式为“协议://主机名:端口号/路径/文件名”。其中，协议表示浏览器用何种协议来获取服务器的文件，如“http://”；主机名表示用户所要访问的服务，也可以用 IP 地址表示；端口号表示指向 TCP /IP 应用程序的地址标识，如 http 为 80 端口；路径指用户获取的文件的完整路径；文件名指用户获取的文件名。

11.1.3 WWW 工作原理

Web 体系架构由客户端（浏览器）和服务器端两部分组成，也被称为 B/S 架构，处于 OSI 模型的应用层。首先，客户端通过浏览器和 Web 服务器建立 TCP 连接，连接建立以后，向 Web 服务器发出访问请求，根据 HTTP 协议，该请求中包含了客户端的 IP 地址、浏览器的类型和请求的 URL 等一系列信息。Web 服务器接收到请求后，按照 HTTP 协议进行解析来确定进一步的动作，主要有 3 方面内容：方法、文档和浏览器使用的协议。方法表示告诉服务器要完动的动作，Web 服务器根据需要去读取请求的其他部分，若没有错误出现，WWW 服务器将执行请求所要求的动作。文档指的是 Web 服务器在其文档信息中搜索请求的文件，若文件能找到并可正常读取，则服务器将把它返回给客户；如果请求的文件没有找到或找到但无法读取，这种情况下，服务器将发送一个状态码“404”给客户。浏览器使用的协议表示浏览器用何种协议来获取服务器的文件。

最后当请求的页面或错误信息发送给客户端后，Web 服务器结束整个会话，它将关闭打开的被请求文件，关闭网络端口从而结束网络连接。有关的其他工作则由客户端来完成，包括接收数据，并以用户可读的方式呈现出来。

11.2 Apache 服务器的安装和基本配置

Apache 是一个源码开放的 Web 服务器，它可以运行在所有广泛使用的平台上，是目前非常流行的 Web 服务器软件之一，世界上很多著名的网站都使用 Apache 作为服务器。

11.2.1 Apache 的产生

Apache 取自“a patchy server”的读音，意思是充满补丁的服务器。其起始于一个由美国伊利诺斯大学超级计算机应用程序国家中心（National Center for Supercomputing Applications，NCSA）研发的开源服务器软件，因此这种服务器起初叫作 NCSA HTTP Server，客户端程序叫作 mosaic，也就是 Netscape 浏览器的前身，之后演变为 Mozilla 浏览器，而服务器端软件就是最早的 Web Server，也就是现在 Apache HTTP Server 的前身。NCSA HTTP Server 完整地实现了 HTTP 协议，实验获得了成功，后来该项目停顿了，但是那些使用 NCSA HTTP Server 的用户开始交流他们用于该服务器的补丁程序，很快他们意识到成立管理这些补丁程序的组织是必要的，就这样 1995 年诞生了 Apache Group。短短几年的时间，由于 Apache HTTP Server 由于具有坚固的稳定性、异常丰富的功能和灵活的可扩展性而广受欢迎，时至今日，全球几乎超过 65% 的网站使用的是 Apache HTTP Server。

11.2.2 Apache 的特点

Apache 最显著的特征是它几乎可以运行在所有广泛使用的计算机平台上，其主要特点如下。

1. 采用了模块化设计模型

Apache 模块分为静态模块和动态模块，静态模块是 Apache 最基本的模块，是在编译软件时设定、无法随时添加和卸载的模块。动态模块是可以随时添加和卸载的模块。

2. 支持跨平台性

Apache 几乎可以在所有的计算机操作系统上运行，包括主流的 UNIX、Linux 及 Windows 操作系统。

3. 简单而强有力的基于文件的配置

Apache 提供了简单、灵活的文本配置文件，用户可以根据需要用它们来配置 Apache，操作起来十分方便。

4. 支持 CGI

Apache 支持 CGI（Common Gateway Interface，通用网关接口），遵守 CGI/1.1 标准，并且提供了扩充的特征。

5. 支持虚拟主机

Apache 是既支持基于 IP 的虚拟主机也支持域名的虚拟主机的 Web 服务器。

6. 支持 Web 认证

Apache 支持基于 Web 的基本认证，它还为支持基于消息摘要的认证做好了准备。

7. 集成的代理服务器

用户可以将 Apache 作为代理服务器。

8. 支持实时监视服务状态和定制服务器日志

Apache 在记录日志和监视服务器本身状态方面提供了很大的灵活性，用户可以通过 Web 浏览器来监视服务器的状态，可以根据实际需要来定制日志文件。

11.2.3 安装 Apache 服务器软件包

Apache 是一个免费的软件，用户可以从 Apache 官方网站下载安装软件或全部源代码。另外，用户在部署 Web 服务器之前要做好准备工作，进行网络规划，确定是采用自建服务器还是租用虚拟主机。

目前，几乎所有的 Linux 发行版本都捆绑了 Apache，本书采用的是 CentOS 7.6 发行版本。运用 rpm 命令查看是否已经安装 Apache 软件包，如下所示。

```
[root@localhost ~]# rpm -aq | grep httpd
[root@localhost ~]#
```

输出结果显示没有安装，在 CentOS 系统光盘中存放了许多常用的软件，可以采用配置本地 yum 源，也可以采用配置国内网络的 yum 源，配置好 yum 源后使用 yum 命令进行安装，命令如下。

```
[root@ localhost ~]# yum install httpd -y
```

安装完成后，可以通过 rpm 命令查询是否安装该软件包。

```
[root@localhost ~]# rpm -aq|grep httpd
httpd-2.4.6-93.el7.centos.x86_64
httpd-tools-2.4.6-93.el7.centos.x86_64
```

输出显示已经安装的 Apache 软件包的具体版本，命令如下。

```
[root@localhost ~]#httpd -v
Server version: Apache/2.4.6 (CentOS)
Server built: Apr  2 2020 13:13:23
```

安装完成后，Apache 会将配置文件安装在如下目录中。

（1）/etc/httpd/conf/：用来存放 Apache 的配置文件，该目录内容如下。

```
[root@localhost ~]# ll /etc/httpd/conf
总用量32
```

```
-rw-r--r-- 1 root root 12401 11月  1 21:21 httpd.conf
-rw-r--r-- 1 root root 13064 4月   2 2020 magic
```

其中，httpd.conf 是主要的配置文件，控制 Apache 的大多数功能，后面会详细介绍。

（2）/etc/httpd/modules/：用来存放 Apache 支持的模块文件。

（3）/usr/sbin/：用来存放可执行文件。

（4）/usr/share/doc/httpd-2.4.6/：存放 Apache 的相关文档。

（5）/var/www/html/：默认网页的存放目录，如果要在其他目录存放 Web 内容，可以在主配置文件中修改相关参数。

（6）/var/log/httpd/：存放 Apache 服务器的日志文件，在默认情况下，包含下面两个文件。

```
[root@localhost ~]# ll /var/log/httpd/
总用量8
-rw-r--r-- 1 root root  0 12月  1 15:16 access_log
-rw-r--r-- 1 root root  0 12月  1 15:16 error_log
```

其中，access_log 是访问日志文件，会记录服务器所处理的所有请求。

error_log 为错误日志文件，记录任何错误的处理请求，它的位置和内容由 ErrorLog 命令控制。通常在服务器出现错误时，首先对它进行查阅，它是一个重要的日志文件。

（7）/usr/lib/systemd/system：用来存放系统的启动脚本。

11.2.4 Apache 服务器的启动和停止

默认 Apache 服务器安装完成后没有启动服务，启动 Apache 服务器有手动和自动启动两种方式。

1. 手动启动和停止 Apache 服务器

Apache 服务器的 Web 服务是通过 httpd 守护进程来实现的，执行 systemctl 命令启动和停止 httpd 服务。

```
[root@localhost ~]# systemctl start httpd
[root@localhost ~]# systemctl stop httpd
[root@localhost ~]# systemctl status httpd
```

2. 开机自动启动和停止 Apache 服务器

可以设置让 Web 服务随系统启动而自动加载，可通过如下命令实现。

```
[root@localhost ~]# systemctl enable httpd
```

httpd 守护进程默认使用的端口号为 80，如果用户需要修改端口，可以在主配置文件修改相关参数。查看使用端口信息的命令如下。

```
[root@localhost ~]# netstat -anpt|grep 80
tcp6 0      0 :::80       :::*             LISTEN  11078/httpd
```

11.2.5 测试 Apache 服务器

Apache 软件包安装完成，并且 httpd 守护进程启动成功后，就可以进行测试。打开 Firefox 浏览器，输入 Apache 服务器的 IP 地址或输入本地回环地址（127.0.0.1），出现 CentOS 的 Apache 测试页面，如图 11-1 所示。

如果用户看到这个页面，则表示 Apache 服务器安装正确并运转正常；如果不能看到该页面，则应检查 Apache 服务器是否安装正确和 httpd 守护进程是否启动成功。

用户也可以通过 Windows 操作系统的浏览器，输入 Apache 服务器的 IP 地址进行测试。这里就不再验证了。

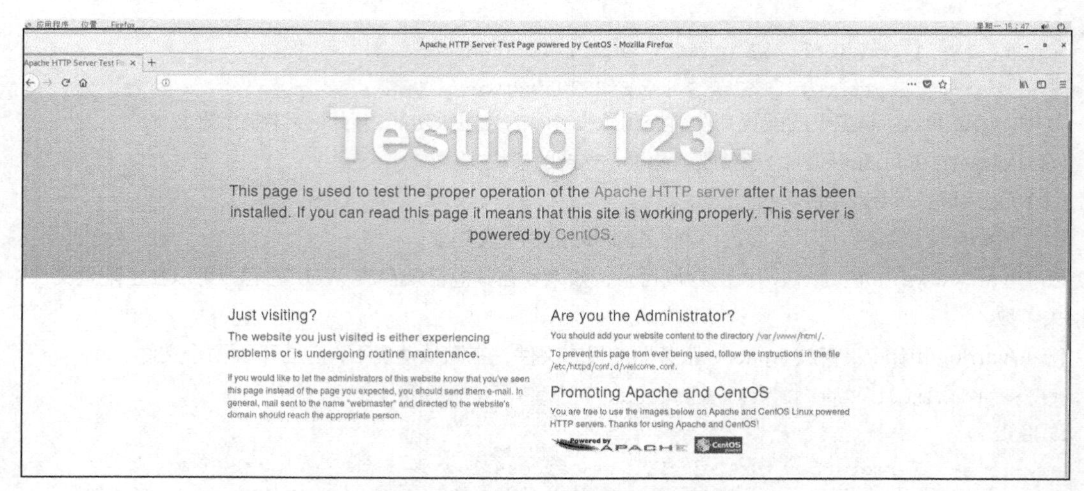

图 11-1　Apache 服务器的测试页面

11.2.6　Apache 服务器的配置文件

Apache 服务器的配置，其实质就是修改服务的配置文件，httpd 服务程序的主要目录及配置文件如表 11-1 所示。

表 11-1　httpd 服务程序的主要目录及配置文件

主要目录	所在位置	配置文件	所在位置
服务目录	/etc/httpd/	主配置文件	/etc/httpd/conf/httpd.conf
网站数据目录	/var/www/html/	访问日志	/var/log/httpd/access_log
		错误日志	/var/log/httpd/error_log

Linux 系统配置中，Apache 服务器的配置信息全部存储在主配置文件/etc/httpd/conf/httpd.conf 中，这个文件中的内容非常多，用 wc 命令统计一共有 300 多行，其中大部分是以#开头的注释行。当 httpd 服务启动或者重新启动时，从该文件读取数据来配置 Apache 服务器，因此对 Apache 服务器的配置其实就是对 httpd.conf 配置文件的修改。只有在启动或重新启动 Apache 后，主配置文件的更改才会生效，下面对/etc/httpd/conf/httpd.conf 文件进行详细讲解。

1. 配置文件的格式

Apache 配置文件使用变量赋值语法风格，每一行包含一条命令，在行尾使用反斜杠“\”可以表示续行，但是反斜杠与下一行之间不能有任何其他字符（包括空白字符）。配置文件中的指令是不区分大小写的，但是命令的参数（argument）通常是大小写敏感的。以“#”开头的行被视为注解并被忽略。注解不能出现在命令的后边。空白行和命令前的空白字符将被忽略，因此可以采用缩进以保证配置层次的清晰。

2. 配置文件的组成

配置文件主要由全局配置选项、主服务器配置选项和虚拟主机设置选项 3 个部分组成。

（1）全局配置选项：定义整个 Apache 服务器行为的部分。

（2）主服务器配置选项：定义主要或者默认服务器的参数。

（3）虚拟主机设置选项：虚拟主机的设置参数。

3. 容器

容器用来封装一组命令，用于限制命令的条件或命令的作用域，容器的语句是成对出现的，包含于其中的命令仅对与该容器匹配的请求起作用。容器的语法格式如下。

```
<容器名称  参数 >
    一组命令
</容器名称>
```

在 httpd.conf 的配置文件中，容器<IfModule>中的命令只有当服务器启用特定的模块时才有效（或是被静态地编译进了服务器，或是被动态装载进了服务器），如果在启动时指定的条件成立，则其中的命令对所有的请求都有效，否则将被忽略。下面是容器< IfModule>示例。

```
<IfModule dir_module>
    DirectoryIndex index.html
</IfModule>
```

容器<Directory>用于限定目录；容器<Files>用于限定文件；容器<Location>用于限定 URL 地址；容器< VirtualHost>用于定义虚拟机的一组命令。容器< Directory >示例如下所示。

```
<Directory "/var/www/cgi-bin">
    AllowOverride None
    Options None
    Require all granted
</Directory>
```

11.2.7　Apache 服务器的主配置文件选项

Apache 服务器的主配置文件是/etc/httpd/conf/httpd.conf 文件，掌握该文件的编写与阅读对管理 Apache 服务器至关重要。下面对文件中的全局配置选项和主服务器配置选项分别介绍。

1. 全局配置选项

httpd.conf 文件的全局配置选项基本满足用户的需求，常用的全局配置选项如下。

（1）服务器根目录：ServerRoot

用来定位 httpd 配置文件的目录位置，在后面使用到的所有相对路径都是相对这个目录的，httpd.conf 文件默认设置如下。

```
ServerRoot "/etc/httpd"
```

（2）监听端口：Listen

该参数通知服务器绑定指定的网络接口和(或)端口，默认是 80。例如，把该值设置为 Listen 192.168.1.254 就将 httpd 监控程序绑定到这个地址；如果运行一个服务器不希望其他用户知道，可以指定监听非 80 端口，如 Listen 8080 就把服务器配置为使用 8080 端口；如果用 192.168.1.254:8080 则明确绑定 IP 地址为 192.168.1.254，端口为 8080。httpd.conf 文件默认设置如下。

```
Listen 80
User apache
Group apache
```

（3）响应时间：Timeout

定义客户程序和服务器连接的超时间隔，超过这个时间间隔（秒）后服务器将断开与客户端的连接，单位为秒。

（4）是否持续连接：KeepAlive

设置是否启用持久连续功能，如果是访问量不大，建议打开此项，如果网站访问量比较大，则关闭此项比较好。

（5）请求最大数：MaxKeepAliveRequests

设置一个持久连接期间所允许的最大 HTTP 请求数目，默认值为 100。这样就能保证在一个连接中，如果同时请求数达到 100 就不再响应新的请求，保证了系统资源不会被某个连接大量占用。但是在实际配置中要求尽量把这个数值调高来获得较高的系统性能。

（6）保持连接的响应时间：KeepAliveTimeout

设置一个持久连接所允许的最长时间。对于高负荷的服务器，该值设置过大会引起性能问题。

（7）用户 ID 和组 ID：User 和 Group

用来设置用户 ID 和组 ID，服务器将用它们来处理请求，分别在对应的/etc/passwd 和/etc/group 文件中验证，默认设置如下。

```
User apache
Group apache
```

如果希望使用其他的用户和用户组权限，可以对默认值进行修改，但需要注意，服务器将以这里定义的用户和用户组的权限开始运行。这种情况下，假如存在一个安全漏洞，不管是在服务器上，还是在用户的 CGI 程序中，这些程序都将以指定 UID 运行。如果服务器以 root 或其他一些具有特权的用户身份运行，那么某些人就可以利用这些安全漏洞对站点进行一些危险的操作。

（8）加载模块：LoadModule

Apache 是一个高度模块化的服务器，通过各种模块可以实现更多的功能。可以在编译 Apache 源代码时将模块功能加入 Apache 中，也可以启动 httpd 守护进程时动态加载。动态加载模块对性能有一定的影响，因此可以重新编译 Apache 源代码，只将自己需要的功能编译到 Apache 里。

```
#LoadModule foo_module modules/mod_foo.so
```

另外，模块加载的顺序很重要，建议不要轻易修改默认设置。

（9）设置包含文件：Include

Include 命令允许 Apache 在主配置文件中加载其他的配置文件，该命令语法比较简单，Inclde 命令后直接跟上其他附加配置文件路径即可。

2. 主服务器配置选项

httpd.conf 文件中的主服务器配置选项用来设置 Web 站点属性，常用的选项如下。

（1）管理员电子邮箱地址

定义接收与服务器有关的信息的有效电子邮箱地址，当 Apache 服务器发生错误时，电子邮箱地址就会出现在错误页面上，默认地址为本地机器的 root 用户的邮箱地址，即 root@localhost，可以将邮箱地址更改为所管理的系统上的某个地址。下面是 httpd.conf 文件中管理员电子邮箱地址。

```
ServerAdmin root@localhost
```

（2）服务器主机名和端口

使用命令 ServerName 设置服务器本机的主机名称和端口，这对于 URL 地址的重定向和虚拟主机的识别很重要。

主机名不能随便指定，为避免 Apache 启动时出现不能确定全称域名的错误提示，应按实际情况设置主机名和端口。如果服务器注册有域名，则使用服务器的域名；如果服务器没有域名，可在此输入服务器的 IP 地址，此时必须用 IP 地址来访问。127.0.0.1 是 TCP/IP 的本地环路地址，通常命名为 localhost，机器默认此地址为本身，如果只是使用 Apache 来进行本地测试和开发，可使用 127.0.0.1 作为服务器名。

当 ServerName 设置不正确的时候，服务器不能正常启动。httpd.conf 文件中默认没有启用此设置，下面是 httpd.conf 文件中的设置。

```
#ServerName www.*******.com:80
```

如果使用虚拟主机，虚拟主机中设置的名称会取代这里的设置。

（3）主目录路径：DocumentRoot

使用命令 DocumentRoot 设置 Apache 服务对客户端开放可见的文档主目录，也就是客户端访问网站的根目录。用户使用不带文件名的 URL 访问 Web 网站时，请求将指向主目录，默认状态下，Apache 服务器的主目录为/var/www/html，如下所示。

```
DocumentRoot "/var/www/html"
```

注意：目录路径最后不能加 “/”，否则会发生错误。

用户可以根据需要将主目录路径修改为其他目录路径，方便使用和管理。

（4）网站默认文档

在浏览器的地址栏中输入网站的域名或 IP 地址，而不输入具体的网页文件名，就可以访问网页，这个网页就是默认显示的默认文档。默认文档可以是目录的主页，也可以是包含网站文档目录列表的索引页。在 httpd.conf 中默认网页由 DirectoryIndex 参数定义，如下所示。

```
<IfModule dir_module>
    DirectoryIndex index.html
</IfModule>
```

DirectoryIndex 后面的参数用户可以根据需要修改，如果有多个文件名，各个文件名之间要用空格分隔，Apache 根据文件名的先后顺序查找默认的文件。若找到第一个文件，则直接调用，否则查找第二个，以此类推。

11.2.8 日志记录

要有效地管理 Web 服务器，就有必要反馈服务器的活动、性能及出现的问题。Apache 服务器提供了非常全面而灵活的日志记录功能。Apache 可以记录 Web 访问中的几乎所有信息。运行 Apache 服务器时会生成两个标准的日志文件：error_log 和 access_log。下面分别对这两个日志文件进行讲解。

1. 错误日志

文件 error_log 为错误日志，错误日志是最重要的日志文件，它的文件名和所在位置取决于 ErrorLog 选项，httpd.conf 文件中默认设置如下。

```
ErrorLog  "logs/error_log"
```

这个文件存放诊断信息和处理请求中出现的错误，由于这里经常包含了出错细节及解决方法，因此如果服务器启动或运行中有问题，首先就应该查看这个错误日志。

2. 访问日志

文件 access_log 为访问日志，它会记录服务器所处理的所有请求。它的文件名和所在位置取决于 CustomLog 选项，LogFormat 选项可以设定日志的格式。

注意：任何人只要对 Apache 存放日志文件的目录具有写权限，也就当然地可以获得启动 Apache 的用户（通常是 root）的权限，因此，绝对不要随意给予任何人存放日志文件目录的写权限。

11.3 目录的访问限制

11.3.1 定义目录的访问限制

可设置 Apache 访问的每个目录相关的服务和特性是允许或不允许。目录访问控制可以通过两种方式进行设置。

（1）在主配置文件 httpd.conf 中针对每个目录进行设置，使用<Directory>容器对每个目录进行设置，定义目录的访问限制。

（2）每个目录下设置访问控制文件，通常访问控制文件名字为.htaccess，将访问控制参数写在该文件中。

Apache 可以对每个目录设置访问控制，如在 httpd.conf 中对“/var/www/html”目录的默认设置如下。

```
<Directory "/var/www/html">
   Options Indexes FollowSymLinks          #允许访问符号链接的目录
   AllowOverride None                      #禁止使用htaccess文件
   Require all granted                     #允许所有
</Directory>
```

其中，容器< Directory >用于封装一组命令，实现对其指定的目录及其子目录进行访问限制。下面详细介绍容器< Directory >。

1. 使用 Options 选项控制特定目录的特性

<Directory>容器中的 Options 选项用于控制特定目录的特性，常用的选项如表 11-2 所示。

表 11-2 Options 常用选项

选项	说明
All	包含除 MultiViews 选项之外的所有特性，如果没有 Options 语句，默认为 All
None	不启用
Indexes	缺少指定的默认页面时，允许将目录中的所有文件以列表形式返回给用户
MultiViews	允许内容协商的多重视图
FollowSymLinks	在该目录允许使用符号链接
SymLinksIfOwnerMatch	如果一个符号链接的源和目标同属于一个拥有者，则允许跟进符号链接
ExecCGI	允许在该目录下执行 CGI 脚本
Includes	允许服务器端包含 SSI

2. 使用 AllowOverride 限制.htaceess 文件

AllowOverride 选项用来指定 Apache 服务器是否去寻找.htaceess 文件，如果设置为 None，则禁止使用.htaceess 文件，如果设置为 All，则启用.htaceess 文件。

3. 访问控制

Apache 服务器使用 Deny、Allow、Order 参数来根据域名和 IP 地址实现控制访问，Deny 表示拒绝访问列表，Allow 表示允许访问列表，Order 用来指定允许访问列表和拒绝访问列表的执行顺序，即定义处理 Allow 和 Deny 的顺序。

Deny 和 Allow 参数后可以指定拒绝/允许访问列表，访问列表可使用以下形式。

- all：所有主机，如 Allow from all。
- 域名：该域名内的所有主机，如 Allow from ***.com。
- IP：指定 IP 地址，如 Deny from 219.200.252.10。

Order 用于指定 Deny 和 Allow 的顺序，具体形式如下。

（1）Order allow, deny：表示 Allow 比 Deny 优先处理，即先执行允许访问列表，再执行拒绝访问列表，如果没有定义允许访问的主机，则禁止所有主机访问。

（2）Order deny, allow：表示 Deny 比 Allow 优先处理，即先执行拒绝访问列表，再执行允许访问列表，如果没有定义拒绝访问的主机，则允许所有主机访问。

4. 用户认证

多数网站都是匿名访问的，并不要求验证用户身份，但对一些重要的 Web 应用来说，出于安全考虑，需要对访问用户进行限制。基本的用户认证技术是“用户名+密码”。Apache 服务器查找用户认证所需要的用户名和密码有两种方法。

方法一：编辑 httpd.conf 文件，直接设置 Web 站点对应目录的访问控制和认证等相关参数。

方法二：在 Web 站点对应的目录中创建.htaccess 文件，指定认证的配置命令。当用户第一次访问该目录的文件时，浏览器会显示一个对话框，要求输入用户名和密码，进行用户身份的确认。若是合法用户，则显示所访问的页面内容，此后访问该目录的每个页面，浏览器自动送出用户名和密码，不需要再次输入，直到关闭浏览器为止。

这两种方法各有不同，方法一通过 httpd.conf 文件配置认证，简洁方便，但必须重新启动 httpd 守护进程才可以使配置生效；方法二使用.htaccess 文件，可以在不重新启动 httpd 守护进程的情况下改变服务器配置，但服务器需要查找.htaccess 文件，这会降低服务器的性能。

文件.htaccess 是否启用，是由 httpd.conf 文件中的选项 AllowOverride 决定的。AllowOverride 选项的主要参数如下。

- ALL：启用.htaccess 文件，并且可使用所有的参数。
- None：不使用.htaccess 文件。
- AuthConfig：.htaccess 文件包含认证的相关参数。
- Limit：.htaccess 文件包含访问控制的相关参数。

5. 认证参数

Apache 服务器利用以下参数，实现对指定目录的认证控制。

- AuthName：指定认证区域名称，区域名称是在提示要求认证的对话框中显示给用户的。
- AuthType：指定认证类型。
- AuthUserFile：指定一个包含用户名和密码的文本文件，每行一对。
- AuthGroupFile：指定包含用户组清单和这些组的成员清单的文本文件，组的成员之间用空格分开，如 managers:user1 user2。

6. Require 参数

Require 参数用于在认证参数后指定哪些认证用户或认证组群有权访问指定的目录，常用的参数如下。

- require use：授权给指定的用户访问，多个用户间用空格隔开，如 require user user1 user2（表示只有用户 user1 和 user2 可以访问）。
- require group：授权给指定的组群，如 group managers（只有 managers 组中的成员可以访问）。
- require valid-user：授权给认证用户文件中的所有的有效用户。
- require all granted：允许所有。
- require all denied：拒绝所有。

7. 认证用户文件

要实现用户认证，需要建立一个密码文件，该文件是存储用户名和密码的文本文件，每一行包含一个用户的用户名和加密的密码。使用 Apache 自带的 htpasswd 命令可以创建认证用户文件，并设置认证用户名及密码，语法格式如下。

```
htpasswd  [选项]  认证用户文件名 用户名
```

主要选项如下。

- -c：创建指定的认证用户文件，如果文件已经存在，那么将清空并改写。
- -D：删除指定的认证用户。

注意：第一次创建用户要用到-c 参数，第 2 次添加用户，就不再需要-c 参数；Apache 认证用户名与 Linux 用户名相互独立，无对应关系；密码文件必须存储在不能被网络用户访问的位置，以免被下载。

11.3.2　案例：实现访问控制和认证

【任务要求】

任务一：建立 alert 用户的个人 Web 站点。

任务二：架设 weblinux 站点（对应/var/www/html/weblinux），只允许认证用户 alert 访问。

任务三：创建.htaccess 文件，设置 weblinux 站点（对应/var/www/html/weblinux），禁止 IP 地址为 192.168.0.107 的计算机访问。

【任务一实施】

第 1 步：安装 Apache，并设置主机名为 Web（本机的 IP 地址为 192.168.0.105），同时启动 httpd 服务，使用浏览器在地址栏输入 Apache 服务器的 IP 地址可以打开 Apache 的测试页。此步骤见 10.2.3～10.2.5 小节中详细介绍。

第 2 步：备份主要配置文件。

```
[root@web ~]# cp -p  /etc/httpd/conf/httpd.conf /etc/httpd/conf/httpd.conf.bak
```

第 3 步：修改配置文件/etc/httpd/conf.d/usrrdir_conf，允许用户架设个人 Web 站点。

默认情况下，用户主目录中的 public_html 子目录是用户个人 Web 站点的根目录。而 public_html 在配置文件/etc/httpd/conf.d/userdir_conf 中默认是禁用的，如下所示。

```
<IfModule mod_userdir.c>
     UserDir disabled
     UserDir public_html      #禁用对每个用户的Web站点目录的设置
</IfModule>
```

将禁用对每个用户的 Web 站点目录的设置，修改为启用对每个用户的 Web 站点目录的设置，并禁用 root 用户使用个人 Web 站点，如下所示。

```
<IfModule mod_userdir.c>
    UserDir disabled  root    #出于安全考虑，禁用root用户使用个人Web站点
    UserDir public_html       #启用对每个用户的Web站点目录的设置
</IfModule>
```

说明：<IfModule mod_userdir.c>定义是否允许设置个人 Web 站点，默认（UserDir disabled）不可以有个人 Web 站点，而将其修改为 UserDir public_html，则表示用户主目录的 public_html 子目录是个人 Web 站点。

第 4 步：继续修改配置文件/etc/httpd/conf.d/userdir_conf，设置用户个人 Web 站点目录的访问权限，添加如下内容。

```
<Directory "/home/*/public_html">
     AllowOverride FileInfo AuthConfig Limit Indexes
     Options MultiViews Indexes SymLinksIfOwnerMatch IncludesNoExec
     <Limit GET POST OPTIONS>
          Order allow,deny
          Allow from all
     </Limit>
     <LimitExcept GET POST OPTIONS>
          Order deny,allow
          Deny from all
     </LimitExcept>
</Directory>
```

第 5 步：建立个人 Web 站点的用户都必须在其用户主目录中建立 public_html 子目录，并将相关的网页文件保存于此。建立该目录，如下所示。

```
[root@web ~]# su - alert
[alert@web ~]$ mkdir public_html
```

第 6 步：创建 index.html 文件。使用 vim 命令编辑如下内容，或复制已有的网页文件 index.html 到 public_html 中。

```
[alert@web ~]$ vim  ./public_html/index.html
This is alert web! Welcome!
```

第 7 步：修改用户的主目录的权限，添加执行权限。

```
[alert@web ~]$ cd  ..
[alert@web home]$ chmod  711  /home/alert  #或chmod  a+x  /home/alert
```

第 8 步：修改主配置文件 httpd.conf，对“/”目录的设置如下。

```
<Directory />
   AllowOverride none          #禁止使用.htaccess文件
   Require all granted         #默认是Require all denied，此处修改为Require all granted
</Directory>
```

第 9 步：重启 Apache 服务器。

第 10 步：测试，在浏览器的地址栏中输入形式为“http://IP 地址/~用户名”或“http://域名/~用户名”的地址，即可访问用户个人的 Web 站点。访问结果如图 11-2 所示。

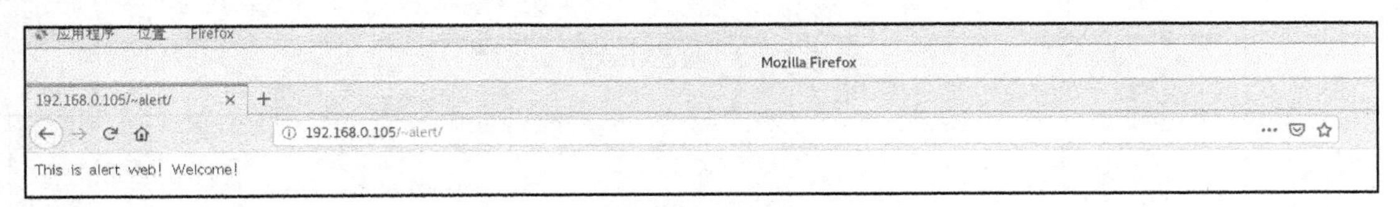

图 11-2　访问 alert 用户的个人 Web 站点

注意：修改了 usedir.conf 文件后，一定要重启 Apache 服务器；个人用户主目录的权限一定要修改，否则会出现拒绝访问的错误提示。

【任务二实施】

任务二可以采用两种方法实现，下面分别介绍实现过程。

方法一：直接编辑 httpd.con 文件，设置 weblinux 站点（对应/var/www/html/ weblinux），只允许认证用户 alert 访问。

第 1 步：在/var/www/html 目录下新建 weblinux 目录，并创建 index.html。

```
[root@web ~]# cd /var/www/html/
[root@web html]# mkdir weblinux
[root@web html]# cd weblinux/
[root@web weblinux]# echo "This is weblinux." >index.html
```

第 2 步：编辑/etc/httpd/conf/httpd.conf 文件，添加如下内容。

```
<Directory "/var/www/html/weblinux">
   AllowOverride None               #不使用.htaccess
   AuthName "share weblinux"        #认证域的名称
   AuthType Basic                   #认证方式
   AuthUserFile /var/userpasswd     #认证用户文件userpasswd
   require valid-user               #valid-user授权给认证用户文件中的用户
</Directory>
```

第 3 步：创建认证用户文件 userpasswd，并将 alert 设置为认证用户。

```
[root@web ~]# htpasswd -c /var/userpasswd alert
New password:
Re-type new password:
Adding password for user alert
```

说明：htpasswd 命令执行后首先在/var 目录（目录可自定义）下建立认证用户文件 userpasswd（文件名可自定义），然后再将用户 alert 的用户名和密码保存到该文件中。认证用户文件中每行保存一位认证用户的信息，只有两个字段，即认证用户名和密码，其中认证密码采用 MD5 加密。

由于认证用户文件 userpasswd 尚未创建，第一次创建该文件的认证用户，需要用参数“-c”，以后再设置认证用户，就不用参数“-c”了。

第 4 步：使用“systemctl restart httpd”重新启动 httpd 守护进程。

第 5 步：在 GNOME 桌面环境下访问 weblinux 站点，打开 Firefox 浏览器，并在地址栏输入 URL 地址，如本例地址为 http://192.168.0.105/weblinux，弹出验证对话框，如图 11-3 所示。正确输入认证用户名和密码后显示网站内容，如图 11-4 所示。

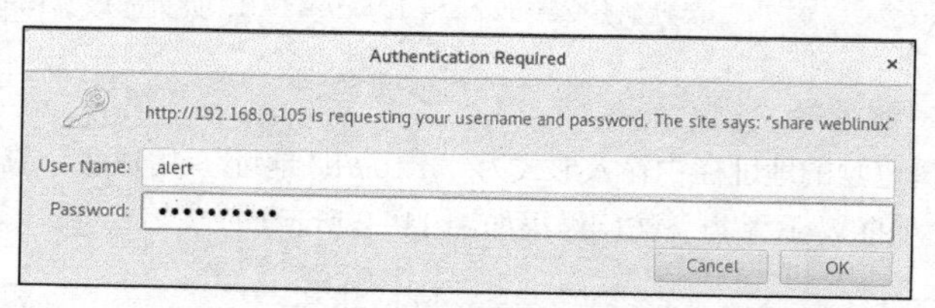

图 11-3　验证对话框

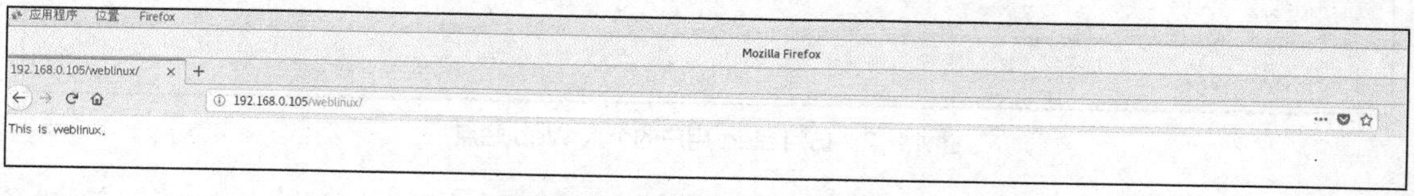

图 11-4　成功访问 weblinux 站点

方法二：创建.htaccess 文件，在.htaccess 文件中配置认证和授权。

第 1 步：在/var/www/html 目录下新建 weblinux 目录，并创建 index.html，步骤与方法一中一致。

第 2 步：编辑/etc/httpd/conf/httpd.conf 文件，将方法一中第 2 步的内容修改如下。

```
<Directory "/var/www/html/weblinux">
    AllowOverride AuthConfig        #使用.htaccess文件
</Directory>
```

第 3 步：在/var/www/html/weblinux 目录下创建文件.htaccess，文件内容如下。

```
AuthType Basic
AuthName "share weblinux"
AuthUserFile /var/userpasswd
Require valid-user
```

第 4 步：重启 httpd 服务。

第 5 步：测试。

在其他主机上访问该 Web 站点，在地址栏输入 http://192.168.0.105/weblinux，弹出验证对话框，正确输入认证用户名和密码后显示网站内容。这里就不再验证了。

【任务三实施】

第 1 步：在/var/www/html 目录下新建 weblinux 目录，并创建 index.html，步骤与方法一中一致。

第 2 步：编辑/etc/httpd/conf/httpd.conf 文件，内容如下。

```
<Directory "/var/www/html/weblinux">
    AllowOverride All        #使用.htaccess文件，并且可使用所有的参数
</Directory>
```

第 3 步：在/var/www/html/weblinux 目录下创建文件.htaccess，文件内容如下。

```
#/var/www/html/weblinux/.htaccess
Order allow,deny
Allow from all
Deny from 192.168.0.107
```

第 4 步：重启 httpd 服务。

第 5 步：测试。

在 GNOME 桌面环境下（或在 Windows 环境下），在 IP 地址为 192.168.0.107 的计算机上访问该 Web 站点，在地址栏输入为 http://192.168.0.105/weblinux，将出现拒绝访问的信息，如图 11-5 所示，而其他 IP 地址的计算机能够正常访问。

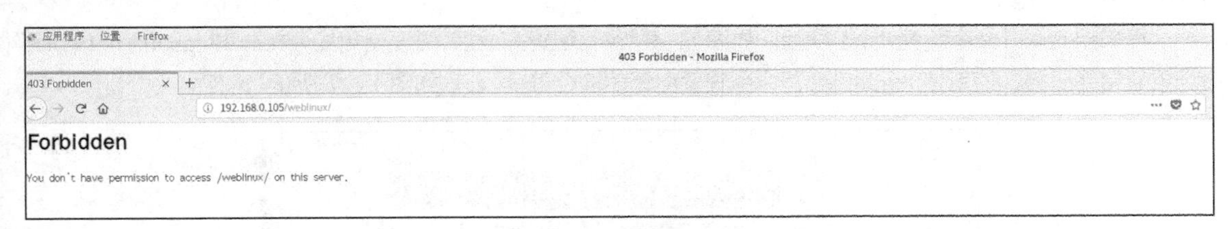

图 11-5 访问拒绝的页面

11.4 虚拟主机的配置和管理

如果要在一台服务器上建立多个 Web 站点，就要用到虚拟主机技术。这种技术把一台计算机主机服务器分成若干个虚拟的主机，每一台虚拟主机都有独立的域名和 IP 地址，具有完整的互联网服务功能，如 WWW、FTP 等，同一台服务器上的各个虚拟主机相对独立，互不干扰，可由用户自行管理，对访问者来讲虚拟主机和一台独立的主机服务器完全一样。

虚拟主机方式由于省去了全部硬件投资和软件平台建设，具有成本较低的优点。但由于许多用户共享服务器，不能支持大量并发访问，另外网站的维护也相对麻烦，这是其不足之处。通常各个互联网服务提供商提供的虚拟主机服务条件不完全一样，因此，用户在选择时要充分比较。

Apache 支持的虚拟主机有下面几种。

（1）基于 IP 地址的虚拟主机：每个 Web 网站拥有不同的 IP 地址。

（2）基于域名的虚拟主机：每个 IP 地址支持多个网站，每个网站拥有不同的域名。

（3）基于端口的虚拟主机：可以让用户通过指定的端口来访问服务器上的网站资源。

注意：在做每个虚拟主机的实验之前，请先将虚拟机还原到最初始状态，以免多个实验之间相互产生冲突。

11.4.1 基于 IP 地址的虚拟主机

不同的主机名解析到不同的 IP 地址，提供虚拟主机服务的机器上同时设置这些 IP 地址。服务器根据用户请求的目的 IP 地址来判定用户请求的是哪个虚拟主机的服务，从而做进一步处理。这就要求服务器必须同时绑定多个 IP 地址，可通过在服务器上安装多个物理网卡或通过虚拟网络接口（网卡别名）来实现。

优点：在同一台服务器上支持多个网站服务。

缺点：基于 IP 地址的虚拟主机方式需要在提供虚拟主机服务的机器上设立多个 IP 地址，既浪费了 IP 地址，又限制了一台机器所能容纳的虚拟主机数目。因此，这种方式越来越少使用，主要用于部署多个要求 SSL 服务的安全网站。

要实现基于 IP 地址的虚拟主机配置，首先要设置多个 IP 地址，前面章节中讲解了配置网络的方法，这里用 nmtui（NetworkManager Text User Interface）命令配置 IP 地址，nmtui 默认随系统标准安装，如果使用最小化安装，可能没有该命令，此时需使用“yum install NetworkManager-tui -y”命令手动安装，然后在命令行运行“nmtui”，如果提示“NetworkManager is not running”，则需要使用命令“systemctl start NetworkManager”手动启动 NetworkManager。

> **【实例 11-1】运用基于 IP 地址的虚拟主机方式，在主机（IP 地址为 192.168.0.103）中配置 3 个虚拟主机，其 IP 地址分别是 192.168.0.105、192.168.0.120 和 192.168.0.130，对应的目录分别是/var/www/html/web1、/var/www/html/web2 和/var/www/html/web3。**

第 1 步：为服务器设置多个 IP 地址，可以采用安装多个物理网卡方式，也可以采用虚拟网卡方式为现有网卡绑定多个 IP 地址。

这里采用 nmtui 命令配置 3 个 IP 地址，如图 11-6 所示。配置完成后，需要使用“systemctl restart network”命令重启网络服务，使用“ip address”命令查看配置的 3 个 IP 地址，如图 11-7 所示。

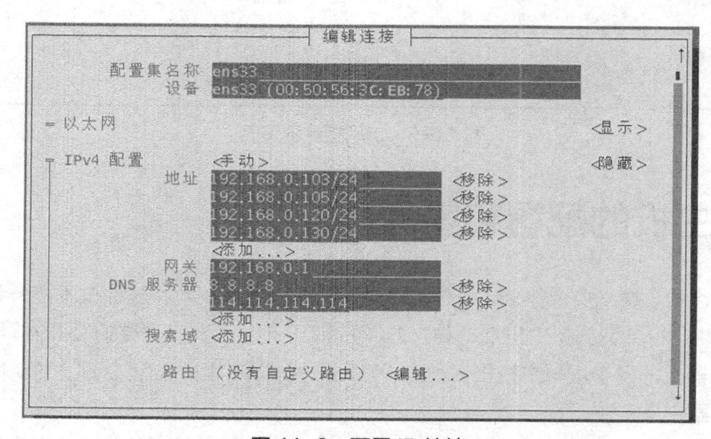

图 11-6　配置 IP 地址

```
[root@web ~]# ip addr show
1: lo: <LOOPBACK,UP,LOWER_UP> mtu 65536 qdisc noqueue state UNKNOWN group default qlen 1000
    link/loopback 00:00:00:00:00:00 brd 00:00:00:00:00:00
    inet 127.0.0.1/8 scope host lo
       valid_lft forever preferred_lft forever
    inet6 ::1/128 scope host
       valid_lft forever preferred_lft forever
2: ens33: <BROADCAST,MULTICAST,UP,LOWER_UP> mtu 1500 qdisc pfifo_fast state UP group default qlen 1000
    link/ether 00:50:56:3c:eb:78 brd ff:ff:ff:ff:ff:ff
    inet 192.168.0.103/24 brd 192.168.0.255 scope global noprefixroute ens33
       valid_lft forever preferred_lft forever
    inet 192.168.0.105/24 brd 192.168.0.255 scope global secondary noprefixroute ens33
       valid_lft forever preferred_lft forever
    inet 192.168.0.120/24 brd 192.168.0.255 scope global secondary noprefixroute ens33
       valid_lft forever preferred_lft forever
    inet 192.168.0.130/24 brd 192.168.0.255 scope global secondary noprefixroute ens33
       valid_lft forever preferred_lft forever
    inet6 fe80::250:56ff:fe3c:eb78/64 scope link
       valid_lft forever preferred_lft forever
```

图 11-7　查看配置的 IP 地址

第 2 步：在/var/www/html 目录下创建 3 个目录，并编辑主页文件 index.html。

```
[root@web ~]# mkdir  /var/www/html/web1
[root@web ~]# mkdir  /var/www/html/web2
[root@web ~]# mkdir  /var/www/html/web3
[root@web ~]# echo "This is web car,IP:192.168.0.105">/var/www/html/web1/index.html
[root@web ~]# echo "This is web sales,IP:192.168.0.120">/var/www/html/web2/index.html
[root@web~]#echo" This is web market,IP:192.168.0.130">/var/www/html/web3/index.html
```

第 3 步：编辑 httpd.conf 配置文件，定义虚拟主机，添加如下内容。

```
<VirtualHost 192.168.0.105>
   DocumentRoot /var/www/html/web1
```

```
    </VirtualHost>
    <VirtualHost 192.168.0.120>
      DocumentRoot /var/www/html/web2
    </VirtualHost>
    <VirtualHost 192.168.0.130>
      DocumentRoot /var/www/html/web3
    </VirtualHost>
```

基于 IP 地址的虚拟主机配置，对于配置文件 httpd.conf 中的<VirtualHost> 容器，DocumentRoot 参数是必需的，常见的可选参数有 ServerName、 ServerAdmin、ErrorLog 和 CustomLog 等。几乎任何 Apache 命令都可以包含在<VirtualHost> 容器中。

第 4 步：重启 Apache 服务，使配置生效。

第 5 步：测试。在浏览器地址栏输入“http://IP 地址”形式的 URL，访问虚拟主机，图 11-8 访问 IP 地址为 192.168.0.105 的虚拟主机，图 11-9 所示为访问 IP 地址为 192.168.0.120 的虚拟主机，图 11-10 所示为访问 IP 地址为 192.168.0.130 的虚拟主机。

图 11-8　访问 IP 地址为 192.168.0.105 的虚拟主机

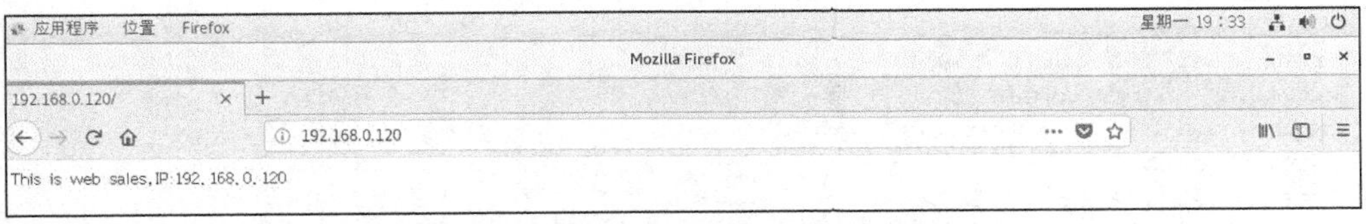

图 11-9　访问 IP 地址为 192.168.0.120 的虚拟主机

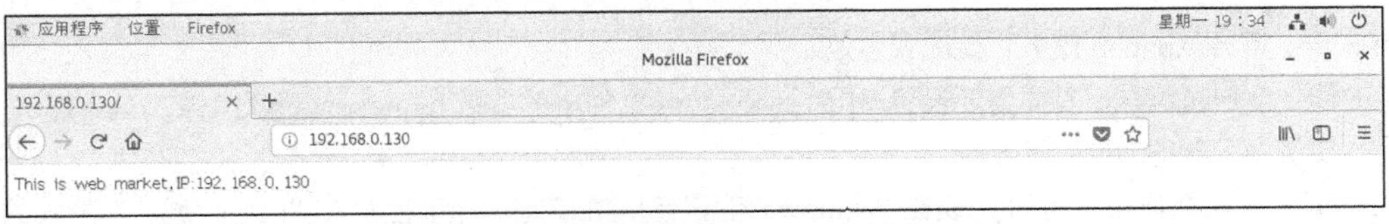

图 11-10　访问 IP 地址为 192.168.0.130 的虚拟主机

11.4.2　基于域名的虚拟主机

在只有一个IP地址的服务器上支持多个网站,可以通过将多个网站的域名绑定到同一个IP 地址上的方式。根据不同的域名访问来传输不同的内容，这样就可以达到多个虚拟主机共享同一个 IP 地址的目的，同时也可以缓解 IP 地址不足的压力。这种方式的优点是经济实用，可以充分利用有限的 IP 地址资源来更多的用户提供服务，缺点是不能支持 SSL 安全服务。

基于域名的虚拟主机的配置需要在域名服务器上将多个域名映射到同一个 IP 地址，在 httpd.conf 中为每一个虚拟主机创建一个<VirtualHost> 容器，该容器中至少需要使用 ServerName 参数设置请求的主机域名，使用 DocumentRoot 参数定义网站根目录。主服务器的配置命令集（位于<VirtualHost> 容器之外）只有未被虚拟主机设置覆盖时，才能生效。使用<VirtualHost> 容器设置虚拟主机时，可以加上端口号（如 VirtualHost 192.168.0.155:80），如果将服务器上的任何 IP 地址都用于虚拟机，可以使用参数“*”。下面通过一个实例说明基于域名的虚拟主机的实现方式。

注意：在 Apache 服务器配置中创建一个虚拟主机并不会自动在 DNS 中对主机名进行相应的更新，需要在 DNS 中添加域名来指向 IP 地址。否则，Web 站点将无法访问。也可以通过在本地的 hosts 文件中添加主机名来实现。

【实例 11-2】运用基于域名的虚拟主机方式。在主机（IP 地址为 192.168.0.150，域名为 www.dqabc.com）中配置两个虚拟主机，其域名分别是 prac.dqabc.com 和 exam.dqabc.com，对应的目录分别是 /var/www/prac 和/var/www/exam 目录。

第 1 步：运用 nmtui 命令配置 Web 服务器 IP 地址为 192.168.0.150，该主机也作为 DNS 服务器，然后重启网络服务，使配置生效。

第 2 步：实现将 prac.dqabc.com 和 exam.dqabc.com 域名解析到同一个 IP 地址 192.168.0.150。前面已经介绍如何配置 DNS 服务器，因此我们可以运用 DNS 服务器定义 IP 与域名的映射关系，此部分可参考 10.3.1 小节的内容，这里就不再介绍了。或者采用/etc/hosts 手工定义 IP 地址与域名之间的对应关系，添加如下内容。

```
192.168.0.150  www.dqabc.com  prac.dqabc.com  exam.dqabc.com
```

第 3 步：分别在/var/www 目录下创建 2 个网站目录，并编辑网站主页文件。

```
[root@localhost ~]# mkdir /var/www/prac
[root@localhost ~]# mkdir /var/www/exam
[root@localhost ~]# echo "This is practice web.">/var/www/prac/index.html
[root@localhost ~]# echo "This is examination web.">/var/www/exam/index.html
```

第 4 步：编辑 httpd.conf 配置文件，定义基于域名的虚拟主机，在 httpd.conf 文件大约倒数第 3 行处添加如下内容。

```
<VirtualHost 192.168.0.150>
  ServerName  prac.dqabc.com
  DocumentRoot  /var/www/prac
</VirtualHost>
<VirtualHost 192.168.0.150>
   ServerName exam.dqabc.com
   DocumentRoot /var/www/exam
</VirtualHost>
```

第 5 步：重启 Apache 服务，使配置生效。

第 6 步：客户机测试。首先需要设置/etc/resolv.conf 文件中的参数 nameserver 为 192.168.0.150，该 IP 地址为本实例中配置的 DNS 服务器。

在 GNOME 桌面环境下访问(（或在 Windows 环境下），在浏览器地址栏输入“http://域名”形式的 URL 访问虚拟主机，图 11-11 访问域名为 prac.dqabc.com 的虚拟主机，图 11-12 访问域名为 exam.dqabc.com 的虚拟主机。

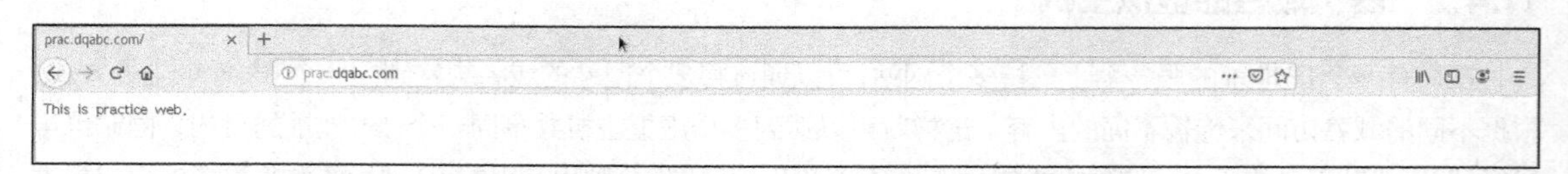

图 11-11　访问域名为 prac.dqabc.com 的虚拟主机

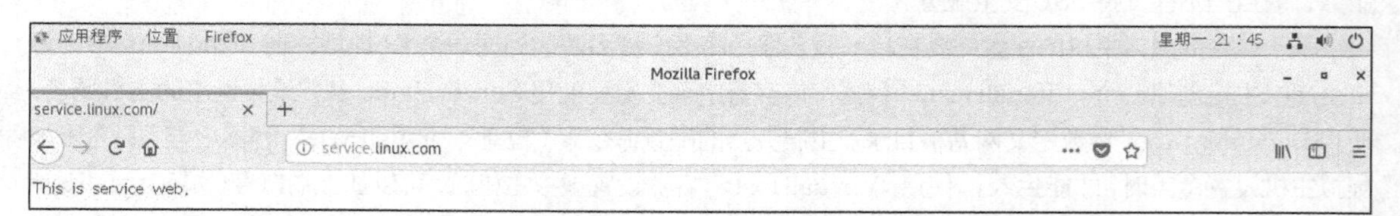

图 11-12　访问域名为 exam.dqabc.com 的虚拟主机

11.4.3 基于端口的虚拟主机

基于端口的虚拟主机是利用 TCP 端口号在同一个服务器上架设不同的 Web 网站，用户通过“http://IP 地址: 端口号”或“http://域名: 端口号”来访问服务器上的网站资源。

优点：无须分配多个 IP 地址，有一个 IP 就可以创建多个网站。

缺点：开放非标准端口容易导致被攻击。因此，一般不建议将基于端口的虚拟机技术用于正式产品服务器，而主要用于网站的开发、测试以及管理等。

【实例 11-3】 运用基于端口的虚拟主机方式。在主机（IP 地址为 192.168.0.160，域名为 www.dqlinux.com）中配置两个虚拟主机，分别使用 8001 和 8888 端口，其域名分别是 centos.dqlinux.com 和 redhat.dqlinux.com，对应的目录分别是/var/www/centos 和/var/www/redhat。要求在 DNS 服务器中建立 centos.dqlinux.com 和 redhat.dqlinux.com 域名，并使它们解析到同一个 IP 地址 192.168.0.160。

第 1 步：运用 nmtui 命令配置 Web 服务器地址为 192.168.0.160，该主机也作为 DNS 服务器，然后重启网络服务，使配置生效。

第 2 步：配置 DNS 服务器。实现将 centos.dqlinux.com 和 redhat.dqlinux.com 域名解析到同一个 IP 地址 192.168.0.160。具体方法同【实例 11-2】，这里不再介绍。

第 3 步：在/var/www 目录下创建 2 个网站目录，并编辑网站主页文件。

```
[root@localhost ~]# mkdir  /var/www/centos
[root@localhost ~]# mkdir  /var/www/redhat
[root@localhost~]#echo"centos.dqlinux.com,192.168.0.160:8001">/var/www/centos/index.html
[root@localhost~]#echo"redhat.dqlinux.com,192.168.0.160:8002">/var/www/redhat/index.html
```

第 4 步：编辑修改 httpd.conf 配置文件，在配置文件的第 42 行之后，添加监听 8001，8888 端口的参数，如下所示。

```
……省略部分输出信息……..
41 #Listen 12.34.56.78:80
42 Listen 80
43 Listen 8001
44 Listen 8888
……省略部分输出信息……
```

第 5 步：编辑 httpd.conf 配置文件，定义虚拟主机，在配置文件的倒数约第 3 行开始，添加如下内容。

```
<VirtualHost 192.168.0.160:8001>
   ServerName centos.dqlinux.com
   DocumentRoot /var/www/centos
</VirtualHost>
<VirtualHost 192.168.0.160:8888>
   ServerName redhat.dqlinux.com
   DocumentRoot /var/www/redhat
</VirtualHost>
```

第 6 步：重启 Apache 服务，使配置生效。在浏览器地址栏输入“http://IP 地址：端口号”或“http://域名：端口号”就可以看到访问的网页了，读者可以自行验证，这里就不再验证了。

11.5 本章小结

Web 服务器采用浏览器/服务器（B/S）模式，通过 HTTP 协议来建立连接、传输信息和终止连接。HTTP 即超文本传输协议，是一种通用的、无状态的、与传输协议无关的应用层协议。浏览器用于解释和显示 Web

页面，响应用户输入请求，并通过 HTTP 协议将用户请求传递给 Web 服务器。服务器端运行 Web 服务程序，默认采用端口 80 侦听并响应客户端请求，将请求处理结果传送给 Web 浏览器，浏览器获得 Web 页面。

Apache 是开放源码的 Web 服务器，可以运行在几乎所有广泛使用的计算机平台上。Linux 系统配置中，Apache 服务器的配置信息存储在主配置文件/etc/httpd/conf/httpd.conf 中。

Web 服务器提供虚拟主机功能，虚拟主机是一个完整的 Web 站点，有自己的域名，在同一台主机服务器上可以设置多个 Web 站点。Apache 支持的虚拟主机有基于 IP 地址的虚拟主机、基于域名的虚拟主机和基于端口的虚拟主机 3 种。

11.6 习题

一、简答题

1. 简述 Web 浏览器与 Web 服务器交互的过程。
2. 简述 Apache 服务器启动和关闭的方法。
3. Apache 虚拟主机有哪几种实现技术？

二、实验题

1. 根据以下要求配置 Web 服务器：

（1）设置主目录的路径为/home/cenos；

（2）设置监听端口为 8080；

（3）设置管理员地址为 root@centos.linux.com；

（4）设置 index.jsp 文件为默认文档。

2. 创建.htaceess 文件，设置 temp 站点，对应目录为/var/www/html/temp，禁止 IP 地址为 192.168.1.50/24 的客户端访问。

3. 在 Web 服务器建立 test 虚拟目录，对应的目录为/home/test，对该目录启用用户认证，只允许用户 tom 和 helen 访问。

4. 某主机的 IP 地址为 172.16.0.30，要求设置两个虚拟主机，IP 地址分别是 172.16.0.50 和 172.16.0.60，分别对应/var/www 的 web1 目录和 web2 目录。

5. 创建基于域名的虚拟主机，要求如下：

（1）服务器的 IP 地址为 172.16.1.70；

（2）使用 DNS 服务器建立 service.dqabc.com 和 product.dqabc.com 两个域名，并解析到同一个 IP 地址 172.16.1.70；

（3）域名 service.dqabc.com 的虚拟主机对应的目录为/var/www/service，域名 product.dqabc.com 的虚拟主机对应的目录为/var/www/product；

（4）域名 service.dqabc.com 的虚拟主机仅允许 IP 地址为 172.16.1.80 的主机访问。

CHAPTER12

第12章

Squid代理服务器的配置与管理

学习目标：

- 理解 Squid 代理服务器的工作原理；
- 理解正向代理、透明代理与反向代理；
- 掌握安装 Squid 代理服务器的方法；
- 理解 Squid 代理服务器的访问控制；
- 学会部署基于 Squid 代理服务器的正向代理；
- 学会部署基于 Squid 代理服务器的反向代理。

Squid Cache（简称 Squid）是流行较广的、高性能的代理缓存服务器，Squid 服务器支持 FTP、HTTPS 和 HTTP 协议，和一般的代理缓存软件不同，Squid 用一个单独的、非模块化的、I/O 驱动的进程来处理所有的客户端请求。

本章首先概述 Squid 代理服务器的工作机制及分类，然后详细讲解 Squid 代理服务器的安装与配置、访问控制，最后通过案例讲解如何部署基于 Squid 代理服务器的正向代理与反向代理，方便读者更好地运用 Squid 代理服务器。

12.1 代理服务器概述

Squid 代理服务器与 Linux 环境下的代理服务器理软件如 Apache、Socks、TIS FWTK 和 delegate 相比，具有下载安装简单、配置简单灵活、支持缓存和多种协议的优点。Squid 代理服务器主要基于缓存功能，不仅可以节省宝贵的带宽资源，还可以大大降低服务器的 I/O。Squid 代理服务器利用前置的 Web 缓存，实现加快用户访问 Web 的速度、代理内网用户访问互联网资源、设置访问控制策略、控制用户的上网行为的功能。

12.1.1 代理服务器的工作机制

当客户端通过代理服务器请求 Web 页面时，指定的代理服务器会先检查自己的缓存，如果缓存中已有客户端需要的 Web 页面，则直接将缓存中的页面内容反馈给客户端；如果缓存中没有客户端要访问的 Web 页面，则由代理服务器向远端服务器发送访问请求，获得远端服务器返回的 Web 页面以后，将网页数据保存到代理服务器缓存中并同时发送给客户端。

当客户端在不同的状态下访问同一网站应用时，或者不同的客户端访问同一网站应用时，可以直接从代理服务器的缓存中获取相应的结果。这样就大大减少了向 Internet 提交重复的网站 Web 页面请求的过程，提高了客户端的访问响应速度。

由于客户端的 Web 访问请求实际上是由代理服务器来代替完成的，因此可以隐藏用户的真实 IP 地址，起到一定的安全保护作用。

12.1.2 代理服务器的分类

代理服务器一般分为正向代理服务器、透明代理服务器、 反向代理服务器 3 种类型。

1. 正向代理服务器

正向代理服务器（也称为正向代理）是位于客户端和真实服务器之间的服务器。为了从真实服务器取得内容，客户端向代理服务器发送一个请求并指定目标（真实服务器），然后代理服务器向真实服务器转交请求并将获得的内容返回给客户端，客户端才能使用正向代理。为了通过代理服务器访问自己本身无法直接访问的主机，客户端主动寻找代理服务器。客户端借由正向代理可以间接访问很多不同互联网服务器的资源。

2. 透明代理服务器

透明代理服务器（也称为透明代理）是客户端不需要指定代理服务器的地址和端口号，而是通过默认路由、防火墙策略将访问 Web 请求的 80 端口重定向到代理服务器的 3128 端口做映射，重定向的过程对客户端来说是透明的。透明代理服务器一般使用于局域网环境。

3. 反向代理服务器

反向代理服务器（也称为反向代理）是根据客户端的请求，从其关系的一组或多组后端服务器上获取资源，然后再将这些资源返回给客户端，客户端只会得知反向代理的 IP 地址，而不知道在代理服务器后面的服务器簇的存在。

反向代理服务器作为服务器端的代理使用，客户端通过它间接访问不同后端服务器上的资源，而不需要知道这些后端服务器的存在，以为所有资源都来自于这个反向代理服务器。

4. 应用场景

（1）正向代理和透明代理一般用于公司内网用户访问互联网，根据需求进行访问控制。

（2）反向代理一般用于公司服务器集群前做 Web 缓存，提高用户访问效率，同时可以起到负载均衡作用，为互联网提供可持续的 Web 服务。

3 种代理服务器可总结如下。

（1）正向代理和透明代理中的代理服务器和客户端同属一个 LAN，对服务器端是透明的，服务器并不知道自己为谁提供服务。正向代理和透明代理都是让内网用户通过代理服务器访问互联网，都可以提高访问速度，并且可以通过代理服务器的访问控制限制内网用户的上网行为。

（2）反向代理的过程隐藏了真正的服务器，对客户端是透明的，客户端并不知道真正提供服务的服务器。反向代理可以起到负载均衡的作用，提高用户的访问速度。

（3）正向代理和反向代理的区别在于代理的对象不一样，正向代理的对象是客户端，反向代理的对象是服务端。

12.2 Squid 服务器的基础设定

使用 Squid 服务器首先需要对其进行安装，本节将介绍 Squid 服务器的安装、启动和关闭方法，并对配置文件进行详细讲解。

12.2.1 安装 Squid 服务器

通常来说，安装 Squid 服务器有 3 种方法：第一种方法是从安装光盘中获取 PRM 包进行安装；第二种方法是从 Squid 官网下载软件的源代码包，解压缩并解包，编译、链接，生成可执行文件后进行安装；第三种方法现在普遍采用，即配置好 YUM 源后，通过 yum 命令来安装 Squid 服务器软件。本书采用第三种方法。

安装环境为 CentOS 7.6，Squid 服务器版本为 3.5.20。首先查询是否安装过 Squid 服务器，命令如下。

```
[root@ localhost ~]# rpm -qa squid
```

显示结果表明没有安装 Squid 服务器的软件包，运用 yum 命令安装。

```
[root@centos1 ~]# yum install squid -y
……省略安装过程……
Complete!
```

再次使用 rpm 命令，发现 Squid 服务器的软件包已经安装。

```
[root@centos1 ~]# rpm -aq |grep squid
squid-migration-script-3.5.20-12.el7.x86_64
squid-3.5.20-12.el7.x86_64
```

12.2.2 启动与关闭 Squid 服务器

使用 systemctl 命令进行 Squid 服务器的启动与关闭。

- systemctl start squid：启动 Squid 服务器。
- systemctl enable squid：设置 Squid 服务器开机自动启动。
- systemctl stop squid：关闭 Squid 服务器。

12.2.3 配置文件及目录

1. 配置文件与目录

Squid 服务器提供了许多与配置文件、应用程序和库、日志等相关的文档，方便用户进行管理，主要配置文件及目录说明如表 12-1 所示。

表 12-1　主要配置文件及目录说明

文件及目录	说明
/etc/squid/squid.conf	主要的配置文件，所有 Squid 所需要的设定都包含在该文件中
/etc/squid/mime.conf	设定 Squid 所支持的 Internet 上面的文件格式，就是 mime 格式
/etc/squid	Squid 服务器的配置目录
/usr/sbin/squid	提供 Squid 的主程序
/usr/share/doc/squid-3.5.20	手册目录
/var/spool/squid	默认的 Squid 缓存存放的目录

2. /etc/squid/squid.conf 主配置文件说明

CentOS 7.x 相比以前版本，主配置文件 squid.conf 非常简单，已经将里面的一些设定值去掉了。这样在使用起来比较方便，但是如果想要进行其他的设定，就需要额外参考外部文件了。在/etc/squid 目录下，系统同时提供了一个默认配置文件，其名称为 d.conf.default。在实际应用中，在使用 Squid 之前，必须先对该配置文件内容进行修改。

下面介绍 squid.conf 文件的结构以及一些常用的选项，该文件由访问控制列表、参数设置和缓存刷新策略 3 部分组成，主要内容如下。

```
[root@ localhost ~]# cat /etc/squid/squid.conf
#第一部分：访问控制列表
acl localnet src 10.0.0.0/8       #RFC1918 possible internal network
acl localnet src 172.16.0.0/12    #RFC1918 possible internal network
acl localnet src 192.168.0.0/16 #RFC1918 possible internal network
acl localnet src fc00::/7         #RFC 4193 local private network range
acl localnet src fe80::/10        #RFC 4291 link-local (directly plugged) machines
#定义Safe_ports所代表的端口
acl SSL_ports port 443
acl Safe_ports port 80            #http
acl Safe_ports port 21            #ftp
acl Safe_ports port 443           #https
acl Safe_ports port 70            #gopher
acl Safe_ports port 210           #wais
acl Safe_ports port 1025-65535 #unregistered ports
acl Safe_ports port 280           #http-mgmt
acl Safe_ports port 488           #gss-http
acl Safe_ports port 591           #filemaker
acl Safe_ports port 777           #multiling http
acl CONNECT method CONNECT        #定义CONNECT代表http里的CONNECT请求方法
#利用前面定义的acl，定义访问控制规则
http_access deny !Safe_ports            #拒绝不安全端口请求
http_access deny CONNECT !SSL_ports     #不允许连接非安全SSL_ports端口
http_access allow localhost manager     #允许本机管理缓存
http_access deny manager                #拒绝其他地址管理缓存
#http_access deny to_localhost          #拒绝连接到本地服务器提供的服务
http_access allow localnet
http_access allow localhost             #允许本机用户的请求
http_access deny all                    #拒绝其他所有请求
```

```
#第二部分：参数设置
# Squid normally listens to port 3128
http_port 3128    #Squid的监听端口
# Uncomment and adjust the following to add a disk cache directory.
#cache_dir ufs /var/spool/squid 100 16 256
#缓存目录的设置，可以设置多个缓存目录，语法为<cache_dir> <aufs|ufs> <目录所在> <MBytes大小> <dir1> <dir2>
#cache_dir ufs /var/spool/squid 100 16 256缓存文件夹，默认只在内存中进行缓存。这里指定缓存大小为
100M，第一层子目录为16个，第二层为256
# Leave coredumps in the first cache dir
coredump_dir /var/spool/squid
# Add any of your own refresh_pattern entries above these.

#第三部分：缓存刷新策略
refresh_pattern ^ftp:        1440 20% 10080
refresh_pattern ^gopher:     1440 0%  1440
refresh_pattern -i (/cgi-bin/|\?) 0   0%  0
refresh_pattern .   0    20% 4320
```

12.3 配置 Squid 代理服务器的访问控制

Squid 提供了强大的代理控制机制，通过对 Squid 服务器的基本参数及访问控制的设置，能够提高该服务器的使用性能。默认的访问控制是拒绝所有的客户端的请求代理，因此，要让客户端能够通过代理机制访问 Web 页面，首先需要在主配置文件 Squid.conf 中添加访问控制规则，其中 IP 地址在访问控制元素里是使用最广泛的，可以是地址范围、子网等方式。组成 Squid 服务器的访问控制有两个元素：ACL 元素和访问控制列表。下面详细介绍这两个元素，以及如何使用访问控制。

1. ACL 元素

ACL（Access Control Lists）元素是 Squid 访问控制的基础，其语法格式如下。

```
ACL 列表名称 列表类型 列表内容
```

其中，“列表名称”由管理员自行指定，用来识别控制条件；“列表类型”必须使用 Squid 预定义的值，对应不同类别的控制条件；“列表内容”是要控制的具体对象，不同类型的列表所对应的内容也不一样，可以有多个值（以空格分隔，为“或”的关系）。

通过上述格式可以发现，定义访问控制列表时，关键在于选择列表类型并设置具体的条件对象。Squid 预定义的列表类型有很多种，常用的包括源地址、目标地址、访问时间、访问端口等，下面列出一些常用的 ACL 元素列表类型，如表 12-2 所示。

表 12-2 ACL 元素列表类型

列表类型	含义/用途
src	源 IP 地址、网段、IP 地址范围
dst	目标 IP 地址、网段、主机名
port	目标端口
dstdomain	目标域，匹配域内所有站点
time	使用代理服务器的时间段
method	指定请求的方法
url_regex	URL 规则表达式匹配

在使用上述ACL元素的过程中，需要注意如下几点。

（1）列表类型可以为任一个在ACL中定义的名称。

（2）任何两个ACL元素不能使用相同的名称。

（3）每个ACL由列表值组成，当进行匹配检测时，多个值由逻辑或运算进行连接。也就是说，任一个ACL元素的值被匹配，则这个ACL元素就会被匹配。

（4）并不是所有ACL元素都能使用访问列表中的全部类型。

（5）不同的ACL元素写在不同的行中，Squid将这些元素组合在一个列表中。

2. 访问控制列表

访问控制列表可以用来控制（允许或拒绝）某些用户的访问。如果某一个访问没有相符的项目，则默认应用最后一个条目的“非”，假设最后一条为允许，则默认禁止。通常应该把最后的条目设为“deny all”或“allow all”。使用访问控制列表要注意以下几个问题。

（1）这些规则按照它们的排列顺序进行匹配检测。

（2）访问控制列表可以由多条规则组成。

（3）一条访问条目中的所有元素用逻辑与运算连接。

（4）多个声明之间使用或运算连接，但每个访问条目的元素之间使用与运算连接。

（5）列表中的规则总是遵循由上而下的顺序。

3. 使用访问控制

上面详细讲述了ACL元素和访问控制列表的语法，以及使用过程中需要注意的问题，下面讲述如何使用访问控制。

当需要限制的同一类对象较多时，可以使用独立的文件来存放，在ACL配置行的内容处指定对应的文件位置即可，如下所示。

```
[root@centos02~ ]# mkdir /etc/squid
[root@centos02~ ]# cd /etc/squid
[root@centos02 squid]# vim ipblock.list          #建立目标IP地址名单
61.135.167.36
125.39.127.25
60.28.14.0
[root@centos02 squid]# vim dmblock.list          #建立目标域地址名单
.qq.com
.msn.com
.live.com
.verycd.com
[root@centos02 squid]#  vim /etc/squid.conf
acl ipblock dst "/etc/squid/ipblock.list"
acl dmblock dstdomain "/etc/squid/dmblock.list"
```

当ACL设置好后，还需要通过http_access配置项进行控制。必须注意的是，http_access配置行必须放在对应的ACL配置行之后，每行http_access配置确定一条访问规则，语法格式如下。

```
http_access allow（或deny） 列表名
```

将刚才定义的ACL应用到规则中，如下所示。

```
[root@centos02 squid]# vim /etc/squid.conf
..........................
http_access deny !Safe_ports      #Squid默认存在的访问权限
http_access deny mediafile        #禁止客户端下载MP3等文件
http_access deny ipblock          #禁止客户端访问黑名单中的IP地址
http_access deny dmblock          #禁止客户端访问黑名单中的网站域
```

```
http_access deny mc20              #客户端的并发连接量超过20时将被阻止
http_access allow worktime         #允许客户端在工作时间内上网
reply_body_max_size 10 MB          #允许下载最大文件大小（10MB）
..........................
http_access deny all               #默认禁止所有客户端使用代理，Squid默认存在的访问权限
```

配置访问权限时，需要注意以下几点。

（1）列表名称尽管可以任意定义，但是要尽量使用便于理解、有实际意义的名称，方便管理维护，任何两个 ACL 不能使用相同的列表名称。不同的 ACL 元素分布在不同的行，通过 Squid 服务器组合在一个控制列表中。

（2）不同类型的列表值不同，以空格为分隔，多个列表值之间为“或”的关系，其中任何一个列表值检测匹配成功，就表示该 ACL 元素被匹配；若需要限制的列表内容较多，可以通过独立的文件来存放，并在 ACL 的配置行中指明该文件的存放位置即可。

（3）Squid 服务器有许多列表规则，访问列表的规则按照由上而下的顺序执行，Squid 找到匹配的规则就不再继续搜索，因此将最常用、最具体匹配的访问规则放在列表前面，这就意味着延时最少，使用效率最高。若没有设置任何访问规则，Squid 服务器将默认拒绝终端用户的访问请求。

（4）没有设置任何规则时，Squid 服务器将拒绝客户端的请求。这也就是为什么配置文件中默认存在 3 个网段的 ACL 规则，若想拒绝默认存在的 3 个网段中的某个，还需将其注释掉，再进行限制，以免发生冲突，造成访问规则不生效。

（5）由于将 ACL 主机名转换到 IP 的过程会延缓 Squid 的启动过程，一般在 ACL 中设置规则时，源地址、目标地址避免使用主机名，而是使用 IP 地址。

下面我们通过具体的实例来加深理解访问控制。

【实例 12-1】允许网段 172.16.56.0/24 和 192.168.1.0/24 内的所有客户机访问本地代理服务器，除此之外的客户机将拒绝访问本地代理服务器，如下所示。

```
acl clients src 172.16.56.0/24  192.168.1.0/24
acl all src 0.0.0.0/0.0.0.0
http_access allow clients
http_access deny all
```

【实例 12-2】允许和拒绝指定的用户访问指定的网站，允许用户 1（IP 地址为 172.16.10.20）访问网站 http://prac.dqabc.com，拒绝用户 2（IP 地址为 172.16.10.30）访问网站 http:// centos.dqlinux.com。

其中，文件/etc/squid/guest 中的内容如下。

```
acl client1 src  172.16.10.20
acl client1_url url_regex ^http://prac.dqabc.com
acl client2 src  172.16.10.30
acl client2_url url_regex ^http://centos.dqlinux.com
http_access allow client1 client1_url
http_access deny client2 client2_url
```

12.4 案例：部署 Squid 代理服务器的正向代理

【案例说明】

配置两台虚拟机器，分别代表内网客户端、Squid 代理服务器端，其中 Squid 代理服务器端能够访问外网，内网客户端指定网关和 HTTP 代理，实现使内网客户端通过 Squid 代理服务器的正向代理访问外网及缓存的目标。

本次任务的具体配置参数如下：Squid 代理服务器的主机名 squidserver，双网卡模式为仅主机模式与 NAT

模式，仅主机模式的网段为 192.168.20.0/24，NAT 模式的网段为 192.168.248.0/24。内网用户客户端主机名为 squidclient，网络模式采用仅主机模式。具体实验环境配置如表 12-3 所示。

表 12-3　正向代理实验环境配置

机器域名	IP 地址/网络连接模式	说明
squidclient	192.168.20.120/仅主机模式	内网客户端
squidserver	192.168.248.20/NAT 模式 192.168.20.121/仅主机模式	Squid 代理服务器

说明：表中的 IP 地址因实验环境不同会有所变化。

【案例实施】

要实施完成此项目需要完成以下 3 个任务。

任务一：搭建 Squid 服务器、内网客户端环境。

任务二：配置 Squid 服务器。

任务三：实现正向代理。

【任务一实施】

实现 Squid 服务器能够访问外网，内网用户只能与 Squid 服务器 ping 通，但是不能访问外网。

第 1 步：部署 Squid 服务器，实现双网卡模式。

在 Windows 系统下打开网络连接，可以看到有两个跟 VMware 有关的虚拟网络适配网卡 VMnet0 与 VMnet8，VMware 虚拟机在 NAT 模式下，主要依靠 VMnet8 跟宿主机通信。启用 VMware8，并设置 IP、子网掩码及网关，如图 12-1 所示。

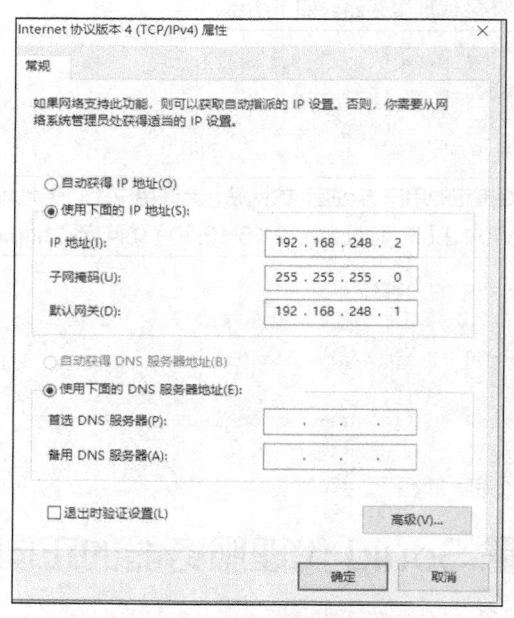

图 12-1　设置 IP、子网掩码及网关

使用 VMware 的菜单“编辑”→“虚拟网络编辑器”设置网络连接模式为仅主机模式与 NAT 模式，具体配置结果如图 12-2 所示。设置 NAT 模式的网关为 192.168.248.1，具体配置结果如图 12-3 所示。

选中 Squid 服务器所对应的虚拟机，选择菜单“设置”→“虚拟机设置”，添加网络适配器为双网络连接模式，具体配置结果如图 12-4 所示。

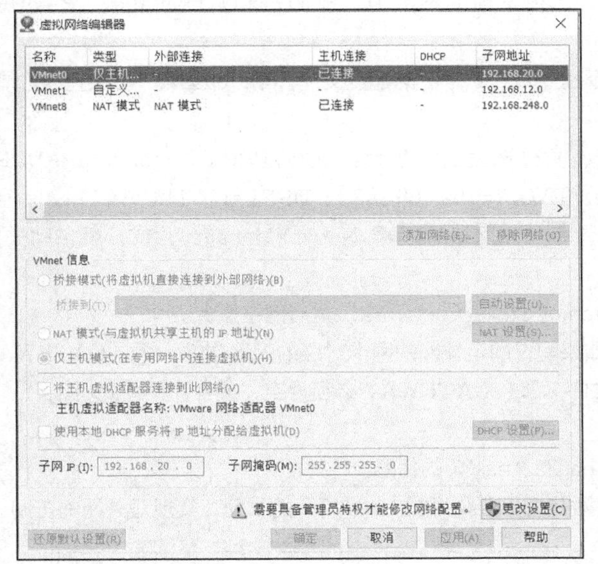

图 12-2　虚拟网络连接模式

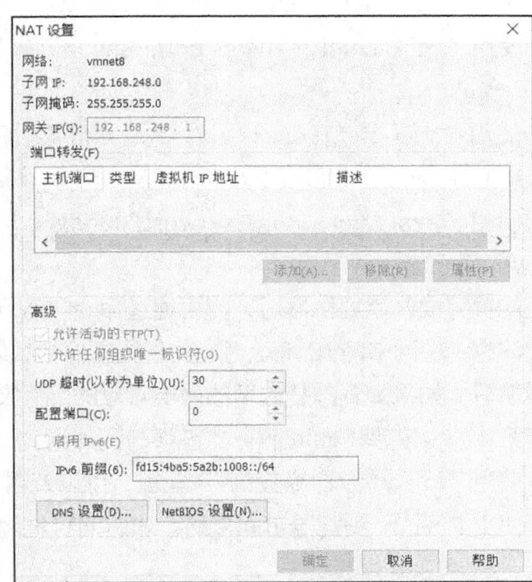

图 12-3　设置 NAT 模式的网关

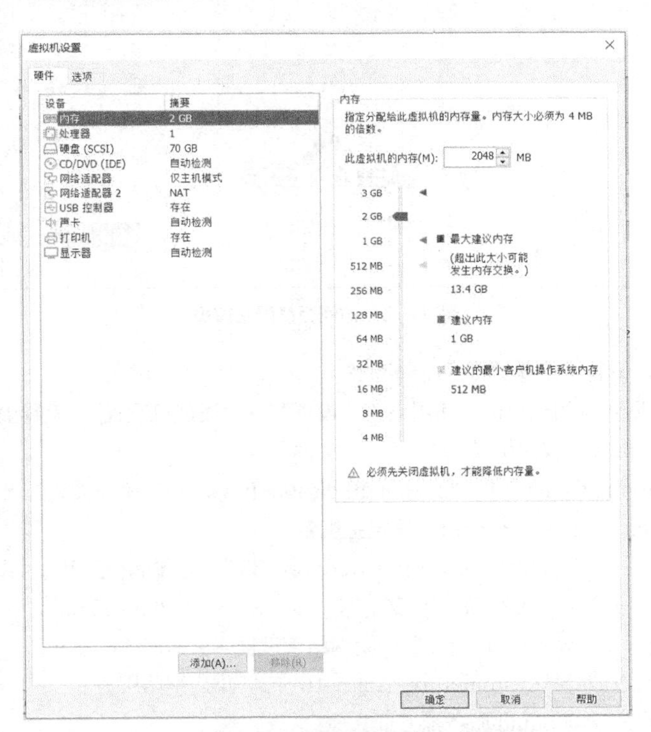

图 12-4　Squid 服务器的虚拟机网络连接模式

第 2 步：关闭防火墙，建立主机名。

使用“systemctl stop firewalld”或“systemctl disable firewalld”命令关闭防火墙，禁用 SELinux。

使用“hostnamectl set-hostname squidserver”命令设定主机名。

第 3 步：查看 Squid 服务器的 IP，设置双网卡地址。

使用“cd /etc/sysconfig/network-scripts”命令进入网卡配置文件所在目录。

使用“vim ifcfg-ens33”命令设置静态 IP，具体选项的参数为：BOOTPROTO=static，IPADDR=192.168.20.121，NETMASK=255.255.255.0。

使用“cp -a ifcfg-ens33 ifcfg-ens37”命令建立网卡 ens37 的配置文件 ifcfg-ens37，网络连接模式为 NAT 模式。

使用“vim ifcfg-ens37”命令设置静态 IP，具体选项的参数为：BOOTPROTO=static，IPADDR=192.168.248.20，NETMASK=255.255.255.0，GATEWAY=192.168.248.1，DNS1=114.114.114.114。

使用“systemctl stop NetworkManager”命令关闭网络管理器 NetwokManager，或开机自动关闭 NetwokManager。

配置完成，重启机器后，需要通过命令“systemctl restart network”重启网络服务。

注意：在网卡的 IP 地址对应的配置文件中，如果配置的是外网的网卡对应的配置文件，那么 GATEWAY 必须填写，如果配置的是内网的网卡对应的配置文件，那么 GATEWAY 必须为空，或者注释掉此项。

第 4 步：实现 Squid 服务器能够访问外网。

使用“ip addr”命令查询 IP 地址，可以查看 ens33、ens37 的信息。

使用 Firefox 浏览器访问外网，如访问百度网站首页，可获得图 12-5 所示的界面，实现对外网的访问。

图 12-5　访问百度网站首页

第 5 步：内网客户端设置网络连接模式及静态 IP。

选中 Squid 服务器所对应的虚拟机，使用菜单“设置”→“虚拟机设置”，设置虚拟机的网络适配器网络连接模式为“自定义 VMnet0（仅主机模式）”。

使用“systemctl stop firewalld”或“systemctl disable firewalld”命令关闭防火墙，禁用 SELinux。使用“hostnamectl set-hostname squidclient”设定主机名。

使用“vim /etc/sysconfig/network-scripts/ifcfg-ens33”设置静态 IP，具体选项的参数为：BOOTPROTO=static，IPADDR=192.168.20.120，NETMASK=255.255.255.0。

使用“systemctl stop NetworkManager”关闭网络管理器 NetwokManager。

配置完成后，需要通过命令“systemctl restart network”重启网络服务。

第 6 步：实现内网客户端与 Squid 服务器互通。

使用“ping 192.168.20.121”命令可看到内网客户端与 Squid 服务器网络畅通。同理，Squid 服务器与内网客户端网络畅通。

但是使用 Firefox 浏览器，内网客户端无法访问外网，如图 12-6 所示的界面。

【任务二实施】

第 1 步：安装 Squid 服务器。

首先查询 Squid 服务器是否安装，如果没有，可以通过 YUM 源安装。

使用“rpm –qa squid”命令检查 Squid 服务器是否安装。

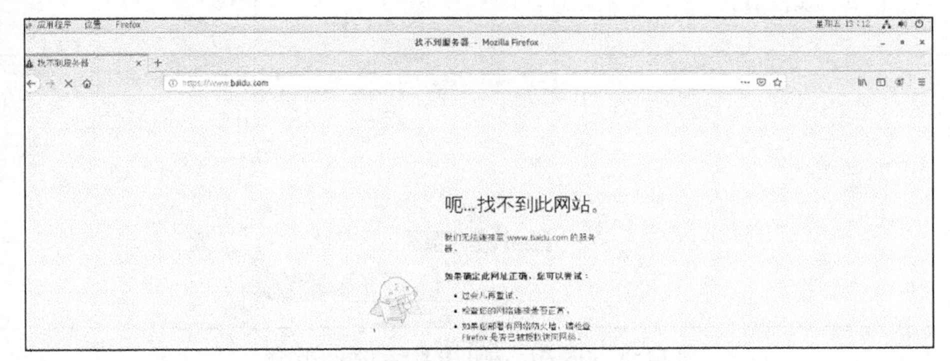

图 12-6　内网客户端无法访问外网

如果没有安装，则通过命令“yum install –y squid”安装。

第 2 步：备份/etc/squid/squid.conf 配置文件。

第 3 步：启动服务器。

使用“systemctl start squid”命令启动 Squid 服务器。

使用“systemctl enable squid”命令设置 Squid 服务器开机自动启动。

使用“lsof –i:3128”命令查看 3128 端口，3128 端口是 Squid 代理服务器默认端口。

第 4 步：开启路由转发。

使用“echo"1" > /proc/sys/net/ipv4/ip_forward”命令临时开启路由转发。或使用“vim /etc/sysctl.conf”命令打开 sysctl.conf 文件，加入一行“net.ipv4.ip_forward = 1”，保存退出后，使用“sysctl　–p”命令加载使得配置文件立即生效，永久开启路由转发。

【任务三实施】

第 1 步：配置代理服务器的 IP 和代理端口。

选中 firefox 浏览器，手动填写代理服务器的 IP 地址和代理端口，本例中 HTTP proxy 填写为 192.168.20.121，Port 端口为 3128，勾选“为所有协议使用相同代理服务器”，如图 12-7 所示。

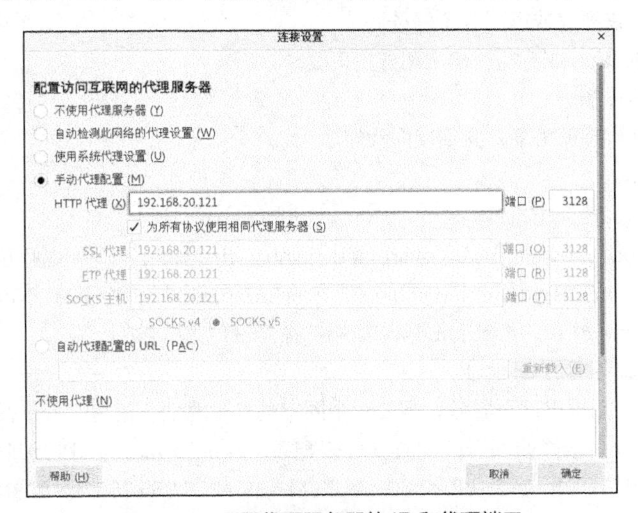

图 12-7　配置代理服务器的 IP 和代理端口

第 2 步：测试。

测试结果表明，外网网页能够正常显示，如图 12-8 所示，这说明内网客户端通过代理服务器能够访问外网。至此，Squid 代理服务器的正向代理部署成功。

图 12-8　内网客户端通过代理服务器访问外网

12.5　案例：部署 Squid 代理服务器的反向代理

【案例说明】

本案例需要配置 3 台虚拟机，分别代表内网 Web 服务器、Squid 代理服务器及模拟用户客户端，实现用户通过 Squid 代理服务器的反向代理功能快速访问内网 Web 服务器，具体反向代理实验环境配置如表 12-4 所示。

表 12-4　反向代理实验环境配置

机器域名	IP 地址/网络连接模式	说明
squiduser	192.168.248.100/NAT 模式	客户端
squidserver	1192.168.248.20/NAT 模式 192.168.20.121/仅主机模式	Squid 代理服务器
Webtest	192.168.20.80/仅主机模式	内网 Real Server

【案例实施】

要实施完成此项目，需要完成以下 3 个任务。

任务一：安装与配置 Web 服务器，建立测试主页面。

任务二：配置用户客户端。

任务三：搭建 Squid 代理服务器，实现反向代理。

【任务一实施】

第 1 步：关闭防火墙，建立主机名。

使用“systemctl stop firewalld”或“systemctl disable firewalld”命令关闭防火墙，使用“systemctl stop NetworkManager”或“systemctl disable NetworkManager”命令关闭 NetworkManage，并禁用 SELinux。使用“hostnamectl set-hostname webtest”命令设定主机名。

第 2 步：设置 Web 服务器的 IP 地址。

Web 服务器要为客户端提供网页服务，需要一个固定的 IP 地址，使用“vim /etc/sysconfig/network-scripts/ifcfg-ens33”命令直接修改网卡的配置文件来配置 Web 服务器的 IP 地址，具体选项的参数为：BOOTPROTO=static，IPADDR=192.168.20.80，NETMASK=255.255.255.0。配置完成后，需要通过命令“systemctl restart network”重启网络服务。

第 3 步：安装 Apache 服务软件。

拉载 CentOS 7.6 系统文件，配置好本地 YUM 源，使用“yum install -y httpd”命令安装 Apache 服务软件，安装好后通过“rpm -qa|grep httpd”命令可以查看安装完的软件。

第 4 步： 发布一个简单网页，用于测试。

使用“cp -p / /etc/httpd/conf/httpd.conf /etc/httpd/conf/httpd.conf.bakfile”命令备份配置文件。在修改配置文件前，一定要备份配置文件。使用“vim/var/www/html/index.html”命令“This is my jsjx web!”，新建网站的主页文件 index.html。

第 5 步：测试网站。

使用“systemctl start httpd”命令启动 httpd 服务，在浏览器中输入服务器的 IP 地址 192.168.20.80，就可以打开网站的测试页面，如图 12-9 所示。

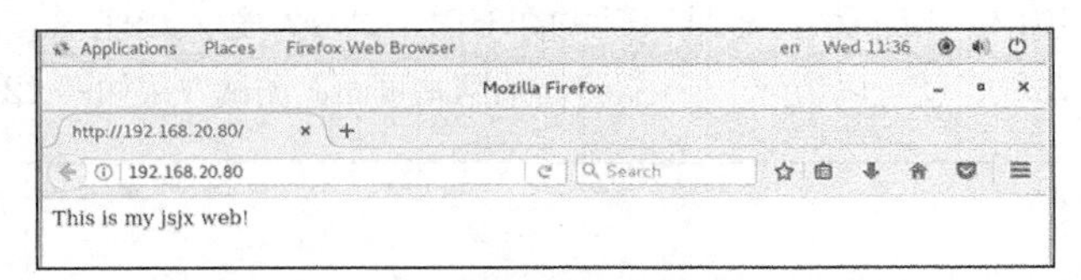

图 12-9　网站的测试页面

【任务二实施】

第 1 步：修改主机、网卡配置文件，设置 IP 地址。

使用“vim　/etc/sysconfig/network-scripts/ifcfg-ens33”命令打开并编辑 ifcfg-ens33 文件，设置静态 IP，具体选项的参数为：BOOTPROTO=static，IPADDR=192.168.248.100，NETMASK=255.255.255.0，GATEWAY=192.168.248.1。

第 2 步：重启网络服务。

使用“systemctl restart network”命令重启网络服务，查看 IP。

【任务三实施】

第 1 步：修改主机名，查看 Squid 服务器的 IP，设置双网卡地址。IP 地址为 192.168.248.20（NAT 模式）与 192.168.20.121（仅主机模式）。

第 2 步：编辑/etc/squid/squid.conf 配置文件。

建议读者用一个新的配置文件。如果是在上面的正向代理基础上再做反向代理，先注释掉前面所有的配置。

使用“vim　/etc/squid/squid.con”命令修改主配置文件 squid.conf，添加如下内容（只显示修改部分）。

```
[root@server ~]# vim /etc/squid/squid.conf
    59 #http_port 3128
    60 http_port 192.168.248.20:80 accel vhost vport
    61 cache_peer 192.168.20.80 parent 80 0 no-query no-digest orignserve
```

其中每行的具体释义如下。

- ❑ http_port 192.168.248.20:80 accel vhost vport
  - ★ http_port 192.168.248.20:80：表示指定 Squid 代理服务器的端口为 80，本例中表示客户端（IP 地址为 192.168.248.80）访问 Squid 代理服务器（IP 地址为 192.168.248.20）的 80 端口。
  - ★ accel ：表示加速器模式。
  - ★ vhost： 支持用域名或主机名。
  - ★ vport ：支持 IP 地址和端口。
- ❑ cache_peer 192.168.20.80 parent 80 0 no-query originserver
  - ★ 192.168.20.80：内网 Web 服务器的 IP 地址，本例中内网 Web 服务器地址为 192.168.20.80。

★ Parent：父级代理服务器。

★ 80：80 端口。

★ 0：表示一台代理服务器。

★ no-query：禁用查询。

★ no-digest：代理服务器之间不做摘要表查询。

★ originserver：说明父节点是一台实际服务器。

第 3 步：启动服务器。

使用“systemctl start squid”命令启动 Squid 服务器。使用“systemctl enable squid”命令设置 Squid 服务器开机自动启动。

第 4 步：客户端测试。

在客户端的浏览器栏输入“http://IP 地址”形式的 URL，本例中输入代理 Squid 服务器的 IP 地址是 192.168.248.20（NAT 模式），就可以访问 Web 服务器的网站页面，测试效果如图 12-10 所示。

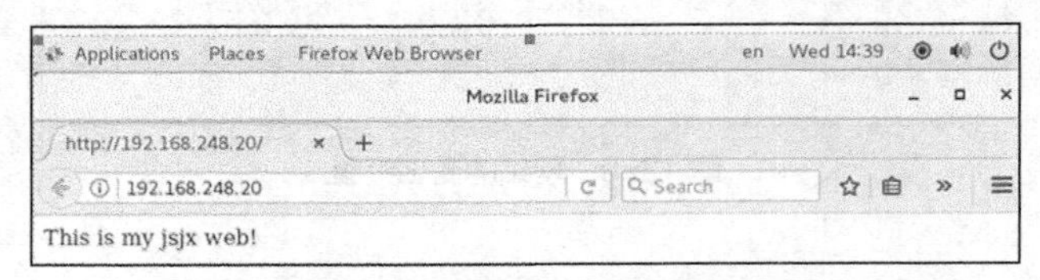

图 12-10　使用 IP 地址访问网站的测试页

结果表明，在客户端，通过 Squid 代理服务器可以成功访问 Web 服务器的网站页面，Squid 代理服务器的反向代理部署成功。

12.6　本章小结

本章主要介绍 Linux 系统中的 Squid 代理服务器，介绍了代理服务器的工作机制，分析了正向代理、透明代理和反向代理 3 种类型的应用机制，讲解了 ACL 元素及访问控制特性，并通过实例配置 Squid 代理服务器的访问控制和基本参数，最后通过案例详细介绍 Squid 代理服务器的正向代理机制与反向代理机制，希望读者通过案例能加强对 Squid 代理服务器的认识和应用能力。

12.7　习题

一、选择题

1. 下面哪一个是 Squid 代理服务器的默认主配置文件的存放路径？（　　）

A. /etc/conf　　B. /etc/conf/squid

C. /etc/squid/　　D. /etc/httpd /t

2. Squid 代理服务器服务的端口号是（　　）。

A. 22　　B. 3128

C. 69　　D. 80

3. 为建立供用户认证使用的账户文件，可利用 Apache 的（　　）命令生成账户文件/etc/squid/passwd。

A. htpasswd　　B. passwd

C. http_passwd　　D. ht_passwd

4. 下面列出的认证模式，哪一个不是 Squid 支持的用户认证？（　　）

A. 摘要　　B. 协商

C. NTLM　　D. SDN

5. 关于访问控制选项，下列说法错误的是（　　）。

A. arp 表示指定客户端的 MAC 地址

B. 为客户端发送启动文件和系统安装文件

C. src 指定客户端请求的服务器的 IP 地址

D. dstdomain 指定客户端请求的服务器域名

二、简答题

1. 简述代理服务器在计算机网络中的用途。
2. 简述 Squid 代理服务器的工作机制。
3. 如何更改 Squid 代理服务器的操作端口？
4. 简述 Squid 服务器的反向代理机制。

三、实验题

部署 Squid 代理服务器，实现满足下列条件的使用访问控制。

（1）允许网段 10.0.0.124/24 和 192.168.10.15/24 内所有客户端访问代理服务器，并且允许文件 /etc/squid/test 列出的客户端访问代理服务器，除此之外的客户端拒绝访问本地代理服务器。

（2）允许域名为 aaa.edu.cn、web.squid.com 的两个域名访问本地代理服务器，拒绝其他的域名访问。

CHAPTER13

第13章

Shell编程

学习目标：

- 掌握 Shell 脚本的编制、执行和调试；
- 理解 Shell 脚本的组成和编码规范；
- 掌握 Shell 变量替换、数值计算、输入输出；
- 掌握变量分类（环境变量、用户自定义变量、预定义变量和位置参数）；
- 掌握条件测试；
- 掌握条件分支语句（if、case）；
- 掌握循环语句（for、 while、until）；
- 理解循环控制语句（break、continue）。

Shell 脚本是实现 Linux/UNIX 系统管理及自动化运维所必备的重要工具，每一个合格的 Linux 运维工程师，都需要熟练地编写 Shell 脚本，并能编写或阅读系统及各类软件的 Shell 脚本。本章主要内容包括 Shell 概述、Shell 变量、变量的输入与输出、数值计算、条件测试、条件判断控制语句、循环控制语句、脚本运维实例等。本章重点介绍了如何利用 Shell 脚本语言进行 Shell 脚本编写，为后续学习自动化运维做好铺垫。

13.1 Shell 概述

在计算机中，用户是无法直接与硬件或内核交互的。用户一般通过应用程序发送命令给内核，内核在收到命令后分析用户需求，调度硬件资源来完成操作。在 Linux 系统中，这个应用程序就是 Shell。

13.1.1 什么是 Shell

Shell 是一个命令解释器，存在于操作系统的最外层，负责与用户直接对话，把用户输入的内容解释给操作系统，并处理各种各样的操作系统的输出结果，然后输出到屏幕返回给用户。

Shell 也是一种解释型的程序设计语言，使用 Shell 语言编写的程序称为 Shell 脚本，又叫 Shell 程序或 Shell 命令文件。Shell 脚本通常由 Linux 命令、Shell 命令、控制语句及注释语句构成。Shell 是所有编程语言中最容易上手、最容易学习的编程语言。

Shell 提供了两种方式以实现用户与内核的通信：交互式通信和非交互式通信。交互式通信指用户每输入一条命令，Shell 就执行一条，此种方式下用户输入的命令可以立即得到响应；非交互式通信指按照 Shell 语言规范编写的 Shell 脚本，是放在文件中的一串 Shell 命令和操作系统命令，它们可以被重复使用。

13.1.2 Shell 的分类

Linux 中 Shell 种类很多，常见的 Shell 有 Bourne Shell、C Shell、Korn Shell、Bourne again Shell、Z Shell 等，不同的 Shell 有自己的特点及用途。Linux 中默认的 Shell 是/bin/bash。

1. Bourne Shell（sh）

sh 是 Linux/UNIX 操作系统最初使用的 Shell，在任何一个操作系统上都可以使用。sh 在 Shell 编程方面很优秀，但是在用户与内核的交互性方面不如其他几种 Shell。

2. C Shell（csh/tcsh）

csh 的语法和 C 语言类似，因此，csh 被很多 C 语言程序员使用，这也是 csh 名称的由来。csh 提供了友好的用户界面，并且增加了与用户的交互功能，如作业控制、命令行历史和别名等。虽然 csh 的功能很强大，但它的运行速度非常慢。

3. Korn Shell（ksh）

ksh 结合了 csh 的交互式特性，并融入了 sh 语法，增加了一些功能，如数学计算、进程协作、行内编辑等。

4. Bourne again Shell（bash）

bash 是 sh 的扩展，在 sh 的基础上增加了许多特性，而且它融合了 csh 和 ksh 的优势，如作业控制、命令历史行、支持任务控制等。bash 有灵活和强大的编程接口，同时又有很友好的用户界面，是 Linux 操作系统默认的 Shell。

5. Z Shell（zsh）

zsh 是 Linux 操作系统中最大的 Shell，它包含 84 个内置命令。在完全兼容 bash 的同时，zsh 还有很多特性，如更高效的启动补全功能，但是 zsh 需要使用者手动安装，比较麻烦，一般的 Linux 操作系统不使用 zsh。

Linux 操作系统中不同的 Shell 具有各自的特点和不足，用户在使用时可以根据具体情况酌情选择。当前 Linux 系统可用的 Shell 都记录在/etc/shells 文件中，使用 cat 命令查看/etc/shells 文件中的内容可以得到主机支持的 Shell 类型。

```
[root@webjsjx ~]# cat /etc/shells
```

根据输出结果可知本机中有 sh、bash、tcsh 和 csh 共 4 种 Shell。可使用 echo 命令显示环境变量$SHELL 的值，查看当前正在使用的 Shell 类型，具体命令及输出结果如下。

```
[root@webjsjx ~]# echo $SHELL
/bin/bash
```

通过输出结果可知，本机使用的 Shell 类型是 bash，即系统默认的 Shell。几乎所有 Linux 发行版本的默认 Shell 都是 bash。

我们也可以通过系统创建用户时使用的 Shell 来查看，如在/etc/passwd 文件中通过搜索命令 grep 查看 root 用户的默认 Shell 类型。

13.1.3 Shell 的语法介绍

Shell 程序（或脚本）的基本语法较为简单，主要由开头部分、语句执行部分及注释部分组成。

1. 开头

Shell 脚本文件必须在第一行定义用于运行脚本的解释器，通过#!符号与 Shell 的完整路径来表示。在 Linux 中 Shell 的脚本一般为“#!/bin/bash”，放在文件的第一行，指此脚本使用/bin/bash 来解释执行，“#!”是特殊的表示符，其中“#”表示该行是注释，叹号“！“表示 Shell 运行叹号之后的命令，即运行/bin/bash，并让/bin/bash 去执行 Shell 程序中的内容。也可以用其他的解释器来写对应的脚本，比如说/bin/csh 脚本、/bin/perl 脚本、/bin/awk 脚本、/bin/sed 脚本等。

2. 语句执行部分

Shell 程序的可执行部分通常由 Linux 命令、Shell 命令、控制结构组成。

3. 注释部分

在进行 Shell 编程时，以“#”开头的句子表示注释，直到这一行结束。在 Shell 程序中写注释语句是一个很好的编程习惯。

13.1.4 Shell 脚本的创建与执行

Shell 脚本语言很适合纯文本类型的数据，而 Linux 系统中几乎所有的配置文件、日志文件，以及绝大多数的启动文件，都是纯文本类型的文件，因此，学好 Shell 脚本语言，就可以利用它在 Linux 系统中发挥巨大的作用。

1. 创建文件

在 Linux 系统中编写 Shell 程序通常是在编辑器 vi/Vim 中完成的。由于 Shell 是解释执行的，因此不需要编译成目标程序。Shell 脚本的命名一般为英文的大写、小写，不能使用特殊符号、空格来命名，Shell 脚本后缀可以没有，如果有，一般以.sh 结尾。

下面通过一个简单的实例来介绍 Shell 程序是如何创建的。在/home/student 目录下，使用 Vim 编辑器创建文件 shfile1.sh，该文件的代码如下。

```
#!/bin/bash                          #定义该脚本使用的Shell类型
#filename:shfile1                    #表示脚本名称
echo "This is a test file."          #脚本执行部分
```

2. 执行文件

在 CentOS 7 系统中执行 Shell 脚本，一般有 3 种方法。

方法一：Shell 脚本添加执行权限后再执行。

刚编写完成的脚本文件本身没有可执行权限，文件还不能执行，需要给它设置可执行权限。可以使用 chmod

赋予 shfile1.sh 可执行权限，然后通过脚本绝对路径或相对路径就可以执行。现在使用这种方法执行 shfile1.sh，命令如下。

```
[student@localhost ~]$ ll  shfile1.sh          #查看文件shfile1.sh
-rw-rw-r-- 1 student student 56 Aug  8 09:42 shfile1.sh
[student@localhost ~]$ chmod u+x shfile1.sh #使用chmod赋予shfile1.sh可执行权限
[student@localhost ~]$ bash shfile.sh          #执行shfile1.sh
 This is a test file.
```

方法二：bash script-file。

命令格式：bash script-file。

该命令的功能：当脚本文件本身没有可执行权限（即文件属性 x 为“-”），或者脚本文件开头没有指定解释器时，可使用的方法。这实际上是通过调用新的 Bash 命令解释程序，把文件名作为参数传递给它，然后执行文件中列出的命令。现在使用这种方法执行 shfile1.sh，命令如下。

```
[student@localhost ~]$ ll  shfile1.sh          #查看文件shfile1.sh
-rw-rw-r-- 1 student student 56 Aug  8 09:44 shfile1.sh
[student@localhost ~]$ bash shfile1.sh         #执行shfile1.sh
 This is a test file.
```

方法三：source script-file。

命令格式：source script-file 或 . script-file。

该命令的功能：当脚本文件本身没有可执行权限时，读入脚本并执行脚本。现在使用这种方法执行 shfile1.sh，命令如下。

```
[student@localhost ~]$ ll  shfile1.sh          #查看文件tesfile1.sh
-rw-rw-r-- 1 student student 56 Aug  8 09:50 shfile1.sh
[student@localhost ~]$ source shile1.sh        #执行shfile1.sh
 This is a test file.
[student@localhost ~]$ .  shfile1.sh           #执行shfile.sh
 This is a test file.
```

可见，以上 3 种方法执行 Shell 脚本，均得到预期的结果。

13.1.5 Shell 脚本的调试

在 Shell 编程过程中难免会出错，有时候，调试程序比编写程序花费的时间还要多，Shell 程序同样如此。Shell 程序的调试主要是利用 bash 命令解释程序的选择项。

调用 bash 的语法格式是“bash 选项 Shell 程序文件名”。

常用的调试选项及其功能如表 13-1 所示。

表 13-1 常用的调试选项及其功能

选项	功能
-e	如果一个命令失败就立即退出
-n	读一遍脚本中的命令但不执行，用于检查脚本中的语法错误
-u	置换时把未设置的变量看作出错
-v	当读入 Shell 输入行时，同时显示出来
-x	提供跟踪执行信息，执行命令时把命令和它们的参数显示出来

上面的所有选项也可以在 Shell 程序内部用“set - 选择项”的形式引用，而“set +选择项”将禁止该选择项起作用。如果只想对程序的某一部分使用某些选择项，则可以将该部分用上面两个语句包围起来。

调试 Shell 程序的主要方法是利用 Shell 命令解释程序的“-v”或“-x”选项来跟踪程序的执行。“-v”选项使 Shell 在执行程序的过程中，把它读入的每一个命令行都显示出来，而“-x”选项使 Shell 在执行程序的过程中把它执行的每一个命令在行首用一个“+”加上命令名显示出来，并把每一个变量和该变量所取的值也显示出来。

除了使用 Shell 的“-v”或“-x”选项，还可以在 Shell 程序内部采取一些辅助调试的措施。

13.1.6 Shell 脚本的退出

Shell 中运行的每个命令都使用退出状态码（exit status）告诉 Shell 它已经运行完毕。退出状态码是一个 0～255 的整数值，在命令结束运行时由命令传给 Shell。Shell 可以捕获这个值并在脚本中使用。Linux 提供了一个专门的变量“$?”来保存上个已执行命令的退出状态码，如下所示。

```
[student@localhost ~]$ date
2021年01月16日 星期六 14:46:52 CST
[student@localhost ~]$ echo $?
0
[student@localhost ~]$
```

默认情况下，Shell 脚本运行最后一条命令时，脚本就结束了，Shell 脚本会以脚本中的最后一个命令的退出状态码退出。用户可以使用 exit 命令改变这种行为，返回自己定义的退出状态码。

exit 是一个 Shell 内置命令，用来退出当前 Shell 进程，并返回一个退出状态，其格式如下。

```
exit [<n>]
```

可以指定退出状态 *n*，*n* 的取值范围是 0～255，一般情况下，使用“$?”可以接收这个退出状态。如果不指定，默认状态值是 0。一般情况下，退出状态为 0 表示执行成功，退出状态为非 0 表示执行失败（出错）。

【实例 13-1】编写脚本 shfile2.sh，使用 exit 命令退出脚本。

```
#!/bin/bash
echo "hello,everyone!"
exit        #可以设定脚本的退出状态码，如exit 5，也可以不设定
#执行脚本
[student@localhost ~]$ bash shfile2.sh
hello,everyone!
[student@localhost ~]$ echo $?   #查看脚本的退出状态码
0
```

exit 命令允许在脚本结束时指定一个退出状态码，当查看脚本的退出状态码时，用户会得到作为参数传给 exit 命令的值。在 exit 命令的参数中也可以使用变量。

13.2 Shell 变量

变量来源于数学，是计算机语言中能存储计算结果或能表示值的抽象概念。变量可以通过变量名来访问。脚本语言在定义变量时通常不需要指明类型，直接赋值就可以，这一点和大部分的编程语言不同。例如在 C 语言或者 C++中，变量分为整数、小数、字符串、布尔等多种类型。Shell 属于解释型语言，Bash Shell 在默认情况下不会区分变量类型，给一个变量赋值，实际上就是定义了变量，不需要声明类型。每一个变量的值都是字符串，无论给变量赋值时有没有使用引号，值都会以字符串的形式存储。如果在使用时需要指定 Shell 变量的类型，可以使用 declare 关键字显式定义变量的类型，但在一般情况下没有这个需求，Shell 开发者在编写代码时自行注意值的类型即可。

Shell 编程中变量分为 4 种：环境变量、用户自定义变量、预定义变量、位置变量。

13.2.1 环境变量

环境变量是由一组变量及其值组成的，决定了用户的运行环境（即Shell环境）的外观，也称为全局变量。按照系统规定，所有环境变量均采用大写形式，可以在创建它们的Shell及其派生出来的任意子进程Shell中使用。环境变量又可以分为自定义环境变量和bash内置的环境变量，bash内置的环境变量是Shell在启动时就已经定义了的一些与系统工作有关的变量；自定义环境变量可以在命令行中设置和创建，用户退出命令行时这些变量值就会丢失，想要永久保存自定义环境变量，可在用户家目录下的.bash_profile或.bashrc文件中定义，这样每次用户登录时这些变量都将被初始化。

Shell变量的命名规范和大部分编程语言一样，变量名由数字、字母、下画线组成；必须以字母或者下画线开头；不能使用Shell里的关键字。

1. 常用的bash环境变量

bash中内置了很多环境变量，比如HOME、PATH、USER等，用户可以通过"env"命令查看这些变量，也可以通过修改相关的环境定义文件来修改环境变量。常用的Shell环境变量及其功能如表13-2所示。

表13-2 常用的Shell环境变量及其功能

变量	功能
BASH	用来调用Shell的完整文件名
HISTFILE	保存Shell历史记录列表的文件名（默认是 .bash_history）
HISTFILESIZE	保存在历史文件中的最大行数
HISTSIZE	历史命令记录数
HOSTNAME	当前主机的名称
PPID	Bash Shell父进程的PID
PS1	主命令行提示符字符串，root用户的默认值是"#"，普通用户的默认值是"$"
PS2	次命令行提示符字符串，默认值是">"
PWD	当前工作目录
SHELL	Shell的全路径名
UID	当前用户的UID

2. 环境变量的查看

使用echo或printf命令显示或打印环境变量，在引用环境变量内容时，应在变量名前加符号"$"，而且变量名要用大写字母表示，如查看环境变量PS1的值，命令如下。

```
[student@localhost ~]$ echo $PS1
[\u@\h \W]\$
```

3. 环境变量的定义与删除

如果想设置环境变量，就要给变量赋值后或在设置变量时使用export命令，export命令的作用是声明此变量为环境变量。

【格式】export 变量名=value　或　变量名=value;export 变量名

例如，定义YUMPATH变量并赋值为 /usr/local，然后利用export命令声明YUMPATH。

```
[student@localhost ~]$ export YUMPATH=/usr/local
[student@localhost ~]$ echo $YUMPATH
/usr/local
```

也可以在给变量赋值的同时使用export命令，如下所示。

```
[student@localhost ~]$ YUMPATH=/usr/local
[student@localhost ~]$ export YUMPATH
[student@localhost ~]$ echo $YUMPATH
/usr/local
```

删除环境变量使用 unset 命令。

```
[student@localhost ~]$ unset YUMPATH
```

4. 环境变量的配置文件

Linux 中系统环境文件包括全局环境变量配置文件和用户环境变量配置文件。

全局环境变量配置文件对每个用户都有效，例如/etc/profile、/etc/bashrc、/etc/environment 等。其中/etc/profile 是 Linux 系统上默认的 Shell 环境的配置文件，当系统启动后第一个用户登录时执行，并从/etc/profile.d 目录的配置文件中搜集 Shell 的设置，该文件配置的环境变量将应用于登录到系统的每一个用户。如果系统管理员希望某个变量设置对所有用户都生效，则可以写在这个文件里。

用户环境变量配置文件位于用户的家目录下，主要是~/.bash_profile、~/.bashrc 两个文件。~/.bash_profile 文件主要定义了当前用户专用的 Shell 信息，当用户登录时，该文件被执行。~/.bashrc 主要用于当用户登录以及每次打开新的 Shell 时，该文件被读取。

13.2.2 用户自定义变量

用户可以定义自己的变量，语法格式是“变量名=变量值”。

变量用等号“=”连接值，“=”左右两侧不能有空格。这是 Shell 语言特有的格式要求。在绝大多数的其他语言中，“=”左右两侧是可以加入空格的。但是在 Shell 中，命令的执行格式是“命令 [选项] [参数]”，如果在等号“=”左右两侧加入空格，那么 Linux 会误以为这是系统命令，进行报错。

在定义变量时，变量名前不应加符号“$”，在引用变量的内容时则应在变量名前加符号“$”；为了对变量名和命令名进行区别，建议所有的变量名都用大写字母表示。

【实例 13-2】用户自定义变量 NAME。

```
[student@localhost ~]$ $NAME=Jack      #在定义变量名时，变量名前加“$”就报错
bash: =Jack: command not found…
[student@localhost ~]$ NAME=Jack
[student@localhost ~]$ echo $NAME      #引用变量时，变量名前加“$”
Jack
[student@localhost ~]$ echo My name is $NAME
My name is Jack
```

Shell 支持连续输出多个变量。例如，再定义一个变量 HEIGHT，其值为 170，然后同时输出 NAME 和 HEIGHT。

```
[student@localhost ~]$ HEIGHT=170
[student@localhost ~]$ echo $NAME $HEIGHT
Jack 170
```

变量值中如果有空格，则需要使用双引号括起来。例如，定义变量 AA="hello world!"。

```
[student@localhost ~]$ AA=hello world
bash: world: command not found…
[student@localhost ~]$ AA="hello world"
[student@localhost ~]$ echo $AA
hello world
```

有关 Shell 变量定义、复制及变量输出时加单引号、双引号、反引号的说明，如表 13-3 所示。

表 13-3　单引号、双引号和反引号的说明

项目	说明
单引号	将单引号内的内容按照原内容输出
双引号	将双引号内的内容输出，但是双引号若有命令、变量、特殊转义符等，会把它们先解析出结果，然后再输出最终内容
反引号	用于引用命令，将其中的语句当作命令执行，输出执行结果

【实例 13-3】单引号、双引号、反引号的使用。

```
[student@localhost ~]$ date                                    #执行date命令
Mon Aug 10 15:19:53 CST 2020
[student@localhost ~]$ echo 'Today is `date`'     #单引号内的内容原样输出
Today is `date`
[student@localhost ~]$ echo "Today is date"
Today is date
#对于连续的字符串等内容输出一般可以不加引号，但加双引号比较稳妥，所以建议带有空格的字符串加双引号
[student@localhost ~]$ echo "Today is `date`"
Today is Mon Aug 10 15:22:43 CST 2020
#输出内容加双引号，如果里面是变量或用反引号引起来的命令，则会把变量或命令解析后再显示出来
[student@localhost ~]$ echo "Today is $(date)"
Today is Mon Aug 10 15:23:16 CST 2020
#$( ) 的功能和反引号``相同。
```

删除所定义的变量，可以使用 unset 命令。

```
[student@localhost ~]$ unset AA
```

13.2.3　预定义变量

预定义变量和环境变量类似，也是在 Shell 一开始定义的变量，所有预定义变量都是由符号“$”和另一个符号组成的，主要用来查看脚本的运行信息。Shell 中常用的预定义变量如表 13-4 所示。

表 13-4　Shell 中常用的预定义变量

预定义变量	说明
$?	命令退出状态，0 表示正常退出，非 0 表示异常退出。对于不同的错误，返回值是不同的
$*	传递到脚本的所有参数
$#	传递到脚本的参数数量
$$	获取当前执行的 Shell 脚本的进程号
$!	获取后台运行的最后一个进程号
$0	获取当前执行的 Shell 脚本的文件名

13.2.4　位置变量

位置变量主要接收传入 Shell 脚本的参数，是在程序名之后输入的参数，因此，位置变量也称为位置参数。位置参数表示为“$n”，其中 *n* 是从 1 开始的。“$n”用于接收传递给 Shell 脚本的第 *n* 个参数，如变量$1 接收传入脚本的第一个参数，第二个参数为$2，以此类推，当位置参数的个数大于 9 时，则用大括号括起来，例如

${10}，位置参数之间用空格分隔。需要注意的是，$0 不是位置参数，它表示脚本自身的文件名。

下面通过一个 Shell 脚本来演示位置变量的用法。

【实例 13-4】编写脚本 shfile3.sh，实现位置变量的使用。

```
#!/bin/bash
echo "This script is about positional variables:$0"
echo "Positional parameter #1:$1"
echo "Positional parameter #2:$2"
echo "Positional parameter #3:$3"
echo "Positional parameter #4:$4"
echo "Positional parameter #5:$5"
echo "Positional parameter #6:$6"
echo "Positional parameter #7:$7"
echo "Positional parameter #8:$8"
echo "Positional parameter #9:$9"
echo "Positional parameter #10:${10}"
```

执行脚本，并在文件名后输入相应的参数，运行结果如下。

```
[student@localhost ~]$ bash shfile3.sh 10 20 30 40 50 60 70 80 90 100
This script is about positional variables:./ shfile3.sh
Positional parameter #1:10
Positional parameter #2:20
Positional parameter #3:30
Positional parameter #4:40
Positional parameter #5:50
Positional parameter #6:60
Positional parameter #7:70
Positional parameter #8:80
Positional parameter #9:90
Positional parameter #10:100
```

13.3 变量的输入与输出

13.3.1 变量的输入

在 Shell 中，可以采用赋值操作符“=”给变量赋值，也可以通过位置参数方式赋给变量，前一小节的实例中已经介绍了这种方法。但有时候脚本的交互性还需要更强一些，比如脚本运行是通过提示信息提问，等待运行脚本的用户回答，从而获取用户输入的结果，Bash Shell 为此提供 read 命令来实现这个功能。read 是 bash 内置命令。

read 命令用于从标准输入（键盘）或另一个文件描述符中读取数据。收到输入数据后，read 命令会将数据存放到一个变量中。在 read 命令后面，如果没有指定变量名，读取的数据将被自动赋值给特定的变量 REPLY。

【格式】read [-ers] [-a aname] [-d delim] [-i text] [-n nchars] [-N nchars] [-p prompt] [-t timeout] [-u fd] [name …]

read 命令参数说明如表 13-5 所示。

表 13-5 read 命令参数说明

参数	说明
-a	将分配后的字段一次存储到指定的数组中
-d	指定读取行的结束符号，默认结束符号为换行符
-p	在输入前显示提示信息
-e	在输入的时候可以使用命令补全功能
-n	限制读取 *N* 个字符就自动结束读取，如果没有读满 *N* 个字符就按回车键或遇到换行符，则也会结束读取
-N	严格要求读满 *N* 个字符才自动结束读取
-r	禁止反斜线的转义功能
-s	安静模式，在输入字符时不在屏幕显示
-t	给出超时时间，在达到超时时间时，read 退出并返回错误
-u	从给定的文件描述符读入数据

下面通过具体的实例来详细介绍 read 命令。

【实例 13-5】编写脚本 shfile4.sh，实现简单读取。

```
[student@localhost ~]$ cat shfile4.sh
#!/bin/bash
echo "Please input your name: "
read name
echo "Your name is $name.Glad to meet you!"
[student@localhost ~]$ chmod u+x shfile4.sh
[student@localhost ~]$ bash shfile4.sh
Please input your name:
heren
Your name is heren.Glad to meet you!
```

read 命令也可以将提示符后输入的所有数据分配给指定的多个变量。输入的每个数据值都会分配给变量列表中的下一个变量。如果变量数量不够，剩下的数据就全部分配给最后一个变量。

【实例 13-6】用 read 命令指定多个变量。

```
[student@localhost ~]$ cat shfile6.sh
#!/bin/bash
read -p "Please input your classmate's name: " name1 name2 name3
echo "Your classmate are $name1,$name2,$name3,…"
[student@localhost ~]$ bash shfile6.sh
Please input your classmate's name: jackey lucy helen  lili
Your classmate are jackey,lucy,helen lili,…
```

有时候需要使输入的信息在屏幕上不显示出来，例如当输入密码时进行隐藏（实际上，数据会被显示，只是 read 命令会将文本颜色设成跟背景颜色一样）。

【实例 13-7】运用-s 参数，使 read 命令中输入的数据不显示在命令终端上。

```
[student@localhost ~]$ cat shfile7.sh
#!/bin/bash
```

```
read -s -p "Please input your password: " paswd
echo
echo "Your password is $paswd"
[student@localhost ~]$ bash shfile7.sh
Please input your password:
Your password is linux
```

还可以使用-n 参数设置 read 命令对输入的字符计数。当输入的字符数目达到预定数目时，自动退出，并将输入的数据赋值给变量。

也可以用 read 命令来读取 Linux 系统上文件里保存的数据。每次调用 read 命令都会读取文件中的“一行”文本。当文件没有可读的行时，read 命令将以非零状态退出。

13.3.2　变量的输出

1. echo 命令

Linux 的 echo 命令，在 Shell 编程中极为常用，在终端下打印变量 value 的时候也是常常用到的，因此，读者有必要了解 echo 的用法。

【功能】在显示器上显示一段文字，一般起到一个提示的作用。

【格式】echo [-neE] [参数]

其中字符串能加引号，也能不加引号。用 echo 命令输出加引号的字符串时，将字符串原样输出；用 echo 命令输出不加引号的字符串时，将字符串中的各个单词作为字符串输出，各字符串之间用一个空格分割。

参数说明如下。

- -n：不要在最后自动换行。
- -e：若字符串中出现以下字符，则特别加以处理，而不会将其当成一般文字输出。
  - ★ \a：发出警告声。
  - ★ \b：删除前一个字符。
  - ★ \c：最后不加上换行符号。
  - ★ \f：换行但光标仍停留在原来的位置。
  - ★ \n：换行且光标移至行首。
  - ★ \r：光标移至行首，但不换行。
  - ★ \t：插入水平制表符。
  - ★ \v：插入垂直制表符。
  - ★ \\：插入\字符。
  - ★ \nnn：插入 nnn（八进制）所代表的 ASCII 字符。
- E：关闭转义符功能。

【实例 13-8】echo 命令的基本运用。

```
#将一段信息写到标准输出中
[student@localhost ~]$ echo hello centos
hello centos
#将文本“hello centos”输出重定向到文件temp1
[student@localhost ~]$ echo "hello centos" > temp1
[student@localhost ~]$ cat temp1
hello centos
```

2. printf 命令

printf 用于将数据格式化输出，可以在 printf 中使用格式化字符串，还可以指定字符串的宽度、左右对齐方式等。默认 printf 不会像 echo 一样自动添加换行符，用户可以手动添加\n。

【格式】printf format-string [arguments…]

选项及参数说明如下。

- format-string：描述格式的表达式，通常以引号括起的字符串常量的形式提供。
- arguments：格式声明相对应的参数列表，例如一系列的字符串或变量值。

格式声明由两部分组成：百分比符号（%）和说明符。

最常用的格式指示符有两个：%s 用于字符串；而%d 用于十进制整数。

Shell printf 命令的格式说明符如表 13-6 所示。

表 13-6 printf 命令的格式指示符及说明

格式指标符	说明
%c	ASCII 字符
%d	十进制整数
%F	浮点格式
%O	八进制
%s	字符串
%u	无符号的十进制
%x	无符号的十六进制，使用 a 至 f 表示 10 至 15
%	字面字符%

Shell 中 printf 命令的一些常用的转义序列如表 13-7 所示。

表 13-7 printf 命令的常用的转义序列

常用标识符	说明
\n	换行
\b	后退
\f	换页
\t	水平制表符
\v	垂直制表符

【实例 13-9】printf 命令的基本运用。

```
[student@localhost ~]$ echo "Hello, Shell"
Hello,Shell
[student@localhost ~]$ printf "Hello,shell\n"
Hello,shell
[student@localhost ~]$ printf "%.5d\n" 15
00015
[student@localhost ~]$ printf "%.10s\n" "a very long string"
a very lon
[student@localhost ~]$ printf "%.2f\n" 123.4567
123.46
[student@localhost ~]$ printf "%-20s%-15s%10.2f\n" "linux" "centos" 35
linux               centos              35.00
```

```
#%-20s表示左对齐、宽度为20个字符的字符串格式，不足20个字符，右侧补充相应数量的空格
#%-15s表示左对齐、宽度为15个字符的字符串格式
#%10.2f表示右对齐、10个字符长度的浮点数，其中一个是小数点，小数点后面保留两位
[student@localhost ~]$ printf "|%10s|\n" linux
|     linux|
%10s表示右对齐、宽度为10个字符的字符串，如不足10个字符，左侧补充相应数量的空格
```

13.4 数值计算

13.4.1 算术运算符及运算命令

Shell 和其他编程语言一样，支持多种运算符。Shell 中常用的算术运算符如表 13-8 所示。

表 13-8 Shell 中常用的算术运算符

算术运算符	说明
+、-	加法（或正号）、减法（或负号）
*、/、%	乘法、除法、取余（取模）
**	幂运算
++、--	增加及减少，可前置也可以放在变量结尾
=、+=、-=、*=、/=、%=	赋值运算符

常用的算数运算符与运算命令如表 13-9 所示。

表 13-9 常用的算术运算符与运算命令

算术运算命令	说明
expr	用于整数运算，还有很多其他的额外功能
(())	用于整数运算，效率很高
$[]	用于整数运算
let	用于整数运算，类似(())
declare	用于定义变量值和属性

13.4.2 expr 命令

expr 命令既可以用于整数运算，也可以用于相关字符串长度、匹配等的运算处理。使用 expr 时需要注意以下几点。

（1）运算符及用于计算的数字左右都至少有一个空格，否则会报错。

（2）使用乘号时，必须用反斜线（\）才能实现乘法运算。

（3）expr 结合变量进行计算时，需要用反引号将计算表达式括起来。

【实例 13-10】计算两个数的和、差、乘积和商。

```
[student@localhost ~]$ cat shfile12.sh
#!/bin/bash
a=10
b=20
```

```
val1=`expr $a + $b`
echo "a + b : $val1"
val2=`expr $a - $b`
echo "a - b : $val2"
val3=`expr $a \* $b`
echo "a * b : $val3"
val4=`expr $b / $a`
echo "b / a : $val4"
#执行脚本
[student@localhost ~]$ bash shfile12.sh
a + b : 30
a - b : -10
a * b : 200
b / a : 2
```

13.4.3 双括号运算符

双括号“(( ))”的作用是进行数值运算与数值比较，它的效率很高，用法灵活。

【格式】((表达式 1,表达式 2…))

注意事项如下。

（1）在双括号中，所有表达式可以像 C 语言一样，如((a++))、((b--))等。

（2）在双括号中，变量可以不加“$”符号前缀，如((i=i+1))。

（3）双括号可以进行逻辑运算、四则运算，如((10>8&&3==3))。

（4）需要直接输出运算表达式的运算结果时，可以在双括号前加“$”符号，如 echo $((9+2))。

（5）支持多个表达式运算，各个表达式之间用“,”分开，如 a=$((a+1,b++,c++))。

【实例 13-11】利用“(( ))”进行运算。

```
[student@localhost ~]$ echo $((100+1))
101
[student@localhost ~]$ a=6
[student@localhost ~]$ ((a=a*10))   #获取a值，计算a*10，再赋值给变量a，此时没有输出
[student@localhost ~]$ echo $a   #用echo命令输出变量a的值，前面加$
60
#运用表达式进行复杂的运算，将运算后结果赋值给变量
[student@localhost ~]$ b=$(($a+20-40%3))
[student@localhost ~]$ echo $b
79
[student@localhost ~]$ c=100
#如果变量c在运算符（++或--）的前面，那么在输出整个表达式时，会输出c的值，因此，表达式的值为100
[student@localhost ~]$ echo $((c++))
100
#执行上面的表达式后，因为c++，所以c会增加1，输出c的值为101
[student@localhost ~]$ echo $c
101
[student@localhost ~]$ c=300
#如果变量c在运算符（++或--）的后面，那么在输出整个表达式时，c先进行自增或自减计算，因为c的值为300，自
增1，所以表达式的值为301
[student@localhost ~]$ echo $((++c))
301
```

注意：

关于运算符（++或--），若变量 a 在运算符之前，输出表达式的值为 a，然后 a 自增或自减；若变量 a 在运算符之后，a 先自增或自减，表达式的值就是自增或自减后 a 的值；“(( ))”在执行命令时不需要加$符号，直接使用((100=200))形式即可，但是需要输出的时候，就要加$符号，如 echo $((100=200))；“(( ))”里的所有字符之间没有空格、有一个或多个空格不会影响计算结果。

13.4.4 中括号运算符

Shell 里面的中括号（包括单中括号与双中括号）可用于一些条件的测试。如一个变量是否为 0（即[$var -eq 0]）。[ ]常常可以使用 test 命令来代替，后面章节有详细介绍。

【实例 13-12】利用 expr 做计算，将一个未知的变量和一个已知的整数相加，看返回的值是否为 0。如果是 0，那么输入的就是一个整数。如果非 0，则输入的就是字符串，不是整数。

```
[student@localhost ~]$ cat shfile13.sh
#!/bin/bash
expr $1 + 1 &>/dev/null                #这里是一个命令，使用了expr，也使用了特殊的位置变量
if  [ "$?" -eq 0 ]                     #如果以上命令执行结果为0
then                                   #那么
echo "输入的是整数~"                    #输出“输入的是整数~”
else                                   #否则
echo "/bin/bash $0请输入一个整数"       #这里也使用了特殊的位置变量
fi
#执行脚本
[student@localhost ~]$ sh shfile13.sh  230
输入的是整数~
[student@localhost ~]$ sh shfile13.sh  aaa
/bin/bash shfile12.sh请输入一个整数
```

13.4.5 let 命令

let 命令不支持浮点数运算，而且不支持直接输出，只能赋值。

【格式】let 赋值表达式

“let 赋值表达式”的功能等同于“((赋值表达式))”。

【实例 13-13】let 命令的使用。

```
[student@localhost ~]$ abc=10
[student@localhost ~]$ let abc=abc+20
[student@localhost ~]$ echo $abc
30
[student@localhost ~]$ unset abc
[student@localhost ~]$ let abc=100/5
[student@localhost ~]$ echo $abc
20
[student@localhost ~]$ let abc=1.6*5
-bash: let: abc=1.6*5: 语法错误: 无效的算术运算符 （错误符号是 ".6*5"）
#let命令不支持浮点数运算
```

13.4.6 declare 命令

declare 命令用于声明 shell 变量。

【格式】declare [+/−] [rxi] [变量名称＝设置值]　或　declare −f

参数说明如下。

- +/−：“−”可用来指定变量的属性，“+”则是取消变量所设的属性。
- −f：仅显示函数。
- r：将变量设置为只读。
- x：指定的变量会成为环境变量，可供 Shell 以外的程序使用。
- i：“设置值”可以是数值、字符串或运算式。

【实例 13-14】declare 命令的使用。

```
[student@localhost ~]$ declare -i aaa
[student@localhost ~]$ aaa=120
[student@localhost ~]$ echo $aaa
120
```

13.5 条件测试

13.5.1 条件测试方法概述

Shell 中有多种针对文件、字符串、数值的条件测试命令，用于检查某个条件是否成立，有时候会与 if 等条件语句相结合来完成复杂的测试判断。执行条件测试表达式后通常会返回“真”或“假”，返回值被保存在位置变量“$?”中。

常用的条件测试的语法格式如表 13-10 所示。

表 13-10　常用的条件测试的语法格式

条件测试语法格式	说明
test <expression>	test 命令进行条件测试
((<expression>))	双小括号进行条件测试，常用于 if 语句中
[<expression>]	单中括号进行条件测试，和 test 命令用法相同
[[<expression>]]	双方括号是扩展的 test 命令，提供了针对字符串的高级特性，可以在 expression 语句中使用模式匹配。不是所有 Shell 都支持双方括号

13.5.2 字符串比较

字符串比较包括比较两个字符串是否相同、测试字符串的长度是否为零、字符串是否为 NULL 等。

常用的字符串比较符号如表 13-11 所示。

表 13-11　常用的字符串比较符号

字符串比较符号	说明
=	比较两个字符串是否相同。相同则为真，可使用“==”代替“=”
!=	比较两个字符串是否相同。不相同则为真，可使用“!==”代替“!=”
−n	字符串的长度不为 0，则为真
−z	字符串的长度为 0，则为真

需要注意的事项如下。

（1）对于字符串的测试，一定将字符串加双引号之后再进行比较，如[-z"abde"]。

（2）比较符号的两端一定要有空格。

（3）“=”和“! =”也可用于比较两个字符串是否相同。

【实例 13-15】字符串比较符号的使用。

```
[student@localhost ~]$ str1=abcd
[student@localhost ~]$ str2=defgh
[student@localhost ~]$ test $str1=$str2       #若等号两端不带空格，则会出现逻辑错误
[student@localhost ~]$ echo $?
0   #字符串str1与字符串str2不相同，表达式明明不成立，却输出了0，出现错误
[student@localhost ~]$ test $str1 = $str2
[student@localhost ~]$ echo $?
1   #字符串str1与字符串str2不相同，输出1
[student@localhost ~]$ [ -n  "str1" ]
[student@localhost ~]$ echo $?
0    #字符串str1的长度不为0，测试表达式成立，输出0
[student@localhost ~]$ [ "$str2" = "adcd" ]     #[ ]的边界与测试表达式之间有一个空格
[student@localhost ~]$ echo $?
1   #字符串str2与字符串"abcd"不相同，输出1
[student@localhost ~]$ [ $str1 = "abcd" ]
[student@localhost ~]$ echo $?
0   #字符串str2与字符串"abcd"相同，输出0
```

13.5.3 整数测试表达式

常用的整数测试操作符如表 13-12 所示。

表 13-12 常用的整数测试操作符

在[ ]及 test 命令中使用的比较符号	在(( ))及[[ ]]中使用的比较符号	说明
-eq	==或=	相等，则为真
-ne	!=	不相等，则为真
-gt	>	大于，则为真
-ge	>=	大于等于，则为真
-lt	<	小于，则为真
-le	<=	小于等于，则为真

需要注意的事项如下。

（1）“=”和“!=”也可用于[ ]中，但在[ ]中使用包含“>”和“<”的表达式时，需要用反斜线转义，有时不转义虽然语法不会报错，但是结果可能会不对。

（2）在[[ ]]中也可用“-gt”和“-lt”操作符，但是不建议这样使用。

（3）比较符号的两端一定要有空格。

（4）对于实际工作中的常规比较，建议使用[ ]。

【实例 13-16】运用 test 进行数字比较。

```
[student@localhost ~]$ num1=100
[student@localhost ~]$ num2=200
```

```
[student@localhost ~]$ test $num1 -eq $num2
[student@localhost ~]$ echo $?
1
[student@localhost ~]$ test $num1 -lt $num2
[student@localhost ~]$ echo $?
0
[student@localhost ~]$ test $num1 -gt 30
[student@localhost ~]$ echo $?
0
```

【实例 13-17】运用[ ]进行数字比较，使用“<”“>”。

```
[student@localhost ~]$ [ $num1 > $num2 ]
[student@localhost ~]$ echo $?
0  #这里的结果不对，条件不成立，应返回1。可见，“<”在[]里使用会带来问题
[student@localhost ~]$ [ $num1 \> $num2 ]
[student@localhost ~]$ echo $?
1  #条件不成立，应返回0。可见，“<”在[]里使用转义后，结果是正确的
[student@localhost ~]$ [ $num1 = 100 ]
[student@localhost ~]$ echo $?
0  #比较相等符号正确使用
[student@localhost ~]$ [ $num1 != 200 ]
[student@localhost ~]$ echo $?
0  #比较不相等符号正确使用
```

【实例 13-18】运用[[ ]]进行数字比较。

```
[student@localhost ~]$ [[ 50 > 60 ]]
[student@localhost ~]$ echo $?
1
```

13.5.4 逻辑操作符

常用的逻辑操作符如表 13-13 所示。

表 13-13 常用的逻辑操作符

在[ ]及 test 命令中使用的操作符	在(( ))及[[ ]]中使用的操作符	说明
-a	&&	and（与），两个逻辑都为真，则结果为真
-o	||	or（或），两个逻辑有一个为真，则结果为真
!	!	not（非），与一个逻辑值相反的值

【实例 13-19】运用逻辑操作符。

```
[student@localhost ~]$ [ 10 -gt 5 -a 20 -lt 90 ]
[student@localhost ~]$ echo $?
0
[student@localhost ~]$ [ 10 -gt 5 -a 20 -lt 90 ] && echo ok || echo 1
ok  #这里&&表示并且。若中括号里的命令执行成功，则执行&&后面命令，否则执行||后面的命令
[student@localhost ~]$ [[ -n $str1 ]] || [[ -z $str2 ]]
[student@localhost ~]$ echo $?
0
```

13.5.5 文件操作

用户可以使用不同的条件测试标志测试不同的文件相关属性，常用的文件测试操作符如表 13-14 所示。

表 13-14 常用的文件测试操作符

文件测试操作符	说明
-e 文件名	如果文件存在，则为真
-r 文件名	如果文件存在且可读，则为真
-w 文件名	如果文件存在且可写，则为真
-x 文件名	如果文件存在且可执行，则为真
-s 文件名	如果文件存在且至少有一个字符，则为真
-d 文件名	如果文件存在且为目录，则为真
-f 文件名	如果文件存在且为普通文件，则为真
-c 文件名	如果文件存在且为字符型设备文件，则为真
-b 文件名	如果文件存在且为块设备文件，则为真

【实例 13-20】文件操作测试。

```
[root@localhost ~]# test -d /etc/httpd/conf/httpd.conf
[root@localhost ~]# echo $?
1
[root@localhost ~]# test -d /etc/httpd/conf
[root@localhost ~]# echo $?
0
[root@localhost ~]# [ -f /etc/httpd/conf/httpd.conf  ]  &&  [ -d /root ] && echo ok
ok
```

13.5.6 测试表达式小结

对初学者来说，测试表达式的语法比较复杂，容易混淆。在实际的 Shell 编程中，用户无须掌握全部的语法，建议使用推荐的[]，对其他的语法了解即可。表 13-15 给出了 test、[]、[[]]、(())几种测试表达式的对比情况。

表 13-15 测试表达式的对比

测试表达式符号	test	[ ]	[[ ]]	(( ))
边界是否需要空格	需要	需要	需要	不需要
逻辑操作符	！、-a、-o	！、-a、-o	！、&&、||	！、&&、||
整数比较操作符	-ep、-gt、-lt、-ge、-le	-ep、-gt、-lt、-ge、-le	-ep、-gt、-lt、-ge、-le 或=、>、<、>=、<=	=、>、<、>=、<=
字符串比较操作符	=、==、!=	=、==、!=	=、==、!=	=、==、!=
通配符	不支持	不支持	支持	不支持

13.6 条件判断控制语句

和其他编程语言类似，Shell 也提供了用来控制程序和执行流程的语句，包括条件分支和循环结构，有两种形式，分别是 if 语句和 case 语句。本节介绍条件分支语句。

13.6.1 if 条件语句

1. 单分支结构

最简单的用法就是只使用 if 语句，它的语法格式如下。

```
if expression
then
   command(s)
fi
```

expression 是条件表达式，可以是 test、[ ]、[[ ]]、(( ))等条件表达式，也可以直接使用命令作为条件表达式。每个 if 条件语句都以 if 开头，并带有 then，最后以 fi 结束。如果 expression 成立（返回为“真”，该命令的退出状态码是 0），那么 then 后边的语句将会被执行；如果 expression 不成立（返回为“假”，该命令的退出状态码是非 0 的其他值），那么不会执行任何语句。

注意：最后必须以 fi 来闭合，fi 就是 if 倒过来拼写。也正是因为有 fi 结尾，所以即使有多条语句，也不需要用{ }包围起来。

也可以将 then 和 if 写在一起。

```
if expression;  then
   command(s)
fi
```

注意：expression 后边的分号，当 if 和 then 位于同一行的时候，这个分号是必须的，否则会有语法错误。

if 单分支语句的执行流程如图 13-1 所示。

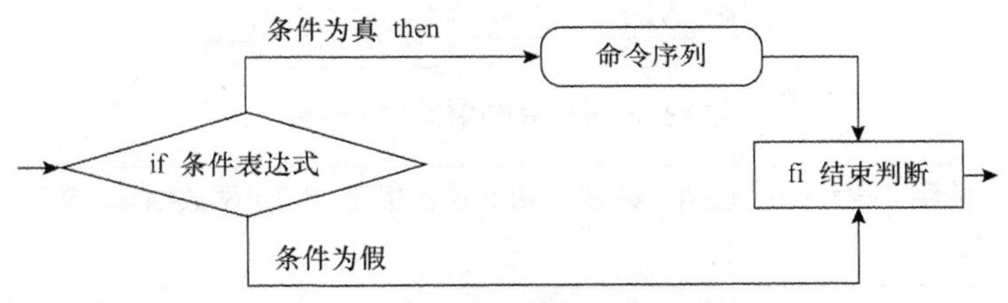

图 13-1　if 单分支语句的执行流程

【实例 13-21】运用 read 命令读取变量值，根据输入值进行判断。

```
[student@localhost ~]$ cat shfile14.sh
#!/bin/bash
echo "Are you OK ?"
read answer
#在if的条件判断部分使用条件测试[[…]]
if [[ $answer=="Y" || $answer=="Y" ]]
then
    echo "Glad to hear it."
fi
#执行脚本
[student@localhost ~]$ bash shfile14.sh
Are you OK ?
y
Glad to hear it.
```

条件语句还可以嵌套（即 if 语句里面还有 if 语句），每个 if 语句都要有与之对应的 fi 语句，语法格式如下。

```
if expression
then
   if expression
   then
      command(s)
   fi
fi
```

2. 双分支结构

如果有两个分支，就可以使用 if-then-else 语句，它的语法格式如下。

```
if expression
then
   command1
else
   comamnd2
fi
```

如果 expression 成立（返回为“真”，该命令的退出状态码是 0），那么 then 后边的语句将会被执行；如果 expression 不成立（返回为“假”，该命令的退出状态码是非 0 的其他值），那么将会执行 else 后面的语句。此外，也可以把 then 和 if 放在同一行用分号隔开。if 双分支语句的执行流程如图 13-2 所示。

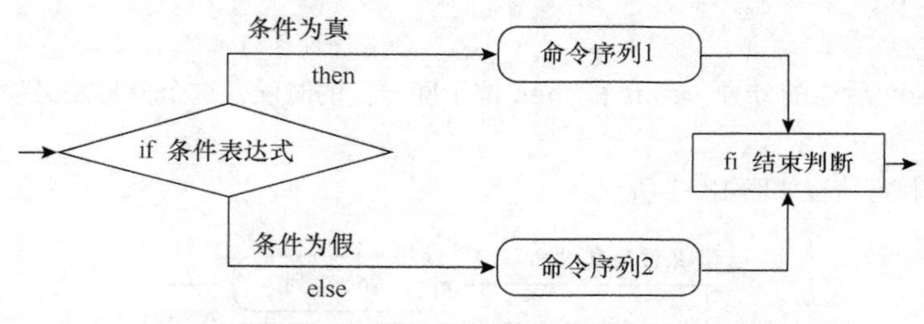

图 13-2　if 双分支语句的执行流程

【实例 13-22】使用 if 语句来比较两个数字 a 和 b 是否相等，如果两数相等，输出“a 和 b 相等”，否则输出“a 和 b 不相等”。

```
[student@localhost ~]$ cat shfile15.sh
#!/bin/bash
echo "please input a:"
read a
echo "please input b:"
read b
if (( $a == $b ))
then
   echo "a和b相等"
else
   echo "a和b不相等"
fi
#执行脚本
[student@localhost ~]$ bash shfile15.sh
please input a:
30
please input b:
50
a和b不相等
```

3. 多分支结构

Shell 支持多数目的分支，当分支比较多时，可以使用 if-elif-else 结构，它的语法格式如下。

```
if expression1
then
   command1
elif expression2
then
   command2
elif expression3
then
   command3
……
else
   commandn
fi
```

if 多分支语句的执行流程如图 13-3 所示。

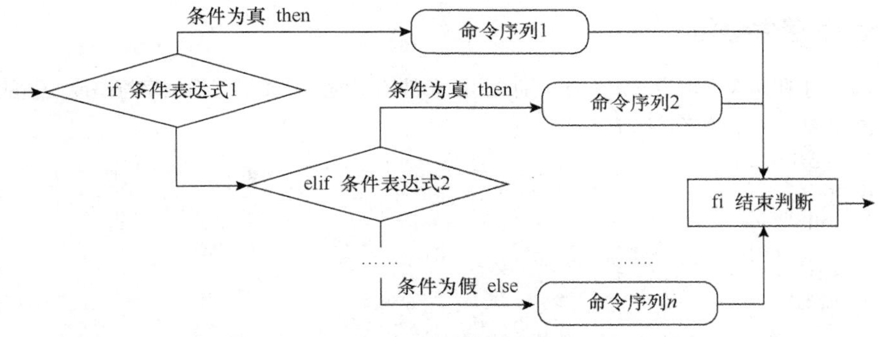

图 13-3 if 多分支语句的执行流程

整条语句的执行逻辑如下。

（1）如果 expression1 成立，那么就执行 if 后边的 command1；如果 expression1 不成立，那么继续执行 elif，判断 expression2。

（2）如果 expression2 成立，那么就执行 command2；如果 expression2 不成立，那么继续执行后边的 elif，判断 expression3。

（3）如果 expression3 成立，那么就执行 command3；如果 expression3 不成立，那么继续执行后边的 elif。

（4）如果所有的 if 和 elif 判断都不成立，就进入最后的 else，执行 command*n*。

注意：if 和 elif 后边都得跟着 then；最后结尾的 else 后面没有 then。

【实例 13-23】使用 if-elif-else 语句，根据输入的年龄来判断所对应的人生阶段。

```
[student@localhost ~]$ cat shfile16.sh
#!/bin/bash
read -p "How old are you?  " age
#使用Shell算术运算符(( ))进行条件测试
if ((age<0||age>120)); then
      echo "Out of range !"
      exit 1
fi
#使用多分支if语句
if (( $age <= 2 )); then
```

```
        echo "婴儿"
elif (( $age >= 3 && $age <= 8 )); then
        echo "幼儿"
elif (( $age >= 9 && $age <= 17 )); then
        echo "少年"
elif (( $age >= 18 && $age <=25 )); then
        echo "成年"
elif (( $age >= 26 && $age <= 40 )); then
        echo "青年"
elif (( $age >= 41 && $age <= 60 )); then
        echo "中年"
else
        echo "老年"
fi
[student@localhost ~]$ bash shfile16.sh
How old are you?  30
青年
```

13.6.2 case 条件语句

if 条件语句用于在两个选项中选定一项。而 case 条件语句为用户提供了根据字符串或变量的值从多个选项中选择一项的方法，其语法格式如下。

```
case expression in
   pattern1)
       command1
       ;;
   pattern2)
       command2
       ;;
   pattern3)
       command3
       ;;
   ……
   *)
   commandn
esac
```

case 语句的执行流程如图 13-4 所示。

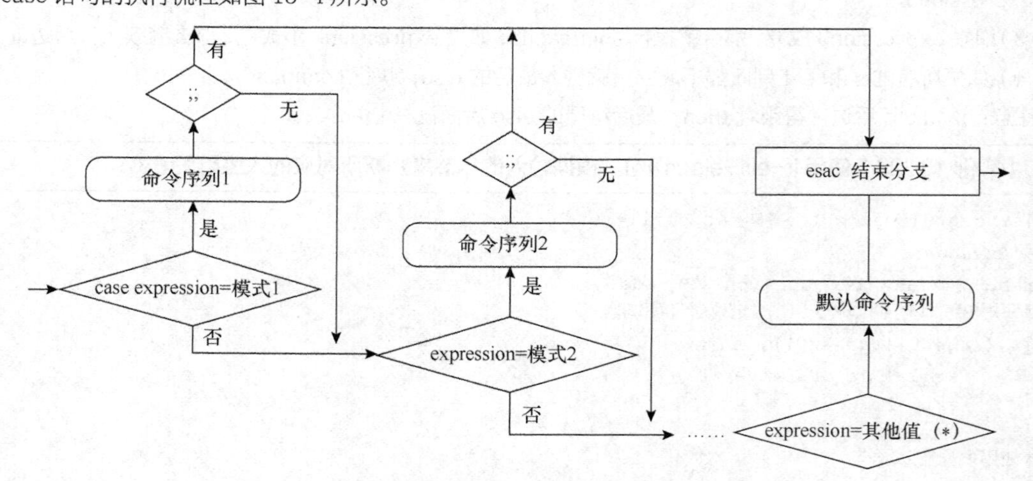

图 13-4　case 语句的执行流程

说明如下。

（1）case、in 和 esac 都是 Shell 关键字，expression 表示表达式，pattern 表示匹配模式。

（2）expression 既可以是一个变量、一个数字、一个字符串，还可以是一个数学计算表达式，或者是命令的执行结果，只要能够得到 expression 的值就可以。

（3）pattern 可以是一个数字、一个字符串，甚至是一个简单的正则表达式。

（4）case 会将 expression 的值与 pattern1、pattern2、pattern3 等逐个进行匹配。

（5）如果 expression 和某个模式（如 pattern2）匹配成功，就会执行该模式（如 pattern2）后面对应的所有语句（该语句可以有一条，也可以有多条），直到遇见双分号“;;”才停止，然后整个 case 语句就执行完了，程序会跳出整个 case 语句，执行 esac 后面的其他语句。

（6）如果 expression 没有匹配到任何一个模式，那么就执行“*)”后面的语句（*表示其他所有值），直到遇见双分号“;;”或者 esac 才结束。“*)”相当于 if 多分支语句中最后的 else 部分。

（7）case in 语句中的“*)”在前面找不到任何响应的匹配项时执行，或者给用户一些提示。

（8）可以没有“*)”部分。此时，如果 expression 没有匹配到任何一个模式，那么就不执行任何操作。

（9）除最后一个分支外（这个分支可以是普通分支，也可以是“*)”分支），其他的每个分支都必须以“;;”结尾，“;;”代表一个分支的结束，不写的话会有语法错误。最后一个分支可以写“;;”，也可以不写。

【实例 13-24】根据输入的一个整数，输出该整数对应的星期几的英文，用 case 语句实现。

```
[student@localhost ~]$ cat shfile18.sh
#!/bin/bash
printf "Input integer number: "
read num
case $num in
        1)
            echo "Monday"
            ;;
        2)
            echo "Tuesday"
            ;;
        3)
            echo "Wednesday"
            ;;
        4)
            echo "Thursday"
            ;;
        5)
            echo "Friday"
            ;;
        6)
            echo "Saturday"
            ;;
        7)
            echo "Sunday"
            ;;
        *)
            echo "error"
esac
[student@localhost ~]$ bash shfile18.sh
```

```
Input integer number: 6
Saturday
```

13.7 循环及循环控制语句

在 Shell 中可以使用 for 语句、while 语句、until 语句、break 语句及 continue 语句进行流程控制，下面分别进行介绍。

13.7.1 for 循环语句

1. 变量取值型 for 循环语句

这种 for 循环语句创建一个遍历一系列值的循环，每次迭代都使用其中一个值来执行已定义好的一组命令，基本格式如下。

```
for variable in list
#每一次循环，依次把列表list中的一个值赋给循环变量
do              #循环体开始的标志
  commands      #循环变量每取一次值，循环体就执行一遍
done            #循环结束的标志，返回循环顶部
```

说明如下。

（1）列表 list 中的每个列表项以空格间隔。

（2）for 循环执行的次数取决于列表 list 中变量取值的列表项个数。

（3）可以省略 “in list”，省略时相当于 “in "$@"”。

for 语句的执行流程如图 13-5 所示，具体介绍如下。

（1）首先将 list 的 item1 赋给 variable，接着执行 do 和 done 之间的 commands。

（2）然后再将 list 的 item2 赋给 variable，接着执行 do 和 done 之间的 commands。

（3）如此循环，直到 list 中的所有 item 值都已经用完。

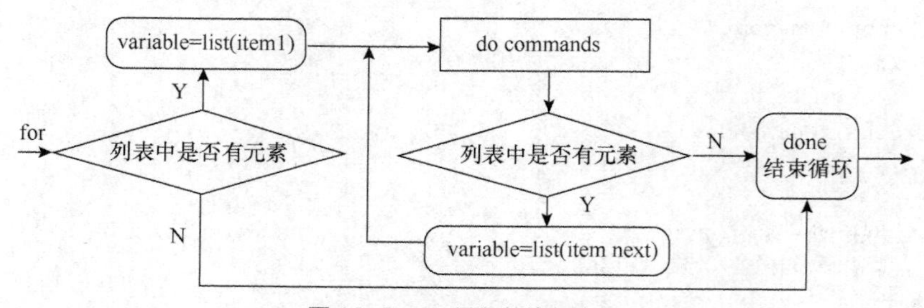

图 13-5 for 语句的执行流程

【实例 13-25】运用 for 语句顺序输出当前列表中的数字。

```
[student@localhost ~]$ cat shfile19.sh
#!/bin/bash
for var1 in 1 2 3 4 5
do
   echo "The value is: $var1"
done
[student@localhost ~]$ bash shfile19.sh
The value is: 1
The value is: 2
```

```
The value is: 3
The value is: 4
The value is: 5
```

【实例 13-26】运用 for 语句求命令行上所有整数之和。

```
[student@localhost ~]$ cat shfile20.sh
#!/bin/bash
sum=0
for vnum  in $*
do
sum=$(($sum+$vnum))
done
echo $sum
[student@localhost ~]$ bash shfile20.sh  10 20 30 40
100
```

2. C 语言型 for 循环语句

C 语言型 for 循环的用法如下。

```
for ((expr1;expr2;expr3))      #执行expr1
do                  #若expr2的值为真，则进入循环，否则退出for循环
  commands          #执行循环体，之后执行expr3
done                #循环结束的标志，返回循环顶部
```

说明如下。

（1）expr1、expr2、expr3 是 3 个表达式，其中 expr2 是判断条件，for 循环根据 expr2 的结果来决定是否继续下一次循环；expr1 仅在循环开始之初执行一次；expr2 在每次执行循环体之前执行一次；expr3 在每次执行循环体之后执行一次。

（2）commands 是循环体语句，可以有一条，也可以有多条。

（3）do 和 done 是 Shell 中的关键字。

C 语言型 for 循环的执行流程如图 13-6 所示，具体介绍如下。

（1）首先执行 expr1。

（2）接着执行 expr2：

- 其值为假时，终止循环；
- 其值为真时，执行 do 和 done 之间的 commands。
- 执行 expr3，进入下一次循环。

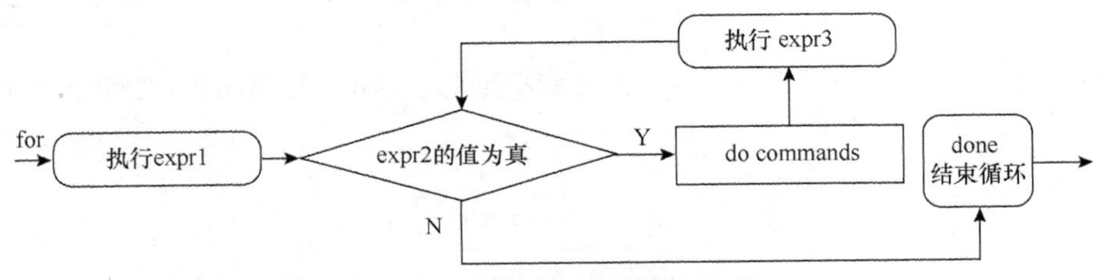

图 13-6　C 语言型 for 循环的执行流程

【实例 13-27】运用 for 语句批量添加 50 个用户。

```
[root@web ~]# cat shfile22.sh
#!/bin/bash
for ((n=1;n<=20;n++))
```

```
do
      if ((n<10))
      then  st="st0${n}"
      else  st="st${n}"
      fi
      useradd $st
      echo "centos"|passwd --stdin $st
      chage -d 0 $st
done
[root@web ~]# bash shfile22.sh
更改用户st01的密码。
passwd：所有的身份验证令牌已经成功更新。
更改用户st02的密码。
passwd：所有的身份验证令牌已经成功更新。
……省略部分输出内容……
更改用户st20的密码。
passwd：所有的身份验证令牌已经成功更新
```

注意：root 用户具备添加普通用户的权限，因此该文件中用 root 用户创建脚本，并执行脚本。

13.7.2 while 循环语句

while 循环语句主要用来重复执行一组命令或语句，当条件满足时，while 重复地执行一组语句，当条件不满足时，就退出 while 循环。while 循环的语法格式如下。

```
while expression          #执行expression
do                        #若expression的退出状态为0，进入循环，否则退出while
  commands                #循环体
done                      #循环结束标志，返回循环顶部
```

说明：expression 表示判断条件，commands 表示要执行的语句（可以只有一条，也可以有多条），do 和 done 都是 Shell 中的关键字。

while 语句的执行流程如图 13-7 所示，具体介绍如下。

（1）先对 expression 进行判断，如果该条件成立，就进入循环，执行 while 循环体中的语句，也就是 do 和 done 之间的语句。这样就完成了一次循环。

（2）每一次执行到 done 的时候都会重新判断 expression 是否成立，如果成立，就进入下一次循环，继续执行 do 和 done 之间的语句，如果不成立，就结束整个 while 循环，执行 done 后面的其他 Shell 代码。

（3）如果一开始 expression 就不成立，那么程序就不会进入循环体，do 和 done 之间的语句就没有执行的机会。

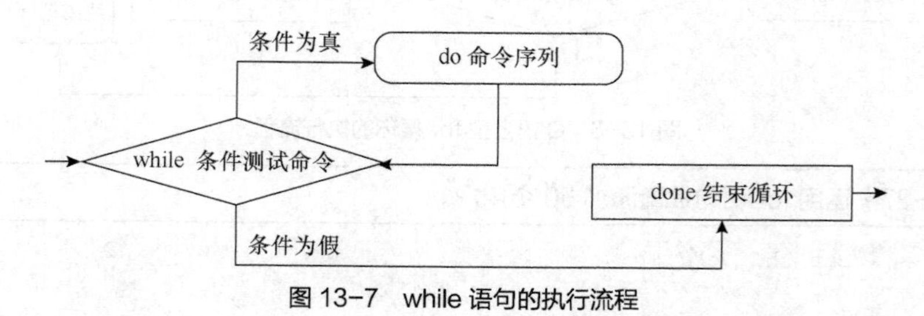

图 13-7 while 语句的执行流程

【实例 13-28】实现一个简单的加法计算器，用户每行输入一个数字，计算所有数字的和。

```
[student@localhost ~]$ cat shfile22.sh
#!/bin/bash
sum=0
echo "请输入您要计算的数字，按Ctrl+D组合键结束读取"
while read n
do
    ((sum += n))
done
echo "The sum is: $sum"
[student@localhost ~]$ bash shfile22.sh
请输入您要计算的数字，按Ctrl+D组合键结束读取
30
25
19
2000
The sum is: 2074
```

13.7.3 until 循环语句

unti 语句是另一种循环结构，until 循环和 while 循环恰好相反，当判断条件不成立时才进行循环，一旦判断条件成立，就终止循环。Shell 中 until 循环的语法格式如下。

```
until expr      #执行expr
do              #若expr的退出状态非0，进入循环，否则退出until
  commands      #循环体
done            #循环结束标志，返回循环顶部
```

until 语句的执行流程如图 13-8 所示，具体介绍如下。

（1）先对 expr 进行判断，如果该条件不成立，就进入循环，执行 until 循环体中的语句（do 和 done 之间的语句），这样就完成了一次循环。

（2）每一次执行到 done 的时候都会重新判断 expr 是否成立，如果不成立，就进入下一次循环，继续执行循环体中的语句，如果成立，就结束整个 until 循环，执行 done 后面的其他 Shell 代码。

（3）如果一开始 expr 就成立，那么程序就不会进入循环体，do 和 done 之间的语句就没有执行的机会。

注意：在 until 循环体中必须有相应的语句使 expr 越来越趋近于“成立”，只有这样才能最终退出循环，否则 until 就成了死循环，会一直执行下去，永无休止。

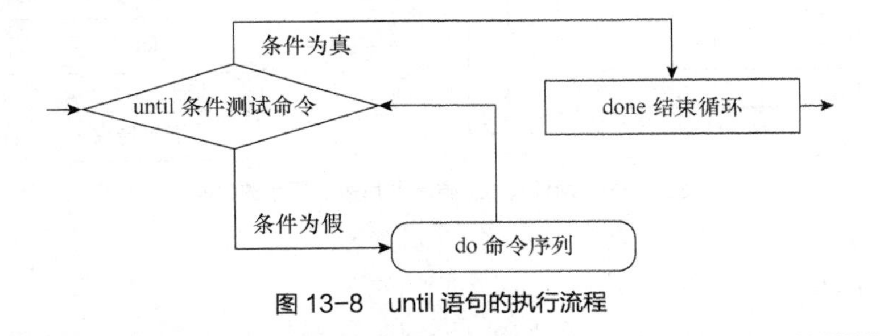

图 13-8　until 语句的执行流程

【实例 13-29】使用 until 语句计算从 1 加到 100 的和。

```
[student@localhost ~]$ cat shfile25.sh
#!/bin/bash
```

```
i=1
sum=0
until ((i>100))
do
    sum=$(($sum+$i))
    i=$(($i+1))
done
echo "The 1…100 sum is: $sum"
[student@localhost ~]$ bash shfile25.sh
The 1…100 sum is: 5050
[student@localhost ~]$
```

13.7.4 循环控制语句

1. break 和 continue 循环控制语句

使用 while、until、for 循环时，如果在不满足结束条件的情况下提前结束循环，可以使用 break 或 continue 实现。

（1）break 语句

【格式】break [n]

说明如下。

① break 语句用于强行退出当前循环。

② 如果是嵌套循环，则 break 后面可以跟数字 *n*，表示退出第 *n* 重循环（最里面的为第一重循环）。

下面以 while 循环和 for 循环为例，break 语句的功能如图 13-9 所示。

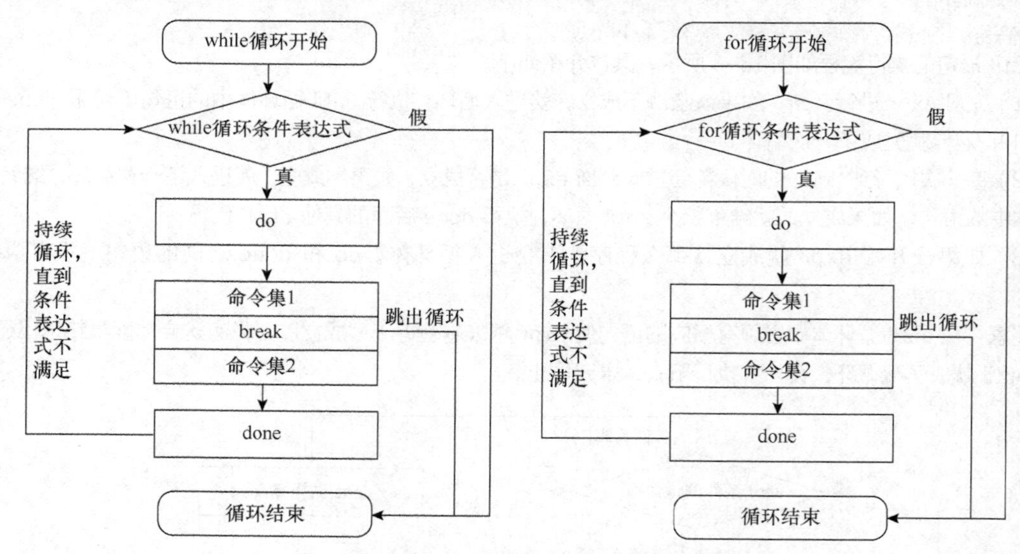

图 13-9　while、for 循环中 break 语句的功能

（2）continue 语句

【格式】continue [n]

说明如下。

① continue 语句用于忽略本次循环的剩余部分，回到循环的顶部，继续下一次循环。

② 如果是嵌套循环，continue 后面也可跟数字 *n*，表示回到第 *n* 重循环的顶部。

下面以 while 循环和 for 循环为例，continue 语句的功能如图 13-10 所示。

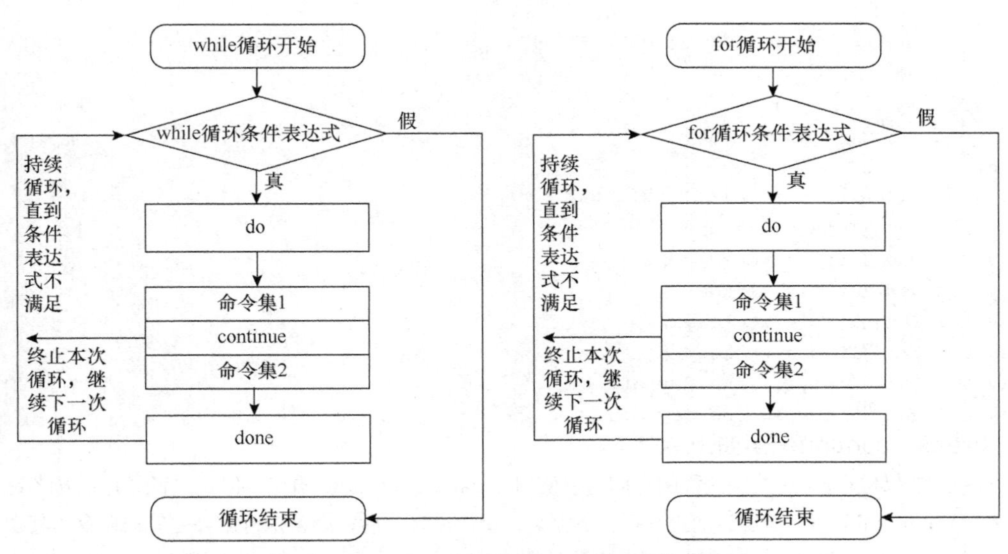

图 13-10　while、for 循环中 continue 语句的功能

【实例 13-30】运用 break 语句跳出整个循环。

```
[student@localhost ~]$ cat shfile26.sh
#!/bin/bash
i=1
while [ $i -le 10 ]
do
   if [ $i -eq 6 ]        #判断变量i的值是否等于6
   then
     break                #如果等于6，就跳出当前循环，执行循环体以外的语句
   fi
   echo "i=$i"
   i=$[ $i+1 ]
done
echo" This script is about the break statement."
[student@localhost ~]$ bash shfile26.sh
i=1
i=2
i=3
i=4
i=5
This script is about the break statement.
```

【实例 13-31】运用 continue 语句终止本次循环，继续下一次循环。

```
[student@localhost ~]$ cat shfile27.sh
#!/bin/bash
## filename: for-loop_and_continue.sh
i=1
for day in Mon Tue Wed Thu Fri Sat Sun
do
    echo -n "Day $((i++)) : $day"
    if [ $i -eq 7 -o $i -eq 8 ]; then
```

```
        echo " (Today is the day off.)"
        continue
    fi
    echo " (It's a weekday.)"
done
[student@localhost ~]$ bash shfile27.sh
Day 1 : Mon (It's a weekday.)
Day 2 : Tue (It's a weekday.)
Day 3 : Wed (It's a weekday.)
Day 4 : Thu (It's a weekday.)
Day 5 : Fri (It's a weekday.)
Day 6 : Sat (Today is the day off.)
Day 7 : Sun (Today is the day off.)
```

2. break、continue 语句的比较

在 Shell 的循环过程中，控制流程的走向可以使用 break 或 continue 语句，但是二者又有不同之处。

命令“break [n]”用于退出当前正在执行的循环，退出循环之后，继续执行循环之外的命令，其中“n”指要退出的循环层级，默认“n”为 1，指退出的是当前循环；命令“continue [n]”用于终止某次循环，接着执行下一次循环，它不会终止整个循序，循环会按照循环条件正常退出，其中 n 表示退到第 n 层继续循环，默认“n”为 1，表明终止的是当前循环。因此在使用过程中，要根据实际情况需要选择 break 或 continue 语句。

13.8 脚本运维实例

在企业生产环境中，运用 Shell 编程脚本管理和维护服务器，对企业自动化运维的建设可起到极大的推动作用，本节通过几个运维脚本，使读者更加深入地理解 Shell 编程。

13.8.1 判断用户登录

编写一个脚本 login.sh，根据用户输入的用户名，判断用户是否登录系统。脚本内容如下。

```
1 #!/bin/bash
    2 read -p "请输入用户名: " usera              #读取用户名
    3 echo "The time is `date +%Y%m%d` "      #统计用户登录次数
    4 numuser=`who |grep "$usera" |wc -l`     #判断用户登录次数是否大于或等于1
    5 if [ $numuser -ge 1 ]
    6 then
    7   echo "The $usera is login in system."
    8 else
    9   echo  "The $usera is not login in system."
   10 fi
```

该脚本中的第 2 行代码使用 read 命令读取用户输入的用户名；第 4 行代码使用 who 命令、grep 和 wc 命令显示输入的用户名登录系统的次数；第 5～10 行代码使用 if 语句判断用户是否登录系统，并给出提示信息。下面通过虚拟控制台模拟用户 helen（已经存储于/etc/passwd 中的用户）登录系统后，使用 who 命令查看系统中有哪些用户正在运行，然后运行该脚本，结果如下所示。

```
[root@localhost ~]# who
root     :0          2021-10-21 09:46 (:0)
root     pts/0        2021-10-21 10:12 (:0)
helen    tty2         2021-10-21 13:44
……省略以下内容……
```

```
[root@localhost ~]#bash  userlogin.sh
请输入用户名：helen
The time is 20211021
The helen is login in system.
```

由输出结果可知，输入的用户 helen 已经登录系统。

13.8.2 模拟检测网络连通情况

在运维中经常用到 ping 命令检测主机之间的网络是否连通。下面编写脚本，读取文件中的 IP 地址，测试文件中所列出的主机是否能连通。

首先将被检测主机的 IP 地址放到一个文件中，每一行是一个主机的 IP 地址，内容如下。

```
[root@localhost ~]# cat  /testip/hosts.txt
192.168.0.190
192.168.232.132
192.168.232.150
```

使用 vim 编辑器编写脚本，文件名 pingfile.sh，脚本内容如下。

```
 1 #!/bin/bash
 2 for i in `grep -v '^#' /testip/hosts.txt`
 3 do
 4     if ping -c 1 $i &> /dev/null
 5     then
 6         echo "$i is up."
 7     else
 8         echo "$i is down."
 9     fi
10 done
```

该脚本中的第 2 行代码使用变量取值型 for 循环语句，读取文件中的 IP 地址；第 3 行～10 行是循环体语句，每次迭代都使用文件中的一个 IP 地址值来执行已定义好的一组命令；第 4～9 行使用 if 判断语句，判断文件中的每一个 IP 地址行是否能够通过 ping 命令连通，如果连通则输出该 IP 地址“up”，否则输出“down”。运行该脚本，结果如下所示。

```
[root@localhost ~]#bash  pingfile.sh
192.168.0.190 is down.
192.168.232.132 is up.
192.168.232.150 is up.
```

由输出结果可知，给出的文件中的 IP 地址都已经检测完成，并显示了网络连通情况。

13.8.3 部署运维工具

运维人员的一项重要工作是部署运维的各种工具，运维工具可以批量地处理运维任务，极大地降低了成本，提高运维的效率。运维人员可以通过编写脚本实现远程自动部署运维的各种工具。下面以部署 PXE 为例编写脚本，脚本名称为 autopxe.sh，内容如下所示。

```
1 #!/bin/bash
2 # FTP服务器地址
3 read -p "请输入IP地址：" name
4 iptables -F
5 systemctl stop firewalld
6 setenforce 0
7 yum -y install vsftpd &> /dev/null
8 [ -d /var/ftp/asd ] || mkdir /var/ftp/asd
```

```
 9 yum -y install tftp-server syslinux dhcp &> /dev/null
10 rpm -q tftp-server
11 rpm -q dhcp
12 umount /dev/sr0
13 mount /dev/sr0 /var/ftp/asd
14 sed -i "s/yes/no/g" /etc/xinetd.d/tftp
15 cd /var/ftp/asd/isolinux
16 # 借助tftp共享初始化文件
17 cp vmlinuz initrd.img /var/lib/tftpboot/
18
19 # 准备ks自动应答文件
20 cp /root/anaconda-ks.cfg /var/ftp/ks.cfg
21 chmod 777 /var/ftp/ks.cfg
22 sed -i "s/cdrom/#cdrom/" /var/ftp/ks.cfg
23 sed -i "s/url/#url/" /var/ftp/ks.cfg
24
25 # 设置共享FTP地址
26 sed -i "5a url --url=ftp://${name}/asd" /var/ftp/ks.cfg
27
28 # 复制pxelinux.0驱动文件
29 cp /usr/share/syslinux/pxelinux.0 /var/lib/tftpboot/
30
31 # 创建菜单文件
32 cp /var/ftp/asd/isolinux/isolinux.cfg /var/lib/tftpboot/
33 chmod 644 /var/lib/tftpboot/isolinux.cfg
34 [ -d /var/lib/tftpboot/pxelinux.cfg ] || mkdir /var/lib/tftpboot/pxelinux.cfg
35 mv /var/lib/tftpboot/isolinux.cfg /var/lib/tftpboot/pxelinux.cfg/default
36 sed -i "s/default vesamenu.c32/default linux/" /var/lib/tftpboot/pxelinux.cfg/default
37 sed -i "2a prompt 0" /var/lib/tftpboot/pxelinux.cfg/default
38 sed -i "65a append initrd=initrd.img inst.repo=ftp://${name}/asd inst.ks=ftp://${name}
/ks.cfg" /var/l    ib/tftpboot/pxelinux.cfg/default
39
40 # 配置DHCP为新服务器分配地址
41 rm -rf /etc/dhcp/dhcpd.conf
42 cat>/etc/dhcp/dhcpd.conf<<EOF
43 option domain-name "example.org";
44 option domain-name-servers ${name};
45 default-lease-time 600;
46 max-lease-time 7200;
47 subnet 192.168.200.0 netmask 255.255.255.0 {
48 range 192.168.200.10 192.168.200.20;
49 option routers 192.168.200.2;
50 next-server ${name};
51 filename "pxelinux.0";
52 }
53 EOF
54
55 systemctl start tftp.socket
56 systemctl enable tftp.socket &> /dev/null
57 systemctl start dhcpd
58 systemctl enable dhcpd &> /dev/null
```

```
59 systemctl start vsftpd
60 systemctl enable vsftpd &> /dev/null
```

该脚本主要完成以下内容。

（1）第 2～3 行代码读取 FTP 服务器的地址。

（2）第 4～9 行代码表明关闭防火墙，安装 vsftpd、tftp 及 dhcp 服务软件包。

（3）第 12～17 行代码表明运用 tftp 服务共享初始化文件 vmlinuz 和 initrd.im，把初始化文件存放到 /var/lib/tftpboot/目录下。

（4）第 19～27 行代码建立自动应答文件 ks.cfg，修改该文件权限为 777，设置共享 FTP 服务器的地址。

（5）第 28～39 行代码复制 pxelinux.0 驱动文件及创建菜单文件。

（6）第 40～54 行代码编辑 DHCP 主配置文件 dhcpd.conf，设置新主机分配的网段、分配的 IP 地址范围、网关等配置信息。

（7）第 55～60 行代码启动 tftp、dhcpd 和 vsftpd 服务，使配置生效，新主机自动获得 IP 地址，通过网络连接 PXE 可正常安装 CentOS 系统，这样完成了对新建主机的部署，提高了效率。

该脚本运行后，输出内容较多，本书只截取安装后的输出内容，具体如图 13-11 所示。

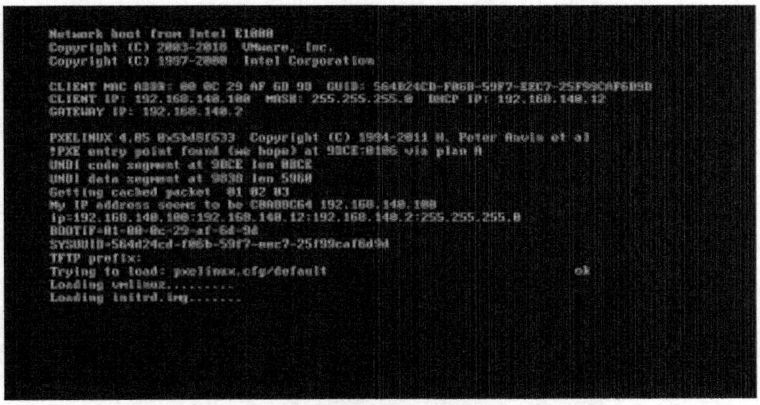

图 13-11　通过网络连接 PXE 正常安装系统后的输出内容

通过运行 autopxe.sh 脚本，创建了新的主机，新主机通过网络连接 PXE 可正常安装 CentOS 系统。本书后面的章节会详细介绍 PXE 的具体运用，加深读者对这部分内容的理解。

13.9　本章小结

Shell 是一个命令解释器，其核心是命令行提示符，负责把用户输入的内容解释给操作系统，并在内核中执行，然后把结果输出到屏幕返回给用户。

Shell 也是一个解释型的程序设计语言，Shell 允许将多个命令结合起来放进脚本中。Shell 脚本文件主要由开头部分、注释部分及语句执行部分组成。Shell 脚本也提供说明和使用变量功能。Shell 中的变量包括环境变量、用户自定义变量、预定义变量和位置变量。用户可以通过在变量前使用“$”来引用变量，也可以定义变量在脚本内使用，并对其赋值。

Linux 系统通常有好几种 Linux shell，不同的 shell 有不同的特点，有的利于创建脚本，有的利于管理进程，所有的 Linux 发行版默认的 shell 都是 bash shell。

和其他编程语言类似，Shell 也提供了用来控制程序和执行流程的语句，包括条件分支和循环结构。条件分支语句有两种形式，分别是 if 语句和 case 语句。Shell 提供了 for、while 和 until 循环语句。for 循环语句主要用于执行次数有限的循环；while 循环语句常用于重复执行一组命令或语句，直到条件不再满足时停止；until 循环语句在条件表达式不成立时，进入循环体执行指令，当条件表达式成立时，终止循环。Shell 提供了 continue 和 break 循环控制语句。

13.10 习题

1. 使用 if 语句创建一个 Shell 程序，根据输入的分数判断是否及格（>=60）。
2. 使用 for 语句创建一个 Shell 程序，其功能为计算 1～100 以内的奇数的平方和。
3. 使用 while 语句创建一个 Shell 程序，其功能为每 10s 循环判断 jack 用户是否登录系统。
4. 设计一个 Shell 程序，该程序能接收用户从键盘输入的 10 个整数，然后求出其总和、最大值及最小值。
5. 设计一个 Shell 程序，在/tmp 目录下批量建立 10 个文件，文件名为 tmpfile1～tmpfile10，并设置文件的权限，其中文件所有者的权限为读取、写入、执行；文件所有者所在组的权限为读取、执行；其他用户的权限为读取。

CHAPTER14

第14章 正则表达式与文本处理

学习目标：

- ❑ 理解正则表达式的定义；
- ❑ 掌握基础正则表达式元字符；
- ❑ 掌握扩展正则表达式元字符；
- ❑ 掌握文本处理工具 sed；
- ❑ 掌握文本处理工具 awk。

正则表达式（Regular Expression）是预定的一组规则（也称为模式），这组规则通常用于过滤文本。如今主流的编程语言，如 Java、Perl、Python、Shell 等，都包含一个强大的正则表达式函数库，甚至是语言本身就内嵌了对于正则表达式的支持。许多开发人员利用正则表达式的功能，对数据进行查找或者替换，简化编程和文本处理的任务。

正则表达式常与文本处理工具结合使用，常用的文本处理工具有 sed 和 awk。本章主要内容包括正则表达式概述、sed 编辑器及 awk 文本分析工具，涵盖正则表达式的基础知识及如何使用支持正则表达式的 sed、awk 文本处理工具。

14.1 正则表达式概述

14.1.1 什么是正则表达式

正则表达式是对文本进行过滤的工具。它定义了一系列的元字符，通过元字符配合其他的字符来表达出一种规则，只有符合规则的文本才能保留下来，而不符合规则的文本则被过滤掉。

正则表达式是一种文本模式，包括普通字符（例如 a 到 z 之间的字母）和特殊字符（称为元字符）。Linux 工具可以用它来过滤文本。Linux 工具（如 sed 编辑器）能够在处理数据时使用正则表达式对数据进行模式匹配。如果数据匹配模式，它就会被接受并进一步处理；如果数据不匹配模式，它就会被过滤掉。

正则表达式可以利用通配符来描述数据流中的一个或多个字符。正则表达式模式含有文本或特殊字符，为 sed 等编辑器定义了一个匹配数据时采用的模板。人们可以在正则表达式中使用不同的特殊字符定义特定的数据过滤模式。

14.1.2 正则表达式的类型

编程语言不同（如 Java、Perl 和 Python 等），文本处理工具不同，可能会用到不同类型的正则表达式。正则表达式是通过正则表达式引擎（Regular Expression Engine）实现的。正则表达式引擎是一套底层软件，负责解释正则表达式模式并使用这些模式进行文本匹配。在 Linux 中，有两种正则表达式引擎，分别如下。

（1）POSIX 基础正则表达式（Basic Regular Expression，BRE）引擎。

（2）POSIX 扩展正则表达式（Extended Regular Expression，ERE）引擎。

ERE 是 BRE 的扩展版本，具有更强的处理能力，并且增加了一些元字符。Linux grep 默认使用 BRE，可以通过 egrep 或者 grep -E 来开启使用 ERE。Linux sed 使用 BRE 中的一个子集，主要是为了保证处理的速度和效率。这些内容后续会介绍。

这两种正则表达式引擎所支持的特殊字符（元字符）略有不同，下面分别介绍这两种正则表达式的特殊字符。

14.1.3 基本正则表达式元字符

1. 点字符“.”

符号“.”用来匹配除换行符以外任意的单个字符，它必须匹配一个字符，如果在点号字符位置没有字符，那么模式就不成立。如果匹配的是小数点或句点，必须用反斜杠转义点。具体示例如下。

```
[student@localhost ~]$ ls /etc |grep "..conf."
```

上述结果显示，匹配前两个字符是任意字符，第 3～6 个字符是“conf”，最后一个字符是任意字符。

2. 限定符“*”

符号“*”用来匹配任意个（包括零个）在它前面的字符，具体示例如下。

```
la*o
```

示例中“*”符号之前是普通字符 a，表明字符 a 必须在匹配模式的文本中出现 0 次或多次，如字符串 lo、lao、laao 都可以与 la*o 匹配。

3. 行首定位符“^”

符号“^”用来匹配行首字符，表示行首字符是“^”后面的字符。如果模式出现在行首之外的位置，则正则表达式无法匹配。如匹配/etc 目录下以字符串“yum”开头的目录和文件，命令如下。

```
[student@localhost ~]$ ls  /etc|grep "^yum"
yum
yum.conf
yum.repos.d
```

如果把行首定位符“^”放到模式开头的其他位置，那么它就跟普通字符一样，不再是特殊字符了。

```
[student@localhost ~]$ echo " she^ likes sport." |grep "e^"
she^ likes sports.
```

注意：如果指定正则表达式模式只用了行首定位符“^”，就不需要用反斜线来转义。但如果在模式中指定了行首定位符“^”，随后还有其他一些文本，那么必须在行首定位符“^”前用转义字符。

4. 行尾定位符“$”

与行首定位符“^”的作用相反的查找模式是行尾定位符“$”，特殊字符“$”用来匹配行尾的字符。例如查找/etc 目录下以 key 结尾的文件，命令如下。

```
[student@localhost ~]$ ls  /etc|grep "key$"
named.iscdlv.key
mamed.root.key
trusted-key.key
```

注意：匹配的字符串是 key，表示符合最后一个字符是 y，倒数第 2、3 个字符是 e、k 的行。

5. 字符组“[ ]”

符号“.”在匹配某个字符位置上的任意字符时很有用。但如果要匹配一个字符集，在正则表达式中用字符组来表示。使用方括号来定义一个字符组，如果字符组中的某个字符出现在数据中，那它就匹配了该模式，例如在/etc 目录下匹配字符组[rac]，只要某个字符串在方括号所在位置出现了 r、a、c 中一个字符，就满足了匹配，具体命令如下：

```
[student@localhost ~]$ ls /etc|grep "[rac]"
```

在不太确定某个字符的大小写时，字符组非常有用，如下所示。

```
[student@localhost ~]$ ls /etc|grep "[Yy]"
```

字符组不必只含有字母，也可以在其中使用数字，例如字符组[0123]，这个正则表达式模式匹配了任意含有数字 0、1、2 或 3 的行。含有其他数字以及不含有数字的行都会被忽略掉。

注意：特殊符号“*”或“.”出现在字符组符号中，仅表示一个普通的字符，不再具有特殊意义。

6. 排除型字符组“[^]”

在正则表达式模式中，也可以反转字符组的作用。可以寻找组中没有的字符，而不是去寻找组中含有的字符。符号“[^]”表示不匹配其中列出的任意字符。例如在/etc 目录下匹配除了 r 或 c 之外的任何字符。具体命令如下。

```
[student@localhost ~]$ ls /etc |grep "[^rc]"
```

7. 区间

可以用单破折线符号在字符组中表示字符区间，只需要指定区间的第一个字符、单破折线及区间的后一个字符，就可对于连续的数字和字母进行匹配。例如，字符组[a-z]可以匹配 a 到 z 范围内的任意小写字母字符。字符组[0-9]可以匹配 0 到 9 范围内的任意数字。例如查看/etc 下以 rc 开头，并且后面紧跟一个数字的文件和目录，具体命令如下。

```
[student@localhost ~]$ ls /etc |grep  "^rc[0-9]"
rc0.d
rc1.d
rc2.d
rc3.d
rc4.d
rc5.d
rc6.d
```

14.1.4 扩展正则表达式元字符

POSIX ERE 模式支持比基本正则表达式更多的元字符，下面介绍这些新增加的特殊符号。

1. 限定符“? ”

限定符“? ”用于限定问号前面的字符可以出现 0 次或 1 次，但只限于此。它不会匹配多次出现的字符。问号类似于星号，不过有点细微的不同。例如下面的示例。

```
[student@localhost ~]$ echo "aw" |egrep "ak?w"
at
[student@localhost ~]$ echo "akw" |egrep "ak?w"
aet
[student@localhost ~]$ echo "akkw" |egrep "ak?w"
[student@localhost ~]$ echo "akkkw" |egrep "ak?w"
[student@localhost ~]$
```

该示例表明如果字符 k 并未在文本中出现，或者它只在文本中出现了 1 次，那么模式会匹配，如果出现超过 1 次，则不会匹配。

注意：grep 命令默认只支持基本正则表达式，如果想要让 grep 命令能够支持扩展的正则表达式，则需要使用“-E”选项（或 egrep 命令）。

2. 限定符“+”

限定符“+”表明前面的字符可以出现 1 次或多次，但必须至少出现 1 次。如果该字符没有出现，那么模式就不会匹配。例如下面的示例。

```
[student@localhost ~]$ echo "akkkw" |egrep "ak+w"
aeeet
[student@localhost ~]$ echo "akkw" |egrep "ak+w"
aeet
[student@localhost ~]$ echo "akw" |egrep "ak+w"
aet
[student@localhost ~]$ echo "aw" |egrep "ak+w"
[student@localhost ~]$
```

该示例表明如果字符 k 没有出现，模式匹配就不成立。加号同样适用于字符组，与星号和问号的使用方式相同。

3. 花括号“{}”

ERE 中的花括号为可重复的正则表达式指定一个上限。这通常称为间隔（interval）。 可以用两种格式来指定区间。

（1）m：正则表达式准确出现 *m* 次。

（2）m,n：正则表达式至少出现 *m* 次，至多 *n* 次。

这个特性可以精确调整字符或字符集在模式中具体出现的次数。例如下面的示例。

```
[student@localhost ~]$ echo "cak" |egrep "c[ab]{1,2}k"
cak
[student@localhost ~]$ echo "cbk" |egrep "c[ab]{1,2}k"
cbk
[student@localhost ~]$ echo "cabk" |egrep "c[ab]{1,2}k"
cabk
[student@localhost ~]$ echo "caak" |egrep "c[ab]{1,2}k"
```

该示例表明如果字母 a 或 e 在文本模式中只出现了 1～2 次，则正则表达式模式匹配；否则，模式匹配失败。

4. 管道符号“|”

符号“|”表示正则表达式之间的“或”运算，用逻辑 OR 方式指定正则表达式引擎要用的两个或多个模式。如果任何一个模式匹配了文本，文本就通过测试。如果没有模式匹配，则文本匹配失败。使用管道符号的语法格式如下。

```
表达式1 |表达式2 | ……
```

注意：正则表达式和管道符号之间不能有空格，否则它们也会被认为是正则表达式的一部分。

例如，在/etc/passwd 文件中查找 root 或 squid，命令如下。

```
[student@localhost ~]$ cat /etc/passwd |egrep "root|squid"
root:x:0:0:root:/root:/bin/bash
operator:x:11:0:operator:/root:/sbin/nologin
squid:x:23:23::/var/spool/squid:/sbin/nologin
[student@localhost ~]$
```

另外，管道符号两侧的正则表达式可以采用任何正则表达式模式（包括字符组）来定义文本式。

5. 表达式分组“( )”

用圆括号括起一组可选值的集合实现表达式分组，将分组和管道符号一起使用来创建可能的模式匹配组，这是很常见的做法。例如，查找/etc/passwd 文件中包含字符串“root”或“ftp”或以“sshd”开头的文本行，命令如下。

```
[student@localhost ~]$ cat /etc/passwd |egrep "(root|ftp|^sshd)"
root:x:0:0:root:/root:/bin/bash
operator:x:11:0:operator:/root:/sbin/nologin
ftp:x:14:50:FTP User:/var/ftp:/sbin/nologin
sshd:x:74:74:Privilege-separated SSH:/var/empty/sshd:/sbin/nologin
```

符号“()”与符号“|”组合后可以实现“[]”的功能，但比“[]”功能更强大，符号“()”与符号“|”组合后可以匹配多个字符。

14.2 sed 编辑器

sed（Stream EDitor）是 Linux 中一款功能强大的非交互式文本编辑器。和普通的交互式文本编辑器恰好相反，在交互式文本编辑器中（比如 Vim），可以用键盘命令来交互式地插入、删除或替换数据中的文本，而非交互式文本编辑器则会在编辑器处理数据之前基于预先提供的一组规则来编辑文本。sed 可实现对文本的输出、删除、替换、复制、剪切、导入、导出等各种操作，支持按行、按字段、按正则表达式匹配文本内容，灵活方便，特别适合于大文件的编辑。

14.2.1 sed 命令格式

sed 在处理文本数据时，首先从输入中读取文本数据，sed 编辑器在执行命令时会把读入的数据复制保存到缓冲区域（或称为保持空间），在缓冲区根据 sed 命令来处理文本数据，将处理完成的数据输出到屏幕，处理完成一段数据匹配后，它会读取下一段数据并重复这个过程，直到处理完文本中所有的数据行。下面主要介绍 sed 的一些基本用法。

【格式】sed [选项] 'sed 编辑命令' 输入文本

sed 命令的选项可以修改 sed 命令的动作，常用的选项如表 14-1 所示。

表 14-1　常用 sed 命令选项

选项	含义
-e	sed 将下一个参数解释为一个 sed 命令，只有当命令行上给出多个 sed 命令时才需要使用-e 选项
-f	后跟保存了 sed 指令的文件
-r	使用扩展正则表达式
-i	直接对内容进行修改，不加-i 时默认只是预览，不会对文件做实际修改
-n	取消默认输出，sed 默认会输出所有文本内容，使用-n 参数后只显示处理过的行

在 sed 的基本命令格式中，sed 编辑命令需要用单引号括起来，sed 编辑命令表示对文本进行处理，如追加、更改、删除、替换等操作，sed 编辑命令非常丰富，下面列举常用的编辑命令，如表 14-2 所示。

表 14-2　sed 常用的编辑命令

sed 编辑命令	含义
s	使用替换模式替换相应模式
q	第一个模式匹配完成后退出或立即退出
l	显示非打印字符
{}	在定位行执行的命令组，用分号隔开
n	读文本下一行，并从下一条命令开始对其处理
N	在数据流中添加下一行以创建用于处理的多行
y	替换单个字符（不能对正则表达式使用 y 选项）
i\	在定位行号后插入新文本信息
a\	在定位行号后附加新文本信息
d	删除定位行
c\	用新文本替换定位文本
r	从一个文件中读文本
p	打印匹配行（和-n 选项一起合用）
=	显示文件行号
w filename	写文本到一个文件，类似输出重定向>

sed 编辑器的元字符集如表 14-3 所示。

表 14-3　sed 编辑器的元字符集

元字符	含义
^	匹配行开始
$	匹配行结束

续表

元字符	含义
.	匹配一个非换行符的任意字符
*	匹配 0 个或多个字符
[]	匹配一个指定范围内的字符
[^]	匹配一个不在指定范围内的字符
\(..\)	匹配子串，保存匹配的字符
&	保存搜索字符用来替换其他字符
\<	匹配单词的开始
\>	匹配单词的结束
x\{m\}	重复字符 x，*m* 次
x\{m,\}	重复字符 x，至少 *m* 次
x\{m,n\}	重复字符 x，至少 *m* 次，不多于 *n* 次

14.2.2 sed 的缓冲区

模式空间缓冲区是一块活跃的缓冲区，在 sed 编辑器执行命令时它会保存待处理的文本。但它并不是 sed 编辑器保存文本的唯一空间。sed 编辑器有另一块称作保持空间缓冲区的缓冲区域。在处理模式缓冲区中的某些行时，可以用保持空间缓冲区来临时保存一些行。sed 编辑器可以通过命令来操作保持空间缓冲区与模式空间缓冲区，具体命令如表 14-4 所示。

表 14-4 sed 编辑器操作缓冲区的命令

命令	含义
g	将保持空间缓冲区的内容复制到模式空间缓冲区
G	将保持空间缓冲区的内容附加到模式空间缓冲区
h	将模式空间缓冲区的内容复制到保持空间缓冲区
H	将模式空间缓冲区的内容附加到保持空间缓冲区
x	交换模式空间缓冲区和保持空间缓冲区的内容

14.2.3 sed 命令的基础用法

使用 sed 编辑器的关键在于掌握其各式各样的命令和格式，它们能够帮助用户定制文本编辑动作。本小节将介绍一些 sed 编辑器基本命令和功能。

1. 追加文本

sed 编辑器命令 a 可以将指定的文本追加到指定位置，如果不指定地址，sed 默认追加到文本的每一行后面。使用追加文本的命令格式如下。

```
sed '[指定地址]a\文本' 文件名
```

其中，追加文本的指定位置可以是一个行地址，也可以是一个数字行号或文本模式，但不能用地址区间。具体示例如下。

【实例 14-1】将“good day”字符串添加到 filetest 文件的最后。

```
[student@localhost ~]$ cat filetest
#This is test file"
```

```
happy new year happy new year,
happy new year to you all,
we are singing we are dancing,
happy new year to you all.
[student@localhost ~]$ sed '$a\good day' filetest
#This is test file"
happy new year happy new year,
happy new year to you all,
we are singing we are dancing,
happy new year to you all.
good day
```

2. 删除文本

sed 编辑器命令 d 可以将指定的文本删除。具体应用如下。

【实例 14-2】将 filetest 文件的第 1～2 行删除。

```
[student@localhost ~]$ sed  '1,2d'  filetest
happy new year to you all,
we are singing we are dancing,
happy new year to you all.
```

【实例 14-3】将 filetest 文件中匹配“happy”的行删除。

```
[student@localhost ~]$ sed '/happy/d' filetest
#This is test file"
we are singing we are dancing,
```

【实例 14-4】将 filetest 文件中不匹配“happy”或“test”的行删除。

```
[student@localhost ~]$ sed '/happy\|test/!d' filetest
#This is test file"
happy new year happy new year,
happy new year to you all,
happy new year to you all.
```

说明：“/happy\|test/”表示匹配 happy 或 test，“!”表示取反。

【实例 14-5】将 filetest 文件第 1～3 行中匹配“happy”的行删除。

```
[student@localhost ~]$ sed  '1,3{/happy/d}' filetest
#1,3表示匹配1～3行，{/happy/d}表示删除
#This is test file"
we are singing we are dancing,
happy new year to you all.
```

注意：sed 编辑器删除文件中的行，是指在 sed 编辑器的输出显示中删除匹配行，而不会修改原始文件，原始文件中仍然包含那些“删掉的匹配行”。

3. 替换文本

sed 编辑器命令 s 可以实现替换指定的文本。具体示例如下。

【实例 14-6】将 filetest 文件中的“happy”替换为“hello”。

```
[student@localhost ~]$ sed  's/happy/hello/'  filetest
#This is test file"
hello new year happy new year,
hello new year to you all,
```

```
we are singing we are dancing,
hello new year to you all.
[student@localhost ~]$
```

说明：该方式默认只替换每行第一个匹配条件的文本。

【实例 14-7】将 filetest 文件中以#开头的行和空行都过滤掉。

```
[student@localhost ~]$ sed -n '/^#/!{/^$/!p}' filetest
happy new year happy new year,
happy new year to you all,
we are singing we are dancing,
happy new year to you all.
```

14.2.4　运用 sed 编写 Shell 脚本

通过前面的学习，大家已经认识了 sed 编辑器的基本命令和功能，本小节将通过实例介绍它们在 shell 脚本中的用法，使读者更加深入地理解 sed 编辑器。

【实例 14-8】找出当前目录下包含空格的文件名，将空格替换为下画线。

使用 Vim 编辑器创建 Shell 程序，文件名为 sedfile1.sh，文件内容如下。

```
[root@localhost sedtest]# cat sedfile1.sh
#!/bin/bash
# 找出当前目录下包含空格的文件名，将空格替换为下画线
DIR="."
find $DIR -type f | while read file; do
  if [[ "$file" = *[[:space:]]* ]]; then
     mv "$file" $(echo $file | sed  's/ /_/g')
fi
done
```

说明：语句“mv "$file" $(echo $file | sed 's/ /_/g')”中的's/ /_/g'，表示将文件名中出现的空格都替换为“_”字符，如果连续出现多个空格，则替换为一个“_”字符。

执行脚本过程如下。

```
[root@localhost test]# cd /home/sedtest
[root@localhost sedtest]# ll
total 0
-rw-r--r-- 1 root root 0 Mar 20 11:24 abc 1.sh
-rw-r--r-- 1 root root 0 Mar 20 11:24 a  b  c.txt
#在当前目录/home/sedtest下建立2个包含空格的文件，分别是abc 1.sh和a  b  c.txt。
[root@localhost sedtest]# bash sedfile1.sh
[root@localhost sedtest]# ll
total 4
-rw-r--r-- 1 root root   0 Mar 20 11:24 abc_1.sh
-rw-r--r-- 1 root root   0 Mar 20 11:24 a_b_c.txt
---x--x--x 1 root root 413 Mar 20 11:26 sedfile.sh
#执行sedfile1.sh脚本后，含有空格的文件中，将空格替换为下画线了
```

【实例 14-9】利用文件实现批量创建普通用户，要求该文件的每一行表示要创建的用户名字（所有新创建用户使用统一的初始密码）。

使用 Vim 编辑器创建需要创建的用户，文件名字为 createuser，内容如下。

```
[root@localhost sedtest]# cat createuser
user1
```

```
user2
user3
```

使用 Vim 编辑器创建 Shell 程序，文件名为 sedfile3.sh，文件内容如下。

```
[root@localhost sedtest]# cat sedfil3.sh
#!/bin/bash
read -p "请输入批量创建用户的文件名（需绝对路径）：" file1
read -p "请输入初始密码：" -s password
echo
newfile=${file1##*/}
#去掉变量file1从左边算起的最后一个'/'字符及其左边的内容，返回从左边算起的最后一个'/'（不含该字符）的右边的内容
userline=`sed -n '$=' $newfile`
#获取指定文件的行数
i=1
while [  $i -le  $userline ]
# 利用循环建立
do
    newname=`sed -n "${i}p" $newfile`
    #截取newfile文件第一行内容，即用户名
    result=`cat /etc/passwd | cut -f1 -d':' | grep -w "$newname" -c`
    #判断用户是否存在
    if [ $result -le 0 ]
    then
        useradd $newname
        echo $password | passwd --stdin $newname
        chage -d 0 $newname
    else
        echo "用户$newname已存在，无法添加！"
    fi
    i=$(($i+1))
done
```

执行脚本 sedfile2.sh，输出过程如下。

```
[[root@localhost sedtest]# bash 11h.sh
请输入批量创建用户的文件名（需绝对路径）：/home/sedtest/createuser
请输入初始默认密码：
Changing password for user user1.
passwd: all authentication tokens updated successfully.
Changing password for user user2.
passwd: all authentication tokens updated successfully.
Changing password for user user3.
passwd: all authentication tokens updated successfully.
[root@localhost sedtest]#
```

从上述脚本可以发现，使用 sed 来实现字段提取会比较复杂。下一节将介绍 awk 命令，届时可以通过更简单的方法来实现字段提取。

14.3 awk 文本分析工具

awk 是一个强大的文本分析工具，“awk”即 3 位创始人阿尔弗雷德·阿霍（Alfred Aho）、彼得·温伯格（Peter Weinberger）和布莱恩·柯林汉（Brian Kernighan）姓氏的首字母。awk 不仅是文本处理工具，也是一门编程语言，它支持条件判断、数组、循环等功能。

14.3.1 awk 命令格式

相较于 sed 常常作用于一整个行的处理，awk 则比较倾向于将一行分成数个“字段”来处理。awk 是逐行处理的，当 awk 处理一个文本时，会一行一行进行处理，处理完当前行，再处理下一行，awk 默认以“换行符”为标记，识别每一行，每次遇到“回车换行”，就认为是当前行的结束、新的一行的开始，awk 会按照用户指定的分割符去分割当前行，如果没有指定分割符，默认使用空格作为分隔符。

【格式】awk [options] 'pattern{Action}' file

在 awk 语句中，options 是选项，pattern 是匹配模式，大括号{Action}表示想要对数据进行的处理动作，最常用的 Action 是 print，awk 可以处理后续接的文件，也可以读取来自前个指令的 standard output。以上语法表示当后续要处理的文本行符合 pattern 中指定的匹配规则时，执行 Action 操作。pattern 和 Action 都是可选的，但至少保留一个。如果省略语法格式中的 pattern，则表示对所有的文本行执行 Action；如果省略 Action，则表示将匹配结果打印到终端。

awk 命令中 options 有几个常用的选项，如表 14-5 所示。

表 14-5 awk 命令中 options 的常用选项

选项	含义
-F	指定以 fs 作为输入行的分隔符，默认的分隔符为空格或制表符
-v	赋值一个用户定义的变量
-f	从脚本文件读取 awk 命令

awk 擅长文本格式化，并且将格式化以后的文本输出，所以 awk 最常用的动作就是 print 和 printf。我们先从最简单用法开始了解 awk，先不使用[options]，也不指定 pattern，直接使用最简单的 Action，从而开始认识 awk，示例如下。

【实例 14-10】输出 df 的信息的第 5 列。

```
[root@localhost ~]# df
Filesystem              1K-blocks    Used Available Use% Mounted on
/dev/mapper/centos-root  17811456 6823428  10988028   39% /
devtmpfs                   481804       0    481804    0% /dev
tmpfs                      498976       0    498976    0% /dev/shm
tmpfs                      498976   14992    483984    4% /run
……省略余下内容……
[[root@localhost ~]# df |awk '{print $5}'
Use%
39%
0%
0%
……省略余下内容……
```

该示例没有使用 options 和 pattern，示例中的 awk '{print print$5}'表示输出 df 的信息的第 5 列，在 awk 的括号内，每一行的每个字段都是有变量名称的，称为$1、$2 等，而$0 代表一整行，不表示某一列。以上面的示例来说，$5 表示将当前行按照分隔符分割后的第 5 列，不指定分隔符时，默认使用空格作为分隔符，如有连续多个空格，awk 自动将连续的空格理解为一个分割符。

整个 awk 语句以行为一次处理的单位，以字段为最小的处理单位，在读取分析数据时，先读入第一行，并将第一行的内容分别放入$0、$1、$2 等变量当中；寻找与指定 pattern 匹配的行，执行 Action 操作，然后继续下一行，直到所有的数据都读完为止。

可以通过 awk 的内建变量来表示行的处理方式，awk 常用的内建变量如表 14-6 所示。

表 14-6 awk 常用的内建变量

变量名称	含义
$0	当前一行记录
$1～$n	当前记录的第 *n* 个字段，字段间由 FS 分隔
FS	输入字段分隔符，默认是空格键
NF	当前记录中的字段个数
NR	目前 awk 所处理的是第几行数据，就是行号，从 1 开始
RS	输入的记录分隔符，默认为换行符
OFS	输出字段分隔符，默认是空格

继续以上面的示例来做说明，现在要列出目前处理的行数，列出每一行的文件系统（就是$1），如实例 14-11 所示。

【实例 14-11】列出目前处理的行数及第 1 列信息。

```
[root@localhost ~]# df |awk '{print "lines:"NR,$1}'
```

print 属于输出语句类型的动作，也可以实现把多个动作（多段代码）组合成一个代码块，此时每段动作（每段代码）之间需要用分号“;”隔开，例如列出 df 的第 1 列、第 2 列内容两个动作组合。具体命令如下所示。

```
[root@localhost ~]# df  |awk '{print $1;print $2}'
```

14.3.2 BEGIN 模式和 END 模式

awk 包含两种特殊的模式：BEGIN 模式和 END 模式。这二者都可用于 pattern 中。BEGIN 模式表示，在处理指定的文本之前，需要先执行 BEGIN 模式中指定的动作，常用于初始化 FS（字段分隔符）变量、打印页眉或初始化其他在程序中以后会引用的全局变量；然后 awk 再处理指定的文本，之后再执行 END 模式中的指定动作，END 语句块往往会用于执行最终计算或打印输出结果等。

awk 命令含有 BEGIN 模式和 END 模式的执行流程如下。

（1）使用 BEGIN 模式，BEGIN 中所有的动作都会在读取任何输入行之前执行。

（2）读入一个输入行并将其解析成不同的字段。

（3）每一条指定的模式都会和输入内容进行比较匹配，当匹配成功后，就会执行模式对应的动作。对所有指定的模式重复执行该步骤。

（4）对于所有输入行重复执行步骤 2 和步骤 3。

（5）当读取并处理完所有输入行后，执行 END 命令，并输出对文件处理后的结果。

通常使用 BEGIN 来显示变量和预置（初始化）变量，使用 END 来输出最终结果。

【实例 14-12】统计当前文件夹下的文件占用的字节数。

```
[root@localhost awktest]# ls -l |awk 'BEGIN {size=0;} {size=size+$5;} END{print "[end]size is ", size}'
[end]size is  662
```

说明：BEGIN 模式定义了初始变量 size=0，awk 读取数据并完成操作后，执行 END 输出结果信息。

14.3.3 awk 的运算符

awk 中支持非常多的运算符，包括算术运算符、赋值运算符、关系运算符及逻辑运算符。下面分别介绍这些运算符的具体运用。

1. 算术运算符

awk 中常用的算术运算符如表 14-7 所示。

表 14-7 awk 常用的算术运算符

运算符	含义	示例
+	加法	x+y
-	减法	x-y
*	乘法	x*y
/	除法（支持结果为浮点数）	x/y
%	取余	x%y
^	指数	x^y

下面通过一个实例来演示算术运算符的使用方法。

【实例 14-13】awk 运用算术运算符。

```
[root@localhost ~]# awk 'BEGIN {a=70;b=10;print "(a+b)=",(a+b)}'
(a+b)=80
[root@localhost ~]# awk 'BEGIN {a=70;b=10;print "(a-b)=",(a-b)}'
(a-b)=60
[root@localhost ~]# awk 'BEGIN {a=70;b=10;print "(a*b)=",(a*b)}'
(a*b)=700
[root@localhost ~]# awk 'BEGIN {a=70;b=10;print "(a/b)=",(a/b)}'
(a/b)=7
```

2. 赋值运算符

awk 中常用的赋值运算符如表 14-8 所示。

表 14-8 awk 常用的赋值运算符

运算符	含义	示例
=	赋值	x=10
+=	+复合赋值	x+=10
-=	-复合赋值	x-=10
*=	*复合赋值	x*=10
/=	/复合赋值	x/=10
%=	%复合赋值	x%=10
^=	^复合赋值	x^=10

下面通过一个实例来演示赋值运算符的使用方法。

【实例 14-14】awk 运用赋值运算符。

```
[root@localhost ~]# awk 'BEGIN {name="Jack";print "My name is",name}'
My name is Jack
[root@localhost ~]# awk 'BEGIN {abc=200;abc-=10;print "Counter=",abc}'
Counter=190
[root@localhost ~]# awk 'BEGIN {abc=20;abc*=10;print "Counter=",abc}'
Counter=200
[root@localhost ~]# awk 'BEGIN {abc=100;abc%=8;print "Counter=",abc}'
Counter=4
```

3. 关系运算符

awk 允许用户使用关系表达式作为匹配模式，若目标文本包含满足关系表达式的文本，将会执行相应的操作。常用的关系运算符如表 14-9 所示。

表 14-9 awk 常用的关系运算符

运算符	含义	示例
>	大于	x>10
<	小于	x<10
>=	大于等于	x>=10
<=	小于等于	x<=10
==	等于，用于判断两个值是否相等	x==10
!=	不等于	x!=10
~	匹配正则表达式	$0~root
!~	不匹配正则表达式	$0 !~root

下面通过一个实例来演示关系运算符的使用方法。

【实例 14-15】awk 运用关系运算符。

```
root@localhost ~]# awk 'BEGIN {a=20;b=20;if (a==b) print "a==b"}'
a==b
#如果两个操作数相等则返回true，否则返回false
[root@localhost ~]# awk 'BEGIN {a=10;b=20;if (a!=b) print "a!=b"}'
a!=b
[root@localhost ~]# awk 'BEGIN {a=10;b=20;if (a<b) print "a<b"}'
a<b
```

4. 逻辑运算符

awk 提供了 3 个逻辑运算符：&&、||、 !。这 3 个运算符的含义和示例如表 14-10 所示。

表 14-10 awk 常用的逻辑运算符的含义和示例

运算符	含义	示例
||	逻辑或	a||b
&&	逻辑与	a&&b
!	非	!a

下面通过一个实例来演示逻辑运算符的使用方法。

【实例 14-16】awk 运用逻辑运算符。

```
[root@localhost ~]# awk 'BEGIN{a=1;b=2;print (a>5 && b<=2),(a>5 || b<=2);}'
daemon
adm
lp
sync
shutdown
……省略余下输出……
```

14.3.4 运用 awk 编写 Shell 脚本

awk 适合用于文本处理和报表生成，其借鉴了一些其他语言的精华，比如 C 语言。在 Linux 系统的日常工作中，awk 在数据排序、数据处理、对输入执行计算及生成报表等方面发挥着重要的作用。本小节将通过实例介绍在 Shell 脚本中使用 awk，使读者更加深入地理解 awk。

【实例 14-17】输出/etc/passwd 中账户的名字及序号。

使用 Vim 编辑器在/home/awktest 目录下创建 Shell 程序，文件名为 awkfile1.sh，文件内容如下。

```
#!/bin/bash
awk -F ':' 'BEGIN {count=0;} {name[count]=$1;count++;};END{for (i=0;i<NR;i++) print
i,name[i]}' /etc/passwd
```

说明：BEGIN 是一种特殊的内置模式，它的执行在 awk 读取数据之前，BEGIN 模式对应的操作仅仅被执行一次，如该实例中 BEGIN 定义了初始化变量 count=0。语句“for (i = 0; i < NR; i++)”是循环结构，表示遍历/etc/passwd 文件。END 模式是在 awk 读取数据后执行的操作。

执行脚本，具体内容如下。

```
[root@localhost awktest]# ./awkfile1.sh
0 root
1 bin
2 daemon
3 adm
4 lp
……省略余下输出……
```

【实例 14-18】批量添加用户和设置对应密码。

在实例 14-9 中使用 sed 来实现读取文件中的用户名批量创建用户，而密码则采用统一的默认密码，这会存在安全隐患。本实例将会用到 awk 命令，通过字段提取来实现添加用户和设置对应密码。

首先将所有要添加的用户名和密码放到一个文件中，每一行分别是用户名和对应密码，第一列为用户名，第二列为密码，并用“:”分隔。文件名字为 newuser，内容如下。

```
[root@localhost awktest]# cat newuser
usertest1:pw123
usertest2:pw234
usertest3:pw567
```

使用 Vim 编辑器创建 Shell 程序，文件名为 awkfile3.sh，文件内容如下。

```
#!/bin/bash
read -p "请输入批量创建用户的文件名（需绝对路径）：" file1
newfile=${file1##*/}
if [ $UID -ne 0 ]
then
```

```
    exit 1
fi
#创建用户操作只有root账户有权限
for line in `cat $newfile`
#按行读取文件
do
    newname=`echo $line |awk -F: '{print $1}'`
    #获取用户名字段，并赋值给变量
    newpasswd=`echo $line |awk -F: '{print $2}'`
    #获取密码字段，并赋值给变量
    result=`cat /etc/passwd | cut -f1 -d':' | grep -w "$newname" -c`
    if [ $result -le 0 ]
    then
        useradd $newname
        echo $newpasswd | passwd --stdin $newname
    else
        echo "用户$newname已存在，无法添加！"
    fi
done
```

执行脚本 sedfile2.sh，输出过程如下。

```
[root@localhost awktest]# ./awkfile3.sh
请输入批量创建用户的文件名（需绝对路径）：/home/awktest/newuser
Changing password for user usertest1.
passwd: all authentication tokens updated successfully.
Changing password for user usertest2.
passwd: all authentication tokens updated successfully.
Changing password for user usertest3.
passwd: all authentication tokens updated successfully.
```

awk 和 sed 具有相同点，都是逐行读取文本，可以提取字段，但是 awk 获取字段更加灵活，默认以空格或 tab 键为分隔符进行分隔，或者自定义分隔符，然后将分隔所得的各个字段保存到内建变量中，并按模式或者条件执行命令。

14.4 本章小结

正则表达式是由普通字符及特殊字符（称为元字符）组成的一种文本模式，描述了一种字符串匹配的模式（pattern），可以用来检查一个串是否含有某种子串，将匹配的子串替换或者从某个串中取出符合某个条件的子串等。正则表达式的组件可以是单个的字符、字符集合、字符范围、字符间的选择或者所有这些组件的任意组合。许多程序设计语言都支持利用正则表达式进行字符串操作。

sed 和 awk 都是处理文本的有力工具，应用正则表达式进行模式匹配。sed 是字符流编辑器，可以很好地完成多个文件的编辑；awk 适合结构化数据的处理和格式化报表的生成。

sed 命令常用于一整行的处理，而 awk 比较倾向于将一行分成多个“字段”然后再进行处理。awk 信息的读入也是逐行读取的，执行结果可以通过 print 的功能将字段数据打印显示。在使用 awk 命令的过程中，可以使用算术运算符、赋值运算符、关系运算符和逻辑操作符。awk 脚本中使用了特殊模式：BEGIN 和 END。BEGIN 在读取数据之前执行，标识读取数据即将开始；END 在读取数据结束之后执行，标识数据读取已经完毕。awk 也是一种便于使用且表达能力强的程序设计语言，可应用于各种计算和数据处理任务。

14.5 习题

一、简答题

1. 简述什么是正则表达式。
2. 举例说明 awk 中 BEGIN 模式与 END 模式的作用。
3. 简述文本处理工具 sed 与 awk 的相同与不同之处。

二、选择题

1. 下面关于正则表达式说法中正确的是（　　）。
   A. 元字符 "^" 用来匹配文本末尾的字符
   B. POSIX 规范一种标准的基础正则表达式元字符
   C. 正则表达式是 Shell 的内置命令
   D. 正则表达式是一组规则，通常用于匹配和过滤文本
2. 表示匹配到 a～z 中的任意一个字母，下面表达正确的是（　　）。
   A. [a*z]　　B. [a-z]　　C. (a|z)　　D. [^a-z]
3. 列出 UID 小于 2 的用户信息，下面表达正确的是（　　）。
   A. awk -F: '$3>=0||$3<2{print $1,$3}' /etc/passwd
   B. awk -F: '$3=2{print $1,$3}' /etc/passwd
   C. awk -F: '$3>=0&&$3<2{print $1,$3}' /etc/passwd
   D. awk -D: '$3>=0&&$3<2{print $1,$3}' /etc/passwd
4. 下面选项中，哪个属于扩展正则表达式元字符？（　　）
   A. 限定符 "*"　　B. 限定符 "+"
   C. 字符组 "[]"　　D. 定位符 "$"
5. 统计使用 bash 的用户个数，下面表达正确的是（　　）。
   A. awk -F: '/bash$/{print}' /etc/passwd
   B. awk 'BEGIN{i=0} /bash$/{i++} END{print i}' /etc/passwd
   C. awk -F: '/bash$/{print $1}' /etc/passwd
   D. awk -F: '$1{print}' /etc/passwd

CHAPTER15

第15章

无人值守安装系统

学习目标：

- 理解 PXE；
- 理解 TFTP 协议；
- 理解 Kickstart；
- 理解无人值守系统的工作流程；
- 掌握使用 PXE+DHCP+TFTP+HTTP+Kickstart 部署无人值守安装系统；
- 掌握自动部署客户端。

安装 Linux 操作系统的方法有多种，最简单的就是通过光盘安装，可以在 CentOS 官方网站上下载 ISO 镜像，然后利用镜像文件（或刻录成光盘）进行安装。在前面的章节中已经详细介绍了如何在虚拟机中通过镜像文件安装部署 CentOS 7.6 操作系统，但这种方式只适用于给少量主机安装操作系统，如果有大批量的主机都需要统一安装部署 CentoOS 7.6 操作系统，若还是采用这种方式来为每台服务器安装操作系统就不太适合了。这时需要一种更高效的方式来统一部署操作系统。本章将围绕这一问题展开详细介绍。

15.1 无人值守安装系统概述

目前比较成熟的无人值守安装系统解决方案是 PXE + DHCP + TFTP +HTTP（或 FTP）+ Kickstart 的组合，这种方案需要提前部署 DHCP、TFTP、HTTP（或 FTP）等服务器，需要安装操作系统的客户端通过网络连接服务器端，下载并执行服务器上的引导文件和安装程序，再根据服务器中存放的应答文件实现批量主机自动部署安装系统。下面详细介绍该解决方案的实现过程。

15.1.1 PXE 简介

预启动执行环境（Preboot eXecute Environment，PXE）是由 Intel 公司开发的基于客户端/服务器模式的一种网络启动技术（需要计算机上的网卡支持 PXE 技术），可以让客户端通过网络从远程服务器下载所需的文件，并由此支持通过网络安装操作系统，主要用于在无人值守安装系统中引导客户端主机安装 Linux 操作系统。

严格来说，PXE 并不是一种安装方式，而是一种引导方式。进行 PXE 安装的必要条件是在要安装的计算机中必须包含一个 PXE 支持的网卡（NIC），即网卡中必须有 PXE Client。当计算机引导时，BIOS 把 PXE Client 调入内存中执行，然后由 PXE Client 将放置在远端的文件通过网络下载到本地运行。既然通过网络传输，就需要 IP 地址，也就是说在其启动过程中，客户端请求服务器分配 IP 地址。因此，运行 PXE 需要设置 DHCP 服务器和 TFTP 服务器。DHCP 服务器会给要安装系统的客户机分配一个 IP 地址，所以在配置 DHCP 服务器时需要增加相应的 PXE 设置。此外，客户端通过 TFTP 协议到 TFTP 服务器上下载所需的启动文件，还需要到 HTTP（或 FTP）服务器获取安装软件包和应答文件。

要实现无人值守自动安装，还需要进一步了解 TFTP 协议、Kickstart 技术。

15.1.2 TFTP 简介

简单文件传输协议（Trivial File Transfer Protocol，TFTP）也是用于在远端服务器和本地主机之间传输文件的。相对于 FTP，TFTP 没有复杂的交互存取接口和认证控制，为客户端提供一种简单的文件共享，非常适合传输小且简单的 PXE 启动文件。TFTP 协议的运行基于 UDP 协议，使用 UDP 端口 69 进行数据传输。

TFTP 共定义了 5 种类型的包，类型的区分由包数据前两个字节的 Opcode 字段区分，如下所示。

（1）读文件请求包：Read request，简写为 RRQ，对应 Opcode 字段值为 1。

（2）写文件请求包：Write requst，简写为 WRQ，对应 Opcode 字段值为 2。

（3）文件数据包：Data，简写为 DATA，对应 Opcode 字段值为 3。

（4）回应包：Acknowledgement，简写为 ACK，对应 Opcode 字段值为 4。

（5）错误信息包：Error，简写为 ERROR，对应 Opcode 字段值为 5。

TFTP 是由客户端发起一个 RRQ 或 WRQ 后开始工作的。RRQ 和 WRQ 的工作流程类似，这里以 WRQ

为例介绍 TFTP 的工作流程，如下所示。

（1）服务端在端口为 69 的 UDP 上等待客户端发出写文件请求包。

（2）客户端通过 UDP 发送符合 TFTP 请求格式的 WRQ 包给服务端。从 UDP 包角度看，该 UDP 包的源端口由客户端随意选择，而目标端口则是服务端的 69。

（3）服务端收到客户端的这个请求包后，需发送 ACK 给客户端。

（4）客户端发送 DATA 数据给服务端。

（5）服务端接收数据并写文件，然后发送 ACK 给客户端。

（6）当客户端发送的 DATA 数据长度小于 512 字节时，服务端认为这次写请求完成。

15.1.3 Kickstart 简介

Kickstart 是目前主要的无人值守自动安装操作系统的方式，使用这种技术可以方便地实现自动安装及配置操作系统。这种技术的核心是自动应答文件（ks.cfg 文件），把原本安装过程中需要手动填写的语言、密码、网络等参数保存成一个 ks.cfg 文件，当安装过程中需要填写参数时则自动匹配 Kickstart 生成的文件 ks.cfg 中的内容，不需要人工干预，实现自动安装及部署操作系统。Kickstart 的自动应答文件（ks.cfg 文件）可以通过如下 3 种方式生成。

（1）手动书写（仅需要一个文本编辑工具）。

（2）通过 system-config-kickstart 图形工具自动生成。

（3）通过 RedHat 的安装程序 Anaconda 自动生成。

本书主要以 system- config-kickstart 图形工具为主，介绍如何生成一份自动应答文件。

首先需要安装 system- config-kickstart 图形工具，采用 yum 命令安装，具体内容如下。

```
[root@web yum.repos.d]# yum install system-config-kickstart -y
```

安装完成后，输入命令“system-config-kickstart”就可以进入图形界面。kickstart 配置程序如图 15-1 所示。

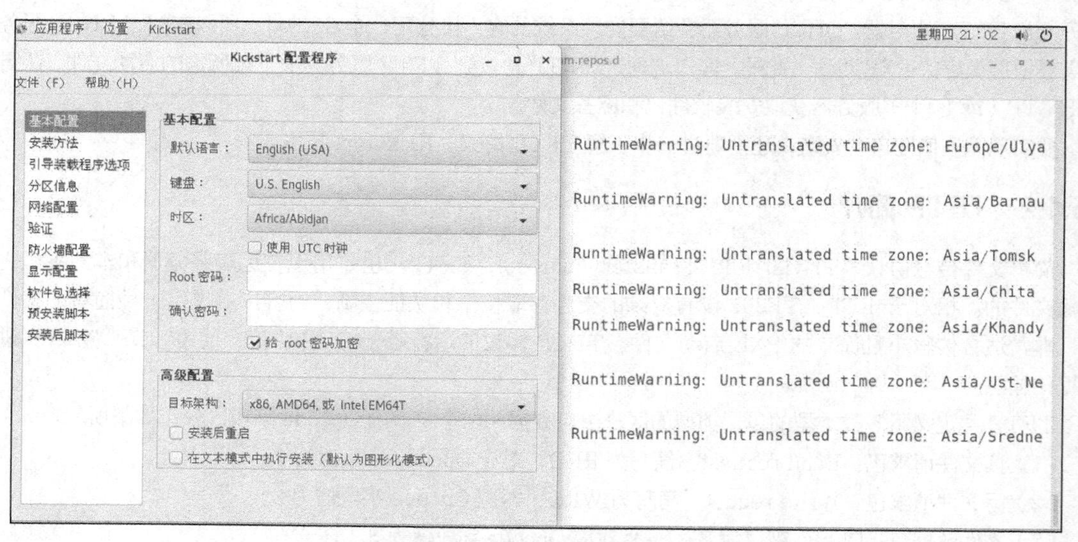

图 15-1 Kickstart 配置程序

这样就可以在 Kickstart 配置程序中进行基本配置、安装方法、引导装载程序选项、分区信息、网络配置、验证、防火墙配置、显示信息、软件包选择、预安装脚本、安装后脚本等的设置。

15.1.4 无人值守安装系统的工作流程

无人值守的解决方案需要提前部署包含 DHCP、TFTP（或 FTP）、Kickstart 的无人值守安装系统，通过这个系统可以实现批量部署客户机。

PXE 的客户端启动后，向本网络中的 DHCP 服务器申请 IP 地址，DHCP 服务器返回分配给客户端的 IP 地址及 pxelinux.0 文件的放置位置。客户端通过 DHCP 获得 TFTP 服务器的位置后，从 TFTP 服务器下载启动文件，实现无盘启动，客户端通过网络获得 Kickstart 文件，Kickstart 文件描述了如何安装设置操作系统、运行脚本等，实现自动部署操作系统。工作流程如图 15-2 所示。

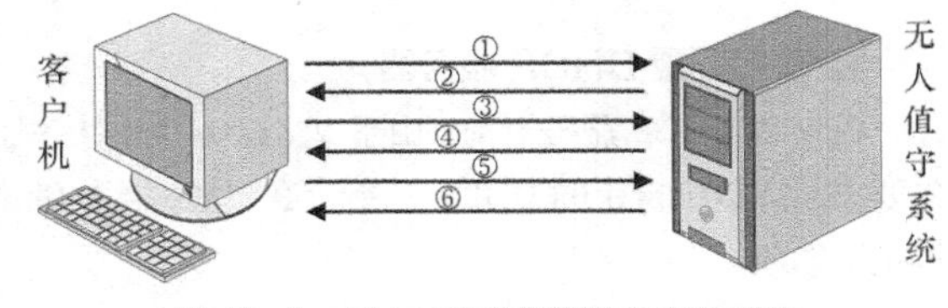

图 15-2 无人值守安装系统的工作流程

工作流程详细步骤如下。

第 1 步：客户端申请 IP 地址等信息。

客户端向 DHCP 发送请求。首先将支持 PXE 的 NIC 的客户端的 BIOS 设置成为网络启动，通过自启动芯片（PXE BootROM）发送一个广播请求，向网络中的 DHCP 服务器索取 IP 地址等信息。

第 2 步：DHCP 服务器提供信息。

DHCP 服务器收到客户端的请求，验证请求是否合法，验证通过后，给客户端提供配置信息，该配置信息包含了为客户端分配的 IP 地址、引导文件（pxelinux.0）及 TFTP 服务器的位置等内容。

第 3 步：客户端请求下载启动文件。

客户端收到服务器的“回应”后，会回应一个帧，以请求传送所需引导文件。

第 4 步：TFTP 服务器响应请求并传输文件。

TFTP 服务器响应客户端请求，传送引导相关文件。客户端通过 TFTP 协议从 TFTP 服务器下载引导及驱动文件，如 vmlinuz、initrd.img 及 vesamenu.c32 等。客户端会根据这些文件启动 Linux 的内核。

第 5 步：客户端请求应答文件。

客户端通过 default 文件成功引导 Linux 内核后，获取应答文件（文件名为 ks.fg）。该文件把原本需要运维人员手工填写的参数保存起来，包括安装系统的基本配置、安装方法、分区设置、防火墙设置等。获取 ks.cfg 文件的方式有多种，网络安装常见的形式有 http、ftp 等。

第 6 步：客户端根据应答文件，自动安装操作系统。

ks .cfg 文件中操作系统的安装方法（光盘驱动器、NFS、FTP、HTTP 或键盘驱动器等安装方法）指明了安装软件包文件的存放位置（例如采用 FTP 方式安装时，安装 Linux 操作系统所需要的安装软件包存放在 FTP 服务器上），客户端与服务器建立连接后，根据应答文件的配置内容，客户端会自动安装操作系统，运维人员完全不需要干预，从而实现了批量部署客户机。

15.2 部署无人值守服务器

根据前面介绍可知，如果最终要实现无人值守自动安装部署操作系统，需要提前安装好运行 DHCP、TFTP、HTTP（或 FTP）的服务器。下面介绍如何部署无人值守服务器。

【案例要求】

某网络公司机房需要部署 50 台主机，这些主机需要统一部署 CentOS 7.6 操作系统，为了减轻运维人员的工作压力，需要部署一台无人值守服务器，采用网络安装方式，文件服务器为 HTTP。具体配置信息如表 15-1 所示。

表 15-1　IP、主机名与服务器对应关系

IP 地址	主机名	说明
192.168.2.10	centos	部署无人值守服务器，需要部署 DHCP、TFTP、HTTP
自动获取	client	未安装操作系统

15.2.1　安装配置 DHCP 服务器、TFTP 服务器、HTTP 服务器

1. 安装配置 DHCP 服务器

在安装 DHCP 服务器前，由于 VMware 虚拟机里自带的 DHCP 功能会影响用户搭建的 DHCP 服务器，首先要关闭虚拟机自带的 DHCP 功能。在“虚拟网络编辑器”中去掉“使用本地 DHCP 服务将 IP 地址分配给虚拟机”选项。

（1）利用 YUM 源进行安装。

```
[root@centos ~]# yum install dhcp -y
```

（2）编辑 DHCP 参数配置文件。

系统默认提供配置示例文件为/usr/share/doc/dhcp-4.2.5/dhcpd.conf.example，复制该文件到/etc/dhcp 目录下，覆盖原有的 dhcpd.conf 文件（主配置文件），并编辑 dhcpd.conf 文件，也可以直接在原 dhcpd.conf 里添加如下内容。

```
[root@centos ~]# vim /etc/dhcp/dhcpd.conf
    subnet 192.168.2.0 netmask 255.255.255.0 {
        range 192.168.2.100 192.168.2.180;
        default-lease-time 600;
        max-lease-time 7200;
        next-server 192.168.2.10;                //指定TFTP服务器的IP地址
        filename "pxelinux.0";
      //指定需要加载的引导文件的名字
}
```

其中配置文件中要指明分配的 IP 地址范围，本例 IP 地址范围为 192.168.2.100 到 192.168.2.180，“next-server 192.168.2.10”告诉客户端获取 pxelinux.0 文件的 TFTP 服务器的 IP 地址，本例为 192.168.2.10 和 DHCP 服务器、HTTP 服务器是相同的 IP 地址。filename 指定 TFTP 服务器需要推送给客户端的启动文件的名字为 pxelinux.0。

（3）关闭防火墙、SELinux 功能。

（4）启动 DHCP 服务，使配置生效，并设置开机启动模式。

```
[root@centos ~]# systemctl start dhcpd
[root@centos ~]# systemctl enable dhcpd
```

（5）检查 DHCP 服务启动的端口。

```
[root@centos ~]# netstat -tunlp|grep dhcp
```

2. 安装配置 TFTP 服务器

TFTP 服务程序可以为客户端提供引导驱动文件。

（1）安装 tftp-server。

```
[root@centos ~]# yum install tftp-server
```

（2）安装 xinetd 服务。

xinetd 是新一代的网络守护进程服务程序，常用来管理请求数目和频繁程度不太高的多种轻量级服务。TFTP 服务是被 xinetd 动态管理的，所以需要安装 xinetd 服务。

```
[root@centos ~]# yum install xinetd
```

（3）修改配置文件/etc/xinetd.d/tftp。

默认 disable 的参数值为 yes 表示禁用 tftp 服务，需要把参数值修改为 no，即启用 TFTP 服务。默认 TFTP 的共享目录为/var/lib/tftpboot。

```
[root@centos ~]# cat /etc/xinetd.d/tftp
service tftp
{
            socket_type         = dgram
            protocol            = udp
            wait                = yes
            user                = root
            server              = /usr/sbin/in.tftpd
            server_args         = -s /var/lib/tftpboot  #tfyp共享根目录
            disable             = no                    #修改此处为no
            per_source          = 11
            cps                 = 100 2
            flags               = IPv4
}
```

说明：选项“server_args=-s <path> -c”中<path>处可以改为设定的 tftp-server 的根目录，参数-s 指定 chroot，-c 指定了可以创建文件。

（4）启动 xinetd 服务，并设置开机启动模式。

```
[root@centos ~]# systemctl start xinetd
[root@centos ~]# systemctl enable xinetd
```

（5）启动 tfpt 服务，并设置开机启动模式。

```
[root@centos ~]# systemctl start tftp
[root@centos ~]# systemctl enable tftp
```

3. 安装配置 HTTP 服务器

本案例使用 HTTP 服务器共享镜像所有内容。关于安装 HTTP 服务器的方法在前面的章节中介绍过，这里就不再重复叙述了。

（1）安装 HTTPD 服务。

```
[root@centos ~]# yum install httpd -y
```

（2）启动 HTTPD 服务，并设置开启启动模式。

```
[root@centos ~]# systemctl start httpd
[root@centos ~]# systemctl enable httpd
```

至此，已经完成部署 DHCP、TFTP、HTTP 服务器了，下面进行启动文件和应答文件的配置。

15.2.2 配置启动文件和 Linux 系统安装文件

1. 配置 PXE 相关启动文件

TFTP 服务器不具备 FTP 那样丰富的功能，非常适用于传输简单的 PXE 启动文件。TFTP 服务器配置共享启动文件步骤如下。

（1）安装 Syslinux 服务程序。

Syslinux 是一个功能强大的引导加载程序，能够简化首次安装 Linux 操作系统的时间。PXELinux 是 Syslinux 和 ISOLinxu 类似的软件。PXELinux 让用户可以使用符合 Intel PXE (PreeXecution Environment) 规格的网卡 Boot ROM，直接从网络上启动 Linux 核心系统，系统安装了 Syslinux 的服务程序即可以在/usr/lib/syslinux 目录中找到 pxelinux.0 这个文件，这个文件就是用来从无盘客户端引导、启动 Linux 操作系统的关键文件。安装 Syslinux 软件包的命令如下。

```
[root@centos ~]# yum install syslinux -y
[root@centos ~]# rpm -ql syslinux |grep pxelinux.0
/usr/share/syslinux/gpxelinux.0
/usr/share/syslinux/pxelinux.0
```

（2）查询并复制 pxelinux.0 文件到 TFTP 共享目录/var/lib/tftpboot/目录下。

```
[root@centos ~]# rpm -ql syslinux |grep pxelinux.0
/usr/share/syslinux/gpxelinux.0
/usr/share/syslinux/pxelinux.0
[root@centos ~]# cp /usr/share/syslinux/pxelinux.0/var/lib/tftpboot/
```

（3）复制相关软件到 TFTP 根目录。

创建目录 mnt/centos，将光盘放入光驱并挂载到该目录下，执行以下命令复制 initrd.img（启动内核文件）、vmlinuz（驱动文件）、vesamenu.c32（图形模块文件）等文件到/var/lib/tftpboot/目录下。

```
[root@centos ~]# mkdir /mnt/centos
[root@centos ~]# mount /dev/cdrom  /mnt/centos
[root@centos ~]# cd /var/lib/tftpboot/
[root@centos tftpboot]# cp /cdrom/images/pxeboot/initrd.img  ./
[root@centos tftpboot]# cp /cdrom/images/pxeboot/vmlinuz  ./
[root@centos tftpboot]# cp /cdrom/isolinux/vesamenu.c32 ./
[root@centos tftpboot]# cp /cdrom/isolinux/boot.msg ./
[root@centos tftpboot]# ls
initrd.img  pxelinux.0  splash.png  vesamenu.c32  vmlinuz
```

（4）配置引导开机选项菜单。

① 复制 isolinux.cfg 文件。

首先在 TFTP 服务程序的目录/var/lib/tftpboot 中新建 pxelinux.cfg 目录，然后将系统光盘中/cdrom/isolinux/isolinux.cfg 开机选项菜单文件复制到该目录中，并命名为 default，这个 default 文件就是开机时的选项菜单。

```
[root@centos ~]# cd /var/lib/tftpboot/
[root@centos tftpboot]# mkdir ./pxelinux.cfg
[root@centos tftpboot]# cd pxelinux.cfg/
[root@centos pxelinux.cfg]# cp /mnt/centos/isolinux/isolinux.cfg  ./default
[root@ centos pxelinux.cfg]# ls
default
```

② 编辑 default 文件。

在 default 文件中，每一个 lable 定义了一个启动菜单选项（可以把 default 文件中第 65 行后的内容都删掉），修改第 64 行对应的 label linux 标签中的内容为“append initrd=initrd.img ks=http://192.168.2.10/ks.cfg”，指明应答文件 ks.cfg 的存放位置。主要内容如下所示。

```
[root@centos pxelinux.cfg]# vim  ./default
  1 default vesamenu.c32
  2 timeout 600
  3
  4 display boot.msg
……省略部分信息……
 61   label linux
 62   menu label ^Install CentOS 7
 63   kernel vmlinuz
 64   append initrd=initrd.img  ks=http://192.168.2.10/ks.cfg
……省略部分信息……
```

2. 配置 Linux 系统安装文件

进入 FTP 服务器，创建共享目录 centos，将光盘 CentOS 7.6 挂载到该目录下，共享镜像所有内容。

（1）在/var/www/html 下创建共享目录 centos。

```
[root@ centos ~]# mkdir /var/www/html/centos
```

（2）挂载镜像。

```
[root@ centos ~]# mount /dev/cdrom  /var/www/html/centos/
mount: /dev/sr0 写保护，将以只读方式挂载
```

3．重启服务，使配置生效。

重新启动 dhcpd、tftp 及 httpd 服务，使配置生效。

```
[root@ centos ~]# systemctl restart dhcpd
[root@ centos ~]# systemctl restart tftp
[root@ centos ~]# systemctl restart httpd
```

15.2.3 配置应答文件

创建应答文件可以通过图形工具软件 system-config-kickstart 设置，也可以参考已经安装好的 CentOS 7 系统中的/root/anaconda-ks.cfg 文件进行手工编写。这里通过图形工具软件 system-config-kickstart 配置。

首先安装 system-config-kickstart，具体命令如下。

```
[root@ftpserver ~]# yum -y install system-config-kickstart
```

安装完成后，输入命令“system-config-kickstart”就可以进入 Kickstart 配置程序图形界面，配置语言为中文简体（或其他），键盘设置为美式键盘，时区为亚洲上海，根据实际情况设置 root 管理员密码，安装完系统后将自动重启计算机。

（1）配置安装方法可选“执行全新安装”或“升级现有安装”，本案例选择“执行全新安装”，安装方法本案例选择“HTTP 服务器”，HTTP 服务器的 IP 地址设置为 192.168.2.10，光盘内容已经挂载到/var/www/html/contos 目录。配置安装方法如图 15-3 所示。

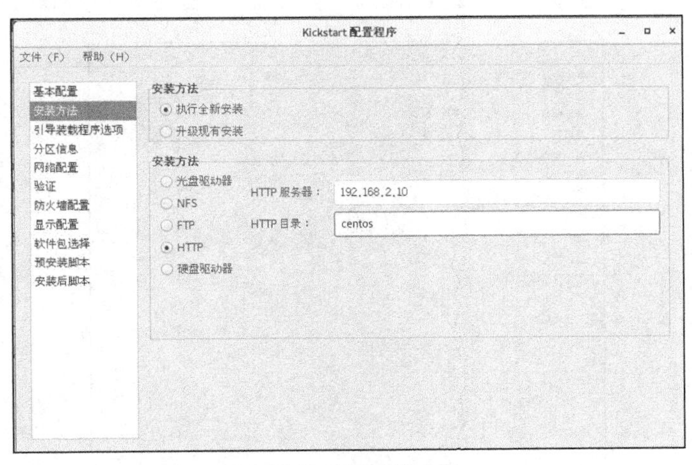

图 15-3 配置安装方法

（2）配置引导装载程序。安装类型选择“安装新引导装载程序”，GRUB 选项中的密码未设置，在主引导记录（Master Boot Record，MBR）中安装引导装载程序。

（3）配置分区信息。根据实际情况进行分区的划分，本案例采用清除主引导记录，删除所有显存分区，并初始化磁盘标签，通过添加按钮建立 3 个必要分区，即/根分区、boot 分区和 swap 交换分区，每个分区大小根据实际划分，配置分区信息如图 15-4 所示。然后单击“添加”按钮进入分区选项对话框，可以创建磁盘分区。本案例挂载点选择/boot 分区，文件系统类型选择默认 xfs 格式，分配固定大小 500（默认单位为 MB，不用输入），特殊选项选择格式化分区。配置/boot 分区如图 15-5 所示。

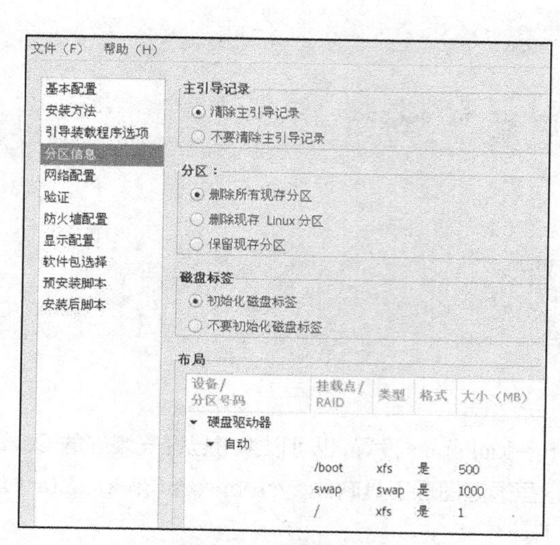

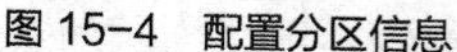
图 15-4 配置分区信息

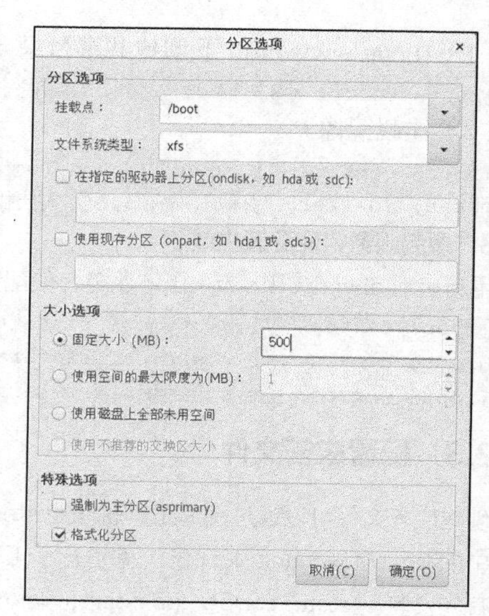

图 15-5 配置 /boot 分区

创建 swap 分区。swap 分区是特殊分区，不需要选择挂载点。文件系统类型选择 sw 格式，分配固定大小 1000（默认单位为 MB，不用输入），特殊选项选择格式化分区。创建根分区时，挂载点选择/根分区，文件系统类型选择默认 xfs 格式，分配大小为使用磁盘上全部未使用空间，特殊选项选择格式化分区。

（4）网络配置。通过单击“网络添加设备”“编辑网络设备”及“删除网络设备”按钮管理网络设备。在本案例中，通过单击“网络添加设备”进入网络设备信息对话框，网络设备名为 ens33，网络类型为 DHCP。网络配置如图 15-6 所示。

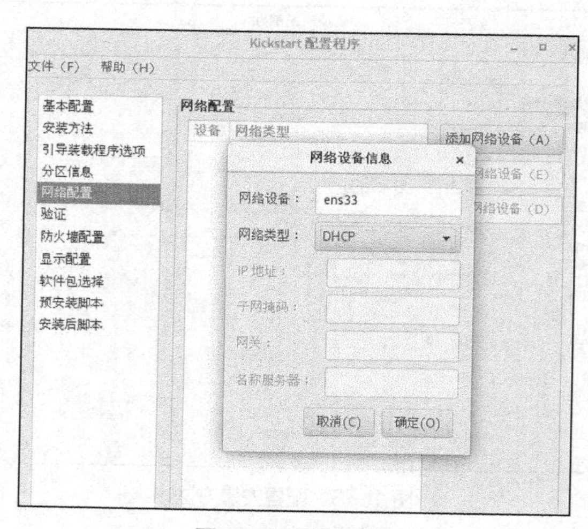

图 15-6 网络配置

（5）验证配置界面，默认使用 SHA512 算法加密。

（6）防火墙配置界面，设置为禁用防火墙。

（7）显示配置界面，这里不勾选安装图形界面。

（8）软件包配置选择，选择系统安装的软件包。需要注意的是，在配置本地 yum 源时，repo 文件中 yum 库名称必须为“[development]”，这样就可以看到图 15-7 所示的界面。否则，这个界面将不显示软件包信息。本例中的“软件包选择”为“系统”和“基本”，用户可根据实际情况进行选择。

（9）预安装脚本配置。可以填写在安装系统前需要运行的脚本。若没有脚本，可为空。预安装脚本配置如图 15-8 所示。安装后脚本配置，可以填写在安装系统后需要运行的脚本。若没有脚本，可为空。

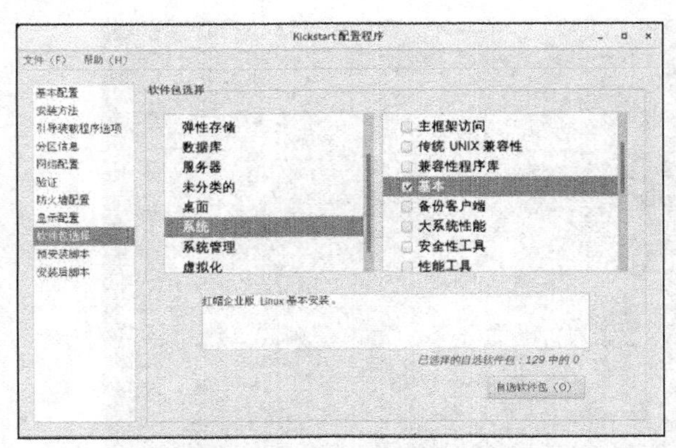

图 15-7　软件包选择

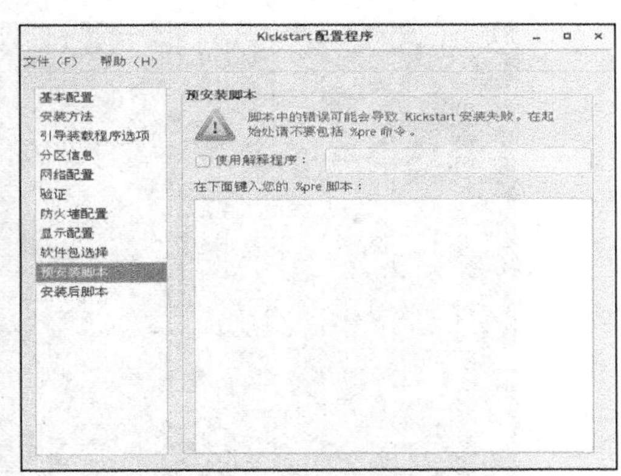

图 15-8　预安装脚本配置

所有的配置选项设置完成后，通过文件菜单进行保存，文件命名为 ks.cfg，将生成的 ks.cfg 文件保存至 /var/www/html 目录下，查看该目录命令如下。

```
[root@centos ~]# ls  /var/www/html
 ks.cfg
```

至此完成 ks.cfg 的编写，可以通过命令来检查该文件是否有语法错误，无任何报错信息，则一切正常。

```
[root@centos ~]# ksvalidator /var/www/html
```

15.2.4　客户端主机配置

无人值守安装系统的服务器部署完成后，就可以使用 PXE + Kickstart 给客户端主机无人值守安装系统了，在客户端主机的 BIOS 里开启方式设置为 PXE 网络启动，或根据不同型号的主机设置网络启动。首先在 VMware 中新建一台虚拟机（即客户端），在“安装客户端操作系统”界面中选择“稍后安装操作系统”选项。在自定义硬件中设备连接方式选择“使用物理驱动器”。需要注意的是，客户端的内存大小要大于 2GB，这里设置为 2048MB，如图 15-9 所示。

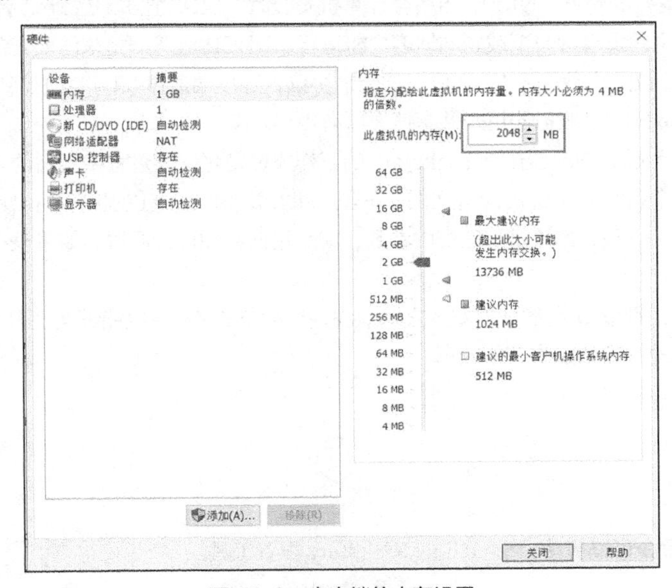

图 15-9　客户端的内存设置

设置完成，开启该虚拟机后，就可实现运用 PXE + Kickstart 批量集中安装部署操作系统，执行安装过程截图如图 15-10 所示。

```
-  Press the ENTER key to begin the installation process.

[    9.720878] dracut-pre-udev[335]: modprobe: ERROR: could not insert 'floppy':
 No such device
[  OK  ] Mounted Configuration File System.
[  OK  ] Started Show Plymouth Boot Screen.
[  OK  ] Reached target Paths.
[  OK  ] Started Forward Password Requests to Plymouth Directory Watch.
[  OK  ] Reached target Basic System.
[  OK  ] Started Device-Mapper Multipath Device Controller.
         Starting Open-iSCSI...
[  OK  ] Started Open-iSCSI.
         Starting dracut initqueue hook...
[   16.520934] sd 0:0:0:0: [sda] Assuming drive cache: write through
[   18.592100] dracut-initqueue[1144]: RTNETLINK answers: File exists
[   19.308052] dracut-initqueue[1144]: Warning: can't find installer mainimage path in .treeinfo
[   19.372559] dracut-initqueue[1144]: % Total    % Received % Xferd  Average Speed   Time    Time     Time  Current
[   19.374683] dracut-initqueue[1144]: Dload  Upload   Total   Spent    Left  Speed
100  432M  100  432M    0     0  79.8M      0  0:00:05  0:00:05 --:--:-- 80.0M   0 --:--:-- --:--:-- --:--:--     0
[   25.897899] dracut-initqueue[1144]: % Total    % Received % Xferd  Average Speed   Time    Time     Time  Current
[   25.900441] dracut-initqueue[1144]: Dload  Upload   Total   Spent    Left  Speed
100   905  100   905    0     0  78044      0 --:--:-- --:--:-- --:--:-- 82272   0 --:--:-- --:--:-- --:--:--     0
[  OK  ] Started dracut initqueue hook.
[  OK  ] Reached target Remote File Systems (Pre).
[  OK  ] Reached target Remote File Systems.
         Starting dracut pre-mount hook...
[  OK  ] Started dracut pre-mount hook.
[  OK  ] Reached target Initrd Root File System.
         Starting Reload Configuration from the Real Root...
[  OK  ] Started Reload Configuration from the Real Root.
         Starting dracut mount hook...
[  OK  ] Reached target Initrd File Systems.
[  OK  ] Started dracut mount hook.
[  OK  ] Reached target Initrd Default Target.
         Starting dracut pre-pivot and cleanup hook...
```

图 15-10　客户端主机通过无人值守部署操作系统执行过程截图

最后，完成在客户端主机安装 CentOS 7 操作系统，极大提高了系统部署效率。

15.3　本章小结

目前无人值守安装系统比较成熟的解决方案是 PXE + DHCP + TFTP + HTTP（或 FTP）+ Kickstart 的组合。PXE 是一种能够让计算机通过网络启动的引导方式，进行 PXE 安装的必要条件是安装操作系统所在的客户端有一个 PXE 支持的网卡（NIC）。当引导计算机安装时，BIOS 把 PXE client 调入内存执行，由 PXE client 将放置在远端的文件通过网络下载到本地客户机运行。DHCP 服务器用来给要安装操作系统的主机分配一个 IP 地址。TFTP 协议是一种基于 UDP 协议的传输协议，客户端通过 TFTP 协议到 TFTP 服务器下载需要的文件。HTTP （或 FTP）服务器用来共享镜像所有内容。

Kickstart 是一种无人值守安装方式。Kickstart 的工作原理是将安装过程中所需的人工填写的各种参数预先记录下来，并生成一个名为 ks.cfg 的应答文件。在客户端安装操作系统过程中，当出现要求填写参数的情况时，首先查找应答文件 ks.cfg，如果找到匹配的参数，就采用该参数进行配置；如果没有找到匹配的参数，则需要运维人员人工干预。

相对于传统的使用光盘或 U 盘的物理安装方式来讲，无人值守安装系统能够实现自动化运维，避免枯燥乏味的重复性工作，极大地提高系统安装的效率。

15.4　习题

一、选择题

1. 下面（　　）命令可以启动基于 GUI 的 Kickstart 配置工具。

   A. kickstart　　　　　　　　B. kickstartd

C. systemctl start kickstart　　D. system-config-kickstart

2. TFTP 服务的端口号是（　　）。

A. 22　　B. 23

C. 69　　D. 80

3. 下面哪种方式不能生成 Kickstart 文件？（　　）

A. 使用 Vim 编辑器　　B. 通过/root 目录下的 Anaconda 文件生成

C. 通过 kickstart 命令生成　　D. 通过 system-config-kickstart 图形工具

4. 下面对 PXE 描述正确的是（　　）。

A. PXE 是 B/S 模式　　B. PXE 是一种网络传输协议

C. PXE 是一种网络启动技术　　D. PX 可以使用任何设备

5. 在无人值守安装系统中 DHCP 服务器的作用是（　　）。

A. 为客户端分配 IP 参数和发送启动文件

B. 为客户端发送启动文件和系统安装文件

C. 为客户端分配 IP 参数和 TFTP 服务器地址

D. 为客户端分配 IP 参数和 ks.cfg 自动应答文件

二、简答题

1. 简述无人值守系统的工作流程。
2. 举例说明无人值守系统中 DHCP 服务器参数配置。
3. 简述 Kickstart 文件生成方法。

三、实验题

运用 DHCP 服务、TFTP 服务与 FTP 服务，部署 PXE+Kickstart 无人值守安装环境，并用客户端进行验证。

CHAPTER16

第16章

自动化配置管理平台

学习目标：

- ❑ 理解 Ansible 的特点、架构及工作过程；
- ❑ 掌握 YAML 语言的语法格式；
- ❑ 掌握 Ansible 的安装方法；
- ❑ 掌握配置 SSH 无密码登录的方法；
- ❑ 掌握 Ansible 的常用模块；
- ❑ 掌握 playbook 的组成及基本语法。

随着虚拟化和云计算技术的兴起，计算机集群的自动化管理和配置成了数据中心运维管理的热点；随着业务需求的提升，后台计算机集群的数量也呈线性增加。对数据中心的运维人员来说，如何自动化管理、配置这些大规模的计算机集群节点，对于数据中心的稳定运行及运维成本控制都显得至关重要。Ansible 是近几年新兴的一款运维自动化工具，可用于软件自动化配置管理。本章将针对 Ansible 的特点、工作过程、安装配置、模块使用、playbook 与 role 等内容进行详细介绍，并通过案例讲解 Ansible 的应用。

16.1 Ansible 概述

Ansible 是一个开源的 IT 自动化配置管理工具，功能十分强大，且使用起来比较方便。现在已成为非常受欢迎的集中化运维工具，广泛应用于各种规模、各个领域的企业。

16.1.1 Ansible 简介

Ansible 最早发布于 2012 年，其作者兼创始人是迈克尔・德安（Michael DeHaan）。Michael DeHaan 曾经供职于 Puppet Labs、RedHat，在配置管理和架构设计方面有丰富的经验。他在 RedHat 任职期间主要开发了 Cobble，经历了各种系统简化、自动化基础架构操作的失败和痛苦，在尝试了 Puppet、Chef、Cfengine、Capistrano、Fabric、Function、Plain SSH 等各式工具后，决定自己打造一款能结合众多工具优点的自动化工具，Ansible 由此诞生。Michael DeHaan 在美国 IT 圈具有较广的影响力，Ansible 自发布以后，便在美国流行起来，随后逐步在世界各国流行。2015 年，RedHat 宣布收购 Ansible。在产品层面，Ansible 符合 RedHat 希望通过开放式开发提供无障碍设计和模块化架构的目标，在资产组合方面，Ansible 符合 RedHat 希望提供多层架构、多层一致性和多供应商支持的目标。

Ansible 完全是基于 Python 语言开发的一款轻量级集中化运维工具。它默认采用 SSH（Secure SHell，安全外壳协议）的方式管理被控端主机（或称为受控端主机），被控端无须任何配置，在控制端主机（或称为管理端主机）部署 Ansible 环境，通过 SSH 远程管理被控端主机。Ansible 具有丰富的内置模块对被控端进行批量管理，甚至还有专门为商业平台开发的功能模块，完全可以满足日常的工作需要，对于一些复杂的需要重复执行的任务，可以通过 Ansible 下的 playbook 来管理。

与其他同类自动化运维软件相比，Ansible 的主要特点如下。

（1）基于 Python 开发，易于学习，便于管理。

（2）轻量级，被控端无须做任何操作，仅在控制端部署 Ansible 环境。

（3）默认通过 SSH 协议对设备进行管理。

（4）模块化配置管理、应用部署、任务编排等功能集于一身，丰富的模块满足日常工作需要。

（5）支持 API 及自定义模块，可通过 Python 轻松扩展。

（6）基于 YAML 语法编写 playbook，实现批量任务执行。

（7）对云平台、大数据有很好的支持。

（8）提供有一个功能强大、可操作性强的 Web 管理界面和 REST（Representational State Transfer，表述性状态转移）API 接口——AWX 平台。

16.1.2 Ansible 的架构

Ansible 是基于模块化工作的，Ansible 提供了约 1000 多个模块，而且还在不断增加，用于扩展该产品的功能，它本身只提供一个框架，并没有部署的能力，具有批量部署的是 Ansible 所运行的模块。Ansible 的架构如图 16-1 所示。

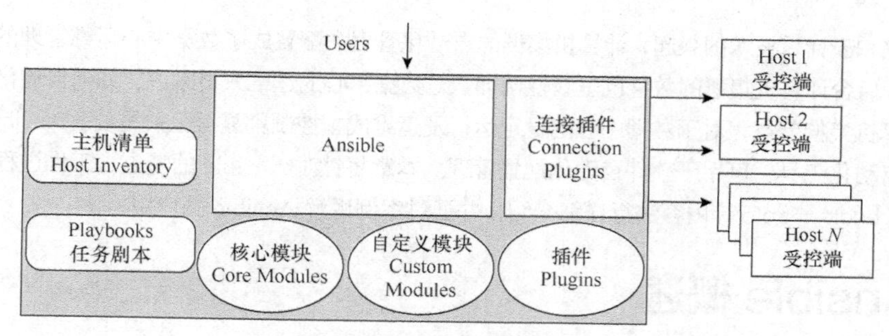

图 16-1　Ansible 的架构

由图 16-1 可以看出，Ansible 的架构主要包括 Ansible、Host Inventory、Core Modules、Custom Modules、Plugins、Playbooks、Connection Plugins 模块，下面逐一对这些模块进行介绍。

（1）Ansible：核心引擎。

（2）Host Inventory：主机清单。Host Inventory 又称主机目录，主机目录的配置文件默认是 /etc/ansible/hosts，保存了 Ansible 所管理的被控端主机的信息以及一些连接参数。

（3）Core Modules：核心模块。Core Modules 是 Ansible 内置的核心模块，是 Ansible 执行命令的功能模块。

（4）Custom Modules：自定义模块。自定义模块是对核心模块的扩展，如果核心模块不足以完成某种功能，则可以通过添加自定义模块实现。

（5）Plugins：插件。Plugins 是增强 Ansible 核心功能的代码。Ansible 附带了许多方便的插件，如连接类插件、循环插件、变量插件、过滤插件等。

（6）Playbooks：任务剧本。Playbooks 是编排定义 Ansible 任务集的配置文件，将多个任务定义在一个 Playbooks 中，由 Ansible 顺序依次执行。

（7）Connection Plugins：连接插件。Ansible 通过连接插件实现与各个主机的连接，实现与被管节点通信。

16.1.3　Ansible 的工作过程

Ansible 是非 C/S 架构，自身没有 Client 端，因此底层通信依赖于系统软件。Ansible 执行命令时，使用 Ansible 或 Ansible-playbook 文件，在服务器终端输入 Ansible 的 Ad-Hoc 命令集或 Playbook 后，Ansible 会遵循预先编排好的规则将 Playbooks 逐条拆解为 Play，再将 Play 组织成可识别的任务（task），随后调用任务涉及的所有模块（module）和插件（plugin），根据 Inventory 中定义的主机列表通过 SSH（Linux 默认）将任务集以临时文件或命令的形式传输到远程被控端主机执行并返回执行结果，如果是临时文件则执行完成后自动删除。Ansible 的工作过程如图 16-2 所示。

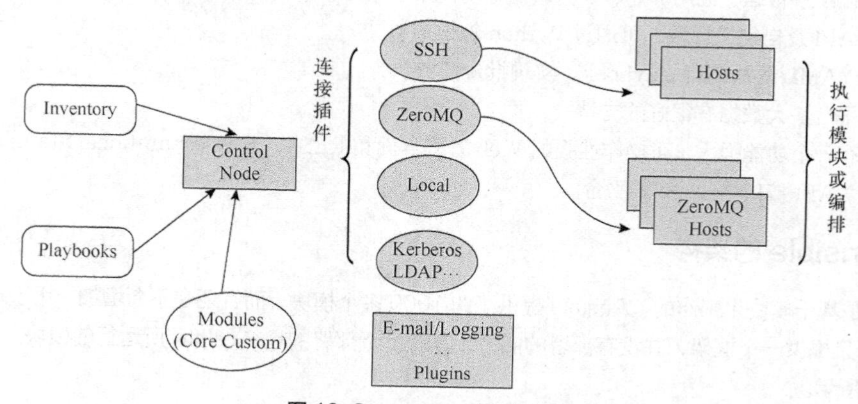

图 16-2　Ansible 的工作过程

16.1.4 YAML 简介

YAML（Yet Another Markup Language，另一种标记语言）是一种表示数据的文本格式，YAML 语法简洁明了、结构清晰。YAML 文件的扩展名为.yaml 或 .yml。Ansible 中的配置文件和脚本都是使用 YAML 语言编写的，因此熟悉 YAML 语言对编写和阅读 Ansible 脚本非常重要。

1. 创建 YAML 的规则

在 YAML 中创建文件时，遵循以下基本规则：区分大小写；使用缩进表示层级关系；缩进必须是统一的，不能将空格和 Tab 混用；缩进的空格数目不重要，只要相同层级的元素左侧对齐即可。

YAML 文件可以由一或多个文档组成（即相对独立的组织结构组成），文档间使用“---”（3 个横线）在每个文档开始作为分隔符，表明一个文件的开始，但它不是必须的，如果只是单个文档，分隔符“---”可省略。文档也可以使用“…”（3 个点号）作为结束符（可选）。

2. YAML 数据结构

YAML 支持的数据结构常见的是列表（或称为序列）和字典（或称为对象、映射），下面分别介绍这两种类型。

（1）列表

列表是一组按层次排列的值，列表成员用前导连字符“- ”（横杠加空格）作为开头，并处于相同的缩进级别。如果列表下面有子项，则缩进为两个空格。例如，存储员工信息的 YAML 文件为 info.yaml，有 3 个员工，其中在名字 hanna 下面还有子项性别和年龄，则语法格式如下。

```
---
- merry
- helen
- hanna
  - female
  - 21
```

也可以在 YAML 文件中，列表成员用方括号括起来，并以逗号分隔，如下所示。

```
---
[milk,eggs,juice]
```

（2）字典

字典是键值对的集合，表示形式为：“键： 值”，一定要注意的是，冒号后面要加一个空格，否则会出错。同一缩进的所有健值对属于一个集合。例如，建立记录员工档案的 YAML 文件，语法格式如下。

```
---
name: kenty
job: worker
age: 30
```

也可以将同一集合的键值对写在一行，使用“{}”表示一个健值表，不同的键值对用逗号分隔，如下形式。

```
---
{ name: kenty , job: worker, age: 30 }
```

如果一个键有多个值，可以使用缩进表示层级关系，如下形式。

```
---
clothing: jacket
colour:
    - red
    - blue
    - white
```

16.2 Ansible 的安装配置

16.2.1 Ansible 的安装

Ansible 的安装部署比较简单，其仅依赖于 Python 和 SSH。Ansible 的安装方法有很多，如 PIP 方式、YUM 方式、Apt-get 方式和源码安装方式。本书建议使用 YUM 方式来安装，下面详细介绍安装部署过程。

安装之前，先准备 3 台主机为实验环境，具体主机信息如表 16-1 所示。

表 16-1　安装 Ansible 主机信息

主机名	IP 地址	说明
localhost	192.168.0.107	控制端主机
ansibleclient1	192.168.0.160	被控端主机 1
ansibleclient2	192.168.0.180	被控端主机 2

Ansible 被 RedHat 公司收购后，其安装源被收录在 EPEL 中。EPEL（Extra Packages for Enterprise Linux，企业版 Linux 的额外软件包）是 Fedora 小组维护的一个软件仓库，为 RHEL/CentOS 提供它们默认不提供的软件包。在安装 Ansible 之前，需要在控制端主机先安装 EPEL 源，如果控制端主机已经安装了 EPEL 源，就可以直接用 YUM 安装 Ansible，具体过程如下。

本案例的控制端主机没有安装 EPEL 源，首先安装 EPEL 源，需要注意的是，在安装之前先关闭防火墙 SELinux，安装命令如下。

```
[root@localhost ~]# yum install ansible -y
```

EPEL 源安装成功后，方可使用 YUM 源安装 Ansible 软件，安装命令如下。

```
[root@localhost ~]# yum install ansible -y
```

安装完成之后，查看安装的 Ansible 的版本信息。

```
[root@localhost ~]# ansible --version
```

Ansible 工具默认主目录为/etc/ansible/，其中 ansible.cfg 为 Ansible 主配置文件，Ansible 的版本信息为 ansible 2.9.16。

如果上述命令能正常执行，则表明 Ansible 安装成功，并可以正常使用。

16.2.2 设置 SSH 通信

Ansible 的通信方式基于 SSH 安全连接。安全壳协议（Secure Shell，SSH）能够对远程主机实现带验证的加密安全访问。SSH 提供两种级别的验证方法：基于口令的安全验证和基于密钥的安全验证。因此，Ansible 的认证方式也分为两种：一种是密码认证，这种方式需要在主机清单文件中配置用户名和密码，因为密码在主机清单中是明文设置的，存在安全隐患；另外一种是常用的方式，即通过密钥方式进行认证，只需要一次密钥认证，后续任何操作都不需要再输入密码。

本书采用密钥认证方式管理客户端（即客户端主机 ansibleclient1 和 ansibleclient2），使用 ssh-keygen 和 ssh-copy-id 两个命令来实现，具体操作过程如下。

1. 生成一对密钥

在控制端主机，使用 ssh-keygen 生成一对密钥（公钥和私钥），在命令执行过程中，对出现的询问直接按回车键确认，命令执行过程如下。

```
[root@localhost ~]# ssh-keygen -t rsa
```

执行完成后，在/root/.ssh 下生成一对密钥文件：id_rsa 和 id_rsa.pub，其中 id_rsa 为私钥，id_rsa.pub 为公钥。

```
[root@localhost ~]# ls /root/.ssh/
id_rsa  id_rsa.pub  known_hosts
```

2. 发送公钥到被控端主机 ansibleclient1

使用 ssh-copy-id 把公钥复制到远程被控端主机上，在命令执行过程中会询问是否确定连接，输入“yes”，在提示输入密码处输入被控端节点的密码，命令如下。

```
[root@localhost ~]# ssh-copy-id root@192.168.0.160
```

同样，使用 ssh-copy-id 将公钥发送到被控主机 ansibleclient2。

```
[root@localhost ~]# ssh-copy-id root@192.168.0.180
```

需要注意的是，本例中有 2 台 Ansible 被控端主机，可以分别使用 ssh-copy-id 将公钥发送到被控主机，如果被控主机较多，可以采用 Kickstart 自动化安装配置工具完成该任务，也可以编写 Shell 脚本，运用 expect 自动化交互软件实现。

3. 验证登录

公钥发送完成后，在控制端主机就可以实现 SSH 无密码登录被控端主机，命令如下。

```
[root@localhost ~]# ssh 192.168.0.160
Last failed login: Sat Apr 17 14:46:51 CST 2021 from 192.168.0.107 on ssh:notty
There was 1 failed login attempt since the last successful login.
Last login: Sat Apr 17 10:49:17 2021
[root@ansibleclient1 ~]#
```

结果表明，主控端主机无密码登录被控端主机 192.168.0.160，这说明 SSH 无密码登录配置成功，同样，主控端主机也能无密码登录被控端主机 192.168.0.180。

16.2.3 配置主机清单

Host Inventory 是 Ansible 所管理主机的主机清单，默认存放文件为/etc/ansible/hosts，该文件相当于系统 Hosts 文件功能，保存 Ansible 所管理的远程被控端主机信息及一些参数，使用“vim /etc/ansible/hosts”命令查看该文件，如下所示。

```
[root@localhost ~]# cat /etc/ansible/hosts
1 # This is the default ansible 'hosts' file.
2 #
3 # It should live in /etc/ansible/hosts
4 #
5 #   - Comments begin with the '#' character
6 #   - Blank lines are ignored
7 #   - Groups of hosts are delimited by [header] elements
8 #   - You can enter hostnames or ip addresses
9 #   - A hostname/ip can be a member of multiple groups
10
11 # Ex 1: Ungrouped hosts, specify before any group headers.
12
13 ## green.example.com
14 ## blue.example.com
15 ## 192.168.100.1
16 ## 192.168.100.10
17
18 # Ex 2: A collection of hosts belonging to the 'webservers' group
```

```
19
20 ## [webservers]
21 ## alpha.example.org
22 ## beta.example.org
23 ## 192.168.1.100
24 ## 192.168.1.110
25
26 # If you have multiple hosts following a pattern you can specify
27 # them like this:
28
29 ## www[001:006].example.com
30
31 # Ex 3: A collection of database servers in the 'dbservers' group
32
33 ## [dbservers]
34 ##
35 ## db01.intranet.mydomain.net
36 ## db02.intranet.mydomain.net
37 ## 10.25.1.56
38 ## 10.25.1.57
39
40 # Here's another example of host ranges,this time there are no
41 # leading 0s:
42
43 ## db-[99:101]-node.example.com
```

该文件/etc/ansible/hosts约43行，主要是注释行信息，其中第13～16行表示Ansible管理的被控端主机节点，可以用域名或IP地址来表示，如第15行的“192.168.100.1”表示被控端主机的IP地址，也可以用Hostname的方式，后跟冒号加端口号，如web.example.com：8080。

也可以对远程主机进行分组，如第20行的“[webservers]”表示组名为webservers，第33行的“[dbservers]”表示组名为dbservers。紧随在组名之后的主机是属于该组的成员，如webservers组成员为第21～24行、第29行的主机，其中第29行“www[001:006].example.com”表示001～006之间的所有数字（包括001和006），即表示www001.example.com、www002.example.com直至www006.example.com的所有主机。

Ansible的主机清单除了配置远程主机的信息，也可以向组中的主机指定变量。

```
[dbservers]
#定义dbservers组
192.168.5.120
192.168.5.130
[dbserver:vars]
#冒号分隔，vars定义变量
nfs_server=nfs.dqlinux.com
#指定dbservers组所有主机nfs_server值为nfs.dqlinux.com
```

本案例的被控主机为2个，分别是ansibleclient1（IP地址为192.168.0.160）、ansibleclient2（IP地址为192.168.0.180）。为了方便操作，现在把/etc/ansible/hosts内容清空，将这两个节点主机信息添加到/etc/ansible/hosts文件中，由于本案例只有两个远程节点主机，所以就分配到一个组中，并设定组名为webservers，内容如下。

```
[root@localhost ~]# cat /etc/ansible/hosts
[webservers]
```

```
192.168.0.160
192.168.0.180
```

如果需要管理的被控端主机有多个，可以根据实际情况进行分组，比如可以根据地点划分主机组或根据用途划分主机组。

完成分组之后，用ping模块对节点进行测试，以检查被控端与控制端是否连通，执行命令及结果如下。

```
[root@localhost ~]# ansible webservers -m ping
192.168.0.160 | SUCCESS => {
    "ansible_facts": {
        "discovered_interpreter_python": "/usr/bin/python"
    },
    "changed": false,
    "ping": "pong"
}
……省略余下内容……
```

由输出结果可知，控制端主机192.168.0.107与被控端主机192.168.0.160和192.168.0.180连通正常。

16.3 Ansible命令基础

16.3.1 Ansible的目录结构

Ansible是一款遵循GPL协议的开源工具。作为日常运维工具之一，我们有必要了解Ansible的目录结构及内容含义，从而提高工作效率。Ansible主要的目录及功能如表16-2所示。

表16-2 Ansible的主要目录及功能

目录名称	存在位置	功能说明
配置文件目录	/etc/ansible/	所有Ansible的配置均存放在该目录下
执行文件目录	/usr/bin/	Ansible所有的可执行文件均存放在该目录下
lib库依赖目录	/usr/lib/python2.7/site-packages/ansible/	Ansible的所有lib库文件和模块文件均存放于该目录下

注意：lib库依赖目录根据安装的Ansible版本会有所不同，本书安装的Ansible版本是ansible-2.9.16，表16-2中的目录存在位置是依据该版本下的具体目录编排的。

16.3.2 Ansible的配置文件

Ansible的自身配置文件只有一个，即ansible.cfg，Ansible安装完成后该文件默认存放在/etc/ansible目录下，配置文件可以对Ansible进行各个参数的调整。配置文件ansible.cfg约有350行，大多数为注释默认配置项，主要用于配置Ansiblede中的常用连接类、SSH协议、连接加速及输出结果的颜色等设置，其中常用参数的配置内容如下。

```
[defaults]              #通用默认配置
# inventory=/etc/ansible/hosts              #定义Inventory
# library=/usr/share/my_modules/            #自定义lib库存放目录
# remote_tmp=$HOME/.ansible/tmp             #临时文件远程主机存放目录
# local_tmp=$HOME/.ansible/tmp              #临时文件本地存放目录
# forks=5                                   #默认开启的并发数
# poll_interval=15                          #默认轮询时间间隔
```

```
# sudo_user=root                          #默认sudo用户
# ask_sudo_pass=True                      #是否需要sudo密码
# ask_pass=True                           #是否需要密码
# roles_path=/etc/ansible/roles           #默认下载的Roles存放的目录
# host_key_checking=False                 #连接是否需要检查key认证，建议设为False
# timeout=10                              #默认超时时间
# timeout=10                              #如没有指定用户，默认使用远程连接用户
# log_path=/var/log/ansible.log           #执行日志存放目录
# module_name=command                     #默认执行的模块
# action_plugins=/usr/share/ansible/plugins/action          #action插件的存放目录
# callback_plugins=/usr/share/ansible/plugins/callback      #callback插件的存放目录
# connection_plugins=/usr/share/ansible/plugins/connection  #connection插件的存放目录
# lookup_plugins=/usr/share/ansible/plugins/lookup          #lookup插件的存放目录
# vars_plugins=/usr/share/ansible/plugins/vars              #vars插件的存放目录
# filter_plugins=/usr/share/ansible/plugins/filter          #filter插件的存放目录
# test_plugins=/usr/share/ansible/plugins/test              #test插件的存放目录
# strategy_plugins=/usr/share/ansible/plugins/strategy      #strategy插件的存放目录
# fact_caching=memory                                       #getfact缓存的主机信息存放方式
# retry_files_enabled=False
# retry_files_save_path=~/.ansible-retry                    #错误重启文件存放目录
[privilege_escalation]        #出于安全考虑，对sudo用户的配置，该功能不常用
# become=True                 #是否sudo
# become_method=sudo          #sudo方式
# become_user=root            #sudo后变为root用户
# become_ask_pass=False       #sudo后是否验证密码
[paramiko_connection]         #该配置不常用到，保持默认配置即可
# record_host_keys=False      #不记录新主机的key以提升效率
# pty=False                   #禁用sudo功能
[ssh_connection]              #主要是SSH连接的一些配置
# pipelining=False            #管道加速功能，需配合requiretty使用方可生效
……省略余下内容……
```

这些配置选项有的是运维工作中常用的，比如 default 中的配置内容，有些内容很少用到，比如 SELinux。其中的绝大多数选项在 Ansible 安装完成后无须改动，使用默认配置内容即可。

16.3.3 Ansible 的命令集

Ansible 安装完，在终端输入 Ansible 并连续按两次 tab 键，会出现以“ansible”开头的命令，如 ansible、ansible-doc、ansible-galaxy、ansible-playbook、ansible-pull、ansible-vault、ansible-console 等，下面逐一介绍这些命令。

1. ansible

ansible 是命令核心部分，其主要用于执行 Ad-hoc 命令，即单条命令。ansible 执行方式有 Ad-Hoc、Ansible-playbook 两种方式。Ad-hoc 命令是 Ansible 中很重要的功能，表示一次性的命令。

【格式】ansible <host-pattern> [options]

<host-pattern>是 Inventory 中定义的主机或主机组，<>表示该选项是必需项。

[options]是 Ansible 的参数选项，[ ]表示该选项中的参数任选其一。

Ansible 的参数选项非常多，这里列出常用的选项。

- ❑ -m MODULE_NAME，--module-name=MODULE_NAME：要执行的模块，默认为 command 模块。
- ❑ -a MODULE_ARGS，--args=MODULE_ARGS：模块的命令参数。
- ❑ -u REMOTE_USER，--user=REMOTE_USER：连接的用户名。

- -k，--ask-pass：提示输入ssh登录密码，使用密码验证登录的时候用。
- -s，--sudo：相当于Linux系统下的sudo命令。

关于Ansible的参数选项的详细信息可参考man。下面举例说明Ansible的命令的应用。

【实例16-1】查看被控端主机运行时间。命令执行结果如图16-3所示。

```
[root@localhost ~]# ansible all -m shell -a "uptime"
192.168.0.180 | CHANGED | rc=0 >>
 15:16:57 up 32 min,  3 users,  load average: 0.00, 0.02, 0.18
192.168.0.160 | CHANGED | rc=0 >>
 15:16:57 up  2:10,  3 users,  load average: 0.07, 0.06, 0.07
```

图16-3 查看被控端主机运行时间命令执行结果

Ansible的命令执行后返回结果界面友好，一般会用3种颜色来表示执行结果。

红色：表示执行过程有异常，一般会中止剩余所有的任务。

绿色：表示执行过程没有异常，命令执行结束后目标没有状态变化，如图16-3所示。

橘黄色：表示执行过程没有异常，但是命令执行结束后目标有状态变化。

2. ansible-doc

ansible-doc是Ansible模块的文档说明，针对每个模块都有详细的用法说明及应用案例介绍，功能和Linux系统的man类似。

【格式】ansible-doc [options] [module]

ansible-doc命令后跟[options]参数或[模块名]，用于查看模块信息，具体使用方法如下。

```
[root@localhost ~]# ansible-doc -h
```

ansible-doc命令的参数比较多，这里介绍常用的参数-l和-s，如下面示例。

【实例16-2】列出所有已安装的模块

```
[root@localhost ~]# ansible-doc -l
```

【实例16-3】查看某模块的具体用法，如这里查看command模块。

```
[root@localhost ~]# ansible-doc -s command
```

3. ansible-galaxy

ansible-galaxy命令用于方便地从https://galaxy.ansible.com/ 站点下载第三方扩展模块，可以形象地理解其类似于CentOS下的YUM、Python下的pip或easy_install。

【格式】ansible-galaxy [init|info|install|list|remove] [--help] [options]…

选项及参数说明如下。

- init：初始化本地的Roles配置，以备上传Roles至galaxy。
- info：列表指定Roles的详细信息。
- install：下载并安装galaxy指定的Roles到本地。
- list：列出本地已下载的Roles。
- remove：删除本地已下载的Roles。

下面通过一个实例说明ansible-galaxy命令的用法。

【实例16-4】安装一个aeriscloud.docker组件。

```
[root@localhost ~]# ansible-galaxy install aeriscloud.docker
```

4. ansible-playbook

ansible-playbook是日常运维工作使用最多的命令，适用于批量管理按一定条件组成的ansible任务集。

ansible-playbook 后跟 YML 格式的 playbook 文件，playbook 具有编写简单、使用方便灵活、可把重复性的工作固化的特点。这部分内容在后面章节会详细介绍。

5. ansible-pull

该命令使用到 ansible 的另一种模式——pull 模式，其适用于以下场景：有数量巨大的机器需要配置；或要在一个刚启动、没有网络连接的机器上运行 Anisble。

【格式】ansible-pull [options] [playbook.yml]

ansible-pull 通常在配置大批量机器的场景下会使用，虽灵活性有些欠缺，但却可以提高效率，对运维人员的技术水平有较高要求。

6. ansible-vault

ansible-vault 主要用于在配置文件中含有敏感信息，又不希望它能被人看到时，加密/解密这个配置文件。

【格式】ansible-vault [-h] [--version] [-v] {create,decrypt,edit,view,encrypt,encrypt_string,rekey}…

【实例 16-5】设定密码给文件 test.yml 加密。

```
[root@localhost ~]# ansible-vault encrypt test.yml
New Vault password:
Confirm New Vault password:
Encryption successful
```

命令执行过程中需要输入加密密码，在打开文件后会发现该文件乱码，只有通过解密后才可以正常查看。

```
[root@localhost ~]# ansible-vault decrypt test.yml
Vault password:
Decryption successful
```

7. ansible-console

ansible-console 是 Ansible 为用户提供的一款交互式工具，用户可以在 ansible-console 虚拟出来的终端上像 Shell 一样使用 Ansible 内置的各种命令，这为习惯于使用 Shell 交互方式的用户提供了良好的使用体验。

在终端输入 ansible-console 命令后，会进入图 16-4 所示的类似 Shell 一样的交互式终端环境。

```
[root@localhost ~]# ansible-console
Welcome to the ansible console.
Type help or ? to list commands.

root@all (2)[f:5]$
```

图 16-4　ansible-console 命令

图 16-4 中的“root@all（2）[f:5]$”是提示符，该提示符表示“当前的使用用户@当前所在的 Inventory 中定义的组，默认是 all 分组（Inventory 中 all 组所有主机的数量）[forks:线程数]$”。

使用 cd 命令可切换至指定 Hosts 或分组，同时提示符的相应信息也会随之变动。所有的操作与 Shell 类似，而且支持 tab 键补全。使用完毕，按组合键 Ctrl+D 或 Ctrl+C 即可退出当前的虚拟终端。

ansible-console 命令在实际工作中用于 ansible-Hoc 和 ansible-playbooks 之间的场景，常用于集中一批临时操作或命令。

16.4 Ansible 模块

16.4.1 Ansible 模块

正如 bash 无论在命令行上执行，还是在 bash 脚本中，都需要调用 cd、ls、copy、yum 等命令一样，Ansible 模块（module）就是 Ansible 的“命令”，是 ansible 命令行和脚本中都需要调用的。Ansible 内置了很多可以直接在远端主机或者通过 playbooks 执行的模块。用户也可以定义属于自己的自定义模块，这些模块可以控制系统的资源，如服务、包管理、文件或执行命令。查看 Ansible 中已有的模块可以使用命令“ansible-doc -l”，输出结果如下。

```
[root@localhost ~]# ansible-doc -l
fortios_router_community_list          Configure community lists in Fortinet's For…
azure_rm_devtestlab_info               Get Azure DevTest Lab facts
ecs_taskdefinition                     register a task definition in ecs
avi_alertscriptconfig                  Module for setup of AlertScriptConfig Avi R…
tower_receive                          Receive assets from Ansible Tower
……省略余下内容……
```

从输出结果可以看出，Ansible 的模块非常多。Ansible 调用模块的方式有如下两种。

1. 在命令行里使用模块

在命令行中，Ansible 调用模块的语法格式如下。

```
ansible [节点] -m [模块] -a [参数]
```

其中，-m 后面接被调用模块的名字，-a 后面接被调用模块的参数。

【实例 16-6】使用模块 copy 复制主控端节点文件/etc/passwd 到远程被控端 192.168.0.160 主机下的/tmp/passwdbak 中。

```
ansible 192.168.0.160 -m copy -a "src=/etc/passwd dest=/tmp/passwdbak"
```

2. 在 playbook 脚本使用模块

在 playbook 脚本中，tasks 中的每一个 action 都是对 module 的一次调用。在每个 action 中，冒号前面是 module 的名字，冒号后面是调用 module 的参数。

【实例 16-7】使用模块 service 在远程主机组 webservers 上启动 nginx 服务。

```
---
- hosts: webservers
users: root
task:
- name: running nginx
service: name=nginx started=started
```

Ansible 中调用模块也可以跟参数，每个模块的参数也都是由模块自定义的。使用模块时需要注意以下几点。

（1）像 Linux 中的命令一样，Ansible 的模块既可以在命令行调用，也可以用在 Ansible 的脚本 playbook 中。

（2）每个模块的参数和状态的判断，都取决于该模块的具体实现，所以在使用模块之前都需要查阅该模块对应的文档。可以通过文档，也可以通过命令 ansible-doc 查看模块的用法。

（3）Ansible 提供一些常用功能的模块，同时 Ansible 也提供 API，让用户可以自己写模块，使用的编程语言是 Python。

16.4.2 Ansible 的常用模块

学习 Ansible 非常有必要了解一些常用的模块。下面介绍一些常用的模块。

1. ping 模块

该模块用于测试节点是否配置好 SSH。不过它可不是简单地像 Linux 命令中 ping 一下远程节点，而是首先检查能不能 SSH 登录，然后再检查远程节点的 Python 版本满不满足要求，如果都满足则会返回成功 ping。ping 不需要传入任何参数。

【实例 16-8】用 ping 模块对节点 ansibleclient1（IP 地址为 192.168.0.160）进行测试。

```
[root@localhost ~]# ansible 192.168.0.160 -m ping
```

2. setup 模块

该模块主要用于获取节点信息。

【实例 16-9】用 setup 模块获取受控端主机 ansibleclient2（IP 地址为 192.168.0.180）的信息。

```
[root@localhost ~]# ansible 192.168.0.180 -m setup
```

3. command 模块

command 模块是 Ansible 默认的模块，主要用于执行 Linux 基础命令，可以在远程主机上执行命令。需要注意的是，command 模块不支持管道、重定向操作，也不支持“<”“>”“&”等符号。如果需要这些功能，参考 shell 模块。command 模块常用的参数及含义如表 16-3 所示。

表 16-3 command 模块的常用参数及其含义

参数	含义
chdir	在执行命令前，进入指定目录中
creates	判断指定文件是否存在，如果存在，不执行后面的操作
removes	判断指定文件是否存在，如果存在，执行后面的操作
free_form	需要执行的脚本

【实例 16-10】用 command 模块获取受控端主机的主机名称。

```
[root@localhost ~]# ansible webservers -m command -a "hostname"
192.168.0.160 | CHANGED | rc=0 >>
ansibleclient1
192.168.0.180 | CHANGED | rc=0 >>
ansibleclient2
```

4. shell 模块

shell 模块是 command 模块的增强版，可以在远程服务器上执行命令或 shell 脚本，支持$HOME 这样的环境变量，也支持“<”“>”“&”“|”等符号。常用的参数和 command 模块类似，使用方法一致，这里不再介绍。

【实例 16-11】运用 shell 模块的 chdir 参数，实现在被控端主机 ansibleclient1 的/tmp 目录下建立 test 文件，并在文件中输入“mytest”内容。

（1）使用 shell 模块 chdir 参数切换到被控端主机 ansibleclient1 的/tmp 目录，运用输出重定向创建文件 test，内容是“mytest”。

```
[root@localhost ~]# ansible 192.168.0.160 -m shell -a "chdir=/tmp echo mytest > test "
192.168.0.160 | CHANGED | rc=0 >>
```

（2）查看/tmp 下的文件和目录，发现已经创建 test 文件。

```
[root@localhost ~]# ansible 192.168.0.160 -m shell -a "chdir=/tmp ls "
192.168.0.160 | CHANGED | rc=0 >>
ansible_command_payload_G5a0Tk
passwdbak
test
……省略余下内容……
```

（3）使用 cat 命令查看 test 文件内容。

```
[root@localhost ~]# ansible 192.168.0.160 -m shell -a "chdir=/tmp cat test "
192.168.0.160 | CHANGED | rc=0 >>
mytest
```

结果显示，test 文件内容为“mytest”。

5. group 模块

group 模块用于在远程节点创建用户组。group 模块常用的参数和选项及含义如表 16-4 所示。

表 16-4　group 模块的常用参数和选项及含义

常用参数和选项	含义
gid	创建组的 GID
name	用户组的名称
system	是否为系统组
present	创建组
absent	删除组

【实例 16-12】使用 group 模块在被控端主机 192.168.0.160 节点创建一个组，组名为 teachers。

```
[root@localhost ~]# ansible 192.168.0.160 -m group -a "name= gid=1200"
[root@localhost ~]# ansible 192.168.0.160 -m shell -a "cat /etc/group|grep teachers"
192.168.0.160 | CHANGED | rc=0 >>
teachers:x:1200:
```

运用 group 模块在 ansibleclient1 节点主机上成功创建了 teachers 组，通过主控端 shell 模块查看配置文件/etc/group 中是否有 teachers 组。输出结果显示，ansibleclient1 节点拥有 teachers 组。

6. user 模块

user 模块用于在远程节点管理用户，可以增加、删除、更改 Linux 远程节点的用户账户与账户的属性等。user 模块常用的参数和选项及含义如表 16-5 所示。

表 16-5　user 模块常用的参数和选项及其含义

参数	选项	含义
password		密码
name		用户名
system		是否为系统账号
uid		用户的 UID
group		用户组
remove		删除用户组
append		增加到组
home		home 目录
state	present	新增用户
	absent	删除用户

【实例 16-13】使用 user 模块在被控端主机 ansibleclient1 节点新建用户 teacher，并且设置 uid 为 1050，设置用户的主组为 teachers。

```
[root@localhost ~]# ansible 192.168.0.160 -m user -a "name=teacher uid=1050 group=teachers"
192.168.0.160 | CHANGED => {
    "ansible_facts": {
        "discovered_interpreter_python": "/usr/bin/python"
```

```
    },
    "changed": true,
    "comment": "",
    "create_home": true,
    "group": 1200,
    "home": "/home/teacher",
    "name": "teacher",
    "shell": "/bin/bash",
    "state": "present",
    "system": false,
    "uid": 1050
}
```

从输出结果得知，在 ansibleclient1 节点主机上成功创建了新用户 teacher，可以到该节点主机上查看配置文件/etc/passwd 中是否有 teacher 用户，也可以通过主控端 shell 模块查看 ansibleclient1 节点是否拥有 teaches 用户，具体如下所示。

```
[root@localhost ~]# ansible 192.168.0.160 -m shell -a "cat /etc/passwd|grep teacher"
192.168.0.160 | CHANGED | rc=0 >>
teacher:x:1050:1200::/home/teacher:/bin/bash
```

输出结果显示，ansibleclient1 节点拥有 teacher 用户。

7. copy 模块

copy 把当前的控制端主机上的静态文件复制到远程被控主机节点上，并且设置合理的文件权限。注意，copy 模块复制文件的时候，会先比较文件的 checksum（校验和），如果相同则不会复制，返回状态为 OK；如果不同才会复制，返回状态为 changed。copy 模块常用的参数及含义如表 16-6 所示。

表 16-6　copy 模块的常用参数及其含义

参数	含义
src	复制的源文件，可以是绝对路径，也可以是相对路径
dest	文件复制的目的地，必须是绝对路径
content	用于替代“src”，可以将文件内容复制到远程文件里
backup	在覆盖之前将原文件备份，备份文件包含时间信息。有两个选项，即“yes|no”，默认值是“no”
force	覆盖远程主机不一致内容
group	源文件复制到远程主机，设置文件属组信息
mode	源文件复制到远程主机，设置文件的读/写权限
owner	源文件复制到远程主机，设置文件属主信息

【实例 16-14】以 root 身份在控制端主机的/tmp 目录下建立文件 centostest1，用 copy 模块将该文件复制到被控端主机 ansibleclient1 的/home 目录下，并设定文件权限为 777，文件属组为 teachers（假设 teacher 组群在被控端主机 ansibleclient1 已经存在），文件所有者为 teacher（假设 teader 用户在被控端主机 ansibleclient1 已经存在）。

（1）以 root 身份在主控端主机/tmp 目录下建立文件 centostest1。

```
[root@localhost tmp]# touch centostest1
[root@localhost tmp]# ll centostest1
-rw-r--r-- 1 root root 0 1月  31 15:36 centostest1
```

（2）用 copy 模块将该文件复制到被控端主机 ansibleclient1 的/tmp 目录下。

```
[root@localhost tmp]# ansible 192.168.0.160 -m copy -a "src=/tmp/centostest1 dest=/home
mode=777 group=teachers owner=teacher"
```

该命名中“src=/tmp/centostest1”表示复制的源文件路径，“dest=/home”表示复制文件的目的路径，“mode=777 group=teachers owner=teacher”表示复制文件的权限、文件属组及文件所有者。

（3）到被控端主机 ansibleclient1 的/home 目录下，查看是否存在 centostest1 文件信息，也可以通过主控端 shell 模块查看 ansibleclient1 节点是否存在 centostest1 文件信息，具体如下所示。

```
[root@localhost ~]# ansible 192.168.0.160 -m shell -a "ls /home|grep centostest1"
192.168.0.160 | CHANGED | rc=0 >>
centostest1
```

输出结果显示，ansibleclient1 节点存在 centostest1 文件。

8. file 模块

file 模块主要用于设置文件、目录、软链接、硬链接的属性。file 模块常用的参数及含义如表 16-7 所示。

表 16-7 file 模块的常用参数及含义

参数	选项	含义
mode		设置文件及目录的权限
src		源文件或目录
group		设置文件属组的组名
owner		设置文件属主的用户名
path		文件路径
state	directory	创建文件夹
	link	创建链接
	hard	创建硬链接
	touch	创建文件
	absent	删除文件

【实例 16-15】使用 file 模块在被控端主机 ansibleclient2（IP 地址为 192.168.0.180）的/tmp 目录创建文件 tmp1.txt。

```
[root@localhost tmp]# ansible 192.168.0.180 -m file -a "path=/tmp/tmp1.txt state=touch"
```

【实例 16-16】在主控端检查被控端主机 ansibleclient2 建立的文件 tmp1.txt。

```
[root@localhost ~]# ansible 192.168.0.180 -m shell -a "chdir=/tmp ls"
……省略输出内容……
tmp1.txt
```

输出结果表明，在 ansibleclient2 节点上的/tmp 目录成功创建文件 tmp1.txt。

9. yum 模块

yum 模块用来使用 yum 软件包管理器安装、升级、降级、删除和列出软件包和组。yum 模块常用的参数和选项及其含义如表 16-8 所示。

表 16-8 yum 模块的常用参数和选项及其含义

参数	选项	含义
config_file		yum 的配置文件
disable_gpg_check		是否开启 GPG 检查，默认值为“no”

续表

参数	选项	含义
name		软件包名
disablerepo		禁用 repo 源
enablerepo		指定 repo 源
update_cache		更新缓存
state	present	安装
	latest	更新
	absent	卸载

【实例 16-17】使用 yum 模块在被控端主机 ansibleclient2 上安装命令 tree。

```
[root@localhost ~]# ansible 192.168.0.180 -m yum -a "name=tree  state=present"
```

在被控端主机 ansibleclient2 上，使用 tree 命令进行测试，测试结果如图 16-5 所示。

```
[root@ansible2 ~]# tree /root
/root
├── anaconda-ks.cfg
├── Desktop
├── Documents
├── Downloads
├── initial-setup-ks.cfg
├── Music
├── Pictures
├── Public
├── Templates
└── Videos

8 directories, 2 files
```

图 16-5　使用 tree 命令查看/root 目录

tree 命令的输出结果是以树形结构显示目录结构，表明在被控端主机 ansibleclient2 上，成功安装 tree 命令。

10. service 模块

service 模块用来管理被控端主机上的服务。service 模块常用的参数和选项及其含义如表 16-9 所示。

表 16-9　service 模块的常用参数和选项及其含义

参数	选项	含义
enable		开机自动启动
name		服务名称
pattern		若服务没响应，则用 ps 查看是否已经启动
sleep		若服务被重启，则规定睡眠时间
state	started	启动
	stopped	关闭
	restarted	重启
	reloaded	重新下载

【实例 16-18】使用 service 模块启动被控端主机 ansibleclient2 上的 httpd 服务。

```
[root@localhost ~]# ansible 192.168.0.180 -m service -a "name=httpd  state=started"
192.168.0.180 | CHANGED => {
    "ansible_facts": {
```

```
        "discovered_interpreter_python": "/usr/bin/python"
    },
    "changed": true,
    "name": "httpd",
    "state": "started",
……省略余下内容……
```

由输出结果可知，在被控端主机 ansibleclient2 上已经启动 httpd 服务。

11. mount 模块

mount 模块用于批量管理被控主机进行挂载和卸载操作。mount 模块常用的参数和选项及其含义如表 16-10 所示。

表 16-10 mount 模块常用的参数和选项及其含义

参数	选项	含义
fstype		挂载的文件系统类型
opts		指定挂载的参数信息
path		定义挂载点
src		需要挂载的设备
state	mounted	进行挂载，修改/etc/fstab
	unmounted	进行卸载，不修改/etc/fstab
	present	开机挂载，仅将挂载配置写入/etc/fstab
	absent	进行卸载，修改/etc/fstab 文件

【实例 16-19】使用 mount 模块在被控端主机 ansibleclient2 上将/dev/sr0 挂载到/mnt 目录。

（1）使用 shell 模块在被控端主机 ansibleclient2 上查看磁盘空间信息，如图 16-6 所示。

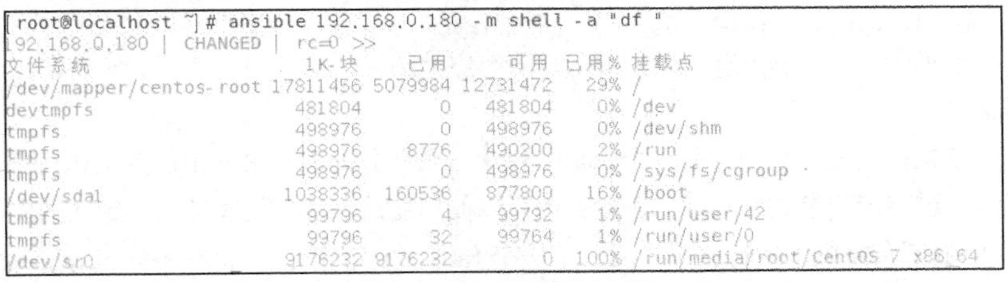

```
[root@localhost ~]# ansible 192.168.0.180 -m shell -a "df "
192.168.0.180 | CHANGED | rc=0 >>
文件系统                  1K-块    已用     可用 已用% 挂载点
/dev/mapper/centos-root 17811456 5079984 12731472  29% /
devtmpfs                  481804       0   481804   0% /dev
tmpfs                     498976       0   498976   0% /dev/shm
tmpfs                     498976    8776   490200   2% /run
tmpfs                     498976       0   498976   0% /sys/fs/cgroup
/dev/sda1                1038336  160536   877800  16% /boot
tmpfs                      99796       4    99792   1% /run/user/42
tmpfs                      99796      32    99764   1% /run/user/0
/dev/sr0                 9176232 9176232        0 100% /run/media/root/CentOS 7 x86_64
```

图 16-6 ansibleclient2 上磁盘空间信息

（2）使用 mount 模块将/dev/sr0 挂载到/mnt 目录。

```
[root@localhost ~]# ansible 192.168.0.180 -m mount -a "src=/dev/sr0 path=/mnt fstype=iso9660
state=mounted"
192.168.0.180 | CHANGED => {
    "ansible_facts": {
        "discovered_interpreter_python": "/usr/bin/python"
    },
    "changed": true,
    "dump": "0",
    "fstab": "/etc/fstab",
    "fstype": "iso9660",
```

```
    "name": "/mnt",
    "opts": "defaults",
    "passno": "0",
    "src": "/dev/sr0"
}
```

由输出结果可知，在被控端主机 ansibleclient2 上，设备/dev/sr0 已经被挂载到/mnt 目录上。

16.5 playbook 基础

Ansible 的任务配置文件被称为 playbook（也称为脚本或剧本），其功能更强大灵活。playbook 使用 YAML 语法格式，后缀可以是 yaml，也可以是 yml。每一 playbook 都包含一系列任务，由一个或多个“play”组成。在 Ansible 中，通过一个个 play 实现一系列任务运行，完成对远程主机的控制管理。

16.5.1 playbook 的核心元素

playbook 的核心元素有 hosts 和 users（节点和用户）、tasks list（任务列表）、handlers（响应事件），下面分别介绍。

1. 节点和用户

在每一个 playbook 中，使用 hosts 关键字指定执行任务的节点主机，可以是主机或主机组，也可以用关键字 all 代表全部节点，其中多个节点由逗号分隔。使用 users 关键字指定执行任务的用户，如果 hosts 关键字下没有定义 users，Ansible 将使用 Inventory 文件中定义的用户，如果 Inventory 文件中也没有定义用户，Ansible 将默认使用当前系统用户身份通过 SSH 连接远程主机，在远程主机中运行 play 内容。具体如下所示

```
---
- hosts: dbservers          # dbservers 组中的所有节点
  users: root               #指定用户为root
```

还可以直接在 playbook 中使用 remote_user 关键字指定用户，如下所示。

```
---
- hosts: 192.168.0.180      #指定主机
  remote_user: root         #指定远程主机执行的用户为root
```

2. 任务列表

任务列表表示要执行的任务队列，每一个 play 包含一个任务列表，每一个任务的执行都是通过 Ansible 模块完成的，通常通过特定的参数来实现，在参数中可以使用变量。任务列表按预先定义的先后顺序执行，一个 task 在其所对应的所有主机上执行完毕之后，下一个 task 才会执行，下面是一个 playbook 的任务列表。

```
tasks:
    - name: running httpd                    #第一个任务，启动httpd服务
      service: name=httpd state=started      #调用service模块

    - name: disable selinux                  #第二个任务，关闭selinux
      command: /sbin/setenforce 0            #调用command模块
```

每一个任务都以“- name”开头，“- name”字段并不是一个模块，不会执行实质性的操作，它只是给任务一个易于识别的名称，即便把“name”字段对应的行完全删除，也不会有任何问题。

3. 响应事件

handlers 是 playbook 中的一种特殊的任务类型，是对 Ansible 模块的调用。handlers 需要特定的触发条件，满足条件方才执行，否则不执行，与 notify 配合使用。通过在任务末尾使用 notify 关键字加 handlers 的名称，来触发对应名称下的 handlers 中定义的任务。

什么情况下使用 handlers 呢？如果在 tasks 中修改了 Apache 的配置文件，需要重启 Apache 服务，像这样的场景重启 Apache 服务就可以设计成一个 handlers。具体内容如下。

```
handlers:
  - name: restart httpd
  service: name=httpd state=restarted
```

需要注意的是：在 notify 中定义内容一定要和 handlers 中定义的“- name”内容一样，这样才能达到触发的效果，否则不会生效。

handlers 常用来重启服务或者触发系统重启操作，除此之外很少用到。handlers 会按照声明的顺序执行。

16.5.2 playbook 的基本语法

本节将介绍 playbook 的基本语法，如变量、逻辑控制语句。

1. 变量

playbook 中常用的变量包括用户自定义变量、主机变量和组变量、Facts 变量，下面逐一讲解。

（1）用户自定义变量

Ansible 中的变量命名规则与其他语言或系统中的命名规则非常相似。在 Ansible 中，变量以英文大小写字母开头，但是通常建议字母都用小写，中间可以包含下画线和数字。合法的变量名如 abc、abc_bar、abc_5 等，不合格的变量名如_abc、abc-bar、5_abc、abc.var 等。

在 playbook 文件中通过关键字 vars 来定义变量，使用冒号“:”来为变量赋值，使用双大括号加变量名来读取变量内容，形如{{变量名}}，比如下面的例子。

```
---
- hosts: webservers
  remote_user: root
  vars:                                              #定义变量package
    package: vsftpd
  tasks:
    - name: install vsftpd service
    yum: name={{package}} state=present        #引用变量package
```

（2）主机变量和组变量

① 在 hosts 文件中定义主机变量和组变量。

Ansible 为用户提供了用于批量定义主机的管理文件，即 hosts 文件，默认存放位置是/etc/ansible/hosts。利用这个文件可方便地定义主机分组，简化对主机的操作。

为每个主机定义自己专属的变量，只需在 hosts 文件中，在对应的主机名后面直接定义即可，例如以下命令为节点主机 192.168.0.160、192.168.0.180 分别定义了一个变量。

```
[webservers]
192.168.0.160  admin_user=helen
192.168.0.180  admin_user=mike
```

主机变量只是针对特定的主机的变量，其他主机则无法使用该变量。如果要对整个主机组设置变量，需要在主机组名后面添加冒号“:”和关键字 vars，然后再定义主机组变量，例如为主机组 webservers 定义主机组变量 admin_user。

```
[webservers:vars]
comm_user=tom
```

这样，变量 comm_user 将会对主机组 webservers 下面所有的主机都有效。但是如果主机和主机组数量非常多，分别定义主机和主机组变量就显得很烦琐，Ansible 给用户提供了使用目录添加主机和主机组变量的方法。

② 使用目录添加主机变量和组变量。

定义主机和主机组的变量的首选做法是在控制端主机上的与 hosts 文件所在目录相同的目录中，创建用于定义变量的 host_vars 和 group_vars 两个目录。由于 Ansible 在运行任务前，会搜索与 hosts 文件同一目录下的 host_vars 和 group_vars 目录，因此创建目录名必须是 host_vars、group_vars。下面对主机和组如何在目录下设置变量进行详细介绍。

首先建立 host_vars、group_vars 两个目录，具体命令如下。

```
[root@localhost ~]# mkdir  /etc/ansible/group_var
[root@localhost ~]# mkdir  /etc/ansible/host_vars
```

然后在这两个目录下，分别建立变量，方法如下所示。

第 1 步：对节点主机设置变量。在目录 host_vars 目录下创建与节点主机名相同的文件。如果节点主机是 IP 地址，则文件名必须是 IP 地址。例如创建节点主机 192.168.0.160 的主机变量，具体内容如下所示。

```
[root@localhost ~]# vim /etc/ansible/host_vars/192.168.0.160
ansible_user: helen
```

第 2 步：对主机组设置变量。在 group_vars 目录下创建与主机组名相同的文件。例如创建主机组 webservers 的主机组变量，具体内容如下所示。

```
[root@localhost ~]# vim /etc/ansible/group_vars/webservers
ansible_user: mary
```

③ 使用主机变量和组变量。

Anbsible 在运行任务时，如果需要从一台远程主机上获取另一台远程主机的变量信息，使用变量 hostvars 可以实现这一需求，变量 hostvars 包含了指定主机上所定义的所有变量。例如想获取 192.168.0.160 节点主机上的变量 ansible_user 的信息，执行如下命令。

```
{{ hostvars ['192.168.0.160'] ['ansible_user'] }}
```

Anbsible 提供了一些实用的内置变量，如下所示。

- groups：包含了所有的 hosts 文件里主机组的一个列表。
- group_names：包含了当前主机所在的所有主机组名的一个列表。
- inventory_hostname：通过 hosts 文件定义主机的主机名。
- play_hosts：执行当前任务的主机信息。

（3）收集系统信息（Facts）变量

Facts 变量是 Ansible 用于采集被控端硬件、系统、服务、资源信息等的一个功能。playbook 执行的第一步就是 Facts 采集信息。

Facts 信息包括远程主机的 CPU 类型、IP 地址、磁盘空间、操作系统信息及网络接口信息等，这些信息对于 playbook 的运行至关重要。我们可以根据这些信息决定是否继续运行下一个任务，或者将这些信息写入某个配置文件中。

在实际应用中，运用比较多的 Facts 变量有 ansible_os_family、ansible_hostname、ansible_memtotal_mb、ansible_distribution 等，这些变量通常会作为 when 语句的判断条件，来决定下一步的操作。

2. 逻辑控制语句

（1）条件语句

条件判断是 Ansible 任务中使用较多的逻辑控制语句，由关键字 when 声明。when 的值是一个条件表达式，如果条件判断成立，这个 task 就执行，如果判断不成立，则 task 不执行。条件表达式可以是变量、Facts 或此前任务的执行结果。例如当满足系统为 CentOS 时执行关闭系统命令，代码如下所示。

```
---
- hosts: 192.168.0.160
  remote_user: root
```

```
tasks:
  - name: shutdowm CentOS
    command: /sbin/shutdown -h now
    when: ansible_distribution=="CentOS"
```

该代码的执行顺序是首先判断 when 条件，ansible_distribution 是 Facts 变量，表示 Linux 发行版，如果条件成立，则执行语句“command: /sbin/shutdown -h now”；如果不成立，则不会执行这条语句。

也可以进行组合条件判断，如下面代码所示。

```
---
- hosts: 192.168.0.160
  remote_user: root
  tasks:
    - name: shutdowm CentOS 7
      command: /sbin/shutdown -h now
      when: ansible_distribution=="CentOS" and ansible_distribution_major_version=="7"
```

上述代码中，ansible_distribution 和 ansible_distribution_major_version 都是 Facts 变量，分别表示 Linux 发行版和版本号，when 条件有两个，一是系统为 CentOS，另一个是版本为 7，满足这两个条件时，则执行语句“command: /sbin/shutdown -h now”；否则不执行该语句。

（2）循环语句

在使用 Ansible 做自动化运维的时候，要重复执行某些操作，为了简化代码，可以使用循环语句。常见的循环由 with_items 字段声明。

【实例 16-20】在节点 192.168.0.180 上同时安装多个软件。

创建文件 pltest1.yml，代码如下所示。

```
---
- hosts: 192.168.0.180
  remote_user: root
  tasks:
    - name: install vsftpd  nginx
      yum: name={{ item }} state=present
      with_items:
        - vsftpd
        - nginx
```

通过以上代码为节点 192.168.0.180 安装了 2 个软件，with_items 会自动循环执行语句“yum: name={{ item }} state=present”，用软件包名字替换变量 item，循环次数为元素的个数。

使用 with_items 迭代循环的变量可以是个单纯的列表，也可以是一个较为复杂的数据结果，如字典类型。

【实例 16-21】添加多个用户，并将用户加入不同的组内。

创建文件 pltest2.yml，代码如下所示。

```
---
- hosts: 192.168.0.160
  remote_user: root
  tasks:
    - name: add serveral user
      user: name={{ item.name }} state=present groups={{ item.groups }}
      with_items:
        - { name: 'lili',groups: 'teachers' }
        - { name: 'jack',groups: 'teachers' }
```

通过以上代码添加了 2 个用户：lili 和 jack，所属组为 teachers（该组在节点 192.168.0.160 已经存在），with_items 会自动循环执行语句“name={{ item.name }} state=present groups={{ item.groups }}”，循环体中的每个元素用户名 name 和 groups 替换为该语句中的 item.name 和 item.group，循环次数为元素的个数。

执行结果如下。

```
[root@localhost ~]# ansible-playbook pltest2.yml
PLAY [192.168.0.160] ************************************************************
TASK [Gathering Facts] *********************************************************
ok: [192.168.0.160]
TASK [add serveral user] *******************************************************
changed: [192.168.0.160] => (item={u'name': u'lili',u'groups': u'teachers'})
changed: [192.168.0.160] => (item={u'name': u'jack',u'groups': u'teachers'})
PLAY RECAP ***********************************************************************
192.168.0.160              : ok=2    changed=1    unreachable=0    failed=0    skipped=0
rescued=0    ignored=0
```

由输出结果可知，该代码执行成功。读者可以到 192.168.0.160 主机使用“cat /etc/passwd”命令查看是否创建了 lili 和 jack 两个用户，也可以通过 Ansible 的 shell 模块查看节点是否创建了 lili 和 jack 两个用户。

3. include

include 可以解决 playbook 的重用问题。当多个 playbook 需要重复使用任务列表时，可以将任务的内容抽离出来写入独立的文件中。若其他地方需要使用该任务列表，可以再使用 include 将其包含到文件中。

16.5.3 Role

Role 是 Ansible 1.2 版本新加入的功能，可用于实现代码重用和分享，相对于 include，Role 更适合大项目 playbook 的编排架构。总的来说，Ad-Hoc 适用于临时命令的执行，playbook 适合中小项目，而大项目一定使用 Role。Role 不仅支持 tasks 的集合，同时包括 var_files、tasks、handlers 等。

简单地说，Role 就是通过分别将变量、文件、任务、模块及触发器放置于单独的目录中，形成更完善的功能。

Role 一般存放在/etc/ansible/roles 目录下，每一个 Role 都有一个完整的目录，Role 目录可手动创建，也可以使用命令创建。例如建立 testrole 的命令如下所示。

```
[root@localhost ~]# ansible-galaxy init  /etc/ansible/roles/testrole
```

这样就通过命令建立了 testrole，通过 tree 命令可以查看名字为 testrole 的目录结构。

```
[root@localhost ~]# tree /etc/ansible/roles/testrole/
/etc/ansible/roles/testrole/
├──defaults,
│   └──main.yml
├──files,
├──handlers
│   └──main.yml
├──meta,
│   └──main.yml
├──tasks,
│   └──main.yml
├──templates
└──vars
    └──main.yml
```

每个目录下均由 main.yml 定义该功能的任务集，tasks/main.yml 默认执行所有指定的任务，是所有任务的入口。下面对以上目录进行说明。

（1）defaults 目录：为当前角色设定默认变量时使用此目录，main.yml 文件用于存储默认变量，这些变量优先级最低，一般可以覆盖。

（2）files 目录：存放由 copy 或 script 等模块调用的文件。

（3）handlers 目录：存储 handlers。

（4）meta 目录：用于定义此角色的特殊设定及其依赖关系。

（5）tasks 目录：main.yml 文件定义了此角色的任务列表；此文件可以使用 include 包含其他的位于此目录中的 task 文件。

（6）templates 目录：templates 模块会自动在此目录中寻找 Jinja2 模板文件。

（7）vars 目录：用于定义此角色用到的变量，这些变量优先级稍高，一般不会覆盖。

Ansible 并不要求 Role 包含上述所有的目录及文件，例如 meta、tasks 这两个目录就可以构成 Ansible 的 Role。

Ansible 中的 Role 的调用文件使用 yaml 语法格式，后缀可以是 yaml，也可以是 yml，用关键字 roles 声明，例如 Role 的调用文件名字为 playbookrole1.yml，声明 testrole 的具体内容如下。

```
---
- hosts: all        # webservers组中的所有节点
  roles:            #定义role
     - testrole
```

Role 执行方法如下。

```
[root@localhost ~]# ansible-playbook  playbookrole1.yml
```

Ansible 提供了一个分享 Role 的平台 AnsibleGalaxy，在这个平台上用户可以下载别人的 Role 来使用，也可以把自己编写的 Role 上传进行分享。在实际的系统运维和应用运维中，运维人员往往会在这个平台上下载已有的 Role 来运用，方便完成运维任务。

16.6 playbook 案例应用

借助 Ansible 集中化运维工具，运维人员使用命令或脚本可以轻松地完成成百上千台设备的运维任务。本节通过案例介绍，使读者更加深入地理解 Ansible。

【案例要求】企业需要把 Web 服务器部署到远程两个主机节点，实现 Apache 的安装和启动，同时在 /var/ww/html 目录建立两个测试网页，要求在 playbook 脚本中把安装的服务用自定义变量实现。

为了更好地完成部署，控制端主机采用已有的部署 Ansible 的主机，IP 地址为 192.168.0.107，远程两个主机节点为新部署主机，IP 地址分别为 192.168.0.100 和 192.168.0.120，具体信息如表 16-11 所示。

表 16-11　主控端与被控端主机信息

主机名	IP 地址	说明
localhost	192.168.0.107	控制端主机
ansible_web1	192.168.0.100	被控端主机 1
ansible_web2	192.168.0.120	被控端主机 2

【任务实施】

第 1 步：将原有的主机清单的配置文件/etc/ansible/hosts 中内容清空。将被管理的节点主机信息添加到主机清单中。具体内容如下所示。

```
[root@localhost ~]# vim /etc/ansible/hosts
192.168.0.100
```

```
192.168.0.120
[webservers]
192.168.0.100
192.168.0.120
```

第 2 步：创建目录/etc/ansible/playbook，命令如下所示。

```
[root@localhost ~]#  mkdir /etc/ansible/playbook
```

第 3 步：在该目录下创建一个 playbook 脚本，文件名为 httpd01.yml，具体内容如下所示。

```
---
- hosts: all                          #指定主机
  remote_user: root                   #指定用户
  vars:                               #定义变量
   - package_1: httpd
     service_1: httpd
tasks:                                #任务列表
   - name: install {{ package_1 }}
     yum: name={{ package_1 }} state=installed
   - name: start {{package_1 }}
     service: name={{ service_1 }} state=started enabled=yes
     notify:                          #触发handlers
          - restart {{ package_1 }}
   - name: create new file            #建立网页文件
     file: path=/var/www/html/{{ item }} mode=0600 owner=root group=root state=touch
     with_items:                      #循环
     - linux.html
     - centos.html

handlers:                             #handlers
   - name: restart {{ package_1 }}
   service: name={{ service_1 }} state=restarted
```

在此脚本中，安装软件包的名字和服务名用自定义变量表示，任务列表 tasks 包含任务：第一个任务是调用 yum 模块安装 httpd 服务，第二个任务是调用 service 模块启动 httpd 服务，第三个任务是使用 with_items 循环语句建了两个文件，在 tasks 中重启 httpd 服务时，设计成一个 handlers，handlers 被触发，就会重启 httpd 服务。

第 4 步：进行测试检查。

playbook 通过 ansible-playbook 命令使用，该命令的语法格式如下。

```
ansible-playbook <filename.yml> …[options]
```

<filename.yml>为 yaml 格式的 playbook 文件路径，必须指明。

[options]即选项，说明如下：

- -C，--check：模拟执行，并不在远程主机上真正执行，用于查看执行会产生什么变化。
- -i INVENTORY：指定 inventory，默认的文件是/etc/ansible/hosts。
- --flush-cache：清除 Facts 缓存。
- --list-hosts：列出匹配的远程主机，并不执行任何动作。
- -t，TAGS，--tags=TAGS：运行指定的标签任务。

编辑完成 httpd01.yml 后，在执行该文件之前，需要对该文件进行检查。具体执行过程如下。

```
[root@localhost ~]# ansible-playbook -C  /etc/ansible/playbook/httpd01.yml
PLAY [all] *********************************************************************
TASK [Gathering Facts] *********************************************************
```

```
    ok: [192.168.0.100]
    ok: [192.168.0.120]
    TASK [install httpd] ***********************************************************
    changed: [192.168.0.120]
    changed: [192.168.0.100]
    TASK [start httpd] *************************************************************
    changed: [192.168.0.120]
    changed: [192.168.0.100]
    TASK [create new file] *********************************************************
    ok: [192.168.0.120] => (item=linux.html)
    ok: [192.168.0.100] => (item=linux.html)
    ok: [192.168.0.120] => (item=centos.html)
    ok: [192.168.0.100] => (item=centos.html)
    RUNNING HANDLER [restart httpd] ************************************************
    changed: [192.168.0.120]
    changed: [192.168.0.100]
    PLAY RECAP *********************************************************************
    192.168.0.100              : ok=5    changed=3    unreachable=0    failed=0    skipped=0
rescued=0    ignored=0
    192.168.0.120              : ok=5    changed=3    unreachable=0    failed=0    skipped=0
rescued=0    ignored=0
```

输出结果的每一行都代表着不同意义，下面逐一说明。

（1）PLAY：表示主机信息。

（2）TASK [Gathering Facts]：此 task 并非用户创建，而是默认执行，用于获取远程主机的信息，例如 IP、hostname、网络信息等。

（3）TASK [install httpd]：该任务是调用 yum 模块安装 httpd 服务。字符“ok”表示远程主机已经符合要求。“changed”表明此安装包没有安装，会执行安装。

（4）TASK [start httpd]：该任务是调用 service 模块启动 httpd 服务。

（5）TASK [create new file]：该任务创建了两个文件。

（6）RUNNING HANDLER [restart httpd]：handers 信息。

（7）PLAY RECAP：代表汇总信息。“unreachable=0   failed=0”表示没有错误，如果不为零，则有错误。

从本案例的输出结果可知，对 httpd01.yml 文件的检查没有错误，可以进行执行操作。

第 5 步：执行脚本。

ansible-playbook 命令后面直接跟 playbook 文件名，就实现调用执行该文件，具体命令与执行结果如下。

```
[root@localhost ~]# ansible-playbook  /etc/ansible/playbook/httpd01.yml
```

第 6 步：测试验证。

用户可以到节点主机使用“systemctl status httpd”命令查看 httpd 服务的运行状态，也可以到 /var/www/html 目录下查看是否建立两个文件。本案例在主控端调用 shell 模块进行测试验证。具体命令及执行结果如下。

```
[root@localhost ~]# ansible 192.168.0.100 -m shell -a "systemctl status httpd"
```

调用 shell 模块查看节点主机/var/www/html 目录下是否建立两个文件。

```
[root@localhost ~]# ansible 192.168.0.100 -m shell -a "ls /var/www/html |grep linux.html"
192.168.0.100 | CHANGED | rc=0 >>
linux.html
[root@localhost ~]# ansible 192.168.0.100 -m shell -a "ls /var/www/html |grep centos.html"
```

```
192.168.0.100 | CHANGED | rc=0 >>
centos.html
```

分析以上测试结果，可知 httpd01.yml 文件的任务执行成功。

16.7 本章小结

本章主要讲解了集中化运维工具 Ansible 的特点、工作原理、安装配置、常用模块、playbook 的组成和基础语法、各种命令的使用。

Ansible 底层基于 Python，以灵活简便著称，配置文件和脚本都是使用 YAML 语言编写的，与其他自动化配置管理工具相比，配置简单、功能强大、易于学习，无论是基础运维人员还是资深运维工程师，都能很快熟练掌握，而且 Ansible 支持 API 接口可以通过 Python 轻松扩展，对云平台、大数据也有很好的支持。

Ansible 是基于模块工作的，它本身只提供了一个框架，真正具有批量部署能力的是它内置的丰富的模块，包括包管理、系统管理、用户管理、文件管理等模块。Ansible 提供两种方式去完成任务，一是 Ad-Hoc 命令，该方式适合执行一些临时的命令；另一个是 Ansible playbook 脚本，可以解决比较复杂的任务，适合执行批量配置管理节点主机。

playbook 是 Ansible 实现自动化管理的最主要方式，运维人员对变量、Inventory 文件、handlers、条件判断、循环等功能理解越深刻，在自动化运维工作时越高效。Role 是 Ansible 中的一个非常重要的角色，用于实现代码重用，Role 依赖目录命名规则和目录结构，适合企业复杂业务的应用。

16.8 习题

一、简答题

1. 简述什么是 Ansible 及其特点。
2. 简述 Ansible 是如何工作的。
3. 简述什么是 Ansible 的 playbook。

二、实验题

1. 新建两台虚拟机，分别为控制端主机和被控端主机，控制端主机安装 Ansible，实现管理被控端主机。
2. 使用 copy 模块将/etc/group 复制到/tmp 目录下。
3. 使用 user 模块创建一个用户名为 helen、组名为 Helen 的用户。
4. 使用 yum 模块安装 nginx 服务。
5. 使用 file 模块创建/home/abc.txt 文件，该文件的权限为 777，所有者为 helen，所属组为 helen。
6. 使用 service 模块启动被控端主机上的 httpd 服务。

CHAPTER17

第17章

企业监控系统

学习目标：

- 理解监控系统的框架与功能；
- 了解常用的监控软件 ；
- 掌握 Zabbix 的基本配置；
- 掌握 Zabbix 的模板；
- 掌握 Zabbix 的使用方法。

监控系统监测的对象基本涵盖 IT 环境的各个环节，不仅包括机房环境、硬件、网络、软件及服务等，还包含各个环节中的各项细节，例如在硬件环境中监控服务器的工作温度、风扇转速、网络流量、进程数量，以及在服务中监控服务器的状态等。那么，该如何搭建一个优秀的监控系统呢？本章将围绕这一问题展开详细介绍。

17.1 监控软件概述

随着服务器及网络设备的增加，需要监控的设备越来越多，比如存储、Web 服务器、交换机、防火墙、路由器等都是全天运行的，这个时候就需要对这些设备进行监控。运维中常用的监控软件种类繁多，其中常见的开源监控软件有 Cacti、Nagios、Zabbix 等。

17.1.1 监控系统的功能

监控系统好比运维工作人员的眼睛，在服务器运维的整个生命周期，都离不开监控系统。监控系统通常包含监控端和被监控端，监控端运行的是监控系统的服务器（Server），负责管理命令、数据保存、数据分析、数据可视化、异常数据报警等工作，被监控端运行监控系统的代理（Agent），主要负责收集被监控设备上的数据。

成熟的监控系统应该具备如下特点。

（1）数据收集：定义监控的内容，从被监控的各个设备收集需要的数据。

（2）保存数据：将收集到的各项数据保存在数据库中。

（3）添加监控设备：及时、方便地将被监控端加入服务器。

（4）数据分析：对收集到的数据进行分析计算。

（5）数据可视化：直观展示监控信息。

（6）异常数据报警：出现故障时，监控系统要第一时间发出报警，在报警中加入分析，以帮助接到报警的管理人员快速定位问题。

（7）和其他系统协同工作：有强大的 API 可以让其他系统调用完成工作。

17.1.2 监控软件简介

Cacti、Nagios、Zabbix 是著名的监控软件，但各有优缺点。Cacti 是一款倾向于数据采集分析展示工具，以 Web 页面的方式呈现实时监控数据变化，更直观，缺点是告警不及时；Nagios 是一款告警功能很强大的工具，但是 Nagios 只关心状态，不能很好地展示数据，监控主机数量有限。因此一般会将 Cacti 和 Nagios 两款工具一起使用，实现企业级分布式监控，但是当监控的节点大于 200 个时，Nagios 会有延迟，大型企业中不适合使用 Cacti 和 Nagios。与 Cacti 和 Nagios 相比，Zabbix 功能完善，报警机制全面，使用灵活方便，Zabbix 的版本较多，因此本书以 Zabbix 为例讲解监控系统，选择 Zabbix 4.0 版本。

1. Cacti

Cacti 是一套基于 PHP、MySQL、SNMP 及 RRDTool 开发的网络流量监测图形分析工具。

Cacti 通过 SNMP 来获取数据，使用 RRDTool 绘画图形，它提供了非常强大的数据和用户管理功能，还可以与 LDAP 结合进行用户验证，同时也具备强大的运算能力、支持自定义模板，通过添加模板提高不同设备的复用性。

2. Nagios

Nagios 是一款免费的开源监控系统，Nagios 是插件式的结构，所有的监控都是通过插件进行的，因此是高度模块化和富于弹性的。Nagios 通常由一个核心主程序（Nagios core）、一个插件程序（Nagios-plugins）和 4 个可选的 Addon（NRPE、NSCA、NSClient++、NDOUtils）组成。Nagios 的核心部分只提供了很少的监控功能，因此要搭建一个完善的监控管理系统，用户还需要在 Nagios 服务器安装相应的插件。Nagios 可以监控常见的 HTTP、POP3、FTP、SSH、PING 等服务，也可以监控主机的 CPU、磁盘等资源，同时允许用户开发自己的监控插件来实现特殊的功能。

3. Zabbix

Zabbix 从 2007 年开始流行，2013 年在国内开始流行起来。Zabbix 是一个基于 Web 界面的、开源的、分布式的、企业级的监控软件，它能监视各项网络参数，保证服务器系统的安全运行，并提供灵活的告警机制，帮助管理员对问题做出快速的定位并予以解决。

（1）Zabbix 的架构组成

Zabbix 主要包含 Zabbix Server 与 Zabbix Agent。Zabbix 的平台有两种模式：一是 Server/Agentd 模式，常用于监控主机比较少的情况；二是 Server/Proxy/Agentd 模式，常用于被监控端比较多的时候，使用 Proxy 进行分布式监控，可有效地减轻 Server 端的压力。

Zabbix 监控系统由以下几个组件构成。

- Zabbix Server：是 Zabbix 的服务器端，主要负责接收 Zabbix Agent 发送的报告信息，所有配置、统计数据及操作数据均由其组织进行。
- Database Storage：专用于存储所有配置信息，以及由 Zabbix 收集的数据。
- Web interface：Zabbix 的 GUI 接口，通常与 Server 运行在同一台主机上。
- Proxy：可选组件，常用于分布监控环境中，代理 Server 收集部分被监控端的监控数据并统一发往 Server 端。
- Zabbix Agent：是 Zabbix 的客户端，部署在被监控主机上，负责收集本地数据并发往 Server 端或 Proxy 端。

（2）Zabbix 实现监控的两种模式

Zabbix Agent 需要安装到被监控的主机上，它负责定期收集各项数据，并发送到 Zabbix Server 端，Zabbix Agent 收集数据分为主动和被动两种模式。

① 主动模式：Zabbix Agent 主动请求 Zabbix Server 获取主动的监控项列表，并主动将监控项内需要的数据提交给 Zabbix Server/ Proxy。

② 被动模式：Zabbix Server 向 Zabbix Agent 发出监控项的收集请求后，Zabbix Agent 返回数据。

总体来说，Zabbix Agent 主要负责数据信息的收集并发送到 Zabbix Server 端，Zabbix Server 将收集到的数据存储在指定的存储系统中，Zabbix 默认使用 MySQL 数据库，收集完数据后，Zabbix 将处理的结果通过 Web GUI 直观地展示给用户。

17.2 Zabbix 的安装及初始化 Zabbix 的 Web 界面

Zabbix Server 集成了 Web 界面，一般将其安装在 Web 应用软件的组合 LAMP 或 LNMP 环境下，它们是 4 类应用软件的组合，分别表示如下。

- L：Linux 操作系统。
- A 或 N：Apache 或 Nginx，Web 服务器软件。
- M：MySQL 或 MariaDB，数据库软件。
- P：PHP、Perl、Python 脚本软件。

由于这些软件常被组合在一起使用，且兼容度较高，因此人们习惯上取其首字母将其简称为 LAMP 或 LNMP。本书采用 Zabbix 4.0 版本作为安装环境，与之配合的 Web 环境为 LAMP，即 Linux+Apache+MariaDB+PHP 组合。需要说明的是，Zabbix 4.0 版本要求操作系统中的 MariaDB 版本最低为 5.0，Apache 版本最低为 Apache 1.3，PHP 版本最低为 PHP 5.4。下面对 Zabbix Server 端的部署进行详细讲解。

17.2.1 Zabbix 的安装

1. Zabbix Server 端软件包安装

Zabbix Server 端需要软件包 zabbix-server-mysql、zabbix-web-mysql 与 zabbix-get 支持，其中 zabbix-server-mysql 提供服务器端与数据库交互的功能，zabbix-web-mysql 提供服务器端的 Web 界面与数据库交互的功能，zabbix-get 提供收集数据的功能。

（1）安装 Zabbix Server 端之前获取 YUM 源。使用 rpm 命令安装 zabbix-release-4.0-2.el7.noarch.rpm 软件包，软件包可在 http://repo.zabbix.com/官网上获得，具体命令及执行结果如下。

```
[root@zabbix-server ~]# rpm -ivh
http://repo.zabbix.com/zabbix/4.0/rhel/7/x86_64/zabbix- release-4.0-2.el7.noarch.rpm
获取http://repo.zabbix.com/zabbix/4.0/rhel/7/x86_64/zabbix-release-4.0-2.el7.noarch.rpm
警告：/var/tmp/rpm-tmp.wtauJ1: 头V4 RSA/SHA512 Signature,密钥ID a14fe591: NOKEY
准备中…                          ################################# [100%]
正在升级/安装…
1:zabbix-release-4.0-2.el7           ################################# [100%]
[root@zabbix-server ~]#
[root@zabbix-server ~]# ls /etc/yum.repos.d/ |grep zabbix.repo
zabbix.repo
```

输出结果显示，zabbix-release-4.0-2.el7 软件包安装成功，进入/etc/yum.repo.d/ 目录下，会发现生成了 zabbix.repo，zabbix.repo 是安装 Zabbix Server 软件包的 YUM 源配置文件。

```
[root@zabbix-server ~]# ls /etc/yum.repos.d/ |grep zabbix.repo
zabbix.repo
```

（2）通过 yum 命令安装 zabbix-server-mysql、zabbix-web-mysql 软件包，具体命令及执行结果如下。

```
[root@zabbix-server ~]# yum install zabbix-server-mysql zabbix-web-mysql -y
……省略安装过程……
已安装:
    zabbix-server-mysql.x86_64 0:4.0.28-1.el7
    zabbix-web-mysql.noarch 0:4.0.28-1.el7
……省略安装过程……
```

终端输出结果显示， zabbix-server-mysql、zabbix-web-mysql 软件包安装成功，同时 PHP 及 httpd 借助 zabbix-web-mysql 软件包也成功安装,并依靠 yum 命令的自身特性解决了 LAMP 各组件之间的依赖关系。

（3）通过 yum 命令安装 zabbix-get 软件包，具体命令及执行结果如下。

```
[root@zabbix-server ~]# yum install zabbix-get -y
```

2. 配置 SELinux 与防火墙

建议直接关闭 SELinux 和防火墙 Firewalld，关闭方法在前面章节已经介绍过，这里不再赘述。

3. 测试 Apache

（1）启动 httpd 服务，设置 httpd 服务为开机自动启动。

（2）在浏览器中输入 Apache 所在主机的 IP 地址（本书为 192.168.0.109），若浏览器显示 Apache 测试页，则表明 Apache 配置成功。

4. 配置 MariaDB 数据库环境

（1）安装 MariaDB 数据库

使用 yum 命令安装 mariadb-server，具体命令如下。

```
[root@zabbix-server ~]# yum install mariadb-server -y
```

数据库安装完成后，开启数据库，并设为开机启动模式。

```
[root@zabbix-server ~]# systemctl start mariadb
[root@zabbix-server ~]# systemctl enable mariadb
```

（2）创建 Zabbix 数据库

Zabbix 服务器的数据保存在数据库中，因此需要在 MariaDB 数据库中创建一个保存数据的数据库，还要创建可以使用 Zabbix 的数据库用户。以 root 用户登录 MariaDB 数据库，该用户密码为空。

```
[root@zabbix-server ~]# mysql -uroot -p
Enter password:
#此处输入root密码。默认为空，按回车键即可
Welcome to the MariaDB monitor.  Commands end with;or \g.
Your MariaDB connection id is 2
Server version: 5.5.68-MariaDB MariaDB Server
Copyright (c) 2000,2018,Oracle,MariaDB Corporation Ab and others.
Type 'help;' or '\h' for help. Type '\c' to clear the current input statement.
MariaDB [(none)]>
```

输出结果表明，root 用户成功登录 MariaDB 数据库。

下面使用 create database 数据库操作命令创建数据库，建立的数据库名称为 zabbix，数据库的字符编码格式为 utf8，具体命令如下。

```
MariaDB [(none)]> create database zabbix character set utf8 collate utf8_bin;
Query OK,1 row affected (0.00 sec)
```

（3）创建 Zabbix 用户

在当前系统中创建 Zabbix 普通用户，用户名为 zabbix，并设置该用户的密码为 jsjx123456。

```
[root@zabbix-server ~]# useradd Zabbix
[root@zabbix-server ~]# passwd zabbix
```

使用 grant 数据库操作命令为用户 zabbix 赋予操作数据库 zabbix 的权限，此操作需要在数据库命令行中进行，具体命令及执行结果如下。

```
MariaDB [(none)]> grant all on zabbix.* to zabbix@localhost identified by 'jsjx123456';
```

该执行结果表明，赋予用户在本地主机上操作 zabbix 数据库中的任意一张表的全部权限。其中命令中出现的第一个 zabbix 表示数据库名，第二个 zabbix 表示用户名。

（4）测试 zabbix 用户登录数据库

使用已经创建的 zabbix 用户登录 MariaDB 数据库，具体命令如下。

```
[root@zabbix-server ~]# mysql -uzabbix -pjsjx123456   #登录用户zabbix，密码jsjx123456
Welcome to the MariaDB monitor.Commands end with;or \g.
Your MariaDB connection id is 3
Server version: 5.5.68-MariaDB MariaDB Server
Copyright (c) 2000,2018,Oracle,MariaDB Corporation Ab and others.
Type 'help;' or '\h' for help. Type '\c' to clear the current input statement.
MariaDB [(none)]> show databases;   #查看所有数据库
+--------------------+
| Database           |
+--------------------+
| information_schema |
| test               |
| zabbix             |
+--------------------+
……省略余下内容……
```

可见，用户 zabbix 成功连接登录到 MariaDB 数据库，并可查看已经建立的数据库 zabbix。

（5）导入数据文件

首先使用 rpm 命令查询 zabbix-server-mysql 软件包包含的文件列表，具体命令如下。

```
[root@zabbix-server ~]# rpm -ql zabbix-server-mysql
/etc/logrotate.d/zabbix-server
……省略部分内容……
/usr/share/doc/zabbix-server-mysql-4.0.28/create.sql.gz
……省略余下内容……
```

其中/usr/share/doc/zabbix-server-mysql-4.0.28/create.sql.gz 文件是 zabbix 自定义的数据库中的表，将 create.sql.gz 解包的操作命令如下。

```
[root@zabbix-server ~]# cd /usr/share/doc/zabbix-server-mysql-4.0.28/
[root@zabbix-server zabbix-server-mysql-4.0.28]# gzip -d create.sql.gz
[root@zabbix-server zabbix-server-mysql-4.0.28]# ls
AUTHORS  ChangeLog  COPYING  create.sql  NEWS  README
[root@zabbix-server zabbix-server-mysql-4.0.28]#
```

把 create.sql 文件导入数据库中，这样 MariaDB 数据库能够以 zabbix 定义的形式存储数据，通过用户 zabbix 使用重定向命令把 create.sql 文件导入 zabbix 数据库，具体命令如下。

```
[root@zabbix-server zabbix-server-mysql-4.0.28]# mysql -uzabbix -pjsjx123456 zabbix < create.sql
```

5. 修改配置文件，配置数据库

（1）修改 zabbix-server 配置文件

在/etc/zabbix/目录下的 zabbix_server.conf 配置文件中配置数据库主机地址、数据名、Zabbix 用户的账户信息。使用 vim 命令编辑该文件，修改 DBHost、DBName、DBPassword 参数的值，具体内容如下。

```
[root@zabbix-server ~]# vim /etc/zabbix/zabbix_server.conf
DBHost=localhost          #91行，数据库地址
DBName=zabbix             #100行，zabbix数据库用户名
DBPassword=jsjx123456     #124行，zabbix数据库密码
```

（2）修改 zabbix-web 配置文件

在/etc/httpd/conf.d 目录下的 zabbix.conf 配置文件中配置 Zabbix Server 端的基础信息。使用 vim 命令编辑该文件，修改监控系统的时区配置，具体内容如下。

```
[root@zabbix-server ~]# vim /etc/httpd/conf.d/zabbix.conf
php_value date.timezone Asia/Shanghai
#第20行，此时区设置Asia/Shanghai，用户也可根据自己所在位置选择合适的时区
```

6. 启动 zabbix-server

通过以上操作，Zabbix Server 端的配置基本完成，使用 systemctl 命令启动 zabbix-server，并设为开机自启，具体命令如下。

```
[root@zabbix-server ~]# systemctl start zabbix-server
[root@zabbix-server ~]# systemctl enable zabbix-server
```

由于 Zabbix Server 端修改了监控系统的时区，在使用 zabbix 之前需要重新启动 Apache，具体命令如下。

```
[root@zabbix-server ~]# systemctl restart httpd
```

使用 netstat 检测 zabbix-server 的端口状态。

```
[root@zabbix-server ~]# netstat -ntulp|grep zabbix
```

至此，Zabbix Server 端的配置基本完成。

17.2.2 初始化 Zabbix 的 Web 界面

Zabbix Server 端配置完成后，需要对 Zabbix 的 Web 交互界面进行初始化配置，Apache 重启后，在浏览器地址栏输入 http :// IP 地址/zabbix/setup.php，就可以进入 Zabbix 的 Web 安装界面，如图 17-1

所示。

此界面为 Zabbix Web 的安装界面，单击按钮“Next step”进入 Check of pre-requisites 界面，该界面显示检测到的目前已配置的先决条件，如果有错误，则提示警告信息，如果没有错误，则状态为 ok，接着进入 Configure DB connection 界面，该界面实现配置数据库连接，其中数据库类型默认为“MySQL”，数据库所在主机默认为“localhost”，数据库端口默认值为“0”表示采用默认的端口，数据库名为 zabbix，登录数据库的用户为 zabbix。输入用户 zabbix 的密码（17.2.1 中已经建立），完成数据库连接的配置，如图 17-2 所示。

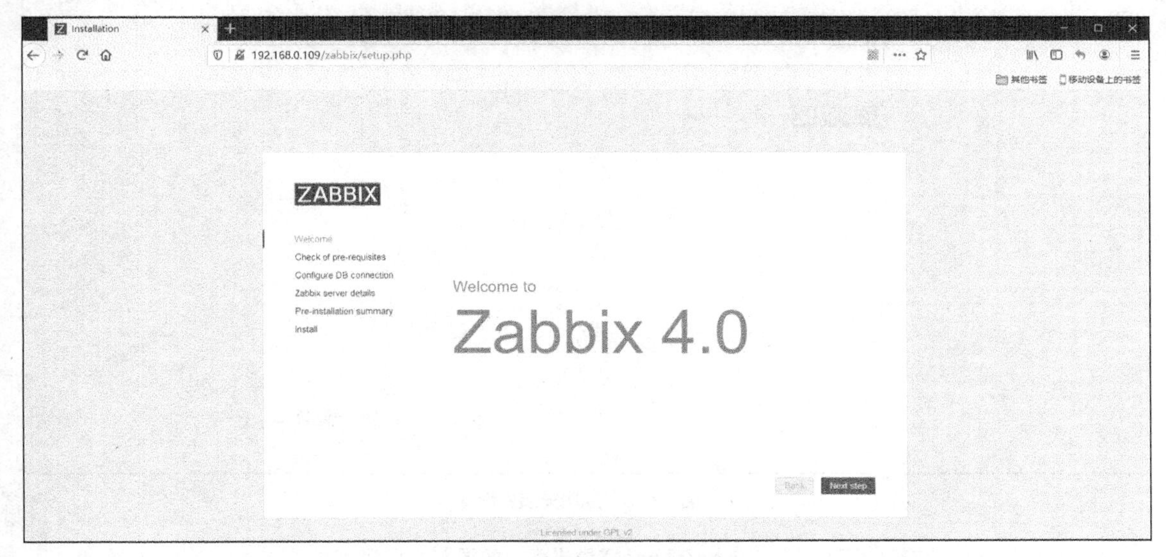

图 17-1　Zabbix 的安装界面

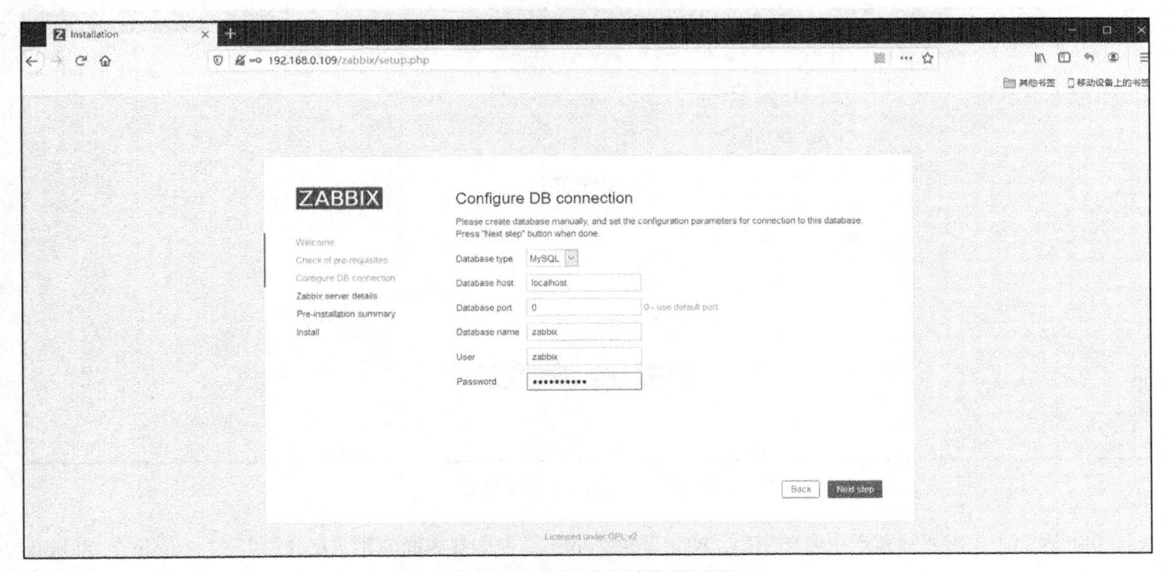

图 17-2　数据库连接配置界面

单击图 17-2 中的按钮“Next step”进入 Zabbix Server details 界面，该界面用于配置 Zabbix Server 所在的主机名、端口号与名字，其中主机名和端口号为必填项，名字为选填项。这里默认选择主机名为“localhost”、端口号为“10051”。

Zabbix Server 配置完成后，进入 Pre-installation summary 界面，该界面显示的内容是所配置的信息汇总，进入 Install 界面，开始 Zabbix 服务器软件的安装。安装完毕显示“Congratulations! You have successfully installed Zabbix frontend.”信息时，说明 Zabbix 服务器软件的安装成功。至此，Zabbix 服务器的安装配置已全部完成，如图 17-3 所示。

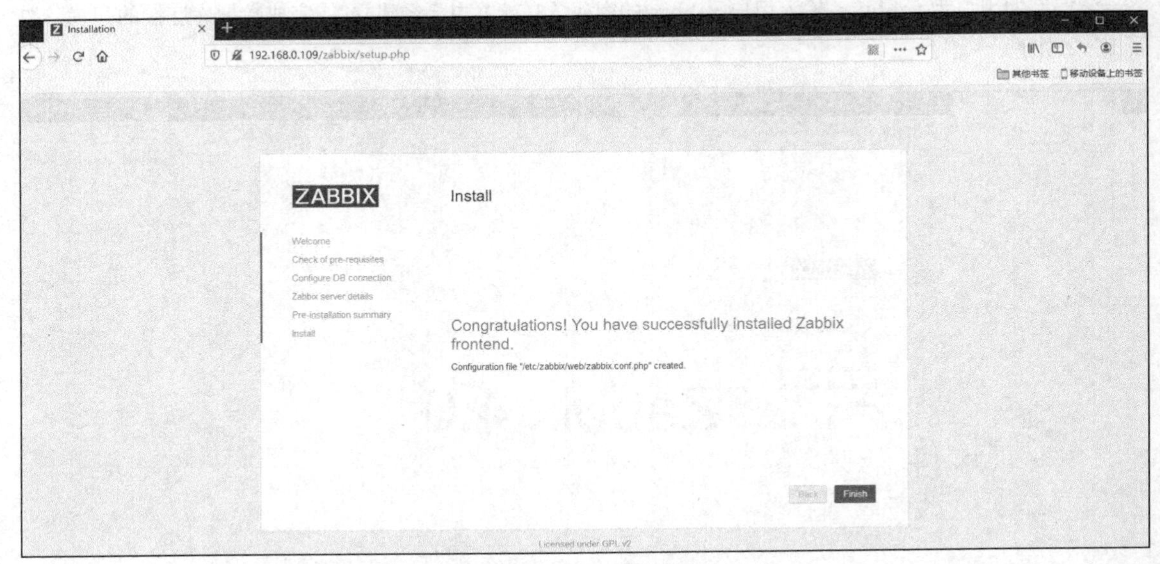

图 17-3 成功安装界面

单击图 17-3 中的按钮“Finish”，进入 Zabbix 登录界面，如图 17-4 所示。

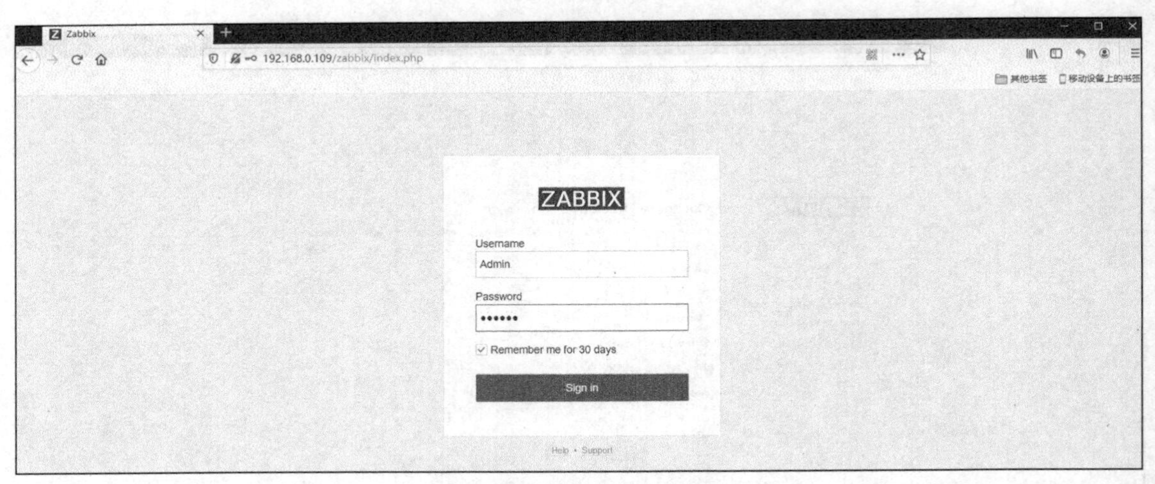

图 17-4 Zabbix 登录界面

在此界面上，需要输入用户名和密码，初始登录 Zabbix 的 Web 界面使用 Admin 用户（Admin 为 Zabbix Web 的默认用户，注意 A 为大写），密码为 zabbix，验证正确后进入 Zabbix Web 页面，如图 17-5 所示。

此界面表明 Zabbix Server 端的配置与 Zabbix Web 的安装全部完成，下一步就可以进行 Zabbix Agent 端的安装配置了。

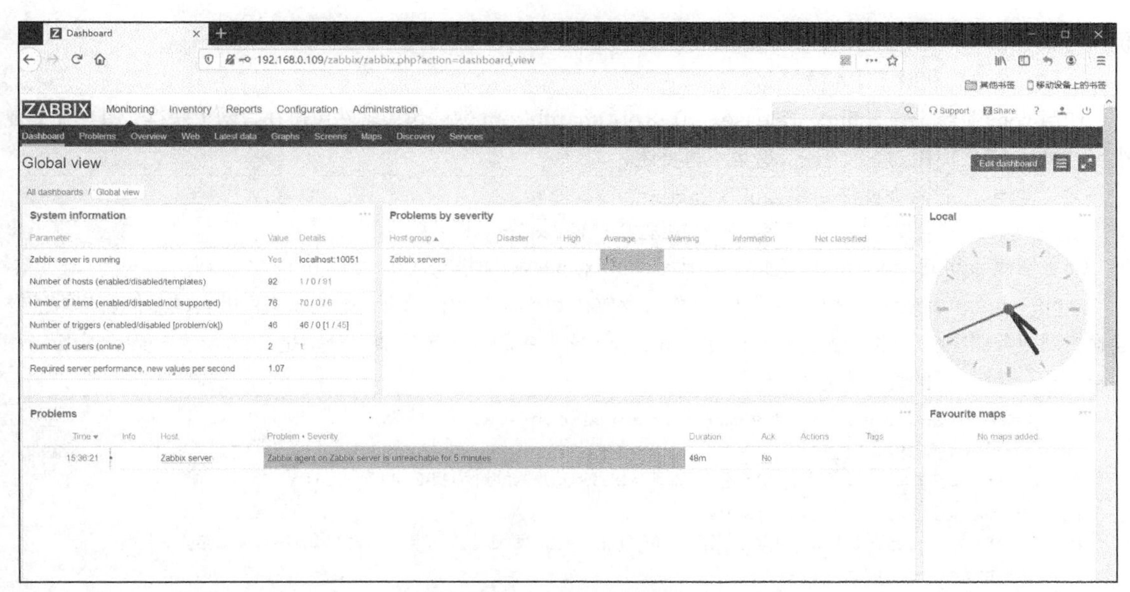

图 17-5　Zabbix Web 页面

17.3　Zabbix Server 端自我监控和 Zabbix Agent 的安装配置

17.3.1　Zabbix Server 端自我监控

进入 Zabbix Web 页面中，在该页面的下方 Problems 区域，存在一个问题信息“Zabbix agent on Zabbix Server is unreachable for 5 minutes”，说明 Zabbix Server 端没有安装 zabbix- agent 软件，Zabbix 监控系统已经超过 5min 不能访问 Zabbix Server 服务器。Problems 区域截图如图 17-6 所示。

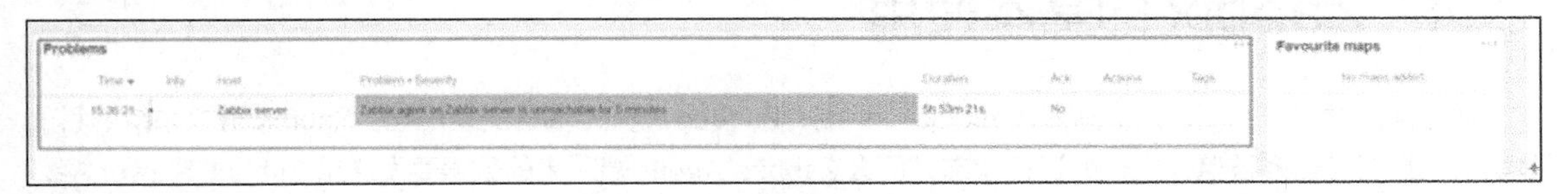

图 17-6　Problems 区域截图

zabbix-agent 是 Zabbix 的客户端程序，负责信息的收集与发送到 Zabbix Server 端。为了解决上述问题，需要在 Zabbix Server 服务器安装 zabbix-agent 软件包，实现 Zabbix Server 端自动自我监控，具体操作命令及执行结果如下。

```
[root@zabbix-server ~]# yum install zabbix-agent -y
```

使用 systemctl 命令启动 zabbix-agent，并设为开机自启，具体命令如下。

```
[root@zabbix-server ~]# systemctl start zabbix-agent
[root@zabbix-server ~]# systemctl enable zabbix-agent
```

再次进入 Zabbix Web 页面中，发现在该页面的下方 Problems 区域上述问题已经消失，说明 Zabbix Server 端已经成功安装 zabbix-agent 软件包，Zabbix Server 端能够自动自我监控。

17.3.2　Zabbix Agent 的安装配置

Zabbix 监控系统的被监控主机都要安装 zabbix-agent 软件包，下面以 IP 地址为 192.168.0.90 的主机（主机名为 zabbix-client1）为例，讲解添加被监控主机的方法。

（1）安装之前获取 YUM 源。

使用 rpm 命令安装 zabbix-release-4.0-2.el7.noarch.rpm 软件包，软件包可在官网上获得，具体命令及执行结果在 17.2.1 中已经介绍过，这里不再赘述。

（2）使用 yum 命令直接安装 zabbix-agent。

```
[root@zabbix-client1 ~] #yum install zabbix-agent -y
```

（3）修改 zabbix_agentd.conf 文件，配置 zabbix-server 相关信息。

zabbix_agentd.conf 是客户端的配置文件，存放在/etc/zabbix/目录下，配置该文件的目的是使客户端能够准确找到服务器主机，需要修改 zabbix_agentd.conf 文件中的 3 个选项值，分别是 Server、ServerActive 和 Hostname。修改后的具体内容如下。

```
[root@zabbix-client1 ~]# vim /etc/zabbix/zabbix_agentd.conf
98 Server=192.168.0.109
# Server配置Zabbix服务器的IP地址，本例Zabbix服务器地址为192.168.0.109
139 ServerActive=192.168.0.109
# ServerActive配置Zabbix代理服务器的IP地址，若没有代理服务器，则为Zabbix服务器的IP地址
150 Hostname=zabbix_client1
# Hostname配置被监控主机的主机名，可以用IP地址表示，本例主机名为zabbix_client1
```

（4）启动 zabbix-agent，并设置为开机启动。

```
[root@zabbix-client1 ~]# systemctl start zabbix-agent
[root@zabbix-client1 ~]# systemctl enable zabbix-agent
```

（5）使用 netstat 命令检查端口信息。

```
[root@zabbix-client1 ~]# netstat -anlutp|grep zabbix
tcp        0      0 0.0.0.0:10050       0.0.0.0:*         LISTEN   956/zabbix_agentd
tcp6       0      0 :::10050                :::*          LISTEN   6956/zabbix_agentd
```

从输出结果得知，Zabbix Agent 的端口默认为 10050，表明启动正常。

至此，Zabbix Agent 的安装配置已经完成，下面需要到 Zabbix Server 端添加被监控主机。

17.4 Zabbix 的基本使用

通过前面学习，我们已经完成 Zabbix Server 端、Zabbix Agent 端的安装配置。Zabbix 监控系统的目的是实时掌握服务器及被监控主机的运行状态，那么 Zabbix Agent 端采集的数据要发送给 Zabbix Server 端，Zabbix Server 端是如何实现使用 Zabbix 监控各主机状态的呢？如果是初次使用 Zabbix，如何在服务器端添加被监控主机呢？

Zabbix 监控系统的配置流程包括添加用户（User）、添加主机（Host）、添加监控项（Item）、添加模板（Template）、设置触发器（Triggers）、设置处理动作、设置告警方式（Medias）等操作，下面用 Zabbix 的可视化界面——Zabbix Web 对 Zabbix 的这些操作进行讲解。

17.4.1 添加一个用户

Zabbix Web 在初次登录时使用 Admin 用户，这是系统默认的账户，为了保障系统的安全，在完成 Zabbix Web 的安装配置后，应该创建新用户，通过新用户再使用 Zabbix 进行相关操作。添加用户的操作比较简单，首先单击 Zabbix Web 主页，在菜单上单击“Adminstration”，选择“Users”选项，进入“Users”界面，再单击右上角的“Create user”按钮，进入创建用户的界面，根据屏幕提示填上相应的信息，如图 17-7 所示。

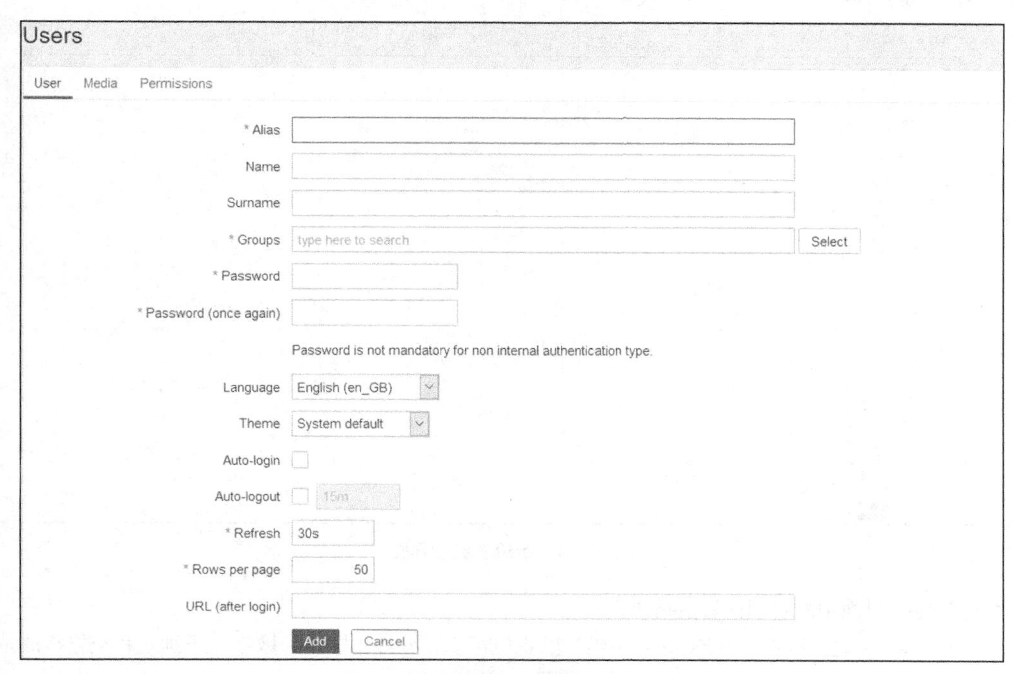

图 17-7　新建用户的界面

按照提示信息完成填写。本例新用户的具体内容为：Alias 为 zhang，Name 为 san，Surname 为 zhang，Groups 为 Zabbix administrations，采用默认设置就可以。

单击菜单栏的 Media，为该用户设置 Zabbix 发送警告的邮箱，本例设置为 zhang@localhost.com。单击菜单栏的“Permissions”，为该用户设置权限，本例选择“Zabbix Super Admin”。单击下方的“Add”按钮，完成用户的创建。再次进入“Users”界面，可见新添加的用户信息，如图 17-8 所示。

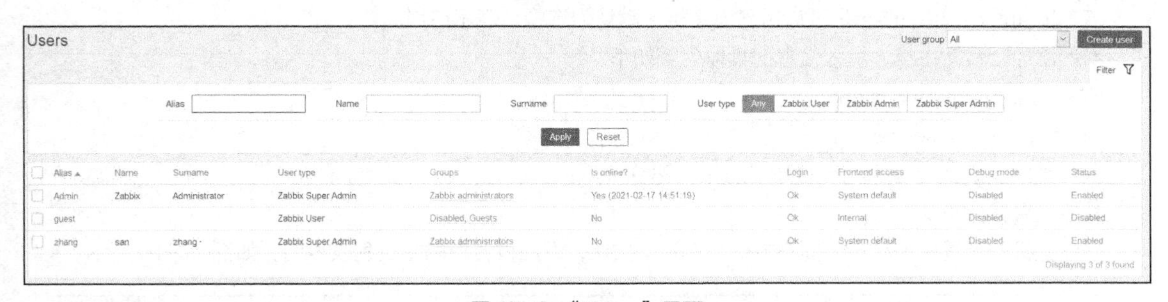

图 17-8　“Users”界面

以后将使用新创建的用户 zhang 登录 Zabbix，并通过该用户进行操作。

17.4.2　添加监控 Host

在监控系统中，把被监控端的主机称为 Host，添加 Host 实质上是在监控系统中添加被监控端的主机。添加主机时首先打开 Zabbix Web 主页，在菜单上单击“Configuration”，选择“Hosts”选项，进入“Hosts”界面，再单击右上角的“Create host”按钮，进入新建主机的界面，填上相应的主机信息，如图 17-9 所示。

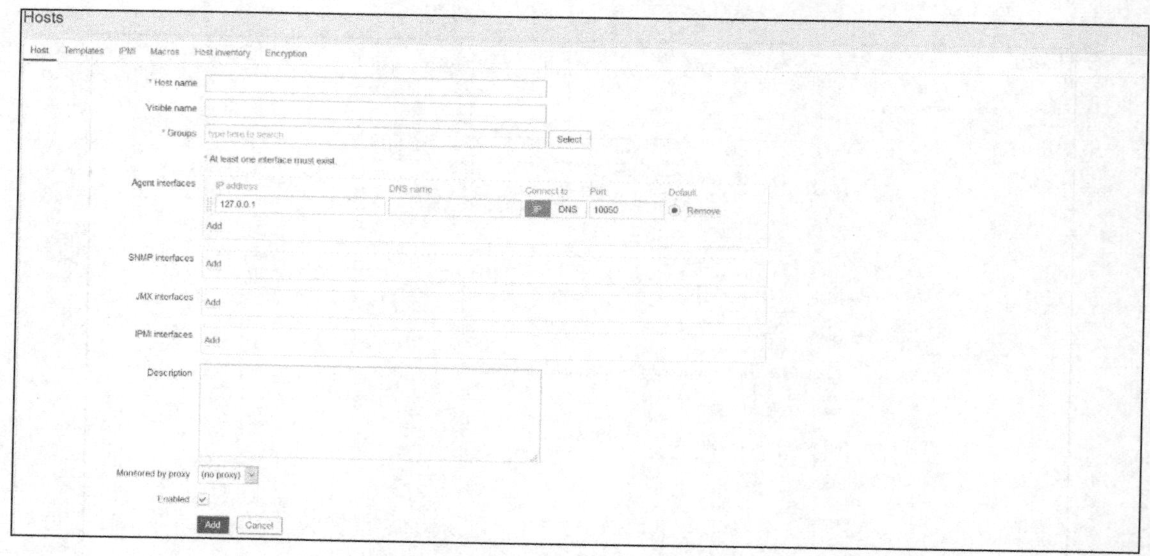

图 17-9　新建主机的界面

下面对 Hosts 界面中的各项内容进行讲解。

（1）Host name：主机名，是 Zabbix 中唯一的主机标识，允许由字母、数字、下画线和空格组成。需要注意的是，这里输入的 Host name 必须和这台主机上的配置文件 Zabbix_agent.conf 中的 Hostname 一致。

（2）Visible name：是可选项，在 List 和地图等地方显示的名字，支持 UTF-8 编码。

（3）Groups：选择主机要加入的组群，需要注意的是，一台主机至少要加入一个组。

（4）Agent interfaces：此项功能是在主机上添加一个接口。

（5）Description：表明主机功能的描述信息。

（6）Monitored by proxy：可以设置使用 Zabbix proxy（即 Zabbix 服务器的代理），指定使用哪个 proxy 监控主机。默认选项为 no proxy。

（7）Enabled：用于选择是否启用当前主机，默认为选中，表示启用。

本例添加一台新主机，填入信息的具体内容如下。

Host name：zabbix_client1。

Groups：Linux server。

主机接口 Agent interfaces 的 IP 为 192.168.0.90。

其他设置保持不变。

完成主机的配置后，单击界面下方的“Add”按钮，返回被监控的主机列表界面，如图 17-10 所示。

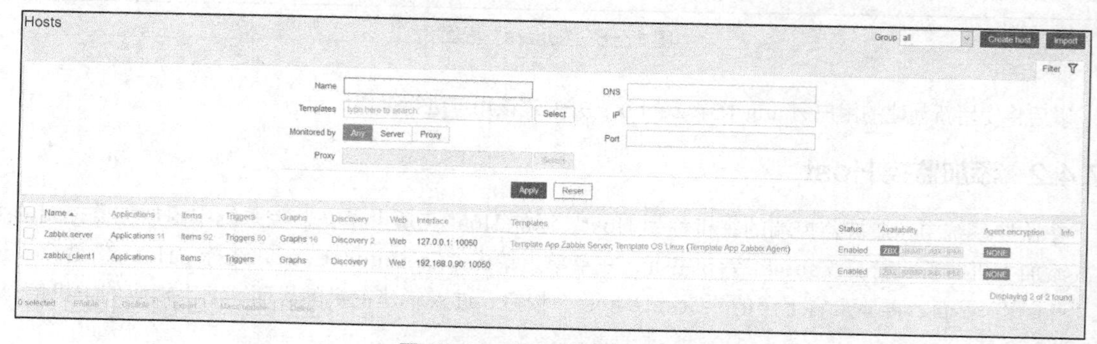

图 17-10　被监控主机列表截图

监控列表中显示的 192.168.0.90 主机已经成功添加，另外一台 name 为 Zabbix Server 的主机是 Zabbix 服务器，自动添加到监控列表中，状态 Status 项的值为 Enabled，表明 Zabbix 服务器处于开启状态，如果状态 Status 项的值为 Disabled 时，可单击 Disabled，将状态修改为 Enabled。Zabbix 服务器的 Availability 的值 ZBX 为绿色，表示启用，灰色的状态为未启用。

在添加 Zabbix 主机时，虽然通过 agent 获取了监控对应主机的信息，但是由于没有配置监控主机的任何指标（item），所以 ZBX 仍然是灰色的。也就是说，此时只是将被监控的 agent 端加入了 Zabbix 的监控范围，但是实际并没有对它进行任何监控。需要配置任意监控项才可激活 Zabbix 支持的监控方式。被监控主机需要设置监控项（即 Item）。对 Zabbix 而言，没有监控项也就没有数据，监控项是数据的核心。监控项的设置可以采用添加单个 Item，也可以采用模板（Template）的方式为主机批量添加 Item，下面分别介绍这两种添加 Item 的方法。

17.4.3 添加单个 Item

Item 是 Zabbix 的核心，Zabbix 对主机的监控和报警都是基于 Item 进行的。单击 Zabbix Web 主页，在菜单上单击“Configuration”，选择“Hosts”选项，在主机列表中单击主机 zabbix_client1 中的“Items”项，进入“Items”界面，界面分为两部分，上面部分是 Item 的属性，下面部分是 Subfilter 列表，为空则说明该主机还没有添加 Item，单击右上角的“Create item”按钮，进入添加 Item 的界面，如图 17-11 所示。

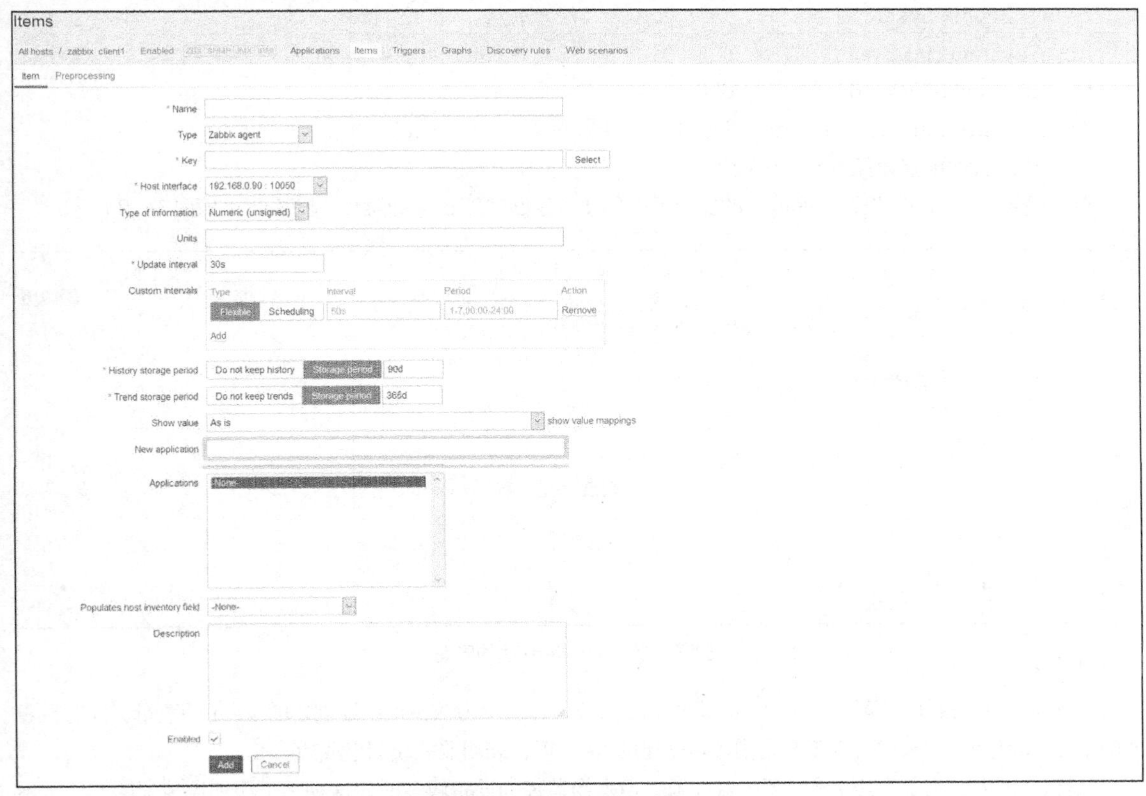

图 17-11 创建 Item 界面

Item 的属性比较多，下面先了解一下各个属性的含义。

- Name：用于设置 Item 的名字，一般使用英文表示。
- Type：用于设置 Item 的类型。
- Key：表示键值，是主机中 Item 的唯一标识。

- ❑ Host interface：表示主机接口。
- ❑ Type of information：Item 取值的类型。
- ❑ Unit：用于设置数据单位。
- ❑ Update interval：表示数据更新间隔，单位为秒。
- ❑ Custom intervals：用于自定义间隔。
- ❑ History storage period（in days）：表示历史存储时间，单位为天。
- ❑ Trend storage period（in days）：表示趋势数据存储时间，单位为天。
- ❑ Show value：选择一种映射关系。
- ❑ New application：创建一个新的 application。
- ❑ Applications：用于显示当前监控项所属的应用列表。
- ❑ Populates host inventory field：表示主机清单。
- ❑ Description：对于该 Item 的描述。
- ❑ Enabled：用于选择是否启动该项 Item。

本例为新添加的主机 Zabbix_client1 创建一个监控项 Item，填入信息的具体内容如下。

Name：CPUintr。

Type：Zabbix agent。

Key：system.cpu.intr。

Host interface：192.168.0.90：10050。

Type of information：Numeric（float）。

Item 中的其他配置项保持默认设置。

单击底部的“Add”按钮，完成新的监控项的创建，返回“Items”界面，显示结果如图 17-12 所示。

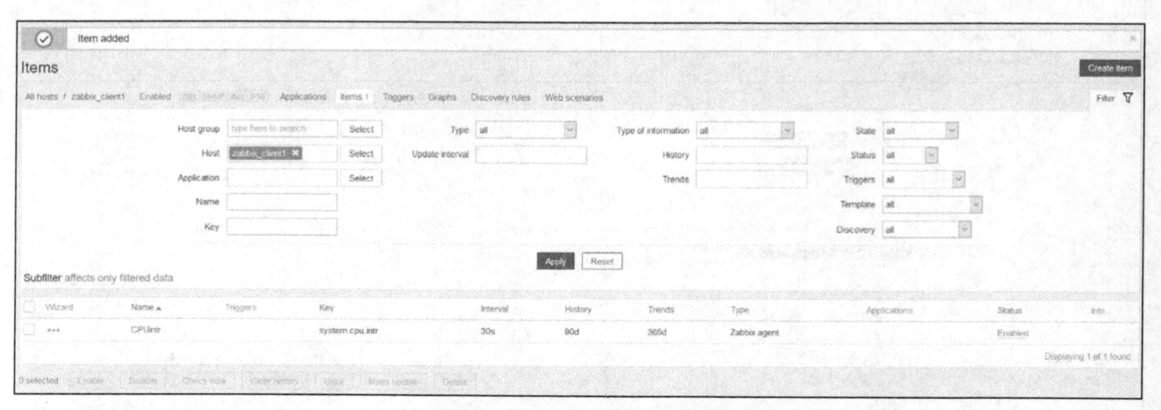

图 17-12　创建 Item 后的界面

由图 17-12 可看出，菜单栏中 Items 后面出现数字 1，表示为该主机已经创建的 Item 的数量，同时在界面的下方 Subfilter 列表中可以查看到刚才新创建的 Item 项，表明监控项创建成功。

同样，可以为被监控主机添加多个监控项，但是当监控的设备较多时，这种单个添加监控项的方法并不实用，运维人员一般会采用模板为主机批量添加 Item，下面介绍关于模板的相关知识。

17.4.4　模板 Template

Zabbix 中的模板（Template）实质上是一些预先定义的配置信息的集合，它可以应用在多个 Host 上，这样主机便可以使用模板里面所配置的监控项目。

1. 新建和配置一个模板

单击 Zabbix Web 首页的“Configuration”（配置）→“Templates”（模板）进入模板界面中，可以看到 Zabbix 中的内置模板，单击右上角的“create template”进入模板标签页，共包含 3 个标签页，分别是 Template、Linked templates、Macros。

（1）标签页 Template

标签页 Template 中可设置的属性如图 17-13 所示。

图 17-13　标签页 Template

具体选项说明如下。

- Template name：模板名称。
- Visible name：显示的名称，template 显示是 visible name，方便识别。
- Groups：模板所属的主机组。
- Description：模板的描述信息。

（2）标签页 Linked templates

标签页 Linked templates 用来建立模板和模板之间的继承关系，标签页 Linked templates 的界面如图 17-14 所示。

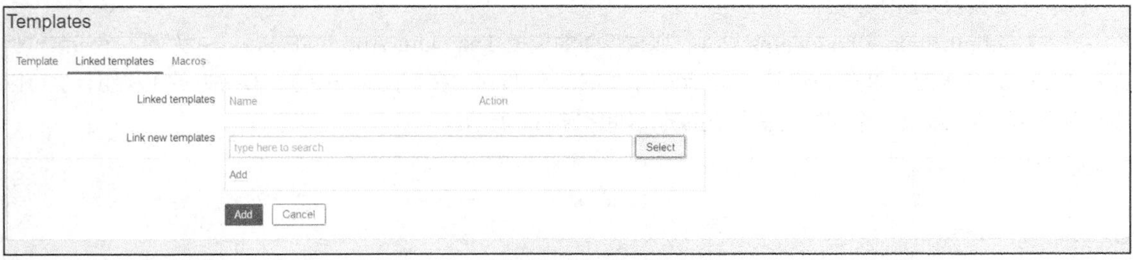

图 17-14　标签页 Linked templates

具体选项说明如下。

Linked templates：关联模板名称。

Linked new templates：添加新的关联模板。

（3）标签页 Macros

标签页 Macros 可以配置当前新建的模板使用的宏，Zabbix 宏变量让 Zabbix 变得更灵活，它根据一系列预定义的规则替换一定文本模式，而解释器或编译器在遇到宏的时候会自动进行这一模式的替换。标签页 Macros 界面中 Macro 字段为宏名称，Value 字段为对应值，如图 17-15 所示。

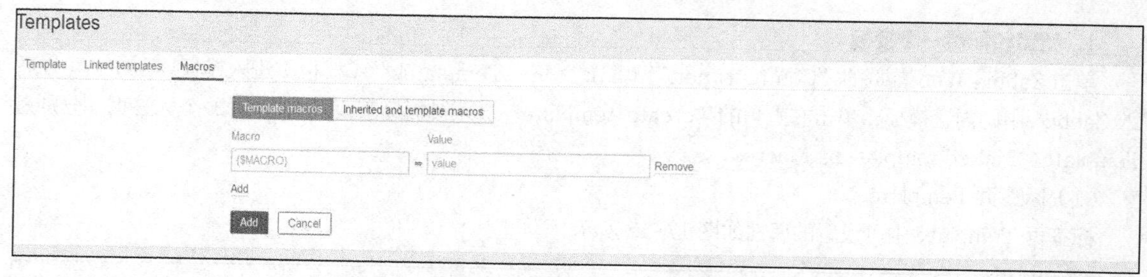

图 17-15　标签页 Macros

Zabbix 支持用户自定义宏，用户可以在全局、模板和主机级别进行定义。

2．模板与主机关联

模板自己是不能工作的，要将它和主机放在一起才能发挥作用，主机和模板建立关联有两种方法：一种是一个主机关联到多个模板；另一种是一个模板关联到多个主机。

（1）一个主机关联多个模板

首先找到需要关联的主机，选择 Templates 标签页，然后在 Link new templates 列表中选择需要的 Template，最后单击“Add”按钮就完成添加了，如图 17-16 所示。

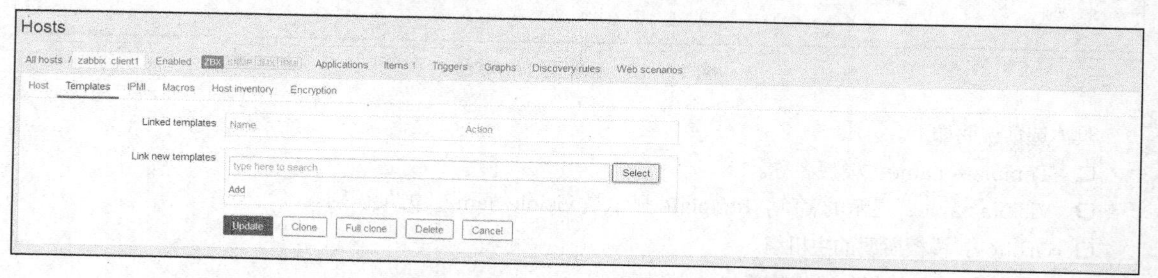

图 17-16　Hosts 中 Templates 标签页

也可多次单击“Select”按钮选择模板，添加多个模板。需要注意的是，Template 是直接关联主机的，不能和 Host group 关联。

（2）一个模板关联多个主机

进入 Configuration→Templates 界面，以该界面的模板 Template App FTP Service 为例，单击该模板进入 Templates 界面，单击 Groups 选项后面的“Select”按钮，在下拉列表中选中要关联的主机组，也可以选择多个主机组，实现一个模板关联多个主机，如图 17-17 所示。

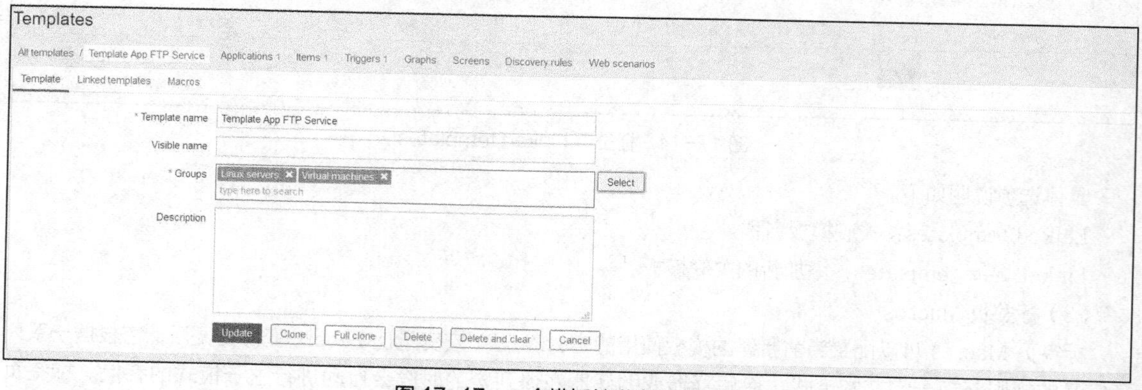

图 17-17　一个模板关联多个主机组

17.4.5 创建 Trigger

Trigger 即触发器，触发器是评估由监控项采集的数据并表示当前系统状况的逻辑表达式。触发器表达式允许定义一个什么状况的数据是可接受的阈值。因此，如果接收的数据超过了可接受的状态，则触发器会被触发。下面介绍如何为一个监控项添加触发器。

进入 Configuration→Hosts 界面，单击主机 Zabbix_client1 的 Triggers 项，进入 Triggers 界面，添加一个新的 Trigger，如图 17-18 所示。

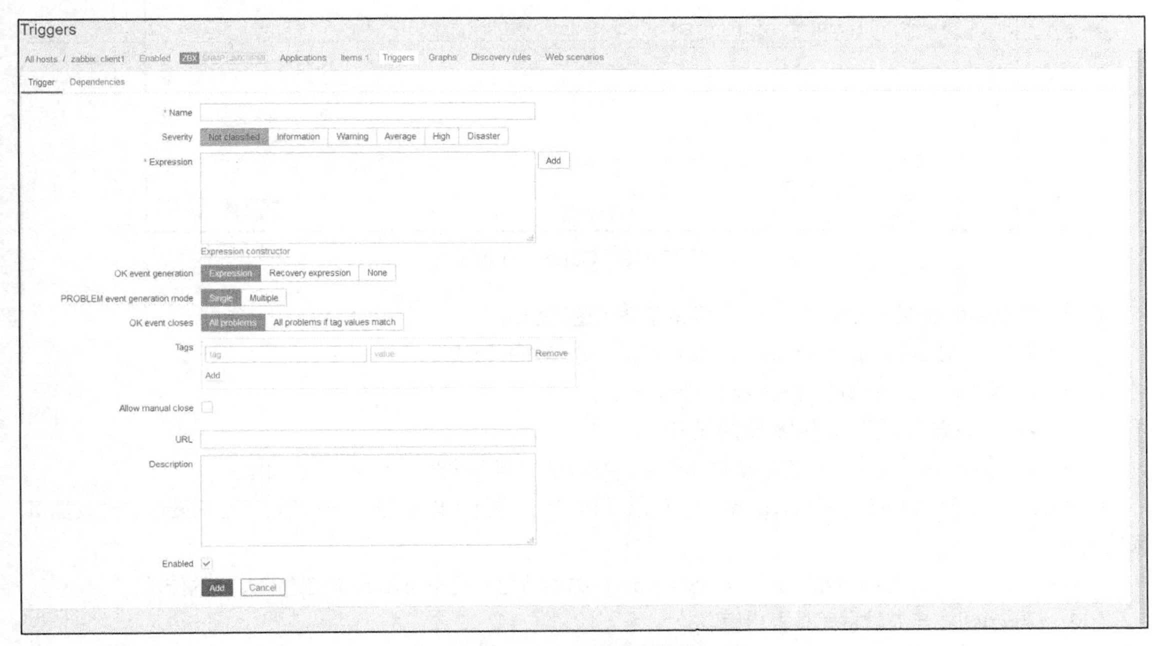

图 17-18 创建触发器

Trigger 的属性比较多，下面先了解一下各个属性的含义。

（1）Name：用于设置 Trigger 的名字。

（2）Severity：用于设置 Trigger 的事件级别。可以根据监控项的重要性来定义这个触发器的严重程度。Severity 采用可视化显示，不同级别显示不同颜色，如表 17-1 所示。

表 17-1 Severity 事件级别

事件级别	说明	表示颜色
Not classified	未知	灰色
Information	一般信息	浅绿
Warning	警告	黄色
Average	一般严重	橙色
High	严重	红色
Disaster	灾难	深红

（3）Expression：用于设置 Trigger 的表达式。触发器主要评估监控对象中特定的 Item 内相关数据是否合理。单击该选项表格右侧的“Add”按钮，展现图 17-19 所示界面，选择并设置监控项。

该界面进行监控项具体内容设置。

- Item：用于设置与当前触发器关联的监控项。
- Function：当前触发器使用的函数表达式，可在下拉框的功能列表中选择。
- Last of（T）：设置时间。
- Time shift：设置时间偏移量。
- Result：设置触发器的条件。

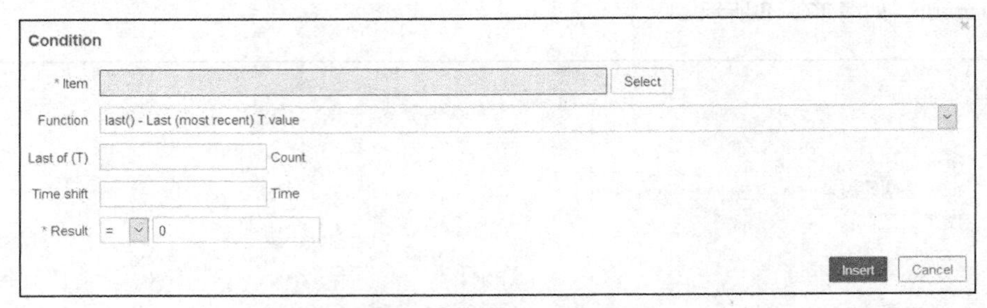

图 17-19　Condition 界面

（4）OK event generation：用于定义异常条件的逻辑表达式。

（5）PROBLEM event generation mode：生成异常事件的模式。

（6）OK event closes：选择事件成功关闭。

（7）Tags：设置自定义标记以标记触发事件。

（8）Allow manual close：允许手动关闭选项。在确认问题事件时，可以手动关闭。

（9）URL：在 Monitoring→Triggers 中，可以看到 URL 并且可以单击，一般情况下它需要配合触发器 ID 来使用。

（10）Description：触发器的描述，一般 name 写的不清楚，这里可以具体描述触发器的作用。

（11）Enabled：当前触发器是否启用。

【实例 17-1】添加用户人数登录触发器，当用户人数大于 3 时触发。

第 1 步：创建 Trigger。

选中 Configuration→Hosts，单击主机 zabbix_client1 的 Triggers 项，进入 Triggers 界面，单击右上角的 Create trigger，添加一个新的 Trigger，在 Name 中输入 Trigger 名字，这里设置为“logged users”，设置 Severity 为 Average。在 Expression 中，单击右边的“Add”按钮，进入 Condition 界面，在 Item 下拉列表中选中监控项为 Number of logged in users（用户登录数），在 Function 下拉列表中选中 last()-Last(most recent) T value（最新最近 T 值），也可以选择其他 Function 值。设置 Result 值大于 3，即当满足用户登录人数大于 3 时触发器被触发，表达式其他两项为空，具体内容如图 17-20 所示。

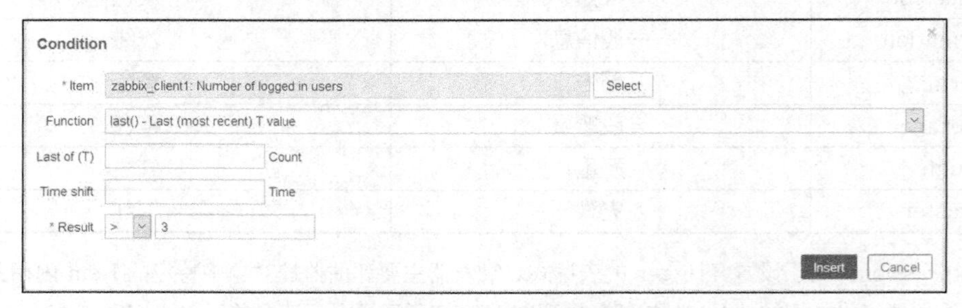

图 17-20　设置 Item 界面

单击表达式配置界面下面的“Insert”按钮，将配置好的表达式插入触发器界面的 Experssion 中，此时，表达式的内容为“{zabbix_client1:system.users.num.last()}>3”，即当主机 zabbix_client1 中采集到监控项 system.users.num 的数量大于 3 时，触发级别为 Average 的事件，其余各项保持默认状态，如图 17-21 所示。

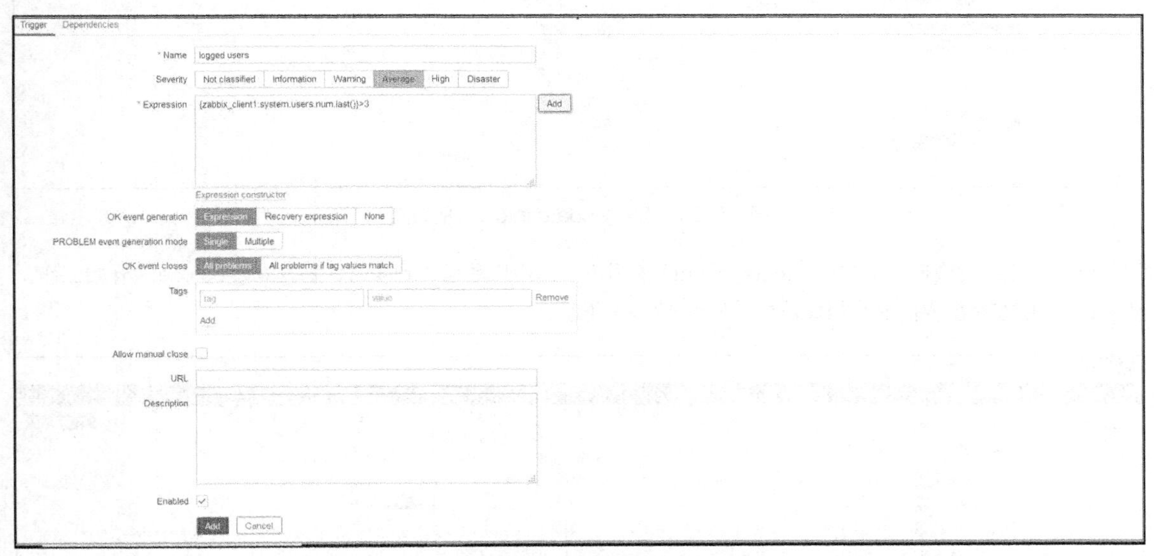

图 17-21　触发器 logged users

第 2 步：返回 Triggers 界面。

此时在 Severity 列表中新增了名为 logged users 的 Trigger 项，可以看到新增一行刚刚定义的触发器 logged users，这一行最前面有一个绿色标签 ok，表示刚刚定义的表达式没有被触发，如图 17-22 所示。

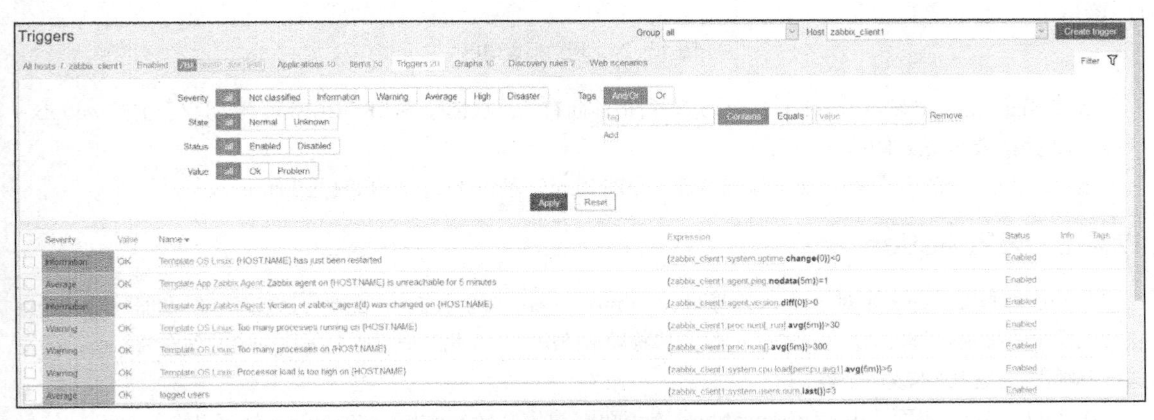

图 17-22　Triggers 界面新增触发器 logged users

第 3 步：验证触发器。

首先开启网页报警声音提示。Zabbix 直接自带了这个功能。单击 Zabbix 右上角的 profile（配置）->messaging->Frontend messaging，可以选择需要发出声音的故障的严重性类型。

为了验证效果，设置该触发器的 Item 的 Update interval 的时间为 10s，如图 17-23 所示。

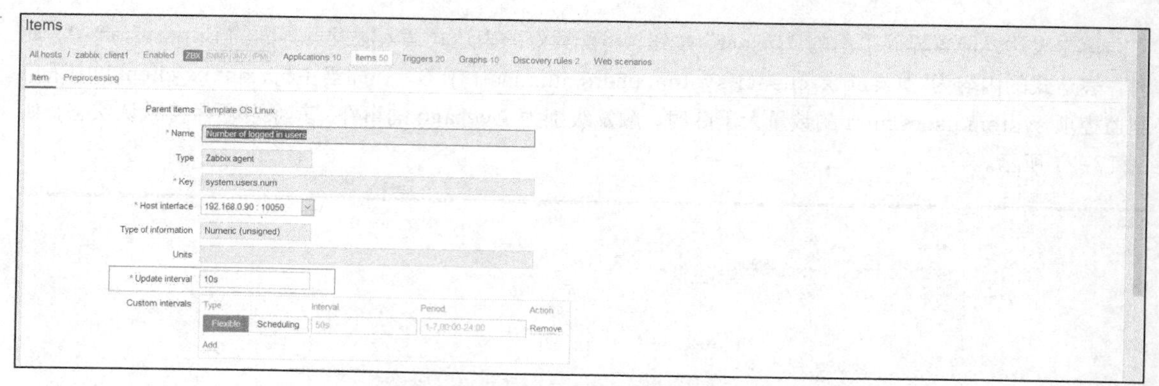

图 17-23　设置 Update interval 的时间

通过虚拟终端模拟登录主机 zabbix_client1 的用户，当用户数量达到 4 时，触发 logged users 开始工作，在 Zabbix 监控系统界面显示报警信息，如图 17-24 所示。

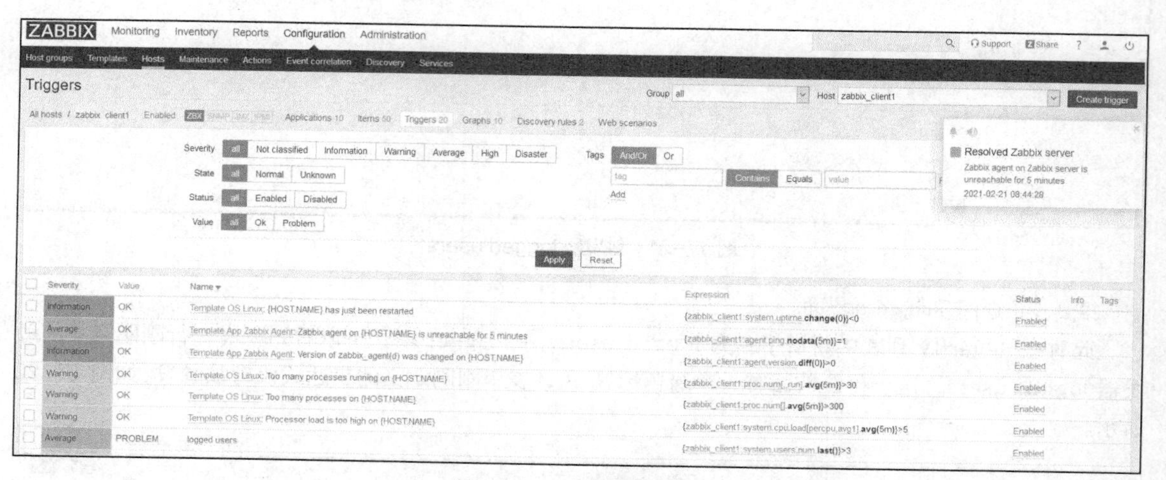

图 17-24　网页报警信息

从该界面可见，触发器 logged users 这一行最前面有一个红色标签 PROBLEM，表明登录主机 Zabbix-_client1 的用户数量超过阈值（3）了。

至此，我们已经学习了将服务器添加监控，添加 Item，添加 Trigger 和触发 Trigger。

17.4.6　设置 Action

Action 即报警动作，是对于 Zabbix 事件（Zabbix Event）的响应。在配置好监控项和触发器之后，一旦正常工作中的某触发器状态发生改变，一般意味着异常情况发生，此时通常需要采取一定的动作 Action，如发送报警邮件、执行脚本或命令等。

在 Zabbix Web 界面选中 Configuration→Actions，进入 Actions 界面，在 Name 处可以输入 Action 的名称，Status 为 Action 的 3 种状态，即 Any、Enabled 和 Disabled。下部分为 Zabbix 上设置的事件列表，默认显示所有事件列表，如图 17-25 所示。

该界面右上角 Event source 表示 Zabbix 支持的事件来源，单击下拉列表显示图 17-26 所示界面。

Action 是 Zabbix 非常强大的功能，可以基于 Event 的不同状态，执行不同的操作，Event source 列表内容是目前 Zabbix 支持 Action 动作的 Events，每一项含义如表 17-2 所示。

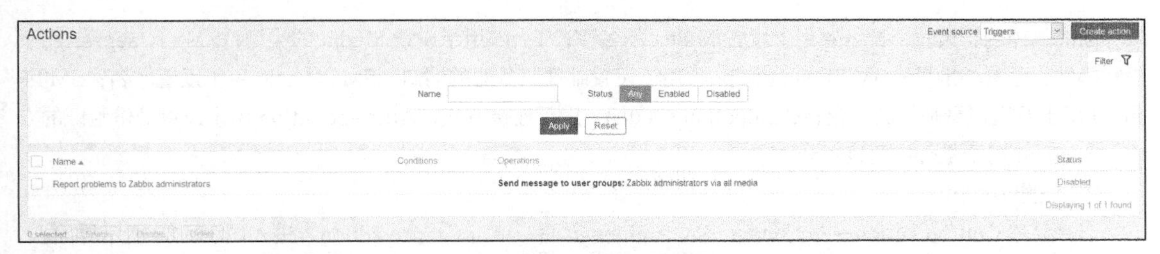

图 17-25　Actions 界面

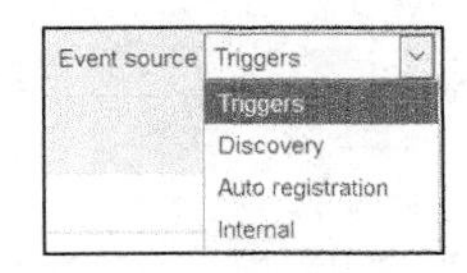

图 17-26　Event source 界面

表 17-2　Event source 列表

事件名称	说明
Triggers	当 Trigger 的状态变化（即从 OK 到 Problem 或从 Problem 到 OK）时产生
Discovery	当发生网络 Discovery 时产生
Auto Registration	当有新的 Zabbix Agent 自动注册到 Zabbix 时产生
Internal	当 Item 变为“异常”状态或者 Trigger 变为“未知”状态时产生

实现 Zabbix 的通知功能，一般需要定义所需要的媒介 Media，通常是指发送信息的途径，如邮件、Jabber 和 SMS 等。然后再配置一个动作 Action，发送信息至某一个媒介 Media。

下面分别介绍这两个过程。

1. Zabbix 媒介类型

在 Zabbix 中默认定义了 3 种媒介，如下所示。

（1）E-mail：电子邮件。

（2）SMS：短信，需要在机器上安装一个可以发送短信的硬件设备。

（3）Jabber：Jabber 是一个开放的、基于 XML 的即时通信协议。

进入 Media type 界面，单击该界面右上角的 Create media type 可以对媒介进行配置，如图 17-27 所示。

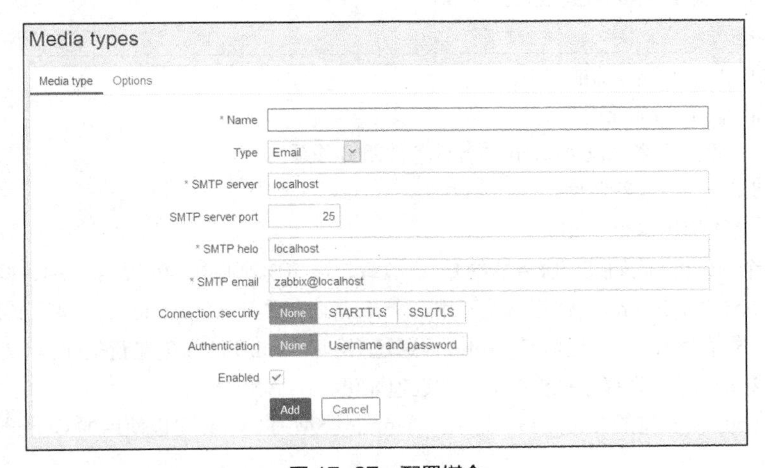

图 17-27　配置媒介

该界面的具体内容设置：Name 用于设置 Media 的名字；Type 用于设置 Media 的类型；SMTP server 用于设置邮件服务器的地址；SMTP server port 用于设置邮件服务器的端口；SMTP helo 用于设置域名；SMTP email 用于发送报警邮件的邮箱；Connection security 用于连接方式；Authentication 用于设置身份验证的方式；Enabled 用于是否启用该媒介。

2. 设置 Action

选择菜单 Configuration→Actions，进入 Actions 界面，单击 Create action，进入图 17-28 所示界面。

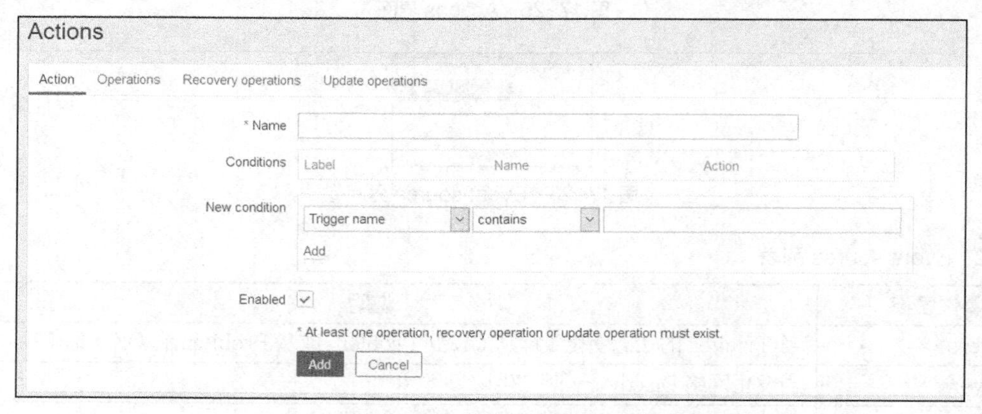

图 17-28　新建 Actons 界面

新建 Actons 界面可以看到 4 个标签，即 Action、Operations、Recovery operations、Update operations，用来定义触发 Action 的各种条件的组合，具体内容如表 17-3 所示。

表 17-3　创建 Actions 的标签及说明

标签名称	说明
Action	用来定义 Action 名称和定义触发 Action 的各种条件组合关系
Operations	定义 Action 触发告警后的一些操作
Recovery operations	定义 Action 触发告警恢复的一些操作
Update operations	定义 Action 触发告警后更新的一些操作

下面对这 4 个标签页中的具体选项进行介绍。

（1）Action 标签页

Action 标签页中的选项具体功能如下。

- Name：唯一的 Action 名字。
- Conditions：定义用来触发 Action 的各种条件组合关系。
- New Condition：创建新条件。
- Enabled：是否启用这个 Action。

报警是基于某个条件的，比如某个服务器的 CPU 负载超过 70%则报警。在 Zabbix 中，并不是每个 Trigger 都要配置一个 Action，Conditions 的作用就是不用一个 Trigger 对应一个 Action，而是定义某一类的 Trigger 如果出问题了，就触发某个 Action。选项 Conditions 通过 New Condition 项创建新条件，默认建立基于 Trgger 的 Event，如果需要其他的，选择下拉框中对应的选项即可。

不同的 Event source 支持的 Condition 不同，Trigger 类型的 Evnet 可以使用的 Condition 类型及支持的操作如表 17-4 所示。

表 17-4　Trigger 类型的 Event 可以使用的 Condition 类型及支持的操作

Condition 类型	操作	说明
Application	equals、contains、does not contain	限定 Application。 equals：名字与 Application 中的名字完全一致 contains：名字包含 does not contain：名字不包含
Host	equals、does not equal	Host 是否是某一个 Host
Host group	equals、does not equal	Host group 是否属于一个 Host group
Problem is suppressed	No、Yes	Host 是否在 suppressed 状态
Tag name	equals、does not equal、contains、does not contain	指定事件标签的名字是否属于一个标签的名字
Tag value	equals、does not equal、contains、does not contain	指定事件标签的值组合是否属于一个标签的值
Template	equals，does not equal	Template 是否属于一个特定的 Template
Time period	in、not in	Event 生成的时间是否属于某一个范围
Trigger	equals、does not equal	触发的 Trigger 是否是某一个 Trigger
Trigger Name	contains、does not contain	Trigger 名字是否和一个字符串匹配
Trigger severity	equals、does not equal、is greater than or equals、is less than or equals	Trigger 的严重等级

Discovery 类型的 Event 可以使用的 Condition 类型及支持的操作如表 17-5 所示。

表 17-5　Discovery 类型的 Event 可以使用的 Condition 类型及支持的操作

Condition 类型	操作	说明
Host IP	equals、does not equal	IP 是否在某个范围内
Discovery check	equals、does not equal	Discovery 支持的 check 是哪一种
Discovery object	equals	Discovery 的 object 是 Device 或 Service
Discovery rule	equals、does not equal	Discovery 的规则是否是某一个特定的
Discovery status	up、down、discovered、lost	Discovery 的状态属于哪一种
Proxy	equals、does not equal	是否使用 Proxy 监控
Received value	equals、does not equal、is greater than or equals、is less than or equals、contains、does not contain	收到的数据是否满足一定条件
Service port	equals、does not equal	服务端口是否在某个范围内
Service type	equals、does not equal	Discovery 的服务的类型
Uptime/Downtime	is greater than or equals、is less than or equals	Up 状态或者 Down 状态超过或者小于一个时间段

Auto registration 类型的 Event 可以使用的 Condition 类型及支持的操作如表 17-6 所示。

表 17-6　Auto registration 类型的 Event 可以使用的 Condition 类型及支持的操作

Condition 类型	操作	说明
Host metadata	contains、does not contain	Host 的元数据是否满足条件
Host name	contains、does not contain	Host 的 Hostname 是否满足条件
Proxy	equals、does not equal	是否使用 Proxy 监控

Internal 类型的 Event 可以使用的 Condition 类型及支持的操作如表 17-7 所示。

表 17-7　Internal 类型的 Event 可以使用的 Condition 类型及支持的操作

Condition 类型	操作	说明
Application	equals、contains、does not contain	限定 application，与基于 Trigger 的 Event 一致
Host	equals、does not equal	Host 是否是某一个 Host
Event type	equals	Event 的类型
Host group	equals、does not equal	Host group 是否属于一个 Host group
Template	equals、does not equal	Template 是否属于一个特定的 Template

以上是 Action 动作的 Event 支持的 Condition 类型，Zabbix 也采用逻辑组合支持不同的 Condition 组合。例如需要同时满足两个 Condition，单击“Add”按钮添加新的条件，一个为 Trigger equals zabbix_client1:logged users，另一个为 Trigger equals zabbix_client1: Host information was changed on zabbix_client1。如图 17-29 所示，该页面中的 Type of calculation 表示设置条件的方式，有 And（逻辑与）、Or（逻辑或）、And/Or（根据选择的条件，自动调整为 And 或 Or）与 Custom expression（自定义表达式）4 种。

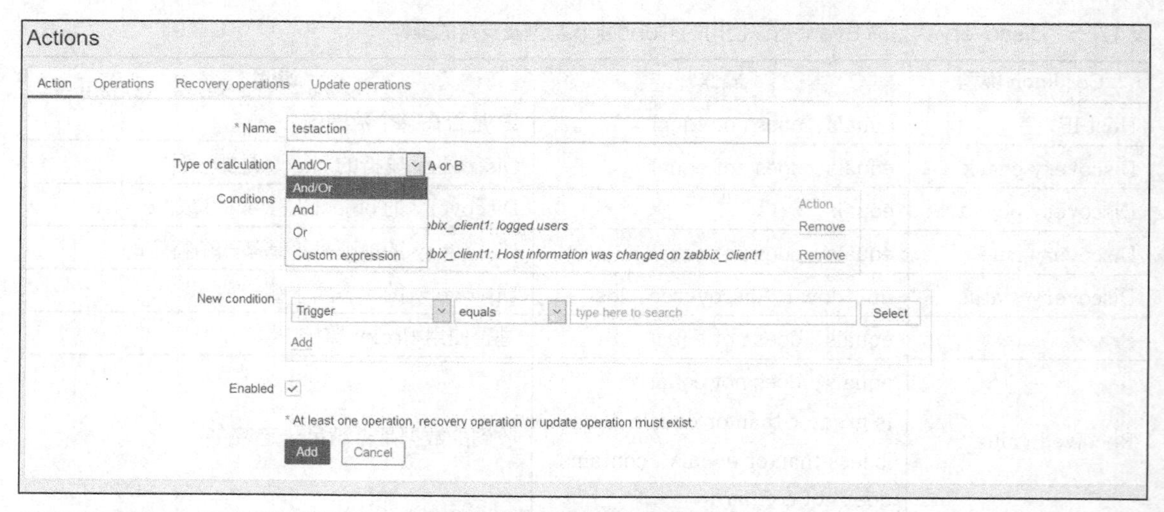

图 17-29　Condition 组合界面

（2）Operations 标签页

Operations 标签页用于配置 Action 触发的具体操作，在 Zabbix 中，支持发送一条消息和执行一条命令的操作。若 Event source 为 Discovery 事件，还额外支持添加主机、移除主机、启用主机监控、禁用主机、将主机添加到主机组、将主机从主机组删除、将主机与模板关联及取消主机与模板的关联这些操作；若 Event source 为 Auto registration 事件，还额外支持添加主机、禁用主机、将主机添加到主机组及将主机与模板关联这些操作。Operations 标签页如图 17-30 所示。

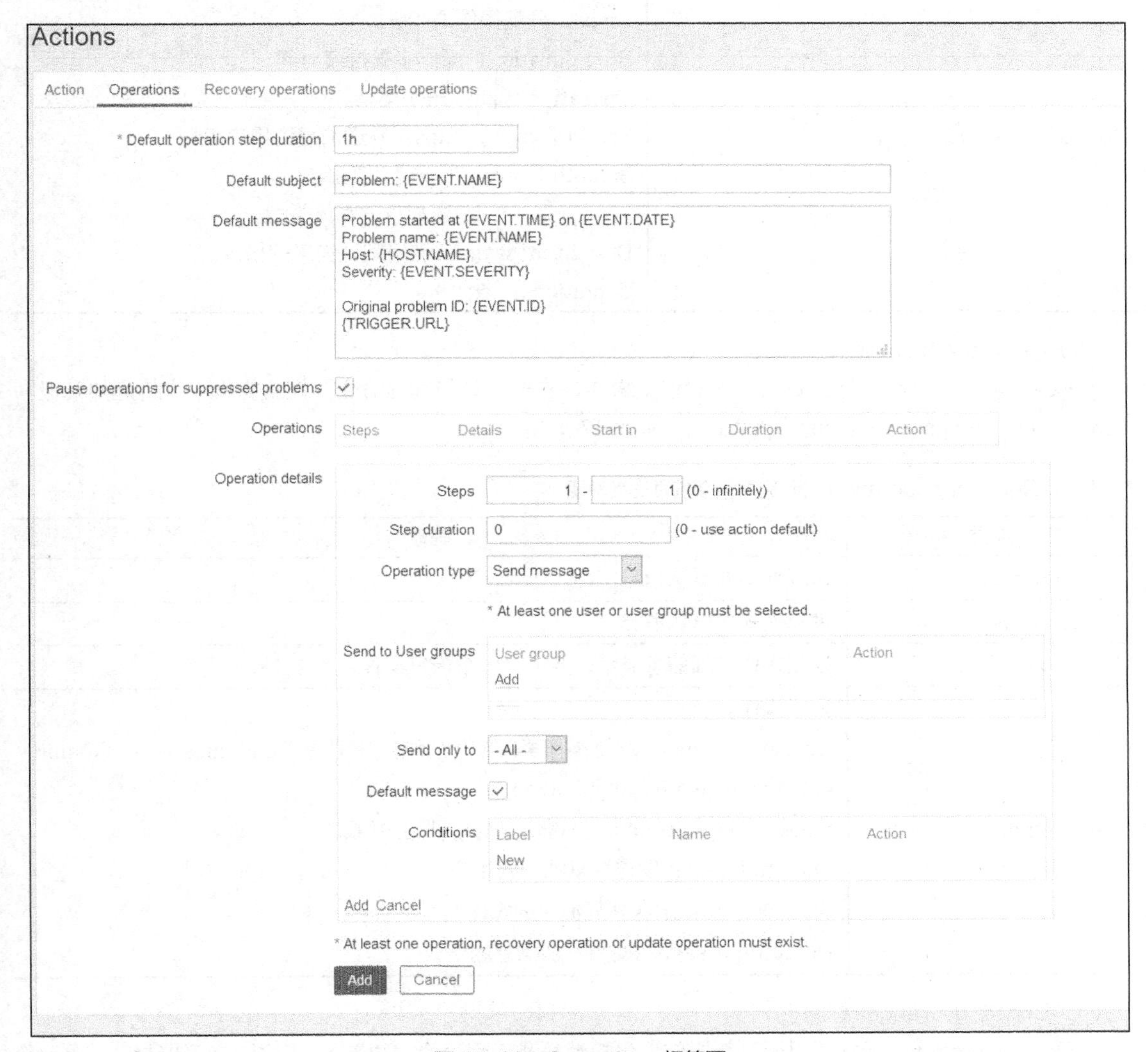

图 17-30 Operations 标签页

Operations 标签页中的选项及其说明如表 17-8 所示。

表 17-8 Operations 标签页中的选项及其说明

选项	说明
Default operation step duration	一个操作步骤默认持续时间
Default subject	默认消息主题为通知
Default message	通知的默认消息
Pause operations for suppressed problems	暂停操作以制止问题
Operations	操作详细信息显示，要配置一个操作，单击 New

续表

选项	说明
Operation details	显示操作。 Steps：分配操作的步骤。 Step duration：操作步骤持续时间。 Operation type：操作类型。 Send to User groups：发送消息到用户组群。 Send to Users：发送消息到用户。 Send only to：发送消息的媒体类型。 Default message：使用默认消息的格式。 Conditions：条件

（3）Recovery operations 标签页

Recovery operations 标签页用于配置恢复操作，支持消息和远程命令，恢复操作不支持通知升级。Recovery operations 标签页中的选项及其说明如表 17-9 所示。

表 17-9　Recovery operations 标签页中的选项及其说明

选项	说明
Default subject	恢复通知的默认消息主题
Default message	恢复通知的默认消息
Operations	恢复操作详细信息显示，要配置一个恢复操作，单击 New
Operation details	显示操作。 Operation type：恢复操作类型有 3 种，分别是 Send message、Remote command、Notify all involved。 Send to User groups：发送恢复消息到用户组群。 Send to Users：发送恢复消息到用户。 Send only to：发送恢复消息的媒体类型。 Default message：使用默认消息的格式

（4）Update operations 标签页

Update operations 标签页用于更新操作，包括消息和远程命令，更新操作不支持通知升级。Update operations 标签页中的选项及其说明如表 17-10 所示。

表 17-10　Update operations 标签页中的选项及其说明

选项	说明
Default subject	更新通知的默认消息主题
Default message	更新通知的默认消息
Operations	更新操作详细信息显示，要配置一个更新操作，单击 New
Operation details	显示操作。 Operation type：更新操作类型有 3 种，分别是 Send message、Remote command、Notify all involved。

续表

选项	说明
Operation details	Send to User groups：发送更新消息到用户组群。 Send to Users：发送更新消息到用户。 Send only to：发送更新消息的媒体类型。 Default message：使用默认消息的格式

17.5　案例：自定义邮件报警

前面的章节介绍了 Zabbix 监控系统如何添加主机、监控项、模板，以及如何设置触发器和设置动作等内容，本节通过自定义邮件报警案例来深入介绍 Zabbix 监控系统。

【案例说明】

以 126 邮箱为例，实现 Zabbix 监控系统利用第三方外部邮箱发送报警信息。当被监控主机当前系统登录用户数超过 3 或修改主机名时，Zabbix 监控系统发送报警信息。

本案例的实验环境部署如表 17-11 所示。

表 17-11　实验环境部署

主机名	IP 地址	说明
zabbix_server	192.168.0.109	Zabbix Server 端
Zabbix_client1	192.168.0.90	Zabbix Agent 端

【任务要求】

Zabbix 监控系统的事件报警邮件通知机制如图 17-31 所示。

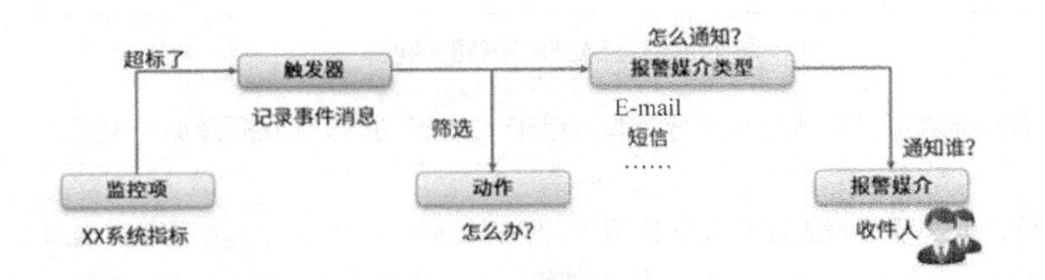

图 17-31　Zabbix 监控系统的事件报警邮件通知机制

要求正确设置报警媒介类型、用来发送电子邮件（这里用 Zabbix Server 端的 126 邮件服务）的地址、收件人电子邮箱地址，完成本案例需要完成以下 3 个任务。

任务一：自定义发件人。

任务二：设置收件人信息。

任务三：启用触发器的动作。

【任务一实施】

第 1 步：外部邮箱开启 POP3/STMP/IMAP 功能。

在 Zabbix Server 端需要开启邮箱里的外部邮箱 POP3/STMP/IMAP 功能，默认状态是关闭的，在申请开启的过程中会生成一个唯一授权码，需要注意的是该授权码一定要保存好，在后面进行外部连接时需要用到。本例以 126 邮箱为例，开启 POP3/STMP/IMAP 功能，如图 17-32 所示。

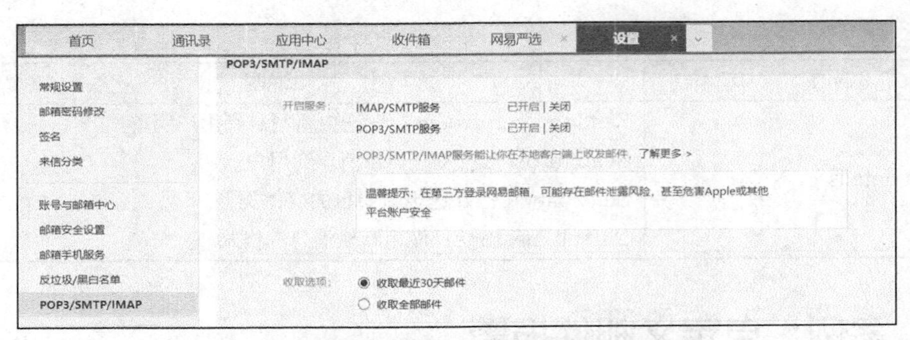

图 17-32　126 邮箱开启 POP3/STMP/IMAP 功能

在提示信息里显示 SMTP 服务器地址，如图 17-33 所示。

第 2 步：定义所需要的报警媒介 Media。

在 Zabbix Web 界面选中 Administration→Media types，单击 Create media type，进入创建界面，本例的具体设置如下：Name——sendEmail；Type——Email；SMTP server——smtp.***.com；SMTP helo——***.com；SMTP email——zhang@***.com，此处为发件人邮件箱；SMTP server port——465，端口写 25 或 465 都可以，这里选择加密的 SMTP 服务端口号；Connection security——SSL/TLS；SSL verify peer——选中；SSL verify host——选中；Authentic action——Username and password；Username——zhang；Password——填写邮件外部登录时的唯一授权码；Enabled——选中。

图 17-33　SMTP 服务器地址

读者可以根据实际情况填写，对其配置进行修改，单击“Add”按钮完成报警媒介设置。

【任务二实施】

创建好报警媒介后，就需要将报警媒介关联到用户。在 Zabbix Web 界面选中 User profile（右上角人物图标）→Media，进入 Media 界面，Send to 选项填入邮箱地址，本例收件人以 qq 模拟邮箱为例（读者可根据实际情况填写），其他选项保持默认设置即可，如图 17-34 所示。

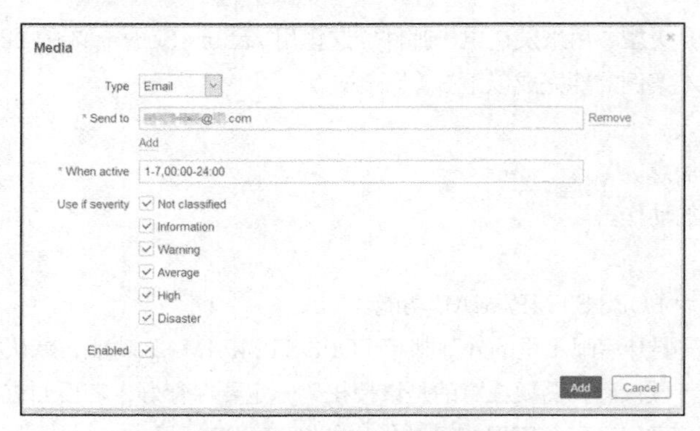

图 17-34　收件人邮箱设置

然后单击“Add”按钮，就将创建好的报警媒介关联到用户邮件了。

【任务三实施】

本任务需要创建一个触发动作，即系统出现故障时，触发这个动作，然后给设定的邮箱发送报警邮件。

第 1 步：定义动作名及触发条件。

选择菜单 Configuration→Actions，进入 Actions 界面，在 Event source 下拉框选择 Triggers，单击 Create action，进入创建界面，本例的具体设置如下。

Name：邮件报警。New condition：类型为 Trigegr，操作为 equals。单击“Select”按钮，在 Triggers 界面中，Name 选择 namelogged users（前面章节的实例 17-1），单击“Add”按钮后添加到 Conditions。同样操作，选择 Triggers 界面中的 Hostname was changed on Zabbix_client1，Type of calculation 选择 Or，Enabled 选中。

读者可以根据实际情况填写。本案例 Action 标签页如图 17-35 所示。

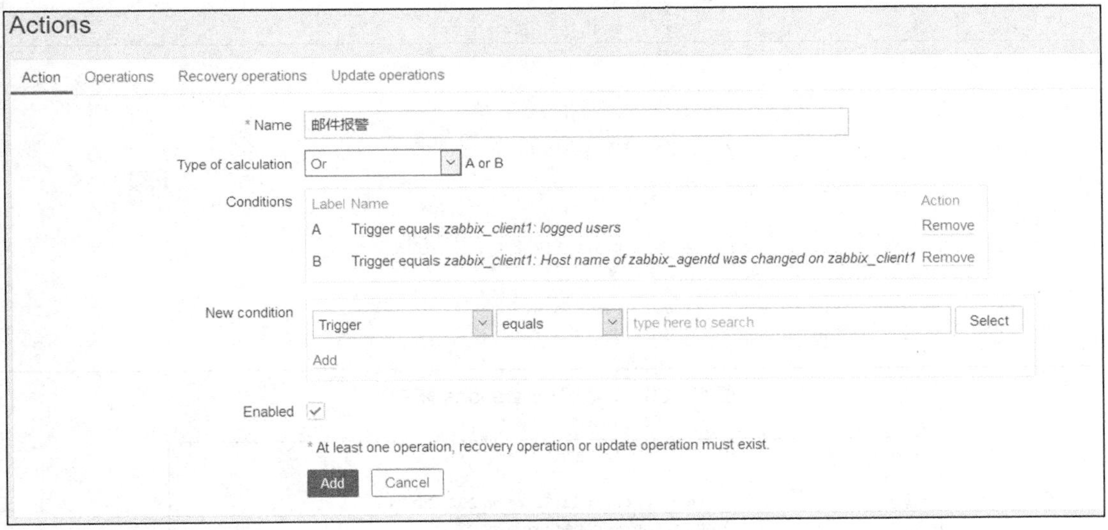

图 17-35 本案例 Action 标签页

第 2 步：设置操作。

单击 Operations 进入该标签页界面，为了验证效果，默认操作步骤持续时间为 60s，默认接收人、默认消息保持不变，单击 Operations 选项的“New”按钮，进入 Operation details 选项，Send to User groups 设置为 Zabbix administrators，Send only to 设置为 Email，其他选项保持默认即可，单击 Operation details 中的“Add”按钮，添加到 Operations 选项中，如图 17-36 所示。

最后单击 Operations 标签页界面的“Add”按钮，完成触发动作的创建。

第 3 步：模拟用户登录数超标，测试验证。

在被控主机 Zabbix Server 上同时打开多个命令行终端，也可以使用 SecureCRT、Putty 等工具远程登录 Zabbix Server，来模拟超过 3 个用户登录的情况。发现收件人 QQ 邮箱可以正常收到故障报警邮件，如图 17-37 所示。

同时，通过 Monitoring→Problems，进入 Problems 界面也会看到相应的问题报告。至此，本案例的操作基本完成。

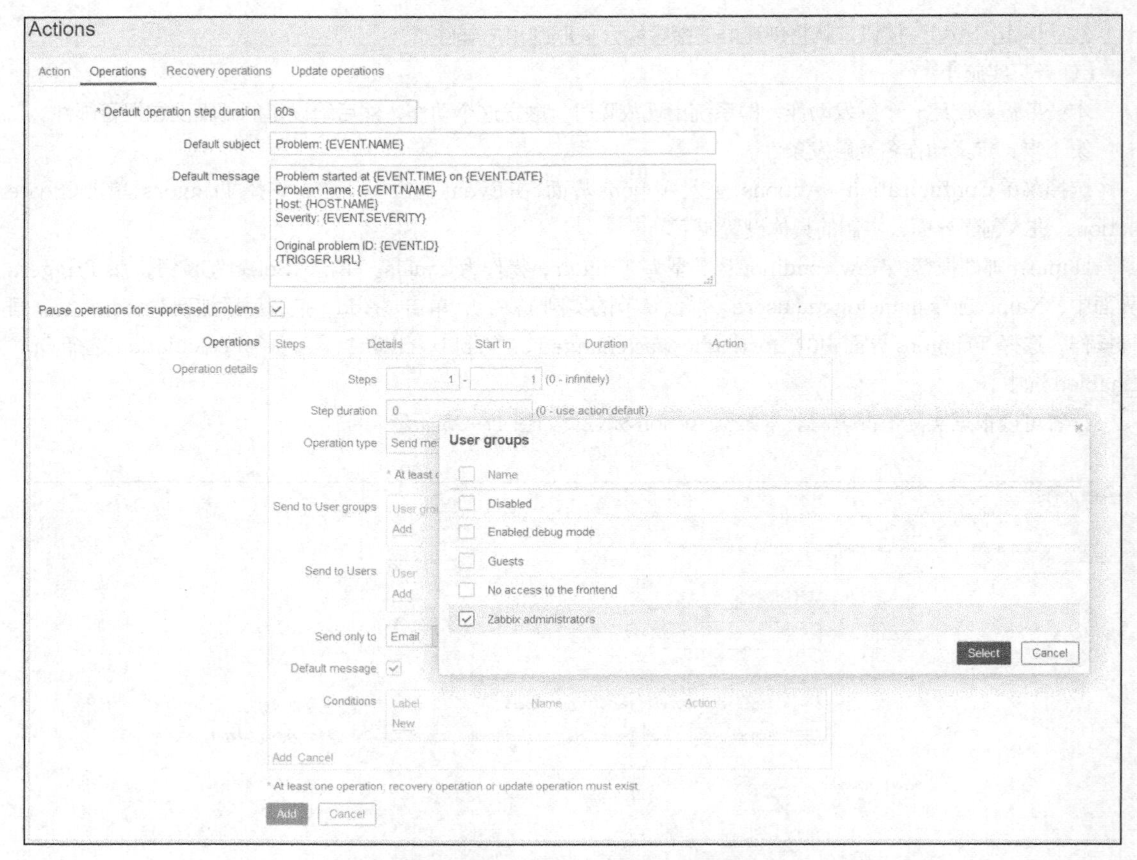

图 17-36　本案例 Operations 标签页

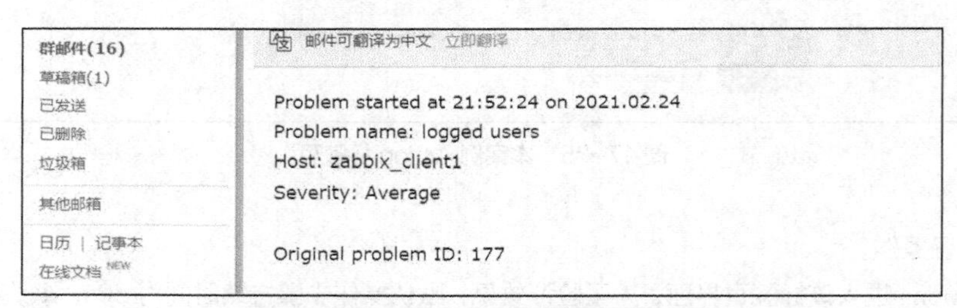

图 17-37　收件人邮箱收到故障报警邮件

17.6　数据可视化

Zabbix Web 支持以 Graphs（图表）和 Screens（屏幕）两种图形界面展示监控信息，其中图表界面可单独展示图表，屏幕界面可以显示多项图表。本节将对 Zabbix Web 中图表和屏幕的使用方法分别进行介绍。

17.6.1　简单的图形

Zabbix 监控中，图形的显示非常重要，通过它可使收集到的数据清楚地显示出来，更具可视化，通过 Zabbix Web 首页的菜单 Monitoring，进入 Latest data→Graph 就可以查看。Graph 与 Item 关联，每创建一个 Item，Zabbix Web 会自动生成一个 Graph，如查看主机 Zabbix_client1 的 CPU idle time，如图 17-38 所示。

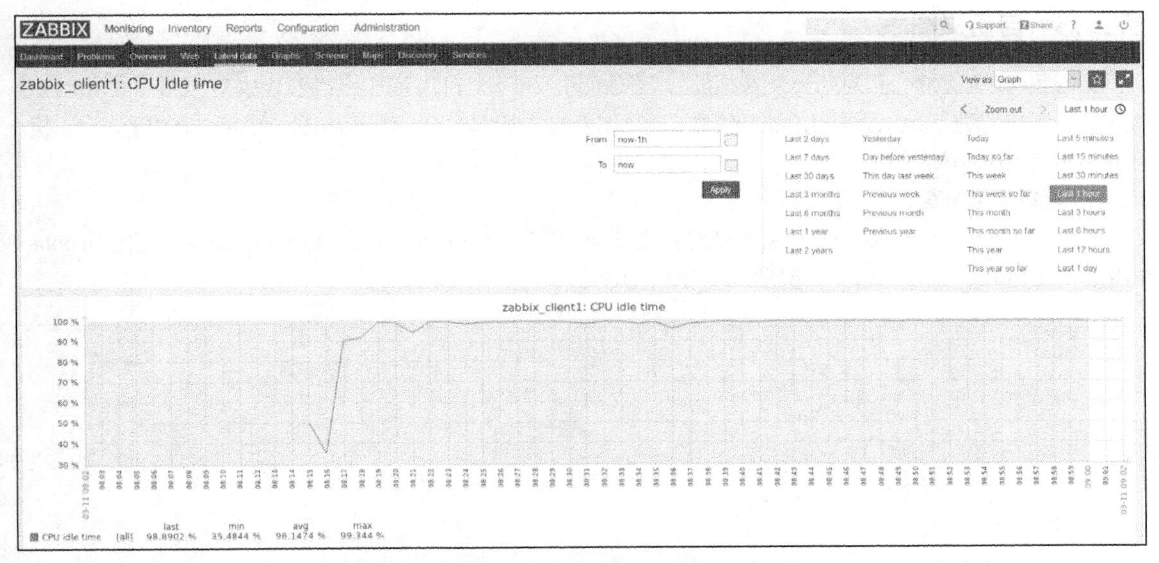

图 17-38　查看主机 Zabbix_client1 的 CPU idle time

通过单击图中“From”，在两个日期处，选择起止和结束日期，或者在 Zoom out 列表中选择时间，便能显示这个时间段的简易图表。

17.6.2　图表的使用

通过 Zabbix Web 首页菜单 Monitoring，进入 Graphs 界面，如图 17-39 所示。

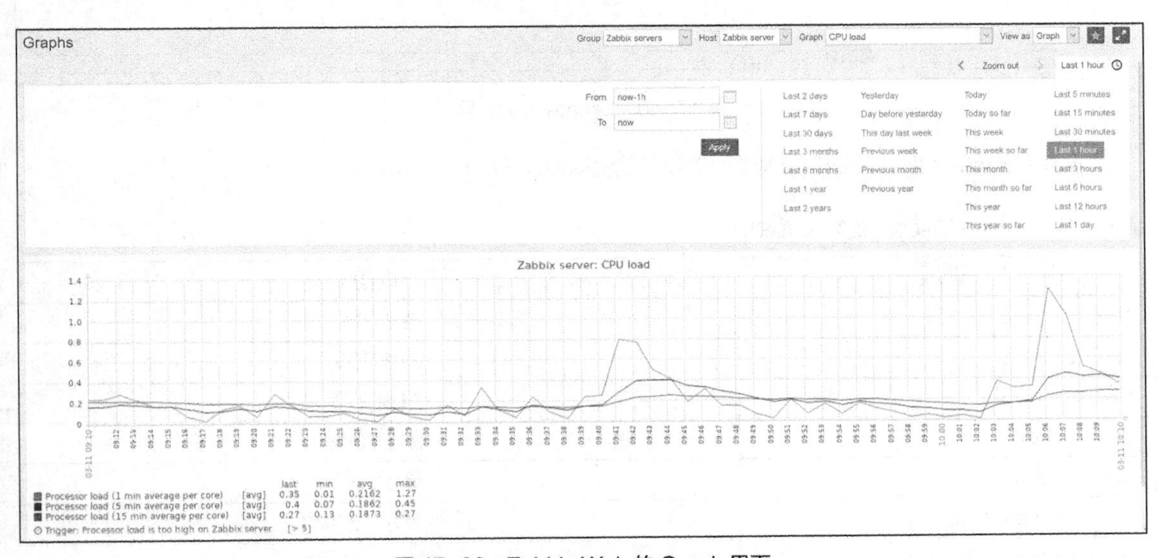

图 17-39　Zabbix Web 的 Graph 界面

该图显示了 Zabbix Server 中仅 1h 的 CPU Load 情况，图中的 3 条折线分别记录了 1min、5min 和 15min 内处理器每个内核的平均负载。Graphs 界面每次只能显示一张图表，用户可以通过更改界面右上角的下拉列表 Group、Host、Graph 的值查看其他主机组中某台主机的监控项的图表。图形上方为时间段选择器，用户可以选择所需的时间段。

17.6.3 自定义图表

如果我们想显示多个信息到一个图表上，那必须使用 Zabbix 自定义图表功能，比如，最常用的网卡流量监控，一张流量图上会包含进/出的流量信息。一个图表的数据可以来源于一台主机，也可以来源于多台主机。创建自定义图形步骤如下。

1. 配置定义图表

选择菜单 Configuration→Hosts，找到对应的 Hosts 或者 Templates，单击 Hosts/Template 列的 Graphs，再单击右上角的 Create graph，出现图 17-40 所示界面。

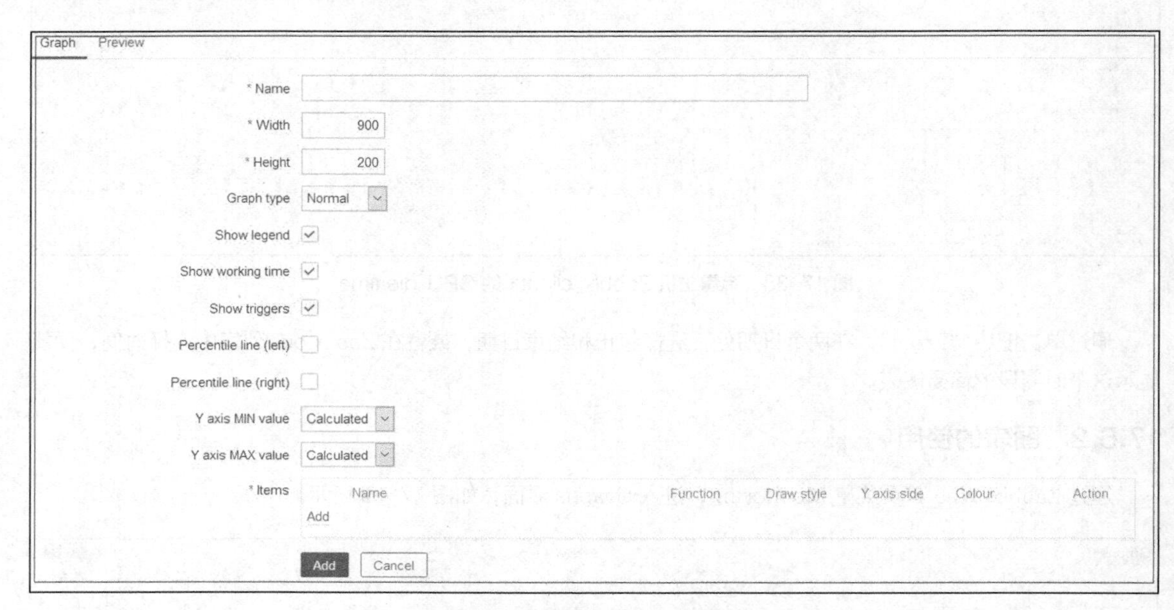

图 17-40 Create graph 界面

Create graph 界面的 Graph 选项卡中选项及其说明如表 17-12 所示。

表 17-12 Graph 选项卡中选项及其说明

选项	说明
Name	图表名称
Width	图表宽度
Height	图表高度
Graph type	图表类型
Show legend	显示图例
Show working time	是否显示工作时间
Percentile line (left)	左 Y 轴百分数
Percentileline (right)	右 Y 轴百分数
Y axis MIN value	Y 轴最小值
Y axis MAX value	Y 轴最大值
Items	监控项，图表的数据来源

2. 图表预览

下面为 Zabbix_client1 的监控项 CPUidletime 创建图表 Graph，具体如图 17-41 所示。

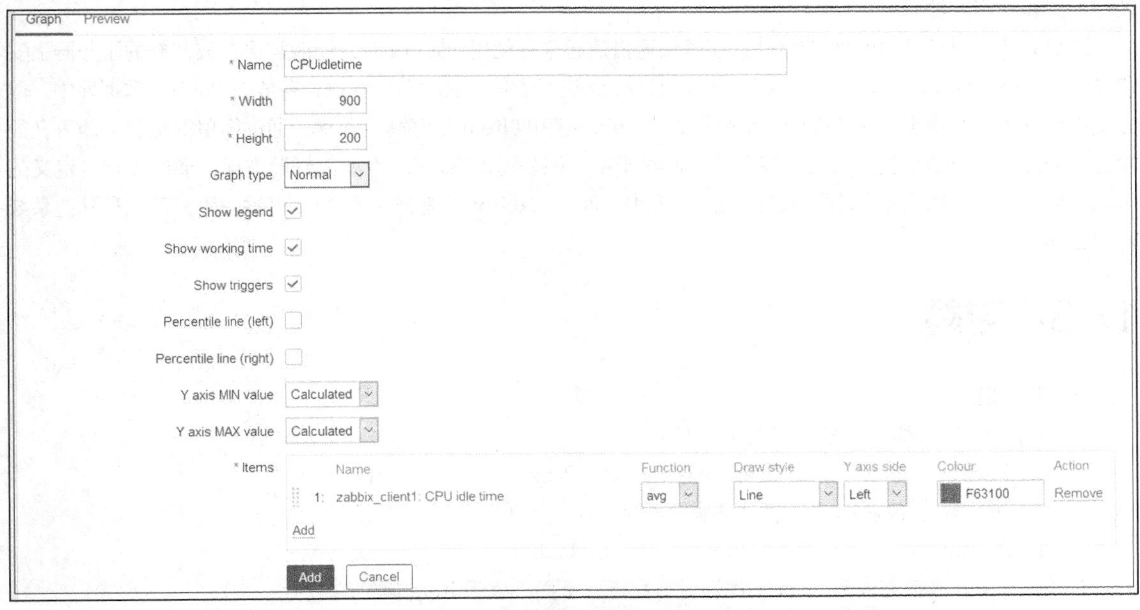

图 17-41　为 Zabbix_client1 的监控项 CPUidletime 创建图表

完成创建图表的配置后，单击界面底部的“Add”按钮后，返回 Graphs 界面，在该界面的类表中新增名为 CPUidletime 的图表，用户可到 Monitoring→Graphs 界面中，通过更改界面右上角的下拉列表 Group、Host、Graph 的值查看图表，如图 17-42 所示。

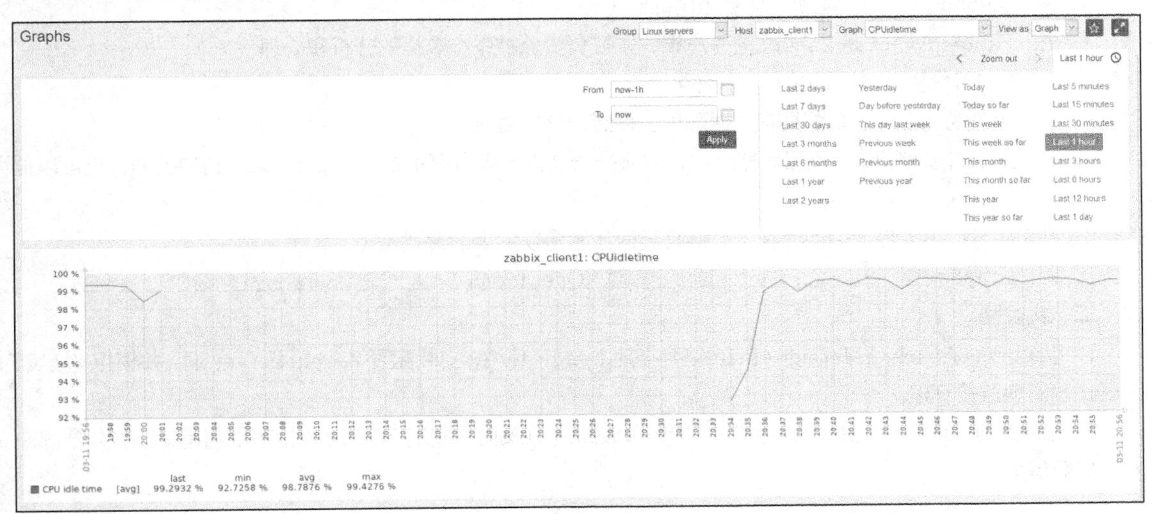

图 17-42　Zabbix_client1 的监控项 CPUidletime 图表界面

17.7　本章小结

Zabbix 是目前很流行的，基础架构监控和告警的开源解决方案，它有健全灵活的监控数据采集、存储、告警规则配置及图形展示界面，已经被越来越多的互联网公司应用。本章从实际需求触发，以实际案例作为指引，主要讲解了在 Linux 中实现系统监控的方式，包括监控系统原理、常用监控软件，以及监控软件 Zabbix 的安装、配置和使用方法。

Zabbix 是一个企业级的监控软件，能够快速搭建起来。使用 Zabbix 时，一般需要在被监控的服务器上安装 Zabbix Agent，Zabbix Server 会和 Zabbix Agent 进行通信，获取监控数据，存放在 Zabbix 数据库中，以方便进行分析。对于想快速搭建的小型公司，Zabbix 自带的 Item 足够满足需求，通过简单的配置，即可在很短时间内搭建起一套功能完善的报警系统。而对于中大型公司，Zabbix 也能很好地支撑，通过设定自定义的 Item，做到 Item 之间的关联报警，自动生成报表，而且 Zabbix 具有强大的 API 可供使用，可以和其他系统协同工作。

17.8 习题

一、选择题

1. 以下选项中，哪个不是监控软件？（ ）

A. Zabbix　B. Nagios　C. Proxy　D. Cacti

2. 下面哪种媒介不是 Zabbix 默认的媒介类型？（ ）

A. E-mail　B. SMTP　C. Jabber　D. SMS

3. 创建 Item 之前需先对 Item 的属性进行配置，下面不属于 Item 属性的是（ ）。

A. Type　B. Key

C. Update interval　D. Columns

4. Severit 用于设置触发器的事件级别，在 Zabbix Web 界面中显示为不同颜色，警告显示的颜色是（ ）。

A. 蓝色　B. 红色　C. 黄色　D. 灰色

5. 关于 Zabbix，下列描述哪一项是正确的？（ ）

A. Zabbix Agent 是 Zabbix 的客户端，主要负责监控系统数据的分析和处理

B. LAMP 是唯一的常用的 Web 环境

C. 一个成熟的监控系统具有数据采集、存储、分析功能

D. 主机可以被 Zabbix 服务器监控，由服务器软件收集所有主机中 Agent 采集到的数据，也可以被 Zabbix Proxy 监控

6. 在 Zabbix Web 界面中同时在一个屏幕界面显示多项图表的形式是（ ）。

A. Graphs　B. Actions　C. Operations　D. Screens

二、实验题

1. 以 Linux+Apache+Mariadb+PHP 组合搭建 LAMP 环境，安装配置 Zabbix Server 端，并模拟 Zabbix Agent 端实现监控管理。

2. 以 126 邮箱为例，当被监控主机的 CPU 负载超过 70%时，实现 Zabbix 监控系统利用第三方外部邮箱发送报警信息。